高等学校"十二五"规划教材

物理化学

（上）

刘建兰　李冀蜀

郭会明　韩明娟　主编

化学工业出版社

·北京·

本书对物理化学的基本概念和基本理论进行重点阐述的同时，及时引入相应的例题讲解，便于读者加深对所学概念和理论的理解。本书既介绍了对物理化学发展作出过重要贡献的科学家生平，又引入了与学科发展趋势相关的前沿内容，拓展了教材的知识面。全书严格遵循国家标准及 ISO 国际标准的规定，采用 SI 制单位对物理量进行表示与运算。

　　全书分上、下两册出版，上册包括气体的性质与液化、热力学第一定律、热力学第二定律、多组分系统热力学、化学平衡、量子力学概论、统计热力学初步七章。下册包括相平衡、电解质溶液、电化学平衡、电解池与极化作用、化学反应动力学、界面化学、胶体分散系统与高分子溶液七章。与本书配套制作的有学习指导，多媒体课件，视频公开课等。

　　本书既可作为化学化工类、材料类、制药类、食品与轻化工类、环境类等相关专业的物理化学课程教材，也可作为科研和工程技术人员的参考书。

图书在版编目（CIP）数据

　　物理化学（上）/刘建兰，李冀蜀等主编. — 北京：化学工业出版社，2013.12（2021.5重印）
　　高等学校"十二五"规划教材
　　ISBN 978-7-122-19051-2

　　Ⅰ.①物…　Ⅱ.①刘…②李…　Ⅲ.①物理化学-高等学校-教材　Ⅳ.①O64

　　中国版本图书馆 CIP 数据核字（2013）第 276625 号

责任编辑：宋林青　　　　　　　　　　文字编辑：林　媛
责任校对：徐贞珍　　　　　　　　　　装帧设计：史利平

出版发行：化学工业出版社（北京市东城区青年湖南街 13 号　邮政编码 100011）
印　　刷：三河市延风印装有限公司
装　　订：三河市宇新装订厂
787mm×1092mm　1/16　印张 17½　字数 429 千字　　2021 年 1 月北京第 5 版第 7 次印刷

购书咨询：010-64518888　　　　　　售后服务：010-64518899
网　　址：http://www.cip.com.cn
凡购买本书，如有缺损质量问题，本社销售中心负责调换。

定　　价：32.00 元
版权所有　违者必究

序

Foreword

物理化学常被称为理论化学，包含化学热力学、化学动力学、量子力学和统计力学四大分支，是化学中最重要的基础学科。物理化学也是化工类、材料类、制药类、食品与轻化类、环境类等相关工科专业学生必修的一门基础理论课程，教学中除了要求学生掌握物理化学的基本知识外，更重要的是培养学生学会物理化学的科学思维方法、获得解决实际问题的能力。

刘建兰教授长期从事物理化学教学工作，通熟经典物理化学教材，潜心研究教学内容和教学方法，积累了丰富的教学经验，形成了鲜明的教学风格，所开设的物理化学课是南京工业大学学生最喜欢的课程之一，常因其他班学生"蹭课"而使教室"爆满"。因教学效果显著，获得过学校"首届学生最喜爱的老师"、"师德十佳"等多项荣誉。他汲取大量物理化学教材和教改论文之精华，将自己多年的体会与心得融入到本教材的编写中，在保持传统经典教材优点的同时，具有自身鲜明特色和独到见解。

第一，教材在绪论中对化学发展简史和物理化学的建立与发展作了简要的介绍，还重点归纳、推介了本课程的学习方法，这对于学生了解和学习前人的工作方法、激发学生的学习兴趣和求知欲望，增加教材的趣味性和可读性等是十分有益的。这也是本教材的一大特色。

第二，教材在内容安排上层次分明、条理清晰。例如，第一章气体的性质与液化中，由低压下气体的性质直到对应状态原理，简洁、明了地串联成了本章内容；第二章热力学第一定律和第三章热力学第二定律，是物理化学中读者普遍感到最难学的内容，书中以七个热力学函数为一条主线、同时以每一个函数在"单纯 pVT 变化、相变化和化学反应"三大问题中的应用为另一条主线展开介绍，起到了提纲挈领、删繁就简、化难为易的效果。

第三，教材系统性强、逻辑严密、论述严谨、重点突出，强调基本概念和基本原理的重要性；同时，力求语言上生动精辟、简明扼要、通俗易懂，使读者容易理解和接受。精心挑选有代表性的例题，剖析解题思路，规范解题过程，尽可能用最贴近现实的例子，解读深奥的理论。例如，在热力学第一定律和第二定律中，相变问题中涉及 Q、W、ΔU、ΔH、ΔS、ΔA 和 ΔG 的计算，书中始终以大家熟悉的"水"为例展开讨论，简便易懂，令人耳目一新。

本教材既能博采众家之长，又能亮出自己特色，是一本雅俗共赏的好教材。相信您读过该书后，一定会获益匪浅。

陆小华

2013-12-18

前言

Preface

物理化学是以物理的原理和实验技术为基础，探求化学变化中最基本规律的一门学科，是所有化学学科的理论基础。物理化学课程是化学化工类、材料类、制药类、食品与轻化类、环境类等相关专业最重要的基础理论课之一。物理化学概念抽象、理论性强、公式繁多，是读者普遍感到难学的一门课程。

根据教育部高等学校化学与化工教学指导委员会关于化工类、材料类及化学类等专业化学教学基本内容的要求，编者结合长期从事物理化学教学的经验与心得，编写了本教材。编写过程中，所有物理量的符号和单位，都严格遵循国家标准和 ISO 国际标准，对物理化学的基本概念和基本原理的阐述做到准、精、易；在内容安排上从易到难，力求兼顾条理性、逻辑性、严谨性、连贯性和系统性。在绪论部分，编入了化学发展简史和物理化学的建立与发展过程；对重要的科学家介绍了生平，这些可以使历史得以传承，拓展读者的知识面。为使读者及时消化所学理论知识，提升读者运用理论解决问题的能力，教材精选了例题和相对应的习题。同时，为了帮助读者归纳、总结所学内容，在各章结尾部分都给出了"学习基本要求"。

本教材分上、下两册，共 14 章。参加本教材编写工作的有南京工业大学刘建兰（绪论、第 1、2、3、4、12 章），邱安定（第 5 章），李冀蜀（第 6、7 章），王强（第 8 章），郭会明（第 9、10、11 章），韩明娟（第 13 章），吴雅静（第 14 章）。本教材全文由刘建兰统稿。

本教材编写过程中，参考了国内外许多优秀的教材和期刊，获益匪浅；同时，南京工业大学鲁新宇等老师为本教材的出版提出了宝贵的建议和意见，编者在此谨表由衷的感谢。

限于编者的水平和学识，书中疏漏、不当之处在所难免，敬请同行诸家及广大读者给予指正，便于再版时改正。

编者
2013 年 10 月于南京

目录

Contents

◎ **绪 论**   **1**

0.1 化学发展史概述 ··· 1

0.2 物理化学的建立与发展 ··· 3

0.3 研究物理化学的目的和研究内容 ································ 4

0.4 物理化学中物理量的运算规则 ·································· 5

0.5 物理化学课程的学习方法 ······································ 7

◎ **第 1 章 气体的性质与液化**   **9**

1.1 理想气体状态方程 ··· 9

   1.1.1 低压下气体 pVT 变化过程的经验定律 ················· 10

   1.1.2 理想气体状态方程的导出 ································ 11

   1.1.3 理想气体模型与概念 ···································· 12

   1.1.4 摩尔气体常数 ·· 14

1.2 理想气体混合物性质 ·· 15

   1.2.1 混合物组成 ·· 15

   1.2.2 理想气体状态方程在理想气体混合物中的应用 ·········· 16

   1.2.3 道尔顿分压定律 ·· 17

   1.2.4 阿马加定律 ·· 18

1.3 实际气体状态方程 ·· 18

   1.3.1 实际气体的 $pV_m\text{-}p$ 图与波义尔温度 ·············· 19

   1.3.2 范德华方程 ·· 20

   1.3.3 维里方程 ·· 23

   1.3.4 其他重要的状态方程 ···································· 24

   1.3.5 普遍化的实际气体状态方程 ······························ 24

1.4 实际气体的等温曲线与液化 ···································· 25

   1.4.1 液体的饱和蒸气压 ······································ 25

   1.4.2 实际气体的等温曲线与液化 ······························ 27

   1.4.3 临界参数与临界压缩因子 Z_c ·························· 28

1.5 对应状态原理与压缩因子图 ···································· 30

   1.5.1 对比参数 ·· 30

1.5.2　对应状态原理 ·· 30

1.5.3　普遍化的范德华方程 ·· 31

1.5.4　压缩因子图 ·· 31

1.5.5　利用压缩因子图计算实际气体的 p、V_m、T ··········· 33

学习基本要求 ·· 34

习题 ·· 34

第 2 章　热力学第一定律　　　　　　　　　　　　　　38

2.1　温度与热力学第零定律 ·· 39

2.2　基本概念与常用术语 ··· 40

2.2.1　系统与环境 ··· 40

2.2.2　性质、状态与状态函数 ·· 41

2.2.3　过程与途径 ··· 42

2.2.4　热和功 ·· 43

2.3　体积功的计算与可逆过程 ······································ 45

2.3.1　体积功的计算 ·· 45

2.3.2　可逆过程概念及其特征 ·· 47

2.4　热力学第一定律 ·· 48

2.4.1　热力学第一定律文字叙述 ····································· 48

2.4.2　封闭系统热力学第一定律的数学表达式 ····················· 49

2.4.3　焦耳实验 ··· 50

2.5　恒容热、恒压热及焓 ··· 51

2.5.1　恒容热（Q_V）与热力学能 ·································· 52

2.5.2　恒压热（Q_p）与焓 ·· 52

2.6　热容 ··· 53

2.6.1　热容与比热容 ·· 53

2.6.2　热容与温度的关系及平均热容 ································· 53

2.6.3　摩尔定压热容（$C_{p,m}$）和摩尔定容热容（$C_{V,m}$）··· 54

2.6.4　$C_{p,m}$ 与 $C_{V,m}$ 的关系 ······························· 55

2.7　热力学第一定律在纯 pVT 变化过程的应用 ··············· 56

2.7.1　恒温过程 ··· 56

2.7.2　恒容过程 ··· 57

2.7.3　恒压过程 ··· 58

2.7.4　绝热过程 ··· 58

2.8　热力学第一定律对实际气体的应用——节流膨胀 ·········· 62

2.8.1　焦耳-汤姆逊实验 ··· 62

2.8.2　节流膨胀热力学 ·· 63

2.8.3 节流膨胀系数 $\mu_{\text{J-T}}$ ·················· 64

2.8.4 实际气体的 ΔU 与 ΔH ·················· 66

2.9 热力学第一定律在相变过程的应用 ·················· 67

2.9.1 摩尔相变焓 ·················· 67

2.9.2 相变过程热力学函数的计算 ·················· 68

2.9.3 摩尔相变焓与温度的关系 ·················· 70

2.10 化学反应焓变 ·················· 71

2.10.1 化学计量数与反应进度 ·················· 71

2.10.2 摩尔反应焓变与标准摩尔反应焓变 ·················· 73

2.10.3 恒压摩尔热效应 $Q_{p,\text{m}}$ 与恒容摩尔热效应 $Q_{V,\text{m}}$ ·················· 74

2.10.4 热化学方程式 ·················· 75

2.10.5 盖斯定律 ·················· 75

2.10.6 标准摩尔反应焓变的计算 ·················· 76

2.11 反应焓变与温度的关系 ·················· 82

2.11.1 基尔霍夫公式 ·················· 82

2.11.2 非恒温反应 ·················· 85

*2.12 溶解焓与稀释焓 ·················· 86

2.12.1 摩尔溶解焓 ·················· 86

2.12.2 摩尔稀释焓 ·················· 87

学习基本要求 ·················· 89

习题 ·················· 90

◎ 第3章 热力学第二定律 ⑨³

3.1 热力学第二定律 ·················· 94

3.1.1 自发过程 ·················· 94

3.1.2 热和功的转换 ·················· 95

3.1.3 热力学第二定律的表述 ·················· 95

3.2 卡诺循环与卡诺定理 ·················· 97

3.2.1 卡诺循环 ·················· 97

3.2.2 卡诺定理 ·················· 99

3.3 熵与克劳修斯不等式 ·················· 101

3.3.1 熵的导出与定义 ·················· 101

3.3.2 克劳修斯不等式 ·················· 103

3.3.3 熵增原理 ·················· 104

3.3.4 熵的物理意义 ·················· 105

3.4 熵变的计算 ·················· 106

3.4.1 单纯 pVT 变化过程的熵变 ·················· 106

3.4.2 相变过程的熵变 ·················· 114

3.5 化学反应的标准摩尔反应熵变 ·················· 117

3.5.1 热力学第三定律 ·················· 117

3.5.2 规定熵与物质的标准摩尔熵 ·················· 118

3.5.3 化学反应的标准摩尔反应熵变 ·················· 120

3.6 亥姆霍斯函数与吉布斯函数 ·················· 121

3.6.1 亥姆霍斯函数 ·················· 122

3.6.2 吉布斯函数 ·················· 123

3.7 ΔA 与 ΔG 的计算 ·················· 124

3.7.1 单纯 pVT 变化过程的 ΔA 与 ΔG ·················· 124

3.7.2 相变过程的 ΔA 与 ΔG ·················· 125

3.7.3 化学反应的 ΔA 与 ΔG ·················· 127

3.8 热力学基本方程式与麦克斯韦关系式 ·················· 128

3.8.1 热力学基本方程式 ·················· 128

3.8.2 对应系数关系式 ·················· 130

3.8.3 麦克斯韦关系式 ·················· 131

3.9 热力学第二定律在单组分系统相平衡中的应用 ·················· 135

3.9.1 克拉佩龙方程 ·················· 135

3.9.2 克劳修斯-克拉佩龙方程 ·················· 136

3.9.3 外压与液体饱和蒸气压的关系 ·················· 137

学习基本要求 ·················· 139

习题 ·················· 140

◎ 第4章 多组分系统热力学   143

4.1 多组分系统组成的表示法 ·················· 144

4.2 偏摩尔量 ·················· 144

4.2.1 偏摩尔量的定义 ·················· 145

4.2.2 偏摩尔量的加和公式 ·················· 146

4.2.3 Gibbs-Duhem 公式 ·················· 146

4.2.4 偏摩尔量的测定方法 ·················· 147

4.2.5 偏摩尔量之间的关系 ·················· 149

4.3 化学势 ·················· 150

4.3.1 化学势的定义 ·················· 150

4.3.2 多组分多相系统热力学 ·················· 151

4.3.3 化学势判据 ·················· 152

4.3.4 化学势在相平衡中的应用 ·················· 152

4.3.5 化学势与温度、压力的关系 ·················· 153

4.4 气体的化学势 ·················· 153

4.4.1 纯理想气体的化学势 ·················· 153

4.4.2 理想气体混合物中任一组分的化学势 ······················· 154

4.4.3 纯实际气体的化学势 ····································· 155

4.4.4 实际气体混合物中任一组分的化学势 ······················· 156

4.4.5 逸度及逸度因子 ··· 157

4.5 稀溶液的两个经验定律 ····································· 157

4.5.1 Raoult 定律 ··· 157

4.5.2 Henry 定律 ··· 158

4.5.3 Raoult 定律与 Henry 定律的比较 ··························· 160

4.6 理想液态混合物 ··· 160

4.6.1 理想液态混合物的概念 ··································· 160

4.6.2 理想液态混合物中任一组分的化学势 ······················· 161

4.6.3 理想液态混合物的混合性质 ······························· 162

4.7 理想稀溶液 ··· 163

4.7.1 溶剂 A 的化学势 ··· 163

4.7.2 溶质 B 的化学势 ··· 164

4.7.3 溶质化学势的应用——分配定律 ··························· 165

4.8 实际液态混合物和实际溶液——活度的概念 ··················· 167

4.8.1 实际液态混合物 ··· 167

4.8.2 实际溶液 ··· 168

4.9 稀溶液的依数性 ··· 169

4.9.1 溶液中溶剂蒸气压下降 ··································· 169

4.9.2 溶液的凝固点下降 ······································· 169

4.9.3 溶液的沸点升高 ··· 172

4.9.4 渗透压 ··· 174

4.9.5 依数性小结 ··· 176

学习基本要求 ··· 176

习题 ··· 177

第5章 化学平衡 180

5.1 化学反应的方向和平衡条件 ······························· 180

5.1.1 化学反应的平衡条件与反应进度的关系 ····················· 180

5.1.2 化学反应的亲和势与反应方向 ····························· 181

5.2 气相化学反应的平衡常数 ································· 182

5.2.1 理想气体化学反应的等温方程 ····························· 182

5.2.2 理想气体化学反应的标准平衡常数 ························· 183

5.2.3 理想气体化学反应平衡常数的不同表示法 ··················· 185

5.2.4 有纯凝聚态物质参加的理想气体化学反应的标准平衡常数 ······· 186

5.2.5 固体分解反应的分解压力与标准平衡常数的关系 ··············· 187

5.2.6　相关联化学反应标准平衡常数之间的内在联系 ·································· 188

5.2.7　实际气体化学反应的标准平衡常数 ·· 188

5.3　液态混合物与溶液中化学反应的平衡常数 ····································· 189

5.3.1　液态混合物中化学反应的平衡常数 ·· 189

5.3.2　液态溶液中化学反应的平衡常数 ··· 190

5.4　化学反应的平衡计算 ··· 190

5.4.1　反应的 $\Delta_r G_m^{\ominus}$ 与 $K^{\ominus}$ 计算 ··· 190

5.4.2　平衡组成与转化率的计算 ··· 192

5.5　影响化学反应平衡的因素 ·· 194

5.5.1　温度对化学反应平衡的影响 ·· 194

5.5.2　压力对化学反应平衡的影响 ·· 195

5.5.3　惰性组分对化学反应平衡的影响 ·· 196

5.5.4　原料配比对化学反应平衡的影响 ·· 196

5.6　多个化学反应平衡共存系统的组成计算 ·· 197

5.7　耦合反应的化学平衡 ··· 198

学习基本要求 ·· 198

习题 ··· 199

第6章　量子力学概论 201

6.1　量子力学的研究内容与方法 ·· 201

6.2　量子力学的基本假定 ··· 203

6.2.1　微观粒子的状态和波函数 ··· 203

6.2.2　物理量和算符 ··· 206

6.2.3　本征函数、本征值和本征方程 ··· 208

6.2.4　态叠加原理 ·· 208

6.2.5　Pauli（泡利）原理 ·· 209

6.3　势箱中自由平动子的量子态和能级 ·· 210

6.3.1　一维势箱中的自由平动子 ··· 210

6.3.2　三维势箱中的自由平动子 ··· 214

6.4　双粒子刚性转子的量子态和能级 ··· 216

6.5　谐振子的量子态和能级 ··· 218

6.5.1　一维谐振子 ·· 218

6.5.2　三维谐振子 ·· 219

6.6　单电子原子的结构 ··· 220

6.6.1　单电子原子薛定谔方程及其解 ··· 220

6.6.2　波函数和电子云图 ·· 223

学习基本要求 ·· 229

习题 ··· 229

第7章　统计热力学初步

7.1 能级分布的微观状态数与系统的总微态数 ··········· 232
  7.1.1 分布与微态的概念 ············ 232
  7.1.2 定域子系统的能级分布微态数 ············ 233
  7.1.3 离域子系统的能级分布微态数 ············ 234
  7.1.4 系统的总微态数 ············ 234
7.2 最概然分布与平衡分布 ············ 235
  7.2.1 概率与等概率原理 ············ 235
  7.2.2 最概然分布与平衡分布 ············ 236
7.3 概率与统计熵 ············ 238
  7.3.1 热力学概率与统计熵 ············ 238
  7.3.2 熵的统计意义 ············ 239
  7.3.3 统计熵与量热熵的比较 ············ 240
7.4 玻尔兹曼分布与配分函数 ············ 242
7.5 用配分函数表示热力学函数 ············ 244
7.6 粒子配分函数的计算 ············ 246
  7.6.1 配分函数的分离——析因子性质 ············ 246
  7.6.2 能量零点的选择与配分函数的关系 ············ 246
  7.6.3 平动配分函数 ············ 247
  7.6.4 转动配分函数 ············ 248
  7.6.5 振动配分函数 ············ 249
  7.6.6 电子运动配分函数 ············ 250
  7.6.7 核运动配分函数 ············ 250
7.7 热力学函数的计算 ············ 250
  7.7.1 理想气体的热力学性质与配分函数的关系 ············ 250
  7.7.2 平动对热力学函数的贡献 ············ 251
  7.7.3 转动对热力学函数的贡献 ············ 252
  7.7.4 振动对热力学函数的贡献 ············ 254
  7.7.5 电子和核运动对热力学函数的贡献 ············ 255
7.8 从配分函数计算理想气体反应的标准平衡常数 ············ 255
  附Ⅰ 证明式 $S = c\ln\Omega$ 中的常数 c 是玻尔兹曼常数 k ············ 258
  附Ⅱ 玻尔兹曼公式中 β 值的推导 ············ 259
学习基本要求 ············ 260
习题 ············ 260

附录

附录一 SI 基本单位 ············ 262
附录二 包括 SI 辅助单位在内的具有专门名称的 SI 导出单位 ············ 262

附录三　某些物质的临界参数 ··· 263

附录四　某些气体的范德华常数 ·· 263

附录五　某些气体的摩尔定压热容与温度的关系 ····················· 264

附录六　某些物质的标准摩尔生成焓、标准摩尔生成吉布斯函数、标准摩尔

　　　　熵及摩尔定压热容（$p^\ominus = 100\text{kPa}$，$T = 298\text{K}$） ··················· 265

附录七　某些有机化合物的标准摩尔燃烧焓（$p^\ominus = 100\text{kPa}$，$T = 298\text{K}$） ········ 268

绪 论

化学是研究物质的性质、组成、结构、变化和应用的科学，与人们的日常生活息息相关。化学作为一门基础学科，自始至终伴随着人类社会历史的发展，极大地促进了各个时代社会生产力的发展，成为人类进步的标志。让化学为人类社会的进步发挥更好的作用，是当今人们需要关注的一个课题。

0.1 化学发展史概述

化学的发展历史非常渊源古老，可以说人类开始使用火是化学史开端的标志。而化学知识的形成、化学的发展经历了漫长而曲折的道路，纵观整个化学发展史，大致分为以下几个时期。

（1）远古的工艺化学时期

从远古到公元前 1500 年，这一时期人类学会了用火烘烤和烧煮食物，在熊熊的烈火中由黏土制出陶器，由矿石烧出金属，还学会了从谷物中酿造出美酒，给丝麻等织物染上颜色。这些制陶、冶金、酿造和染色等最早的化学工艺，都是在长期实践经验的直接启发下经过多少万年摸索得来的，但化学知识还没有形成。这是化学的萌芽时期。

（2）炼丹术和医药化学时期

从公元前 1500 年到公元 1650 年，这一时期炼丹术士和炼金术士们，在皇宫、教堂、家中、深山老林的烟熏火燎中，为求得长生不老的仙丹和荣华富贵的金银，开始了最早的化学实验。这个时期，记载、总结炼丹术的书籍很多，例如我国的《参同契》、《道藏》等。欧洲在 1572 年出版的《化学原理》（Artis Chemiae Principes）一书中首次使用了"化学"这个名词。英语的 chemistry 起源于 alchemy，即炼金术。chemist 至今还保留着两个相关的含义：化学家和药剂师。希腊、阿拉伯、罗马等许多著名学者，例如帕拉图、亚里士多德、阿维森纳等，都写了有关化学方面的书，说明这些学者开始认识到实验是科学工作的重要工具。到了十五、十六世纪，炼丹术因缺乏科学基础而屡遭失败，化学实验开始转向医学等领域。

医药化学时期，从公元 1500 年到 1700 年。在这两百年间，欧洲进入文艺复兴时期。这一时期最具代表性的人物是瑞士医生、医药化学家帕拉塞斯（P. A. Paracelsus, 1493—

1541)。他强调化学研究的目的是把化学知识应用于医疗实践，制取药物，有人认为帕拉塞斯"从根本上改变了医疗和化学的发展道路"。德国医生、医药化学家安德雷·李巴乌（Andreas Libavius，1540—1616）在1611～1613年间编著的《工艺化学大全》，使化学终于有了真正的教科书。继帕拉塞斯、李巴乌之后，对化学的发展贡献卓著的医药化学家还有赫尔蒙特（J. B. van Helmont，1597—1644），他工作的最大特点是对化学进行定量研究，广泛使用了天平，他所做的"柳树实验"和"沙子实验"，是早期化学发展史上著名的两个定量实验，他常被称为从炼丹术到化学过渡阶段的代表。

(3) 燃素化学时期

从1650年到1775年，这一时期德国化学家施塔尔（G. E. Stahl，1660—1734）在继承前人关于燃烧的各种观点基础上，通过大量的实验积累，提出了第一个化学理论——燃素说，认为可燃物能够燃烧是因为它含有燃素，燃烧的过程是可燃物中燃素放出的过程，可燃物放出燃素后成为灰烬。尽管燃素说是错误的，但它所认为的"化学反应是一种物质转移到另一种物质的过程，化学反应中物质守恒"等是奠定近代、现代化学思想的基础。

英国化学家波义尔（R. Boyle，1627—1691）是站在古代化学和近代化学交叉点上继往开来的伟大人物。他是化学旧观念的批评者、新化学观的建立者，是近代机械原子论的开拓者，科学认识论和方法论的倡导者。1661年，波义尔发表了名著《怀疑派化学家》（The Sceptical Chemist），提出了科学的元素观念，指出研究化学的目的在于认识物质的本质，认为只有运用严密的和科学的实验方法才能够把化学确立为科学。正如恩格斯高度评价的那样，"波义尔把化学确立为科学"。因此，波义尔被尊为"化学之父"。

(4) 定量化学时期

这一时期从1775年至1900年，又称为近代化学时期。1777年，拉瓦锡（A. L. Lavoisicr，1743—1794）用定量化学实验阐述了燃烧的氧化学说，推翻了统治了化学界100多年的燃素说，开创了定量化学（即近代化学）时期。因此，拉瓦锡是近代化学的奠基者，被尊为"近代化学之父"。

正是在此基础上，近代化学才得以蓬勃发展，从而拓展了化学科学研究的领域，导致了许多重要化学理论的建立和发展。例如，1808年英国科学家道尔顿（J. Dalton，1766—1844）创立了科学的原子论；1811年意大利科学家阿伏加德罗（A. Avogadro，1776—1856）提出了分子假说；1818年瑞典化学家贝采里乌斯（J. J. Berzelius，1779—1848）开始使用化学符号；1828年德国化学家维勒（Friedrich Wohler，1800—1882）首次用无机物人工合成了尿素，打破了有机化合物的"生命力"学说；1830年前后德国化学家李比希（Justus von Liebig，1803—1873）发现了同分异构体，和维勒共同创立了有机化学、发展了有机化学结构理论；1869年俄国化学家门捷列夫（Дмитрий Иванович Менделеев，1834—1907）发现了元素周期律；1888年法国化学家勒沙特列（Le Chatelier，1850—1936）提出了化学平衡移动原理，等等。

这一时期化学发展的中心在欧洲，化学研究从多个方面展开，逐步建立起了无机化学、有机化学、分析化学和物理化学等重要的基础分支学科，具备了较为丰富的实验基础和理论基础。

(5) 科学相互渗透时期

这一时期开始于19世纪末和20世纪初，延续到当今，又称为现代化学时期。19世纪末，X射线、放射性和电子技术三大发现，猛烈地冲击着道尔顿原子论关于原子不可再分的观念，打开了原子和原子核内部结构的大门，使化学家能够从微观的角度和更深的层次上来研究物质的性质和化学变化的根本原因。同时，量子论的发展使化学和物理学有了共同的语言，解决了化学上许多悬而未决的问题；另外，化学又向生物学和地质学等学科渗透，使过去很难解决的蛋白质、酶等的结构问题，正在逐步得到解决。化学又衍生出许多分支，例如生物化学、地理化学、高分子化学、材料化学、合成化学、仪器分析化学等。

化学的发展历史过程，体现了人类对化学物质及其变化规律认识不断深化的过程，表现出化学实验和化学理论相互作用、相互促进、辩证发展的过程。

0.2　物理化学的建立与发展

物理化学是化学学科的一个重要分支，它是以物理的原理和实验技术为基础探求化学变化中最基本规律的一门学科。"物理化学"这一术语最早是在 18 世纪中叶，被俄国科学家罗蒙诺索夫（M. B. Ломонócoв，1711—1765）首次使用，但它作为一门学科的正式形成，一般认为是从 1887 年德国化学家奥斯特瓦尔德（F. W. Ostwald，1853—1932）和荷兰化学家范特霍夫（J. H. Van't Hoff，1852—1911）创立《物理化学杂志》开始的。

从物理化学学科的正式形成之时起到 20 世纪 20 年代，物理化学以化学热力学的迅猛发展为其显著特征。热力学第一定律和第二定律在各种化学系统，尤其是溶液系统的研究中得到广泛应用，取得了辉煌的成就。吉布斯（J. W. Gibbs，1839—1903）对多相平衡系统进行了研究，提出了相律概念，范特霍夫提出了化学平衡理论，阿累尼乌斯（S. A. Arrehnius，1859—1927）提出了电离学说，能斯特（W. H. Nernst，1864—1941）发现了热定律，路易斯（G. N. Lewis，1875—1946）提出了非理想系统的逸度和活度概念及其测定方法，及至 1923 年德拜（P. J. W. Debye，1884—1966）和休克尔（E. A. A. J. Huckel，1896—1980）提出的强电解质溶液理论时，经典热力学，即平衡热力学的全部基础已经具备。到了 20 世纪 70 年代，普里戈金（I. Prigogine，1917—2003）等提出的耗散结构理论，促进热力学扩展到非平衡态领域。

化学动力学的研究也起源于 19 世纪末期，阿累尼乌斯首先提出了反应活化能的概念，博登斯坦（M. Bodenstein，1871—1942）和能斯特提出了链反应机理，辛歇乌德（C. N. Hinshelwood，1897—1967）和谢苗诺夫（N. Semyonow，1896—1986）发展了自由基链式反应动力学。到了 20 世纪 60 年代，激光技术的出现和实验技术的不断提高，促使动力学的研究从宏观走向微观和超快速反应动力学的方向进行。目前，反应时间分辨率已达到飞秒（10^{-15} s）数量级。若反应时间分辨率再提高 2～3 个数量级，人类有可能彻底认识和控制反应过程。

20 世纪是物理化学的一个重要分支——结构化学的快速发展时期。劳厄（M. Laue，1879—1960）和布拉格（W. H. Bragg，1862—1942）用 X 射线对晶体结构的研究奠定了结构化学的基础，1926 年量子力学的研究兴起又促进了对物质微观结构的认识。鲍林（L. C. Pauling，1901—1994）等提出了杂化轨道理论、氢键和电负性等概念，路易斯提出了共价键概念，鲍林和斯莱脱（J. C. Slater，1900—1976）完善了价键理论，穆利肯（R. S. Mulliken，1896—1986）和洪特（F. Hund，1896—1997）发展了分子轨道理论，使价键法和分子轨道法成为近代化学键理论的基础。到了 50 年代，实验技术的发展促进了从基态稳定态分子进入各种激发态结构的研究。电子能谱的出现又使结构化学研究能够从物质的体相转移到表面相。目前，结构化学的研究对象正从一般键合分子扩展到准键合分子、范德华分子、原子簇、分子簇和非化学计量化合物。

伴随着大型快速电子计算机的诞生，物理化学的另一分支学科——量子化学应运而生。福井 谦一（Fukui Kenichi，1918—1998）提出的前线轨道理论、伍德沃德（R. B. Woodward，1917—1979）和霍夫曼（R. Hoffmann，1937—）提出的分子轨道对称守恒原理，是建立量子化学的重要基础，波普尔（J. A. Pople，1925—2004）发展的半经验和从头计算法为量子化学的广泛应用奠定了基础。目前，量子化学是研究化学与材料性质的重要手段之一。

20 世纪 80 年代以来，人们对介于宏观与微观之间的介观领域的研究越来越重视，发现了许多奇异现象。目前，对三维尺寸在 $1\sim100nm$ 范围纳米体系的研究，已成为材料、化学、物理等学科的前沿热点。

0.3 研究物理化学的目的和研究内容

物理化学是研究所有物质系统化学行为中的原理、规律和方法的学科，它是所有化学学科的理论基础。物理化学与其他学科之间有着密不可分的联系，物理化学所取得的理论成就和先进的实验方法，能为其他学科的研究和发展提供理论指导。因此，研究物理化学的目的，是为了解决一切实际生产和科学实验过程中所遇到的化学理论问题，揭示化学变化的本质，更好地为生产实践服务。例如，无机化学家常用化学热力学原理研究无机材料的性质及其稳定性；有机化学家用化学反应动力学理论研究有机反应的机理，用结构化学的理论探索反应中间产物的结构及其稳定性；分析化学家则通过光谱分析以确定未知物的组成。除此以外，在生物领域，人们常用化学热力学原理研究生物能、膜平衡和生物大分子的分子量；材料科学工作者，会应用热力学原理来判断合成未知新材料的可能性及已合成材料的稳定性，用光谱的方法确定材料的结构与功能等。总之，物理化学是一门无处不在的学科，它的基本原理和科学的实验方法每时每刻在为其他学科的发展指明方向。

物理化学是化学学科的一个最重要分支，它所面临的主要研究内容有以下几个方面。

(1) 化学变化的方向与限度

在一定的条件下，一个化学反应能否朝着设定的方向进行？若能，则进行的程度又如何？改变外界条件，如温度、压力、组成等，对反应进行的方向和程度各有怎样的影响？如何控制反应的外界条件，使反应朝着设计的方向进行？所发生的反应过程中能量如何变化？这些都是化学热力学的研究范畴，主要依赖于热力学第一、第二定律来解决。

(2) 化学反应的速率与机理

一定的条件下，对于一个反应方向已确定的化学反应，其反应速率有多大？反应进行的历程怎样？改变外界条件，如温度、压力、组成、催化剂等，对反应进行时的历程和速率会产生怎样的影响？如何通过控制反应的外界条件，使反应能按照适宜的速率进行、有效抑制副反应？这些都是化学动力学所要研究的问题。

(3) 物质结构与性能之间的关系

本质上讲，物质的内部结构决定了物质的性质。深入了解物质的内部结构，除了能了解化学变化的内在因素外，更重要的是可以预见在适当改变外在条件的情况下，物质的内部结构将如何改变，进一步对物质的性质将产生怎样的影响，这为合成特殊用途的新材料提供了方向和线索。这类问题的研究，要借助于结构化学和量子化学。结构化学的任务是研究分子的结构，如表面结构、内部结构和动态结构等。量子化学是量子力学与化学相结合的学科，它通过对模型的模拟计算，了解分子成键过程，为分子的设计提供帮助。

化学热力学、化学动力学、量子力学、统计力学是物理化学的四大分支。本书将重点介绍热力学的基本原理及其在物质单纯 pVT 变化过程、化学反应、多相平衡系统、电化学、界面现象以及胶体化学中的应用；着重介绍动力学的基本原理及其在一般化学反应和特殊化学反应中的应用；简要介绍量子力学的基本理念和统计热力学处理化学问题时的思路与方法。

0.4 物理化学中物理量的运算规则

在物理化学中，要研究诸如气体温度、压力、体积等各种物理量之间的关系，常常涉及用定量的公式来描述物理量之间的关系。因此，正确理解物理量的表示方法及其运算规则，既是学好物理化学课程的必要条件，也是培养严谨科学态度的基本要求。

（1）物理量的表示

物质存在的状态和运动形式是多种多样的，既有大小的增减，又有性质、属性的改变。物理量就是指物质的这种可以定性区别和可以定量确定的属性。因此，一方面，物理量反映了属性的大小、轻重、长短或多少等概念；另一方面，物理量又反映了物质在性质上的区别。可见，物理量都是由数值和单位两部分构成，物理量的大小等于数值和单位的乘积。

若以 A 代表任意一个物理量，以 $[A]$ 表示其单位，则 $\{A\}$ 表示以 $[A]$ 为单位时的数值，三者之间的关系可表示为

$$A = \{A\} \cdot [A]$$

例如，某体积 $V = 10\mathrm{dm}^3$，V 是体积的物理量，dm^3 是体积的单位，10 是以 dm^3 为单位时体积的数值。

理论上，单位的大小可以任意选择，但一般常用国际单位制，即 SI 制。数值的大小将随单位的选择而改变，即单位 $[A]$ 的不同，$\{A\}$ 的数值大小不等，且与单位的大小成反比。但是物理量本身不随单位的大小变化而改变，即与单位的选择无关。上面的体积也可表示为 $V = 0.01\mathrm{m}^3$，V 依然是体积的物理量，m^3 是体积的 SI 制单位，0.01 是以 m^3 为单位时体积的数值。可见，两个物理量是相等的，即 $V = 10\mathrm{dm}^3 = 0.01\mathrm{m}^3$。但是，由于单位 m^3 是 dm^3 的 10^3 倍，所以，单位为 m^3 时的体积数值 0.01 是单位为 dm^3 时的体积数值 10 的 10^{-3} 倍，体现出体积的数值与单位成反比的关系。

为了区分物理量本身和以一定单位表示的物理量数值，特别是在图、表中要用到以一定单位表示的物理量的数值时，通常以物理量与单位的比值 $\dfrac{A}{[A]} = \{A\}$ 表示。例如，$\dfrac{V}{\mathrm{m}^3} = 0.01$ 或者 $\dfrac{V}{\mathrm{dm}^3} = 10$。

物理量都有各自特定的符号，一般用拉丁字母或希腊字母表示，用大、小写字母表示的

都有，有时用上、下标记加注说明。物理量的符号除 pH（正体）以外，都用斜体印刷；上、下标记中如果是物理量则也用斜体，其他说明标记用正体。如体积符号 V，物质的量符号 n，密度符号 ρ，摩尔定容热容符号 $C_{V,m}$ 等。对于 $C_{V,m}$，C 是物理量符号，斜体；V,m 是下标记，其中 V 代表体积，是物理量，需要斜体，m 代表摩尔，不是物理量，因此是正体。

物理量的单位符号都用正体印刷，一般用小写字母，当单位名称来源于人名时，则其第一个字母要大写，如米（m）、秒（s）、西门子（S）、帕斯卡（Pa）等。

（2）量方程式与数值方程式及其运算

方程式（或公式）可分为量方程式和数值方程式两种。量方程式表示物理量之间的关系，是以物理量的符号组成的方程。如理想气体状态方程的量方程式为

$$pV = nRT$$

计算时，先列出量方程式，然后同时代入数值和单位进行计算。例如，计算 25℃、150kPa 下 2mol 理想气体的体积，用量方程式计算为

$$V = \frac{nRT}{p}$$

$$= \frac{2\text{mol} \times 8.314\text{J} \cdot \text{mol}^{-1} \cdot \text{K}^{-1} \times (273.15 + 25)\text{K}}{150 \times 10^3 \text{Pa}}$$

$$= 3.305 \times 10^{-2} \text{m}^3 = 33.05 \text{dm}^3$$

数值方程式表示的是物理量中数值之间的关系，是以物理量与其单位的比值组成的方程形式。因物理量的数值大小与物理量的单位有关，故数值方程式中物理量的单位统一采用 SI 制单位。如理想气体状态方程的数值方程式为

$$\frac{p}{\text{Pa}} \cdot \frac{V}{\text{m}^3} = \frac{n}{\text{mol}} \cdot \frac{R}{\text{J} \cdot \text{mol}^{-1} \cdot \text{K}^{-1}} \cdot \frac{T}{\text{K}}$$

计算时，先列出数值方程式，然后直接代入数值进行计算。刚才的例子用数值方程式计算的过程为

$$\frac{V}{\text{m}^3} = \frac{(n/\text{mol}) \times (R/\text{J} \cdot \text{mol}^{-1} \cdot \text{K}^{-1}) \times (T/\text{K})}{p/\text{Pa}}$$

$$= \frac{2 \times 8.314 \times (273.15 + 25)}{150 \times 10^3} = 3.305 \times 10^{-2}$$

所以

$$V = 3.305 \times 10^{-2} \text{m}^3 = 33.05 \text{ dm}^3$$

在物理化学中，通常都采用量方程式。为了运算过程简便起见，运用量方程式计算时一般可以不列出每一个物理量的单位，直接代入物理量在 SI 制单位时的数值，直接给出所需计算物理量的最后 SI 制单位，即

$$V = \frac{nRT}{p}$$

$$= \frac{2 \times 8.314 \times (273.15 + 25)}{150 \times 10^3} \text{m}^3$$

$$= 3.305 \times 10^{-2} \text{m}^3 = 33.05 \text{ dm}^3$$

在图中所表示的函数关系都是数值关系，运算时应该使用数值方程式。例如，应用阿累尼乌斯方程

$$\ln k = -\frac{E_a}{R} \cdot \frac{1}{T} + \ln A$$

通过 $\ln(k/[k])$ 对 $\frac{1}{T/K}$ 作图，由直线的斜率 m 求活化能 E_a 时，使用的便是数值方程

$$\ln(k/[k]) = -\frac{E_a/J \cdot mol^{-1}}{8.314} \times \frac{1}{(T/K)} + \ln(A/[A])$$

所以

$$m = -\frac{E_a/J \cdot mol^{-1}}{8.314}$$

即

$$E_a = -8.314 m \, J \cdot mol^{-1}$$

(3) 物理量的运算规律

物理化学中的方程式都要涉及物理量，方程式中等式两边物理量运算的结果，其单位是一致的。例如，理想气体状态方程 $pV = nRT$ 中，左边的单位运算为

$$[p][V] = Pa \cdot m^3 = \frac{N}{m^2} \cdot m^3 = N \cdot m = J$$

右边的单位运算为

$$[n][R][T] = (mol) \cdot (J \cdot mol^{-1} \cdot K^{-1}) \cdot (K) = J$$

可见，理想气体状态方程中左右两边的单位都是能量单位 J。

方程式中能进行加减运算的项，它们的单位一定相同，并且能够以此为依据确定方程式中的比例系数或常数的单位。例如，范德华方程

$$\left(p + \frac{a}{V_m^2}\right)(V_m - b) = RT$$

左边 $\frac{a}{V_m^2}$ 与 p 能够相加，说明 $\frac{a}{V_m^2}$ 与 p 的单位一致，为 Pa；V_m 与 b 相减，说明 b 与 V_m 的单位相同，都是 $m^3 \cdot mol^{-1}$。同时，可以推导出 a 的单位为 $Pa \cdot m^6 \cdot mol^{-2}$。

物理化学中对物理量进行对数运算时，都要将物理量除以其单位，化为纯数后才能进行。例如，前面介绍的阿累尼乌斯量方程式中的 $\ln k$ 实际上为 $\ln(k/[k])$。

0.5 物理化学课程的学习方法

物理化学是化学、化工、材料、生物化工、轻工、环境、能源、冶金等专业的一门极其重要的基础课程，应该把这门课程的学习放在十分重要的地位。为了学好物理化学课程，每位读者应结合自身的具体情况摸索出一套适合自己特点的学习方法。下面所提的几点学习方法仅供读者参考。

(1) 步步为营，学好每节、每章内容；纵观全局，注重节与节、章与章的内在联系

每一节内容都有其重点，学习过程中应着重掌握。学完每一章，应该在教师的指导下，及时地挖掘节与节之间的内在联系，自己总结、整理出这一章的核心内容，做到提纲挈领、事半功倍。随着学习的深入，更应把握章与章之间的联系，把新学到的内容与已经掌握的知识进行比较、联系。通过前后联系、反复思考，才有可能达到融会贯通的境界。

(2) 分清公式的主次，紧扣基本公式，以点带面，消化衍生公式

公式繁多、应用条件复杂，是读者学习物理化学遇到的最大困难。但对所学公式分析后不难发现，这些庞杂众多的公式，是由极少数的基本公式在不同条件下衍生而来的。因此，学习过程中，首先要树立基本公式是主要公式的理念，其次要学会从基本公式出发、推导特定条件的派生公式，这样才能搞清公式的来龙去脉。在这基础上，应该对公式使用条件加以重视。

(3) 既要注重理论学习中解题能力的培养，又要重视基本实验技能的培养

物理化学是理论与实验并重的学科，理论的发展离不开实验的启示和检验。通过解答习题不仅可以加深对课堂内容的理解，而且可以检查对课程内容的掌握程度。物理化学中任何有价值的理论，其提出和建立都具有生产实践和科学实验的基础，并能对实践起指导作用。物理化学实验是学生运用所学理论解决实际问题必不可少的手段。为此，学生必须掌握物理化学的基本实验技能。

(4) 课前预习，课上笔记，课后复习

课前预习可以带着问题去听课，能提高听课效率；课上做笔记不仅有利于记忆，而且更重要的是可以使教材内容简明扼要、重点突出；课后复习，可以及时地巩固所学内容。"三课"的有机结合，是学好物理化学的重要保障。

在物理化学的学习中，掌握其基本内容只是完成了学习任务的一个方面，更重要的任务是要领会物理化学中提出问题、考虑问题和解决问题的科学方法和精神。只有这样，才能培养出更多的创新型人才，科技才能不断进步。

第1章

气体的性质与液化

根据构成自然界物质的微粒（主要是分子或原子）间距离远近，物质的聚集状态通常有气、液和固三种状态。对物质聚集状态起决定作用的因素主要有温度和压力。一般而言，温度越高微粒的热运动越剧烈，压力越小微粒间的吸引力越弱，微粒间的距离就越远，物质往往以气态形式存在。相反，温度越低微粒的热运动越弱，压力越大微粒间的吸引力越大，微粒间的距离便越近，物质常常以固态方式存在。处于这两种情况之间，温度和压力适中，温度较高但压力较大或者温度较低压力却较小时，物质便以液态形式出现。以气态与液态形式存在的物质具有流动性，合称为流体；而液态和固态物质又统称为凝聚态。当然，在常压的条件下并非所有物质都有气、液和固三种状态，例如，常压下碳酸钙没有液态，因为对固体碳酸钙升温时未到熔点便分解了。

除了常见的气、液、固三态外，在近代物理的研究中，人们发现了性质上与气、液、固三态有本质区别的另一种聚集状态——等离子态（plasma state），被称为物质的第四态。此外，物质的存在状态还有第五态（超高压、超高温条件下的状态）、超导态和超流态等。

在常见的物质三种状态中，固体因其粒子排布的规律性较强，对它已进行了较为深入和详细的研究，取得了丰硕的成果。液体因其流动性，加之微粒的相互作用极为复杂，人们对其认识十分有限，有待进一步研究。

气体结构最为简单，历史上人们对它的性质研究得比较早、比较多，获得了许多经验定律。在此基础上设计和建立了气体分子的微观运动模型，从理论高度研究了气体分子运动的基本规律，从而使人们能够从物质微观运动的角度去了解诸如温度、压力等宏观参数的微观本质，对工业化生产和科学研究具有重要的理论和实际意义。

1.1 理想气体状态方程

在工业生产和科学研究中，人们经常遇到和使用的是气体，研究气体的性质和变化过程的规律，具有十分重要的实际意义和理论价值。气体分为理想气体和实际气体（又称为真实气体），对理想气体状态方程的建立和其性质的研究，不但可以为低压下实际气体的性质处理提供近似方法，而且还能为任意压力下实际气体的研究提供借鉴和参考。

1.1.1 低压下气体 pVT 变化过程的经验定律

早在 17 世纪中期，人们就开始了气体在低压（$p<1\text{MPa}$）及较高温度下 pVT 变化行为的研究。在测量低压下气体性质时，人们发现了波义尔-马里奥特（Boyle-Marriotte）定律、查理-盖·吕萨克（Charles-Gay Lussac）定律和阿伏加德罗（A. Avogadro）定律，这三个经验定律适用于一切低压下的各种纯气体。

(1) 波义尔-马里奥特定律

1662 年波义尔研究发现，在热力学温度 T 和物质的量 n 一定的条件下，气体的体积 V 与压力 p（这里的压力实际上是压强，物理化学中习惯称为压力）成反比，即

$$(pV)_{T,n} = C \tag{1-1}$$

式中，C 为常数，上式两边微分，得

$$(V\partial p + p\partial V)_{T,n} = 0$$

即

$$\left(\frac{\partial V}{\partial p}\right)_{T,n} = -\frac{V}{p} \tag{1-2}$$

罗伯特·波义尔（R. Boyle，1627—1691） 英国科学家。他把化学从炼丹术中分离出来，是近代化学的奠基人之一，也是应用实验与科学方法来检验理论的一个先驱者，被认为是科学方法的奠基人。他的重要贡献是发现了波义尔定律，同时他一生在许多方面做出了杰出贡献。例如，他是第一个将气体分离出来的人，是第一个研究了生物发光现象的人，是第一个制造出了小型、可携带的盒式奥布斯古拉（Obscura）照相机的人，还是第一个在英国发表了应用液体比重计测量液体密度报道的人，他发明鉴别酸与碱的指示剂——石蕊试纸，他测定了地球大气中空气的密度，研究了燃烧过程的化学问题，甚至被认为发明了火柴，另外做过动物生理学实验。在物理学领域，波义尔还研究了空气在声音传导中的作用，及在凝固过程中水的膨胀力。他对英国皇家学会的建立做出了重要贡献。同时，他对神学与对科学一样有兴趣，化了大量的时间翻译圣经，通过学习希伯来语、希腊语、叙利亚语来促进他对于圣经的研究。

(2) 查理-盖·吕萨克定律

1809 年盖·吕萨克提出，在物质的量和压力一定的条件下，气体的体积与热力学温度成正比，即

$$\left(\frac{V}{T}\right)_{p,n} = C \tag{1-3}$$

上式两边微分，得

$$\left(\frac{T\partial V - V\partial T}{T^2}\right)_{p,n} = 0$$

即

$$\left(\frac{\partial V}{\partial T}\right)_{p,n} = \frac{V}{T} \tag{1-4}$$

盖·吕萨克(J. L. Gay-Lussac, 1778—1850)　法国化学家。1797 年入巴黎综合工科学校学习，1800 年毕业后，任法国著名化学家贝托雷的私人实验室助手。1802 年任巴黎综合工科学校的辅导教师，后任化学教授。1806 年当选为法国科学院院士，1809 年任索邦大学物理学教授，1832 年任法国自然历史博物馆化学教授。

　　盖·吕萨克1805 年研究空气的成分。在一次实验中他证实，水可以用氧气和氢气按体积1:2 的比例制取。1808 年他证明，体积的一定比例关系不仅在参加反应的气体中存在，而且在反应物与生成物之间也存在。1809 年 12 月31 日盖·吕萨克发表了他发现的气体化合体积定律(盖·吕萨克定律)，在化学原子、分子学说的发展历史上起了重要作用。1813 年为碘命名。1815 年发现氰，并弄清它作为一个有机基团的性质。1827 年提出建造硫酸废气吸收塔，直至 1842 年才被应用，称为盖·吕萨克塔。

(3) 阿伏加德罗定律

1869 年，阿伏加德罗提出，在相同的温度和压力下，1mol 任何气体所占的体积都相同，即

$$\left(\frac{V}{n}\right)_{T,p} = C \tag{1-5}$$

上式两边微分，得

$$\left(\frac{n\partial V - V\partial n}{n^2}\right)_{T,p} = 0$$

即

$$\left(\frac{\partial V}{\partial n}\right)_{T,p} = \frac{V}{n} \tag{1-6}$$

阿伏加德罗（A. Avogadro，1776—1856）　意大利化学家、物理学家。1792 年入都灵大学学习法学，获法学博士学位，当过律师。1800 年起，研究物理学和数学。1809 年任韦尔切利大学哲学教授，1820 年、1834~1850 年任都灵大学教授。1804 年被都灵科学院选为通讯院士，1819 年当选院士。

　　阿伏加德罗对科学的最大贡献是：他毕生致力于原子-分子学说的研究，在盖·吕萨克气体化合体积定律的基础上，提出了著名的阿伏加德罗定律。1811 年，他发表了题为《原子相对质量的测定方法及原子进入化合物时数目之比的测定》的论文，首次引入"分子"概念，并把它与原子概念相区别。

遗憾的是，当时由于学术界盛行电化学学说，致使他的假说默默无闻地被搁置半个世纪之久。直到 1860 年，意大利化学家坎尼扎罗在一次国际化学会议上的慷慨陈词，阿伏加德罗定律才得以为全世界科学家所公认。

1.1.2　理想气体状态方程的导出

　　从低压下气体的三个经验定律可以发现，气体的体积与气体所处的热力学温度、压力和物质的量有关，即

$$V = V(T, p, n) \tag{1-7}$$

上式的全微分为

$$dV = \left(\frac{\partial V}{\partial T}\right)_{p,n} dT + \left(\frac{\partial V}{\partial p}\right)_{T,n} dp + \left(\frac{\partial V}{\partial n}\right)_{T,p} dn$$

将式(1-2)、式(1-4) 和式(1-6) 代入上式，得

$$dV = \frac{V}{T} dT + \left(-\frac{V}{p}\right) dp + \frac{V}{n} dn$$

等式两边同时除以体积 V，并移项得

$$\frac{dV}{V} + \frac{dp}{p} - \frac{dT}{T} - \frac{dn}{n} = 0$$

$$d\ln V + d\ln p - d\ln T - d\ln n = 0$$

$$d\ln \frac{pV}{nT} = 0$$

所以

$$\frac{pV}{nT} = R$$

即

$$pV = nRT \tag{1-8}$$

式(1-8) 称为理想气体状态方程。式中，n 为气体物质的量，SI 制单位为 mol；p 是由于气体分子运动而碰撞单位面积容器器壁所产生的压力，对理想气体来说就是容器内气体的压力，SI 制单位为 Pa；V 为容器内气体分子自由活动空间的体积，对理想气体而言便是容器自身的体积，SI 制单位为 m^3；R 为摩尔气体常数，其值为 8.314 J•mol^{-1}•K^{-1}；T 是热力学温度，单位为 K，它与摄氏温度的关系为

$$T = \left(\frac{t}{℃} + 273.15\right) K$$

式中，t 为摄氏温度，℃。

摩尔体积定义为

$$V_m = \frac{V}{n} \tag{1-9}$$

代入式(1-8)，理想气体状态方程的另一种形式为

$$pV_m = RT \tag{1-10}$$

由于气体的物质的量 n 可表示为气体的质量 m 与它的摩尔质量 M 之比，即

$$n = \frac{m}{M}$$

代入式(1-8)，再得理想气体状态方程的一种形式为

$$pV = \frac{m}{M} RT \tag{1-11}$$

1.1.3 理想气体模型与概念

(1) 分子间作用力与势能

从分子运动论的观点出发，决定分子各种性质的基本因素是分子的热运动和分子间作用

力，分子间作用力的存在已为许多事实所证实。例如，一定温度下，气体的液化或固化；固体能保持一定的形状与体积，很难把固体的一部分与另一部分分开；液体虽没有一定的形状，但却有体积，这些都说明了分子间存在着相互作用的吸引力。分子之间存在着间隙，但液体与固体难以压缩，这说明了分子间存在着相互作用的排斥力。

分子间的吸引力和排斥力总是同时存在的，并且两者都会随着分子间距离的增加而减少，但减少的规律有所不同，排斥力的减少更快些。如图 1-1（a），当两个分子间的距离 r 等于平衡距离 r_0 时，吸引力与排斥力大小相等，分子间作用力的合力为零；当两个分子间距离 r 小于平衡距离 r_0 时，吸引力与排斥力随分子间距离的减小而增加，但排斥力增加得更快，分子间作用力的合力表现为排斥作用；当两个分子间距离 r 大于平衡距离 r_0 时，吸引力与排斥力随分子间距离的增加而减小，但排斥力减小得更快，分子间作用力的合力表现为吸引作用。当两个分子间距离 r 不断增大时，它们之间的相互作用力合力不断减小，直至几乎为零，气体分子之间的距离较大，分子间的相互作用极弱。液体和固体的存在是分子间相互吸引作用的必然结果，但它们的难以压缩又印证了近距离的分子间存在相互排斥作用。根据形成分子间作用力的不同因素，分子间作用力通常有色散力、诱导力和取向力三种。

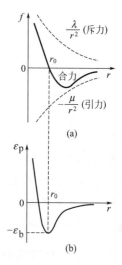

图 1-1　分子间的作用
力、势能与分子间
距离关系曲线

同样，任何分子间的相互作用势能都包括相互吸引势能和相互排斥势能两个方面，按照兰纳德-琼斯（Lennard-Jones）的势能理论，两个分子间的相互吸引势能与它们之间距离 r 的 6 次方成反比，相互排斥势能与它们之间距离 r 的 12 次方成反比。以 E_1 代表两分子间的相互吸引势能，E_2 代表两分子间的相互排斥势能，E 代表两分子间总的相互作用势能，为前两者之和：

$$E = E_1 + E_2 = -\frac{A}{r^6} + \frac{B}{r^{12}} \tag{1-12}$$

式中，A、B 分别为吸引势能和排斥势能常数，其值均与物质的分子结构有关。

图 1-1（b）是由式(1-12)得到的兰纳德-琼斯势能曲线。在到达两分子平衡距离 r_0 前，分子间的势能随着分子间距离 r 的增加逐渐减小，在平衡距离 r_0 处势能降到最低，在分子间距离大于平衡距离 r_0 后，分子间势能又随着分子间距离 r 的增加而升高。当两个分子间距离 r 不断增大时，分子间势能趋向于零，这与此时分子间的相互作用力合力几乎为零是一致的。

（2）理想气体模型与概念

在极低的压力下，分子之间的距离大大增加，此时一方面分子之间的相互作用变得非常小，可以近似看作没有相互作用力，另一方面分子自身尺寸大小与分子间的距离相比可忽略不计，因而分子可近似被看成是没有体积的质点。所以，可以从研究极低压力下气体的行为出发，抽象地提出理想气体（ideal gas 或 perfect gas）的微观模型：理想气体是一群分子间无相互作用力的质点，即在微观上具有"分子间无相互作用力和分子本身没有体积"两个基本特征。

　　理想气体状态方程是在研究低压下气体的变化行为时得到的，但各种气体在实际情况下应用理想气体状态方程时或多或少会产生偏差，一般是压力越低偏差越小，只有在极低压力条件下，理想气体状态方程才能较准确地描述气体 pVT 的变化行为。

　　理想气体可以看成是实际气体在压力趋于零时的极限情况，也就是说，实际气体在压力趋于零的条件下才能完全适用理想气体状态方程。因此，人们把在任何温度和任何压力下都服从理想气体状态方程的气体称为理想气体。

　　然而，实际上理想气体并不存在，它只是一个科学的抽象概念，引进理想气体这一概念，是因为它在 pVT 变化过程中所遵循的规律比较简单。把较低压力下的实际气体近似作为理想气体处理，运用理想气体状态方程来研究低压下实际气体的 pVT 关系，具有实际意义和应用价值。至于多大的压力算作低压，可以运用理想气体状态方程近似计算实际气体的 pVT 关系，没有明确的界限，因为这不仅与实际气体的种类和性质相关，还取决于对计算结果精度高低的要求。一般把低于 1MPa 压力下的实际气体近似作为理想气体处理时，理想气体状态方程往往能满足一般工程的计算需要。对于临界温度较高、易液化的气体如水蒸气、氨气、二氧化碳等适用理想气体状态方程时的压力范围要窄些；而临界温度较低、难液化的气体，如氦气、氢气、氮气、氧气等适用理想气体状态方程时的压力范围相对而言会宽些。

1.1.4　摩尔气体常数

　　理论上，可以通过实验直接测定一定量的气体的 pVT 数据，然后代入 $R = \dfrac{pV}{nT}$，计算出摩尔气体常数 R。但这个公式是理想气体状态方程，实际气体只有在压力很低时才近似适用，压力趋于零时才能严格服从。但在压力很低时，不仅实验不易操作，而且数据难以测准，所以，在实际操作中常采用外推法来计算出 $p \to 0$ 处所对应的 pV_{m} 值，进而计算摩尔气体常数 R 值。

　　具体做法是：在一定温度 T 下，先测量某些实际气体不同压力 p 时的摩尔体积 V_{m}，然后用 pV_{m} 对 p 作图，外推到 $p \to 0$ 处，求出所对应的 pV_{m} 值，最后计算得到摩尔气体常数 R 值。

　　从图 1-2 可以看出，同一种气体在不同温度下，或者一定温度下的不同种气体，在压力 $p \to 0$ 时，$\left(\dfrac{pV_{\mathrm{m}}}{T}\right)$ 都趋于一个共同的极限值 R，其值为 $8.314\ \mathrm{J \cdot mol^{-1} \cdot K^{-1}}$，$R$ 称为摩尔气体常数。

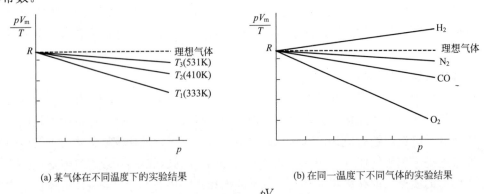

(a) 某气体在不同温度下的实验结果　　　　　　　(b) 在同一温度下不同气体的实验结果

图 1-2　气体的 $\dfrac{pV_{\mathrm{m}}}{T}$ -p 图

1.2 理想气体混合物性质

上节介绍了纯理想气体的状态方程，在实际生产和科学研究中，常常会遇到多种气体组成的气体混合物，例如空气、天然气等。本节将讨论理想气体混合物的 pVT 关系。在物理化学中，通常用 B 泛指混合物系统中的任意一种物质，它相当于数学加和公式 $\sum_{i=1}^{10} x_i$ 中的 i，但有时它也仅仅指物质 B 本身而无泛指含义，在后面的学习中请注意，并根据具体的情况加以区别。

1.2.1 混合物组成

有两种或两种以上物质构成的系统，称为混合物系统。对于混合物系统，需要知道各物质的含量，即组成。组成的表示方法有许多，这里主要介绍物质的量分数、体积分数和质量分数三种。

（1）物质的量分数

B 的物质的量分数（amount of substance fraction of B），常用 x_B 或 y_B 表示。对于任意一种物质 B，其物质的量分数定义为

$$x_B（或 y_B）= \frac{n_B}{\sum_B n_B} \tag{1-13}$$

式中，n_B 是物质 B 的物质的量，单位为 mol。物质 B 的物质的量分数等于物质 B 的物质的量与混合物总的物质的量之比，其量纲为 1。习惯上，用 x_B 表示液体混合物的物质的量分数，用 y_B 表示气体混合物的物质的量分数。显然，$\sum_B x_B = 1$ 或 $\sum_B y_B = 1$。

（2）体积分数

B 的体积分数（volume fraction of B），用 φ_B 表示。对于任意一种物质 B，其体积分数定义为

$$\varphi_B = \frac{V_B^*}{\sum_B V_B^*} = \frac{n_B V_{m,B}^*}{\sum_B (n_B V_{m,B}^*)} = \frac{x_B V_{m,B}^*}{\sum_B (x_B V_{m,B}^*)} \tag{1-14}$$

式中，V_B^* 为一定温度、压力下纯物质 B 的体积，SI 制单位为 m^3；$V_{m,B}^*$ 为一定温度、压力下纯物质 B 的摩尔体积，SI 制单位为 $m^3 \cdot mol^{-1}$，上标" ＊ "表示纯物质。物质 B 的体积分数等于混合前纯物质 B 的体积与混合前各纯物质的体积总和之比，其量纲为 1，同样 $\sum_B \varphi_B = 1$。

（3）质量分数

B 的质量分数（mass fraction of B），用 w_B 表示。对于任意一种物质 B，其质量分数定义为

$$w_B = \frac{m_B}{\sum_B m_B} = \frac{n_B M_B}{\sum_B (n_B M_B)} = \frac{x_B M_B}{\sum_B (x_B M_B)} \tag{1-15}$$

式中，m_B 为物质 B 的质量，SI 制单位为 kg；M_B 为物质 B 的摩尔质量，SI 制单位为 kg·mol^{-1}。物质 B 的质量分数等于物质 B 的质量与混合物的总质量之比，其量纲为 1，$\sum\limits_B w_B = 1$。

【例 1-1】 在 298K、101.325kPa 时，将 1mol N_2 与 3mol O_2 混合，求混合后的 y_{O_2}、φ_{O_2} 和 w_{O_2}。假设气体均为理想气体。

解 根据混合物不同组成的定义，有

(1) 物质的量分数为

$$y_{O_2} = \frac{n_{O_2}}{n_{N_2} + n_{O_2}} = \frac{3}{1+3} = 0.75$$

(2) 根据理想气体状态方程，混合前 N_2 与 O_2 的体积为

$$V_{N_2}^* = \frac{n_{N_2} RT}{p} = \frac{1 \times 8.314 \times 298}{101.325 \times 10^3} m^3 = 2.45 \times 10^{-2} m^3$$

$$V_{O_2}^* = \frac{n_{O_2} RT}{p} = \frac{3 \times 8.314 \times 298}{101.325 \times 10^3} m^3 = 7.34 \times 10^{-2} m^3$$

体积分数为

$$\varphi_{O_2} = \frac{V_{O_2}^*}{V_{N_2}^* + V_{O_2}^*} = \frac{7.34 \times 10^{-2}}{2.45 \times 10^{-2} + 7.34 \times 10^{-2}} = 0.75$$

(3) 质量分数为

$$w_{O_2} = \frac{n_{O_2} M_{O_2}}{n_{N_2} M_{N_2} + n_{O_2} M_{O_2}} = \frac{3 \times 32 \times 10^{-3}}{1 \times 28 \times 10^{-3} + 3 \times 32 \times 10^{-3}} = 0.77$$

1.2.2 理想气体状态方程在理想气体混合物中的应用

将几种不同的纯理想气体混合在一起，便形成了理想气体混合物。如前所述，由于理想气体的分子之间没有相互作用，分子本身又没有体积，故理想气体的 pVT 性质与气体的种类无关。理想气体混合物，可以理解为一种理想气体的部分分子被另一种理想气体的分子所置换，因此理想气体的 pVT 性质并没改变，只是 $pV = nRT$ 中的 n 此时代表的是混合物中总的物质的量，所以理想气体混合物的状态方程为

$$pV = nRT = \left(\sum_B n_B \right) RT \tag{1-16}$$

或

$$pV = \frac{m}{\overline{M}_{mix}} RT \tag{1-17}$$

式中，p 为混合气体的总压力；V 为混合气体的总体积；$m = \sum\limits_B m_B$，是混合气体的总质量，$\overline{M}_{mix}$ 是混合气体的平均摩尔质量。

混合物的平均摩尔质量定义为

$$\overline{M}_{mix} = \frac{m}{n} = \frac{\sum\limits_B m_B}{\sum\limits_B n_B} \tag{1-18}$$

即混合物的平均摩尔质量等于混合物的总质量与混合物总的物质的量之比。由 $m_B = n_B M_B$，

代入上式，得

$$\overline{M}_{\mathrm{mix}} = \frac{\sum\limits_{\mathrm{B}}(n_{\mathrm{B}}M_{\mathrm{B}})}{\sum\limits_{\mathrm{B}}n_{\mathrm{B}}} = \sum_{\mathrm{B}}y_{\mathrm{B}}M_{\mathrm{B}} \tag{1-19}$$

即混合物的平均摩尔质量等于混合物中各物质的摩尔质量与其物质的量分数的乘积之和。

1.2.3 道尔顿分压定律

不管是理想气体混合物还是实际气体混合物，都可用分压力的概念来描述混合物中任意一种气体所产生的压力，分压力的定义为

$$p_{\mathrm{B}} = y_{\mathrm{B}}p \tag{1-20}$$

式中，p_{B} 为物质 B 的分压；y_{B} 为物质 B 的物质的量分数；p 为混合气体总压。

因为混合气体中，各种气体的物质的量分数之和 $\sum\limits_{\mathrm{B}}y_{\mathrm{B}}=1$，所以各种气体的分压之和等于混合气体总压，即

$$p = \sum_{\mathrm{B}}p_{\mathrm{B}} \tag{1-21}$$

式(1-20) 及式(1-21) 不仅适用于理想气体混合物，而且适用于实际气体混合物。

对于理想气体混合物，由式(1-16) 得

$$p = \frac{(\sum\limits_{\mathrm{B}}n_{\mathrm{B}})RT}{V}$$

将上式和式(1-13) 同时代入分压定义式(1-20)，可得

$$p_{\mathrm{B}} = \frac{n_{\mathrm{B}}RT}{V} \tag{1-22}$$

即理想气体混合物中任一物质 B 的分压等于该物质单独存在于混合气体的温度 T 及混合气体的总体积 V 条件下所具有的压力。

由此可见，混合气体的总压等于各气体物质单独存在于混合气体的温度、混合气体的总体积条件下所产生压力的总和，这便是道尔顿（Dalton）分压定律，或简称分压定律。严格而言，道尔顿分压定律只适用于理想气体混合物，或近似适用于低压下的实际气体混合物，不适用于压力较高的实际气体。

道尔顿（J. Dalton，1766—1844） 英国化学家，物理学家。道尔顿1793～1799 年在曼彻斯特新学院任数学和自然哲学教授。他 1816 年当选为法国科学院通讯院士，1817～1818 年任曼彻斯特文学和哲学学会会长，1822 年当选为英国皇家学会会员，1835～1836 年任英国学术协会化学分会副会长。道尔顿最大的贡献是把古代模糊的原子假说发展为科学的原子理论，为近代化学的发展奠定了重要的基础。道尔顿提出了元素的相对原子质量，发表第一张相对原子质量表，总结出气体分压定律、定比定律和倍比定律等。他著有《化学哲学的新体系》、《气象观察和论文集》，一生宣读和发表过 116 篇论文。

1.2.4 阿马加定律

1880 年，阿马加（Amagat）在研究低压气体性质时发现，低压下气体混合物的总体积 V 等于各气体物质 B 单独存在于混合气体温度 T 及混合气体总压 p 条件下所占有的体积 V_B 之和，即

$$V = \sum_B V_B \tag{1-23}$$

这便是与道尔顿分压定律相对应的阿马加定律，V_B 也称为气体物质 B 的分体积，其值为

$$V_B = \frac{n_B RT}{p} \tag{1-24}$$

阿马加定律是理想气体 pVT 性质的必然结果，由理想气体混合物的状态方程式(1-16)很容易导出阿马加定律

$$V = \frac{\left(\sum_B n_B\right)RT}{p} = \sum_B \left(\frac{n_B RT}{p}\right) = \sum_B V_B$$

式(1-24) 说明，理想气体混合物中气体物质 B 的分体积 V_B，相当于是纯气体物质 B 在理想气体混合物的温度及总压条件下所占有的体积。而式(1-23) 体现了理想气体混合物的总体积具有加和性，即在相同温度、压力下，理想气体混合后的总体积等于混合前各纯气体物质的体积之和。

同样，严格说来阿马加定律也只适用于理想气体混合物，对于低压下的实际气体混合物可以近似适用。

结合物质的量分数定义、道尔顿分压定律和阿马加定律，很方便地得到理想气体混合物中气体物质 B 的物质的量分数 y_B 计算公式

$$y_B = \frac{n_B}{\sum n_B} = \frac{p_B}{p} = \frac{V_B}{V} \tag{1-25}$$

即理想气体混合物中任意气体物质 B 的物质的量分数 y_B 等于其在混合物中的分压与总压之比，也等于其在混合物中的分体积与总体积之比。

1.3 实际气体状态方程

实验研究发现，在较低温度和较高压力的条件下，将理想气体状态方程应用于实际气体 pVT 行为时将产生较大的偏差。这是因为在低温、高压下，气体分子间的距离大大缩小，分子间的作用力和分子自身的体积已不能忽略不计，不能再把气体分子当做质点，理想气体的分子运动微观模型已不适用于此时的实际气体。

为了能获得与实际气体 pVT 行为相符的状态方程，人们开展了卓有成效的研究工作，提出了大量的状态方程，为生产实践和科学研究供了理论支撑。在随后的内容里不难发现，实际气体的状态方程有一个共同之处，它们大多是以理想气体状态方程为基础加以修正得到的，在压力趋于零时，均可还原为理想气体状态方程。这里主要介绍最具代表性的范德华方程和维里方程等。

1.3.1 实际气体的 pV_m-p 图与波义尔温度

在温度较低或压力较高时，实际气体的 pVT 行为与理想气体状态方程之间会产生较大的偏差。一定温度下，理想气体的 pV_m 值是不随压力变化而改变的，体现在 pV_m-p 图上应该是平行于横轴的直线。而在实际气体的 pV_m-p 图上，pV_m 值一定会随压力的改变而变化。一定温度下，不同气体的 pV_m-p 图中 pV_m 值随 p 的变化一般有以下三种类型。

第一种类型，pV_m 值随着 p 的增加而单调增加。如图 1-3（a）中的 H_2 曲线和图 1-3（b）中的 T_1 曲线。

第二种类型，pV_m 值随着 p 的增加，开始变化很小，可以认为基本不变，然后增加。如图 1-3（b）中的 T_2 曲线。

第三种类型，pV_m 值随着 p 的增加，开始先下降，然后再上升，曲线上出现最低点。图 1-3 中除了上面提到的三条曲线外，其余曲线都属于这种类型。

图 1-3（b）是 N_2 在不同温度下（$T_4 < T_3 < T_2 < T_1$）的 pV_m-p 曲线示意图，尽管是同一种气体，也会出现上述三种类型，曲线的类型取决于气体所处的温度，当温度为 T_3 和 T_4 时，曲线上出现最低点，是第三种类型。当温度为 T_1 时，曲线单调增加，是第一种类型。当温度为 T_2 时，属于第二种类型，曲线的 pV_m 随 p 的改变在开始时变化不大，在相当一段压力范围内，基本趋向于水平线，近似符合理想气体状态方程。这一特殊的温度 T_2，称为波义尔温度（Boyle temperature），用 T_B 表示。在波义尔温度下，当压力趋于零时，pV_m-p 曲线的斜率为零，即

$$\lim_{p \to 0}\left[\frac{\partial(pV_m)}{\partial p}\right]_{T_B} = 0 \tag{1-26}$$

只要知道了实际气体的状态方程，便可由式（1-26）求得波义尔温度 T_B。当气体的温度高于 T_B 时，气体可压缩性小，难以液化。

任何实际气体都有自身的波义尔温度 T_B，在该温度下，实际气体在几百千帕范围内能较好地遵循理想气体状态方程，或者说符合波义尔定律。

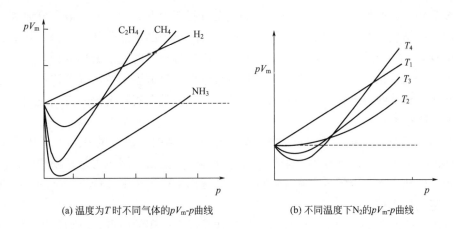

(a) 温度为 T 时不同气体的 pV_m-p 曲线　　(b) 不同温度下 N_2 的 pV_m-p 曲线

图 1-3　实际气体的 pV_m-p 曲线

如前所述，pV_m-p 曲线的三种类型可以依据低于、等于和高于波义尔温度来区分，三种不同类型曲线的变化规律，可以用实际气体的分子之间具有相互作用力和分子本身具有体积来进行说明。

气体的压力，是由于气体分子在作无规则热运动时碰撞器壁所产生的结果。理想气体的压力，是在气体分子间无相互作用条件下，分子施加在单位面积器壁上的力。对于实际气体，由于分子之间存在的作用力主要是吸引力，那些不靠近器壁的气体分子，受到来自四面八方其他分子的引力，总的结果是引力的作用相互抵消，合力为零。而接近、即将撞击器壁的某分子，因从该分子到器壁这一侧的距离内已没有其他分子存在，但该分子相对于器壁的另一侧其它分子对该分子有吸引作用，可见这时该分子所受吸引力具有不对称性，故合力不为零，总的结果是该分子受到一个将其拉向内部的引力。这种向内的引力，减弱了气体分子对器壁的碰撞效果，相当于减小了压力，使得实际气体的 pV_m 值与理想气体相比趋于减小，实际气体变得容易压缩，暂且把这一现象称为分子间引力效应。

另一方面，状态方程中的体积 V_m 定义为 1mol 分子自由活动的空间。理想气体因分子本身没有体积，状态方程中的体积 V_m 与容器的体积是一致的。而实际气体分子因本身具有体积，其 V_m 值是分子自由活动空间与分子本身占有的不可压缩空间之和。这样，同样的 V_m，实际气体自由活动空间要比理想气体的来得小，实际气体变得比理想气体难以压缩。压力越高，分子本身所占体积引起的不可压缩性就越大，使得实际气体的 pV_m 值与理想气体相比趋于增大，通常把这一现象称为气体分子的体积效应。

由此可见，实际气体的 pV_m 值随 p 的变化受到两个完全相反的因素牵制，加上温度对这两个因素的影响并不一样，所以出现了三种不同类型的 pV_m-p 曲线。$T < T_B$ 时，随着压力的增加，开始时是分子引力效应起主导作用，而后是分子体积效应起主导作用，因此，pV_m 值随 p 的增加先减小，经历一个最低值后，随 p 的增加而增加，属于第三种类型。$T = T_B$ 时，随着压力逐渐增加，开始时两种效应大小相当，基本可以相互抵消，而后体积效应起主导作用，所以，pV_m-p 曲线在开始时有一水平过渡阶段，然后随压力增加而增加，属于第二种类型。$T > T_B$ 时，自始至终是分子体积效应起主导作用，pV_m 值随 p 的增加始终呈现上升趋势，属于第一种类型。

1.3.2 范德华方程

至今为止，人们提出的有关实际气体的状态方程至少有 200 种。一般可分为两类：一类是依据物质的结构，并在一定的物理模型基础上推导出来的半经验状态方程，其特点是物理意义明确且具有一定的普遍性，其中最具有代表性且最有名的是范德华方程。另一类是只凭实践获得的纯经验状态方程，这类方程不具有普遍性，只适用于特定的气体，但它能在给定的温度和压力范围内得出较为精确的结果，这类方程常常在实际工程中得到应用，其中最具代表性的是维里方程。

1873 年荷兰科学家范德华（van der Waals）在总结前人研究的基础上，从理想气体与实际气体的差别出发，用硬球模型来处理实际气体时，提出了用压力修正项和体积修正项来修正理想气体状态方程中的压力和体积的理念，导出了适用于中、低压力下的实际气体状态方程——范德华方程。

在理想气体的分子模型中，气体分子被看成是没有体积的质点，理想气体状态方程中的 V_m 是每摩尔气体分子自由活动的空间，它等于容器自身的体积。这对低压下的实际气体来说无疑是正确的，因为低压下，气体的密度小，分子的活动空间大，分子自身的体积和分子间作用力小到可以忽略不计。但当压力变大后，气体的密度增大，分子的活动空间受到压缩而变小，分子自身体积和分子间作用力对系统性质的影响发生了质的变化，已不能忽略。由于实际气体分子本身占有体积，所以每摩尔实际气体分子的自由活动空间应小于理想气体的摩尔体积 V_m，要从 V_m 中减去与分子自身体积有关的修正项 b，即（$V_m - b$）。因此，在只考虑分子存在自身体积而减小分子自由活动空间时，经过对理想气体状态方程中体积项修正后，得到实际气体的状态方程为

$$p(V_m - b) = RT \tag{1-27}$$

或

$$p = \frac{RT}{V_m - b} \tag{1-28}$$

理想气体状态方程中的压力，是指气体分子间无相互吸引力时施加在单位面积器壁上的力。实际气体由于分子间吸引力的存在，使得靠近器壁且将要撞击器壁的气体分子受到它后面相邻气体分子的吸引力作用，有把它向后拉回的趋势，因此，这时施加在单位面积器壁上的力要比忽略分子间吸引力时的小。在进行体积项修正的基础上，进一步考虑分子间吸引力作用，结合式(1-28)，实际气体施加于器壁上的压力为

$$p = \frac{RT}{V_m - b} - p_i \tag{1-29}$$

式中，p_i 称为内压力，是由于分子间吸引力而产生的。内压力 p_i 一方面与内部气体的分子数成正比，另一方面又与碰撞到器壁上的分子数成正比，即 p_i 与分子数的平方成正比。对于 1mol 气体而言，一定温度下气体的分子数与摩尔体积成反比，因此内压力 p_i 可表示为

$$p_i = \frac{a}{V_m^2} \tag{1-30}$$

将上式代入式(1-29) 得

$$\left(p + \frac{a}{V_m^2}\right)(V_m - b) = RT \tag{1-31}$$

上式两边同时乘以物质的量 n，得

$$\left(p + \frac{n^2 a}{V^2}\right)(V - nb) = nRT \tag{1-32}$$

式(1-31) 和式(1-32) 都是范德华方程，式中，a、b 称为范德华常数。

a 是压力修正项常数，SI 制单位为 $Pa \cdot m^6 \cdot mol^{-2}$，它是只与气体种类有关的一种特性常数。一般而言，分子间吸引力越大，a 的值就越大，a 与气体的温度无关。b 是体积修正项常数，SI 制单位为 $m^3 \cdot mol^{-1}$，可看作是 1mol 气体分子因本身体积对可压缩空间造成的影响，即每摩尔实际气体由于分子本身占有体积而使分子自由活动空间减小的值。范德华认为，常数 b 也是一种只与气体性质有关而与气体温度无关的特性常数。范德华还曾根据硬球理论模型，导出过常数 b 为 1mol 硬球气体分子本身体积的 4 倍。表 1-1 列出了一些气体的范德华常数。

每一种实际气体的范德华常数 a 和 b，可通过实验测得的 p、V_m 和 T 数据拟合得出。精确测定表明，范德华常数 a 和 b 除了与气体种类有关以外，还与气体的温度有关。另外，范德华常数也可通过气体的临界参数求得，这在后面的学习中将讨论。

人们常常把在任何温度、压力条件下都能服从范德华方程的气体称作范德华气体。范德华气体当压力 $p \rightarrow 0$ 时，摩尔体积 $V_m \rightarrow \infty$，此时范德华方程中（$p + \frac{a}{V_m^2}$）及 $(V_m - b)$ 两项分别化简为 p 及 V_m，范德华方程还原为理想气体状态方程。

表 1-1 一些气体的范德华常数

气体	$a \times 10^3$ /Pa·m^6·mol^{-2}	$b \times 10^6$ /m^3·mol^{-1}	气体	$a \times 10^3$ /Pa·m^6·mol^{-2}	$b \times 10^6$ /m^3·mol^{-1}
H$_2$	24.32	26.6	SO$_2$	686.0	56.8
Ar	135.3	32.2	HCl	371.8	40.8
N$_2$	136.8	38.6	NH$_3$	424.6	37.3
O$_2$	137.8	31.8	HBr	451.9	44.3
Cl$_2$	657.6	56.2	H$_2$S	454.9	43.4
NO	141.8	28.3	CH$_4$	228.0	42.7
CO	147.9	39.3	C$_6$H$_6$	1920.9	120.8
CO$_2$	365.8	42.8	CCl$_4$	1978.8	126.8

【例 1-2】 求范德华气体的波义尔温度。

解 将范德华方程改写为

$$pV_m = \frac{RTV_m}{V_m - b} - \frac{a}{V_m}$$

根据式(1-26)，得

$$\left[\frac{\partial(pV_m)}{\partial p} \right]_{T,p\to 0} = \left[\frac{\partial(pV_m)}{\partial V_m} \right]_T \cdot \left(\frac{\partial V_m}{\partial p} \right)_T$$
$$= \left(\frac{RT}{V_m - b} - \frac{RTV_m}{(V_m - b)^2} + \frac{a}{V_m^2} \right) \cdot \left(\frac{\partial V_m}{\partial p} \right)_T = 0$$

当 $T = T_B$ 时，上式有

$$\frac{RT_B}{V_m - b} - \frac{RT_B V_m}{(V_m - b)^2} + \frac{a}{V_m^2} = 0$$

解方程，得

$$T_B = \frac{a}{Rb} \left(\frac{V_m - b}{V_m} \right)^2$$

$p \to 0$ 时，分子自由活动空间大，体积修正常数 $b \ll V_m$。所以，范德华气体的波义尔温度为

$$T_B = \frac{a}{Rb}$$

【例 1-3】 CO$_2$ 气体在 40℃时的摩尔体积为 0.381dm^3·mol^{-1}。试分别用理想气体状态方程和范德华方程计算其压力，并与实验值 5066.3kPa 作比较。

解 (1) 按理想气体状态方程计算

$$p_1 = \frac{RT}{V_m} = \frac{8.314 \times 313}{0.381 \times 10^{-3}} \text{Pa} = 6830.1 \text{kPa}$$

(2) 按范德华方程

CO$_2$ 气体的范德华常数为

$$a = 0.3658 \text{ Pa·m}^6\text{·mol}^{-2}, \quad b = 4.28 \times 10^{-5} \text{ m}^3\text{·mol}^{-1}$$

$$p_2 = \frac{RT}{V_m - b} - \frac{a}{V_m^2}$$
$$= \left[\frac{8.314 \times 313}{0.381 \times 10^{-3} - 0.428 \times 10^{-4}} - \frac{0.3658}{(0.381 \times 10^{-3})^2} \right] \text{Pa}$$
$$= 5174.5 \text{kPa}$$

用理想气体状态方程和范德华方程计算出的压力均超过了 1MPa，已不属于几百千帕的低压范围。这时利用理想气体状态方程计算，误差必然会很大。计算结果表明，范德华方程计算的结果与实验值更加接近。

对前面介绍过的、由实验得到的实际气体的 pV_m-p 曲线，应用范德华方程可以给出较为合理的解释。将式(1-31) 展开，整理得

$$pV_m = RT + bp - \frac{a}{V_m} + \frac{ab}{V_m^2} \tag{1-33}$$

高温时，分子热运动剧烈，分子间的相互吸引力可以忽略不计，上式中含有压力修正项常数 a 的项均可以略而不计，得到

$$pV_m = RT + bp$$

因为 $b > 0$，所以 $pV_m > RT$。在一定温度下，pV_m 与 RT 的差值，即超出的数值，随着 p 的增加自始至终增加，这就是波义尔温度 T_B 以上的情况，pV_m-p 曲线属于第一种类型。

低温时，分子热运动小，分子间的相互吸引力对系统性质的影响增大，体现分子间吸引力的压力修正项常数 a 不能忽略。假定气体同时处在压力较低的范围，低压时气体分子自由活动的空间大，式(1-33) 中含有体积修正项常数 b 的项可以略去，式(1-33) 改写为

$$\frac{a}{V_m} = RT - pV_m$$

因为 $a > 0$，所以 $pV_m < RT$。在一定温度下，pV_m 与 RT 的差值是负数，并随着 p 的增加而减小。但是当压力 p 增加到一定限度后，体积修正项常数 b 的体积效应渐渐凸显，式(1-33) 中的含 b 项不能再忽略，又将出现 $pV_m > RT$ 的情况。因此低温时，pV_m 随着 p 的增加先降低，经过一个最低点后又逐渐增加，这就是低于波义尔温度 T_B 时的情形，pV_m-p 曲线属于第三种类型。

范德华方程之所以备受关注，并不是因为它比其他方程式更为准确，而是在于它在修正理想气体方程时，对压力与体积分别提出了两个具有物理意义的修正因子 a 和 b，而这两个因子恰恰揭示了实际气体与理想气体本质差别的根本原因之所在。从现代理论来看，范德华对内压力反比于 V_m^2 以及 b 的导出等观点都不尽完善，所以范德华方程只能是一种简化了的实际气体的数学模型。

范德华（van der Waals，1837—1923） 荷兰物理学家。就学于莱顿大学，从 1877 年到 1907 年任阿姆斯特丹大学物理学教授。他引入液体和气体连续性的概念，创立了流体状态的动力学理论。范德华提出的气体状态方程，为临界压力、温度和体积提供了一种合理的解释，结果与对二氧化碳气体的实验观测很一致，显示出范氏气体与理想气体存在的偏差。同时，他研究了独立分子间的吸引力，这些力后来被称为范德华力。1910 年，范德华因其关于气体的流动性质研究而荣获诺贝尔物理学奖。

1.3.3 维里方程

维里（virial）方程是卡末林-昂尼斯（Kammerlingh-Onnes）于 20 世纪作为纯经验方程提出的，通常有下列两种形式

$$pV_m = RT\left(1 + \frac{B}{V_m} + \frac{C}{V_m^2} + \frac{D}{V_m^3} + \cdots\right) \tag{1-34}$$

$$pV_m = RT\left(1 + B'p + C'p^2 + D'p^3 + \cdots\right) \tag{1-35}$$

两式中的 B、C、$D\cdots$ 与 B'、C'、$D'\cdots$ 分别称为第二维里系数、第三维里系数、第四维里系数……，它们都是温度 T 的函数，且与气体本身性质相关。两式中的维里系数从数值到单位都不相同，其数值往往可由实验得到的 pVT 数据拟合得出。像范德华方程一样，当压力 $p \to 0$ 时，摩尔体积 $V_m \to \infty$，维里方程也可还原为理想气体状态方程。

维里方程是级数形式，包含很多项维里系数，依据梅耶尔（Mayer）理论，只要能求出分子间的作用能，各级维里系数原则上都能计算出来。目前，对于第二、第三项的维里系数，由分子间相互作用的势能关系已得出了一些计算公式。但在实际应用时可根据具体要求，有选择地选取最前面的几项系数进行计算，以便得到系数有定值的维里方程。在计算要求不高时，只要用到维里方程的第二项即可，因此第二维里系数尤为重要。

维里方程提出之初纯粹是一个经验公式，但随着它为统计力学所证明，维里方程已发展成为具有一定理论意义的方程。统计力学指出，第二维里系数反映了两个气体分子间的相互作用对实际气体 pVT 性质的影响，第三维里系数则反映了三分子相互作用所引起的偏差。

1.3.4　其他重要的状态方程

为了提高计算精度，在范德华方程与维里方程的研究基础上，人们引入更多的参数来修正实际气体与理想气体的偏差，得到了许多其他描述实际气体行为的状态方程。下面所介绍的只是其中几个较为重要的状态方程。

（1）R-K（Redlich-Kwong）方程

$$\left[p + \frac{a}{T^{\frac{1}{2}}V_m(V_m + b)}\right](V_m - b) = RT \tag{1-36}$$

式中，a、b 为常数，但不是范德华方程中的常数。该方程适用于烃类等非极性气体，且适用的 T 和 p 变化范围较宽。

（2）B-W-R（Benedict-Webb-Rubin）方程

$$p = \frac{RT}{V_m} + \left(B_0RT - A_0 - \frac{C_0}{T^2}\right)\frac{1}{V_m^2} + \frac{bRT - a}{V_m^3} + \frac{a\alpha}{V_m^6} + \frac{c}{T^2V_m^3}\left(1 + \frac{\gamma}{V_m^2}\right)e^{-\frac{\gamma}{V_m^2}} \tag{1-37}$$

式中，A_0、B_0、C_0、a、b、c、α 和 γ 均为常数，该方程为八参数状态方程。一般说来，方程中的参数越多，方程的计算精确度越高，但计算越麻烦。随着计算机应用的普及，多参数方程的计算得到了圆满解决。B-W-R 方程能较好地适用于碳氢化合物及其混合物的计算，不仅适用于气相，而且适用于液相。

（3）贝塞罗（Berthelot）方程

$$\left(p + \frac{a}{TV_m^2}\right)(V_m - b) = RT \tag{1-38}$$

对照范德华方程，贝塞罗方程显然是在范德华方程的基础上，考虑了温度对分子间相互吸引力的影响而提出的。

1.3.5　普遍化的实际气体状态方程

尽管各种实际气体状态方程在工程应用中发挥了很好的作用，但各种方程中总含有与气体种类有关的特性常数，如范德华常数、维里系数等，都不能像理想气体状态方程那样不涉及各种气体各自特性而对任何气体普遍适用。

比较理想气体与实际气体的 pVT 行为可以发现，理想气体在温度 T 时的 pV_m 值与其 RT 值相等；实际气体在温度 T 时的 pV_m 值与其 RT 值不相等，两者之间存在一个差值，若对实际气体的 RT 值乘以一个校正系数后，便能与它的 pV_m 值相等。因此，描述实际气体的 pVT 性质的状态方程中，最简单、最直接、最准确、最普遍化、适用压力范围也是最广泛的状态方程，是对理想气体状态方程用校正系数即习惯上称为压缩因子的 Z（compressibility factor）加以修正，即

$$pV_m = ZRT \tag{1-39}$$

或 $$pV = ZnRT \tag{1-40}$$

式(1-39) 和式(1-40) 都不涉及各种气体自身特性，适用于一切实际气体，故可以称为普遍化的实际气体状态方程。其实，上两方程同样适用于理想气体，因为当 $Z=1$ 时，方程依然能还原为理想气体状态方程。可见，压缩因子的定义为

$$Z = \frac{pV}{nRT} = \frac{pV_m}{RT} \tag{1-41}$$

式中，p、V（或 V_m）、T 都是实际气体的状态参数。压缩因子的量纲为 1，其值不是常数，而是与温度、压力有关的函数。只要测定实际气体在不同温度、不同压力下的 p、V、T 数据，代入式(1-41) 就能算出压缩因子 Z。因为压缩因子的值直接来自于实验测定所得数据后计算的结果，没有作任何假设，所以其值的准确性较高。

若在压力为 p、温度为 T 的条件下，理想气体的摩尔体积为 $V_{m,pg}$，显然 $pV_{m,pg}=RT$。同样的压力 p、温度 T 时，实际气体的摩尔体积为 $V_{m,rg}$，代入式(1-41)，得

$$Z = \frac{pV_m}{RT} = \frac{pV_{m,rg}}{pV_{m,pg}} = \frac{V_{m,rg}}{V_{m,pg}} \tag{1-42}$$

式(1-42) 表明，对于理想气体，在任何温度、压力下 $Z=1$；对于实际气体，当 $Z>1$ 时，说明实际气体的摩尔体积 $V_{m,rg}$ 比同样条件下理想气体的摩尔体积 $V_{m,pg}$ 要大，此时实际气体比理想气体难以压缩；当 $Z<1$ 时，说明实际气体的摩尔体积 $V_{m,rg}$ 比同样条件下理想气体的摩尔体积 $V_{m,pg}$ 要小，此时实际气体比理想气体容易压缩。可见，Z 的大小不仅可以衡量实际气体与理想气体之间的偏差大小，而且还能反映出实际气体较理想气体受压缩时的难易程度，所以将它称为压缩因子。

既然压缩因子 Z 可以衡量实际气体与理想气体之间的偏差大小，那么在涉及实际气体对理想气体的偏差随压力的变化情况时，就可以转换成压缩因子 Z 随压力的变化情况。因此，可以将前面的 pV_m-p 等温线改为 Z-p 等温线，其结果是一样的。由于任何气体在 $p \to 0$ 时均接近理想气体，故 Z-p 图中所有实际气体在任何温度下的曲线，在 $p \to 0$ 处均趋于 $Z=1$ 这一点，Z-p 图中等温线的形状与 pV_m-p 图中曲线的形状是相类似的。

1.4　实际气体的等温曲线与液化

1.4.1　液体的饱和蒸气压

理想气体分子间没有相互作用力，所以在任何温度、压力下都无法使其液化。而实际气

体则不同，其分子间相互作用力随分子间距离的变化而改变。温度的降低可以使分子的热运动减小，缩小了分子间距离；压力的增加可以压缩气体分子，同样缩小了分子间距离。这两种情况都可以增加分子间吸引力，最终导致实际气体液化为液体。

当温度一定时，在一定体积的密闭真空容器中，加入足够量的某种纯物质液体（自始至终都有液体存在），容器中的液体与其蒸气能够达成一种动态平衡，即微观上单位时间内由气体分子变为液体分子的数目与由液体分子变为气体分子的数目相等，宏观上气体的凝结速率与液体的蒸发速率相同，这种状态称为气-液平衡状态。处于气-液平衡状态时的气体称为饱和蒸气，液体则称为饱和液体，气体所对应的压力称为饱和蒸气压，简称蒸气压。液体的蒸气压是液体的本性，来源于液体中能量较大的分子有脱离液面进入空间成为气态分子的倾向，正因为如此，即使在一个装满了液体的容器中，尽管没有了气体，自然就没有气体的压力，但是此时仍有液体的蒸气压，也就是说，任何时刻都存在液体的蒸气压。

表 1-2 列出了水、乙醇和苯在不同温度下的饱和蒸气压。由表可知，同一温度下不同物质具有不同的饱和蒸气压，因此饱和蒸气压首先是由物质的本性决定的。而对于同一种物质，不同温度下对应不同的饱和蒸气压，且饱和蒸气压随温度的升高而增大，所以饱和蒸气压是温度的函数。实际上，纯液体的饱和蒸气压与温度之间具有一一对应的关系，这将在第3章讨论。

表 1-2 水、乙醇和苯在不同温度下的饱和蒸气压

水		乙醇		苯	
T/K	p^*/kPa	T/K	p^*/kPa	T/K	p^*/kPa
293.15	2.338	293.15	5.671	293.15	9.9712
313.15	7.376	313.15	17.395	313.15	24.411
333.15	19.916	333.15	46.008	333.15	51.993
353.15	47.343	353.15	101.325	353.15	101.325
373.15	101.325	373.15	222.48	373.15	181.44
393.15	198.54	393.15	422.35	393.15	308.11

温度升高液体的饱和蒸气压增加，当液体的饱和蒸气压增加到与外界压力相等时，液体就沸腾。此时，饱和蒸气压所对应的温度称为液体在此外界压力下的沸点。很明显，沸点的高低与外界压力的大小密切相关，习惯将外界压力为 101.325kPa 时的沸点称为正常沸点，如水的正常沸点为 373.15K，乙醇的正常沸点为 351.55K，苯的正常沸点为 353.25K。与正常沸点相对应，外界压力为 100kPa 时的沸点称为标准沸点，如水的标准沸点为 372.75K。在 101.325kPa 的外界压力下，如果将水从 298.15K 开始加热，随着温度上升，水的饱和蒸气压会不断增大，当加热到 373.15K 时，水的饱和蒸气压达到 101.325kPa，恰好与外界压力相等，这时不仅液体表面的水分子可以汽化，液体内部的水分子也可以汽化产生气泡，所以液体在此时沸腾了。在高原地带，空气稀薄，外界的大气压较低，故水的沸点较低。而在外界压力高于 101.325kPa 下加热水（如日常生活中所用的高压锅），水的沸点会相应地高于 373.15K。溶液的沸点与纯物质的不同，除了受外界压力影响外，还与溶液组成有关，将在第4章作详细介绍。

一定温度下纯物质的气-液共存系统中，如果气体的压力小于该温度下的饱和蒸气压，液体将不断蒸发变为气体，直至气体压力增至该温度下液体的饱和蒸气压，达到气-液平衡为止。反之，如果气体的压力大于饱和蒸气压，则气体将部分凝结为液体，直至气体的压力

降至该温度下的饱和蒸气压,达到气-液平衡为止。水在 298.15K 时的饱和蒸气压为 3.167kPa,在大气环境中尽管有其他气体存在,只要大气中水的分压小于 3.167kPa,液体水就会蒸发成为水蒸气。相反,如果大气中水蒸气的分压大于同温度下水的饱和蒸气压,水蒸气就会凝结成液体水。秋天白昼温度差异大,白天温度高,大气中处于平衡的水蒸气的分压大,而到了夜间温度降低,水的饱和蒸气压变小,于是,白天大气中的水蒸气在夜间凝结成水形成露珠。

一定温度下,大气中水蒸气的分压占该温度下水的饱和蒸气压的百分数,称为相对湿度。北方的冬季,温度往往在零下十摄氏度以下,水的饱和蒸气压本身就低,加上相对湿度一般在 30% 左右,空气显得非常干燥,液体水很容易蒸发为水蒸气。南方的夏季,尤其是梅雨季节,温度高、水的饱和蒸气压也高,且相对湿度最高时可达 90%,几乎接近于饱和蒸气压,天气变得异常闷热,这时液体水不再容易变为水蒸气。

与液体类似,固体同样存在饱和蒸气压。固体升华成蒸气、蒸气凝华成固体的现象,充分说明了固体饱和蒸气压的存在。与液体不同的是,常温下一般固体的蒸气压都很低,特别是那些用作吸附剂和催化剂的无机固体尤为如此。例如钨,在 298.15K 时的饱和蒸气压约为 10^{-35}Pa。正因为这一原因,大多数情况下,主要讨论液体的饱和蒸气压,固体的饱和蒸气压鲜有讨论。

1.4.2 实际气体的等温曲线与液化

1869 年安德鲁 (Andrews) 根据不同温度下所测得的 CO_2 气体 p、V、T 实验数据,绘制了 CO_2 气体的 p-V_m 图,结果见图 1-4。图中每条曲线都是等温线,反映了一定温度下 CO_2 气体的压力 p 与摩尔体积 V_m 之间的相互关系以及 CO_2 气体的液化情况。尽管物质的不同会导致其 p-V_m 图有所差异,但图 1-4 中所反映的基本规律对研究其他实际气体的 p、V、T 关系和气体的液化都是适用的。

① 低温时,以 294.65K (21.5℃) 等温线为例。曲线分三段,其中 di 段,表示气体的摩尔体积随压力的增加而减小,遵循波义尔定律或理想气体状态方程。当压力增加到点 i 时,此刻的气体为饱和二氧化碳蒸气,$CO_2(g)$ 开始液化,点 i 所对应摩尔体积为饱和二氧化碳蒸气在 294.65K (21.5℃) 时的摩尔体积 $V_m(g)$。继续对二氧化碳压缩,则液化过程继续保持,因二氧化碳气体液化造成系统体积不断缩小,体积沿水平线 if 变化,但压力始终保持不变,到达点 f 时气体全部液化,点 f 所对应的摩尔体积为饱和二氧化碳液体在 294.65K (21.5℃) 时的摩尔体积,其值为 $V_m(1)$。if 水平线段表示二氧化碳气-液两相平衡共存时的情况,线段上任意一点所对应的摩尔体积 V_m 是气-液两相共存时系统的摩尔体积,若气、液相的物质的量分别为 $n(g)$,$n(1)$,系统总的物质的量为 $n = n(g) + n(1)$,则

$$V_m = \frac{n(g)V_m(g) + n(1)V_m(1)}{n} \tag{1-43}$$

在 if 水平段,二氧化碳气-液两相平衡,所对应的压力就是 294.65K (21.5℃) 时液体二氧化碳的饱和蒸气压。

当二氧化碳气体全部液化完后再继续加压,对液体进行恒温压缩,因液体的可压缩性很小,所以液体的压缩曲线 fg 段,压力增加很大但体积变化甚微,曲线很陡。

图 1-4 中温度为 286.25K (13.1℃) 的等温线的变化规律与 294.65K 等温线的基本相

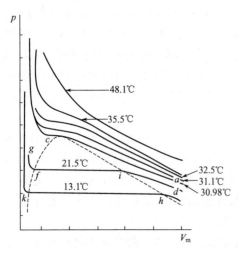

图1-4 实验得到的 CO_2 的 p-V_m 等温线

似，只是气-液共存时的水平线段 hk 较上述的 if 要长。这是因为温度低，相应的饱和蒸气压小，饱和气体的摩尔体积变大，而饱和液体的摩尔体积却因热胀冷缩原理略有减小，造成气-液两相的摩尔体积之差增加。

② 随着温度不断升高，气-液两相共存时的水平线段会越来越短。对于二氧化碳，当温度升高到 304.13K（30.98℃）时，等温线水平线段缩为一点，出现拐点 c，将点 c 称为临界点（critical point），它所对应的温度称为临界温度，以 T_c 表示。30.98℃是二氧化碳的临界温度，在此温度之上，无论加多大的压力，二氧化碳气体都不能液化。可见，临界温度是指气体能够通过加压液化所允许的最高温度，各种液体都有自身特定的临界温度。临界温度越高，气体越容易液化，反之临界温度越低，气体就越难液化。

在临界点时，除了图中所示的气、液两相的摩尔体积相等外，气、液两相所有其他差别也随之消失，体现出完全相同的性质，诸如表面张力为零、汽化热为零、比热容相同等，因而气、液界面消失，已经无法区分气态和液态了。另外，在等温线上的临界点 c 处，数学上具有下列特征

$$\left(\frac{\partial p}{\partial V_m}\right)_{T_c} = 0$$

$$\left(\frac{\partial^2 p}{\partial V_m^2}\right)_{T_c} = 0 \tag{1-44}$$

③ 温度高于临界温度时，二氧化碳气体无论加多大的压力都不能液化，在 p-V_m 图上只能是气态 CO_2 的等温线，温度越高，如图中的 321.25K（48.1℃），曲线越接近于理想气体的等温线，即温度越高或压力越低时，实际气体的 pVT 行为就越接近于理想气体状态方程。

处于略高于临界温度和临界压力状态时的物质，称为超临界流体（supercritical fluid）。超临界流体是一种具有气体和液体双重特性的高密度流体，其黏度与气体相近，密度与液体相当，但在扩散系数、介电常数、极化率和分子行为等方面与气、液两相均存在显著区别。超临界流体是一种优异的溶剂，可用于分离和提取一些物质，这种技术称为超临界萃取。随着科学技术的不断发展，超临界萃取技术在食品、医药、材料、环境等诸多领域得到了越来越广泛的应用。

通过上述讨论并结合图1-4可知，临界等温线以上只有气态存在，是单相区；临界等温线以下的等温线既含有气态、液态的单相区，又含有气-液共存的两相区。可以看出，图中虚线所包含的区域为气-液两相共存区，虚线以外为单相区。

1.4.3 临界参数与临界压缩因子 Z_c

(1) 临界参数

在临界温度 T_c 时使气体液化所需的最小压力称为临界压力，以 p_c 表示。在临界温度 T_c、临界压力 p_c 时物质的摩尔体积称为临界摩尔体积，以 $V_{m,c}$ 表示。物质处于临界温度、

临界压力下的状态称为临界状态，临界温度 T_c、临界压力 p_c 和临界摩尔体积 $V_{m,c}$ 统称为临界参数，它们是物质的特性参数。一些气体的临界参数见表 1-3。

表 1-3　一些气体的临界参数

气体	T_c/K	$p_c \times 10^3/kPa$	$V_{m,c} \times 10^{-3}/m^3 \cdot mol^{-1}$
H_2	33.23	1.22	0.0560
He	5.3	0.23	0.0576
N_2	126.1	3.39	0.0900
O_2	153.4	5.03	0.0744
Ar	150.7	4.86	0.0771
CO	134.0	3.55	0.0900
CO_2	304.1	7.39	0.0957
NH_3	405.6	11.30	0.0724
H_2O	647.2	22.06	0.0450
CH_4	190.2	4.62	0.0988
$n\text{-}C_5H_{12}$	470.3	3.34	0.3102
C_6H_6	561.6	4.85	0.2564
CH_3OH	513.1	7.95	0.1177

（2）范德华常数与其临界参数的关系

前面已经介绍过，实际气体处于临界温度 T_c 下的 $p\text{-}V_m$ 等温线，在临界点处的一阶、二阶导数均为零，即 $\left(\dfrac{\partial p}{\partial V_m}\right)_{T_c} = 0$，$\left(\dfrac{\partial^2 p}{\partial V_m^2}\right)_{T_c} = 0$。范德华方程是描绘实际气体变化行为的一种模型，上述结论对它当然也适用。

临界温度 T_c 下的范德华方程为

$$p = \frac{RT_c}{V_m - b} - \frac{a}{V_m^2}$$

在临界温度 T_c 时，对上式分别求 V_m 的一阶、二阶导数，并都令其为零，得

$$\left(\frac{\partial p}{\partial V_m}\right)_{T_c} = \frac{-RT_c}{(V_m - b)^2} + \frac{2a}{V_m^3} = 0$$

$$\left(\frac{\partial^2 p}{\partial V_m^2}\right)_{T_c} = \frac{2RT_c}{(V_m - b)^3} - \frac{6a}{V_m^4} = 0$$

联立上述三方程，可以求出用范德华常数 a、b 与摩尔气体常数 R 表示的临界参数为

$$V_{m,c} = 3b \tag{1-45}$$

$$T_c = \frac{8a}{27Rb} \tag{1-46}$$

$$p_c = \frac{a}{27b^2} \tag{1-47}$$

实际应用中，往往是由实验测得的临界参数反过来计算范德华常数 a、b。在临界温度 T_c、临界压力 p_c、临界摩尔体积 $V_{m,c}$ 中，由于 $V_{m,c}$ 测定的准确度相对而言要低些，因此通常用由实验测得的 T_c、p_c 值来计算范德华常数 a、b，即

$$a = \frac{27R^2 T_c^2}{64p_c} \tag{1-48}$$

$$b = \frac{RT_c}{8p_c} \tag{1-49}$$

(3) 临界压缩因子 Z_c

将气体的临界参数代入压缩因子 Z 的定义式，可以得到临界压缩因子 Z_c 为

$$Z_c = \frac{p_c V_{m,c}}{RT_c} \tag{1-50}$$

将测得的各种实际气体的 p_c、$V_{m,c}$、T_c 值代入上式，计算得到的 Z_c 值大多在 $0.26 \sim 0.29$ 之间，具体结果见附录三。

将用范德华常数表示的临界参数的式(1-45)、式(1-46) 和式(1-47) 代入式(1-50)，得

$$Z_c = \frac{3}{8} = 0.375$$

也就是说，只要是范德华气体，其临界压缩因子 Z_c 的理论值都应该等于 0.375。但实际上，只有氦、氢等少数最难液化的气体才接近这一数值，而实验测得的其他大多数气体的 Z_c 值都有一定的偏差，有些甚至存在较大的偏差。这充分说明了范德华方程在处理实际气体时的近似性，它只能在一定的温度和压力范围内描述实际气体的行为，与大多数的真实情况存在一定距离。

1.5 对应状态原理与压缩因子图

1.5.1 对比参数

不同种类的实际气体，分子结构存在差异、分子间的相互作用各不相同，因此描述实际气体 pVT 关系的状态方程中的修正项、临界参数等都因气体种类不同而异。例如，假设 N_2、O_2 都是范德华气体，它们都遵循范德华方程，但由表 1-1 可以看出，范德华方程中的修正参数 a、b，N_2 的和 O_2 的不相等；表 1-3 数据表明，N_2 的临界参数和 O_2 的也不相等。

各种不同气体即便在性质上有许多不同之处，它们却存在一个共同的性质，就是在各自临界点处的饱和蒸气与饱和液体并无区别，即气、液不分。因此，可以以各自的临界参数为基准，用气体所处实际状态的 p、V_m、T 除以各自的临界参数，即

$$p_r = \frac{p}{p_c} \qquad V_r = \frac{V_m}{V_{m,c}} \qquad T_r = \frac{T}{T_c} \tag{1-51}$$

式中，p_r、V_r、T_r 分别称为对比压力 (reduced pressure)、对比体积 (reduced volume) 和对比温度 (reduced temperature)，统称为气体的对比参数，对比参数的量纲都是一。对比参数反映了实际气体所处的状态偏离临界状态的倍数。

若实际气体是 $H_2(g)$、$He(g)$ 和 $Ne(g)$，对比压力和对比温度应分别用下列公式计算

$$p_r = \frac{p/kPa}{p_c/kPa + 800} \qquad T_r = \frac{T/K}{T_c/K + 8} \tag{1-52}$$

1.5.2 对应状态原理

范德华指出，不同气体有两个对比参数相等时，第三个对比参数必将相等，这就是对应状态原理。把具有相同对比参数的气体称为处于相同的对应状态。

实验已经证明，凡是组成、结构、分子大小相近的物质都能较为严格地遵循对应状态原理。这类物质处于相同的对应状态时，它们的许多性质，如膨胀系数、逸度系数、黏度、折

射率、旋光度和压缩性等之间具有简单的对应关系。这一原理反映了不同物质之间的内在联系，能较好地用来确定结构相近的未知物质的某些性质，实现了同类物质的共性与单一物质的个性之间的有机统一。因此，对应状态原理在工程上有着极其广泛和重要的应用。

1.5.3 普遍化的范德华方程

范德华方程是定量确立实际气体 pVT 关系的一种状态方程。对于不同的范德华气体，虽然方程的形式是一样的，但是方程中的范德华常数因气体种类不同而异，所以，不同气体的范德华方程本质上是有区别的，给应用带来不便。寻找和发现普遍适用的实际气体状态方程，一直是科学工作者尤其是工程技术人员感兴趣的课题。受对应状态原理启迪，人们应用对比参数的概念，导出了普遍化的范德华方程。

将式(1-31)的范德华方程改写为

$$p = \frac{RT}{V_m - b} - \frac{a}{V_m^2}$$

由式(1-51)得

$$p = p_r p_c , \qquad V_m = V_r V_{m,c} , \qquad T = T_r T_c$$

代入上式

$$p_r p_c = \frac{R T_r T_c}{V_r V_{m,c} - b} - \frac{a}{(V_r V_{m,c})^2}$$

将式(1-48)和式(1-49)代入上式后，等式两边同时除以 p_c，整理得

$$p_r = \frac{T_r}{V_r \dfrac{p_c V_{m,c}}{R T_c} - \dfrac{1}{8}} - \frac{27}{64 V_r^2} \times \left(\frac{p_c V_{m,c}}{R T_c} \right)^{-2}$$

对于范德华气体，理论上 $Z_c = \dfrac{p_c V_{m,c}}{R T_c} = \dfrac{3}{8}$，代入上式，整理得

$$p_r = \frac{8 T_r}{3 V_r - 1} - \frac{3}{V_r^2} \tag{1-53}$$

上式中已不再出现与物质特性有关的常数 a 和 b，因而具有普遍性，称为普遍化的范德华方程。在普遍化的范德华方程中，气体的特性参数实际上隐含在对比参数中，因此，普遍化的范德华方程与常用的范德华方程在计算准确性方面应处于同一水平。

事实上，从一定程度上可以这样说，普遍化的范德华方程验证了对应状态原理的正确性。这是因为，式(1-53)中的三个对比参数，只有两个是独立变量，一个是应变量。例如，当 T_r、V_r 有确定的值时，代入式(1-53)后计算得到的 p_r 是唯一的，即如果两种气体的 T_r、V_r 值对应相等，那么它们的 p_r 必然也相等。

1.5.4 压缩因子图

根据压缩因子和对比参数的定义，得

$$Z = \frac{p V_m}{RT} = \frac{p_c V_{m,c}}{R T_c} \times \frac{p_r V_r}{T_r}$$

所以

$$Z = Z_c \frac{p_r V_r}{T_r} \tag{1-54}$$

前面已经介绍，经实验测定各种实际气体 p_c、$V_{m,c}$、T_c 数据后计算得到的 Z_c 值介于 0.26～0.29 之间，即各种实际气体的 Z_c 值可以近似视为常数，因此依据式(1-54) 和对应状态原理，处在相同对应状态时的不同种气体，不管其自身性质怎样，它们必然具有相同的压缩因子 Z。也就是说，不同气体处在偏离临界状态相同倍数的状态时，它们偏离理想气体的程度是相同的。

根据对应状态原理，在 p_r、V_r 和 T_r 三个对比参数中只有两个是独立变量，一个是应变量。因此，式(1-54) 中的压缩因子 Z 可以表示为与两个对比参数有关的函数，习惯上选取 p_r 和 T_r 为变量，得

$$Z = f(p_r, T_r) \tag{1-55}$$

通过测定实际气体的 p、V_m 和 T 数据，根据式(1-55)，便能得到压缩因子图。现以乙烷气体为例来说明压缩因子图的绘制过程。

① 查出乙烷气体的临界参数 p_c、$V_{m,c}$ 和 T_c。

② 在 T_1 温度下，测定不同压力 p 时的 V_m，获得一组 T_1 温度下的（p，V_m）数据。

③ 计算：T_1 温度恒定，对比温度 $T_{r,1} = \dfrac{T_1}{T_c}$ 为定值，依据 $Z = \dfrac{pV_m}{RT_1}$、$p_r = \dfrac{p}{p_c}$，可以计算出对比温度为 $T_{r,1}$ 时、不同对比压力 p_r 所对应的压缩因子 Z，获得一组（Z，p_r）数据。

④ 绘制 Z-p_r 曲线，因为 $T_{r,1}$ 为定值，所以该曲线又称为等温线。

改变系统温度为 T_2，重复步骤②～④，可以得到 $T_{r,2}$ 时的 Z-p_r 曲线。不断改变温度，可以得到一系列不同 T_r 时的 Z-p_r 曲线，这就是压缩因子图。

图 1-5 是荷根（O. A. Hongen）和华德生（K. M. Watson）在 20 世纪 40 年代由若干无机、有机气体实验数据的平均值，绘制的等 T_r 线。它代表了式(1-55) 的普遍化关系，涉及两个对比参数 T_r 和 p_r，称为双参数普遍化压缩因子图。

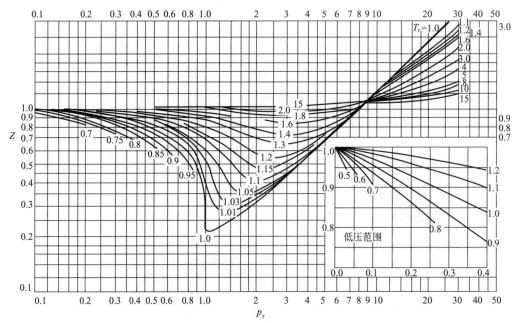

图 1-5　双参数普遍化压缩因子图

由图 1-5 可知，在任何对比温度 T_r 下，当 $p_r \to 0$ 时，$Z \to 1$，说明低压时实际气体的行为更接近于理想气体状态方程。在 p_r 相同时，T_r 越大，Z 偏离 1 的程度越小，表明高温下的实际气体与理想气体极为相似。$T_r < 1$ 时，Z-p_r 曲线都会中断于某一 p_r 点，这是因为 $T_r < 1$ 的实际气体升压到饱和蒸气压时会液化。在 T_r 不太高时，大多数 Z-p_r 曲线随 p_r 的增加先下降后上升，经历一个最低点，这反映出实际气体在加压过程中，从开始的较易压缩反转为后来的较难压缩这一历程。

压缩因子图是经实验测定得来的，它在相当大的压力范围内都能得到满意的结果，所以在工业上有极大的应用价值。利用对应状态原理，不仅能计算高压下实际气体 p、V_m 和 T 之间的关系，而且还能利用类似的图形进行有关逸度、比热容、焓等热力学函数的计算。

1.5.5 利用压缩因子图计算实际气体的 p、V_m、T

计算实际气体的 p、V_m 和 T 值是压缩因子图的应用之一。知道了实际气体的临界参数和所处状态的部分参数，可以利用对比参数定义公式、普遍化的实际气体状态方程 $pV_m = ZRT$、压缩因子图和合理的数学处理问题的方法，就能计算实际气体所处状态的未知参数。在实际应用中往往有以下三种情况。

（1）已知 p、T 计算 V_m

这是最简单的一种情况。首先，由 $T_r = \dfrac{T}{T_c}$ 计算出 T_r 值，$p_r = \dfrac{p}{p_c}$ 计算出 p_r 值。然后，在压缩因子图上找出所算出 T_r 值的等温线，再在该等温线上找出所算出 p_r 值所对应的 Z 值。最后，代入公式 $pV_m = ZRT$，即可算出 V_m。

【例 1-4】 应用压缩因子图求 373K 时，压力为 $5.07 \times 10^3 \mathrm{kPa}$、质量为 $1.0 \mathrm{kg}$ 二氧化碳气体的体积。

解 查得 $CO_2(g)$ 的 $T_c = 304.1\mathrm{K}$，$p_c = 7.39 \times 10^3 \mathrm{kPa}$，则

$$T_r = \frac{T}{T_c} = \frac{373}{304.1} = 1.226$$

$$p_r = \frac{p}{p_c} = \frac{5.07 \times 10^3}{7.39 \times 10^3} = 0.686$$

利用插值法，在 $T_r = 1.226$ 的等温线上当 $p_r = 0.686$ 时，$Z = 0.895$。

因为

$$pV = Z\frac{m}{M}RT$$

所以

$$V = Z\frac{mRT}{Mp}$$

$$= 0.895 \times \frac{1.0 \times 8.314 \times 373}{44 \times 10^{-3} \times 5.07 \times 10^6}\mathrm{m}^3$$

$$= 0.01244\mathrm{m}^3 = 12.44\mathrm{dm}^3$$

（2）已知 T、V_m 计算 p

这是一种较复杂的情况，需要借助在压缩因子图上作辅助线来完成计算。首先，由 $T_r = \dfrac{T}{T_c}$ 计算出 T_r 值，并在压缩因子图上找出该 T_r 值所对应的等温线。然后，根据

$$Z = \frac{pV_m}{RT} = \frac{p_c V_m}{RT} p_r = C p_r$$

因 T、V_m 和 p_c 为已知的定值，所以上式中 $C = \dfrac{p_c V_m}{RT}$ 为常数，是一个具体的数值，Z 与 p_r 为线性关系，把它在压缩因子图上绘制成直线。最后，找出该直线与等温线的交点所对应的 p_r 值，由 $p = p_c p_r$ 即可算出 p。

（3）已知 p、V_m 计算 T

这是一种最复杂的情况。首先，由 $p_r = \dfrac{p}{p_c}$ 计算出 p_r 值，并在压缩因子图上找出该 p_r 值所对应的一组（Z，T_r）数据，在 Z-T_r 坐标图上绘制出曲线 L_1。然后，根据

$$Z = \frac{pV_m}{RT} = \frac{pV_m}{RT_c} \times \frac{1}{T_r} = C' \frac{1}{T_r}$$

因 p、V_m 和 T_c 为已知的定值，所以上式中 $C' = \dfrac{pV_m}{RT_c}$ 为常数，是一个具体的数值，Z 与 T_r 成反比关系，在同一个 Z-T_r 坐标图上绘制出这种反比关系曲线 L_2。最后，找出曲线 L_1 和曲线 L_2 的交点所对应的 T_r 值，由 $T = T_c T_r$ 即可算出 T。

学习基本要求

1. 了解理想气体状态方程的导出过程，掌握理想气体分子运动微观模型，掌握理想气体状态方程的适用条件，能熟练、巧妙地使用理想气体状态方程。

2. 掌握混合物组成的表示方法，能熟练运用道尔顿定律、阿马加定律对理想气体混合物的性质进行计算。

3. 了解波义尔温度的概念，掌握范德华方程及其常数的物理意义，掌握普遍化的实际气体状态方程和压缩因子概念。

4. 掌握液体饱和蒸气压的概念及其相关知识，了解实际气体的液化过程，掌握临界参数概念，了解临界压缩因子的概念。

5. 掌握对比参数的概念和对应状态原理，了解普遍化的范德华方程、压缩因子图和实际气体 p、V_m、T 的计算。

习　题

1-1　273K、101.325kPa 的条件常称为气体的标准状况，试求甲烷在标准状况下的密度。设甲烷近似看作理想气体。

1-2　在室温下，某氮气钢瓶内的压力为 538kPa，若放出压力为 100kPa 的氮气 160dm³，钢瓶内的压力降为 138kPa，试估计钢瓶的体积。设氮气近似看作理想气体。

1-3 两个体积相同的烧瓶中间用玻璃管相通，通入 1.4mol 氧气后，使整个系统密封。开始时，两瓶的温度相同，都是 300K，压力为 50kPa，今若将一个烧瓶浸入 400K 的油浴内，另一烧瓶的温度保持不变，试计算两瓶中各有氧气的物质的量和温度为 400K 的烧瓶中气体的压力。设氧气近似看作理想气体，且相通的玻璃管体积忽略不计。

1-4 一抽成真空的球形容器，质量为 25.0000g。充满 277K 液体水后，总质量为 125.0000g。若改充 298K、13.33kPa 的某碳氢化合物气体，则总质量为 25.0163 g。试估算该气体的摩尔质量。水的密度为 1g·cm^{-3}，设气体为理想气体。

1-5 在 293K 和 100kPa 时，将 He(g) 充入体积为 1dm^3 的气球内，当气球放飞后，上升至某一高度，这时的压力为 28kPa，温度为 230K，试求这时的气球的体积是原体积的多少倍？设 He(g) 近似看作理想气体。

1-6 有 2.0dm^3 潮湿空气，压力为 101.325kPa，其中水气的分压为 12.33kPa。设干空气中 $O_2(g)$ 和 $N_2(g)$ 的体积分数分别为 0.21 和 0.79，试求

(1) $H_2O(g)$，$O_2(g)$，$N_2(g)$ 的分体积；

(2) $O_2(g)$，$N_2(g)$ 在潮湿空气中的分压力。设气体为理想气体。

1-7 今有 293K 的乙烷-丁烷混合气体，充入一抽成真空的 200cm^3 容器中，直至压力达 101.325kPa，测得容器中混合气体的质量为 0.3897g。试求该混合气体中两种组分的摩尔分数及分压力。设气体为理想气体。

1-8 氯乙烯、氯化氢及乙烯构成的混合气体中，各组分的摩尔分数分别为 0.89，0.09 及 0.02。于恒定压力 101.325kPa 下，用水吸收其中的氯化氢，所得混合气体中增加了分压力为 2.670kPa 的水蒸气。试求洗涤后的混合气体中 C_2H_3Cl 及 C_2H_4 的分压力。设气体为理想气体。

1-9 如图所示一带隔板的容器中，两侧分别有同温同压的氢气与氮气，二者均可视为理想气体。

H$_2$	3dm^3	N$_2$ 1dm^3
p	T	p T

(1) 保持容器内温度恒定时抽去隔板，且隔板本身的体积可忽略不计，试求两种气体混合后的压力；

(2) 隔板抽去前后，H$_2$ 及 N$_2$ 的摩尔体积是否相同？

(3) 隔板抽去后，混合气体中 H$_2$ 及 N$_2$ 的分压力之比以及它们的分体积各为若干？

1-10 273K 时氯甲烷（CH$_3$Cl）气体的密度 ρ 随压力的变化如下表。试作出 $\frac{\rho}{p}$-p 图，用外推法求氯甲烷的相对摩尔质量。设氯甲烷为理想气体。

p/kPa	101.325	67.550	50.663	33.775	25.331
ρ/g·dm^{-3}	2.3074	1.5263	1.1401	0.7571	0.5666

1-11 在压力 100kPa 时，当温度为 1845K 时锑蒸气的密度是同温同压下空气密度的 12.43 倍，在温度为 1913K 时，密度为同温同压下空气的 11.25 倍。假定锑蒸气中仅有 Sb$_2$ 和 Sb$_4$ 两种分子，试求各温度下，两种蒸气的摩尔分数。设气体为理想气体。

1-12 发生炉煤气系以干空气通过红热的焦炭而获得。设若有 92% 的氧变为 CO(g)，其余的氧变为 CO$_2$(g)。

(1) 在同温同压下，试求每通过一单位体积的空气可产生发生炉煤气的体积；

(2) 求所得气体中 $N_2(g)$，Ar(g)，CO(g)，$CO_2(g)$ 的摩尔分数（空气中各气体的摩尔分数为：$x_{O_2} = 0.21, x_{N_2} = 0.78, x_{Ar} = 0.0094, x_{CO_2} = 0.0003$）；

(3) 每燃烧 1kg 的碳，计算可得 293K、100kPa 下的发生炉煤气的体积。设气体为理想气体。

1-13 293K 时饱和了水蒸气的湿乙炔气体（即该混合气体中水蒸气分压力为同温度下水的饱和蒸气

压）总压力为 138.7kPa，于恒定总压下冷却到 283K，使部分水蒸气凝结为水。试求每摩尔干乙炔气在该冷却过程中凝结出水的物质的量。已知 298K 及 283K 时水的饱和蒸气压分别为 3.17kPa 及 1.23kPa。设气体为理想气体。

1-14　一密闭刚性容器中充满了空气，并有少量的水。当容器于 300K 条件下达平衡时，容器内压力为 101.325kPa。若把该容器移至 373K 的沸水中，试求容器中到达新的平衡时应有的压力。设容器中始终有水存在，且可忽略水的任何体积变化。300K 时水的饱和蒸气压为 3.567kPa。设气体为理想气体。

1-15　物质的热膨胀系数 α_V 与等温压缩率 k_T 的定义如下：

$$\alpha_V = \frac{1}{V}\left(\frac{\partial V}{\partial T}\right)_p \quad k_T = -\frac{1}{V}\left(\frac{\partial V}{\partial p}\right)_T$$

试分别导出下列气体的 α_V，k_T 与温度、压力的关系。

（1）设气体为理想气体；

（2）设气体为 van der Waals 气体。

1-16　在一个容积为 0.5m³ 的钢瓶内，放有 16kg 温度为 500K 的 $CH_4(g)$，试分别按下列情况计算容器内的压力。

（1）用理想气体状态方程；

（2）由 van der Walls 方程，已知 $CH_4(g)$ 的 van der Walls 常数 $a = 0.228$Pa·m⁶·mol⁻²，$b = 0.427 \times 10^{-4}$ m³·mol⁻¹，$M_{CH_4} = 16.0$g·mol⁻¹。

1-17　今有 273K，40530kPa 的 N_2 气体，分别用理想气体状态方程及范德华方程计算其摩尔体积。并比较与实验值 70.3cm³·mol⁻¹ 的相对误差。

1-18　已知 $CO_2(g)$ 的临界温度、临界压力和临界摩尔体积分别为：$T_c = 304.3$K，$p_c = 73.8 \times 10^5$ Pa，$V_{m,c} = 0.0957$dm³·mol⁻¹，试计算

（1）$CO_2(g)$ van der Waals 常数 a，b 的值；

（2）313K 时，在容积为 0.005m³ 的容积内含有 0.1kg $CO_2(g)$，用 van der Waals 方程计算气体的压力。

1-19　NO(g) 和 $CCl_4(g)$ 的临界温度分别为 177K 和 550K，临界压力分别为 64.7×10^5 Pa 和 45.5×10^5 Pa。

（1）哪一种气体的 van der Waals 常数 a 较小？

（2）哪一种气体的 van der Waals 常数 b 较小？

（3）哪一种气体的临界体积较大？

（4）在 300K 和 10×10^5 Pa 的压力下，哪一种气体更接近理想气体？

1-20　373K 时，1.0kg $CO_2(g)$ 的压力为 5.07×10^3 kPa，试用下述两种方法计算其体积。

（1）用理想气体状态方程式；

（2）用范德华方程。

1-21　在 273K 时，1mol $N_2(g)$ 的体积为 7.03×10^{-5} m³，试用下述几种方法计算其压力，并比较所得数值的大小。

（1）用理想气体状态方程式；

（2）用 van der Waals 气体状态方程式；

（3）用压缩因子图（实测值为 4.05×10^4 kPa）。

1-22　348K 时，0.3kg $NH_3(g)$ 的压力为 1.61×10^3 kPa，试用 van der Waals 气体状态方程式计算其体积，并比较与实测值 28.5dm³ 的相对误差。

已知在该条件下 $NH_3(g)$ 的 van der Waals 气体常数 $a = 0.417$Pa·m⁶·mol⁻²，$b = 3.71 \times 10^5$ m³·mol⁻¹。

1-23　函数 $1/(1-x)$ 在 $-1 < x < 1$ 区间可用下述幂级数表示：

$$1/(1-x) = 1 + x + x^2 + x^3 + \cdots$$

先将范德华方程整理成

$$p = \frac{RT}{V_m}\left(\frac{1}{1-b/V_m}\right) - \frac{a}{V_m^2}$$

再用上述幂级数展开式来求证范德华气体的第二、第三维里系数分别为

$$B(T) = b - a/(RT) \qquad C(T) = b^2$$

1-24 把 298K 的氧气充入 40dm³ 的氧气钢瓶中，压力达 202.7×10^2 kPa。试用普遍化压缩因子图求钢瓶中氧气的质量。

第2章

热力学第一定律

　　热力学全称热动力学（thermodynamics），是自然科学的一个重要分支，它是研究热现象中物质转变和能量转换规律的学科，着重研究物质的平衡状态和准平衡状态的物理和化学变化过程。

　　热力学作为一门学科，其形成和建立经历了漫长而曲折的发展过程，只是到了 19 世纪中期，在大量实验的基础上，才真正建立了科学的热力学理论。英国科学家焦耳（J. P. Joule，1818—1889）经过近 40 年的不懈钻研和测量热功当量，先后用不同的方法做了 400 多次实验，在 1850 年前后建立了能量守恒定律，即热力学第一定律。德国科学家克劳修斯（R. Clausius，1822—1888）和英国科学家开尔文（L. Kelvin，原名汤姆生，W. Thomson，1824—1907）在卡诺工作的基础上共同建立了热力学第二定律，他们分别于 1850 年和 1851 年提出了著名的热力学第二定律克劳修斯表述和开尔文表述。热力学第一定律和热力学第二定律的建立，有着扎实牢固的实验基础和科学严密的逻辑推理，是人类经验的总结，更是热力学理论的主要内容，这两个定律的创立标志着科学的热力学理论的形成。之后，能斯特（W. H. Nernst，1864—1941）于 1906 年建立了热力学第三定律，否勒（R. H. Fowler，1889—1944）于 1939 年发现了热力学第零定律，使热力学内容更加严密和完善。

　　把热力学原理应用于化学变化规律的研究，称为化学热力学（chemical thermodynamics）。化学热力学的研究内容主要有：应用热力学第一定律研究化学反应过程的能量转换和变化规律，根据热力学第二定律解决化学变化的方向和限度问题，以及相平衡、化学平衡和电化学中的相关问题。热力学第零定律为温度下了严格的科学定义，而热力学第三定律以绝对 0K 为基准，确定了物质的规定熵数值。

　　化学热力学的应用十分广泛，在生产实践和科学研究中发挥着巨大的作用。例如，化工生产过程中的能量衡算，开发新的化学品及设计新的反应路线时的可能性研判等，都离不开热力学。但是，热力学也有它的局限性一面。例如，热力学研究的对象仅限于宏观系统（即大量分子的集合体），因此所得到的结论具有统计意义，反映的是平均行为，只适用于整个宏观系统，而不适用于每一个分子的个体行为。又如，热力学能够预言在给定条件下过程变化的方向和限度，但它既不能给出完成这一变化所需要的时间，也不能回答这一变化发生的原因和变化所经过的历程问题等。

　　本章将在介绍热力学基本概念及术语的基础上，讨论热力学第一定律及其在理想气体

pVT 变化、相变和化学反应等过程中的应用。

2.1 温度与热力学第零定律

日常生活中，人们常用温度来表示物体的"冷、热"程度，用手触摸物体，感觉热则温度高，感觉冷则温度低。这种建立在人的主观感觉基础上的温度概念，不仅十分粗糙、容易混淆事实，而且往往会得出错误的结果。例如，冬天用手触摸同在室外的铁器和木棍，感觉铁器比木棍冷，实际上两者的温度是一样的。之所以感觉不同，是由于铁器和木棍对热传导速率不同。因此，要定量地表示出物体的温度，必须对温度给出科学的定义。

温度概念的建立以及温度的测定都是以热平衡为基础的。当把两个已达成平衡、但状态不相同的系统 A 和 B 通过一个界壁接触，在没有机械及电磁等作用时，它们的状态是否会因彼此干扰而发生改变，取决于这个接触界壁的导热情况。如果用绝热界壁（常称绝热壁）把 A 和 B 隔开，则它们的状态函数互不影响，系统各自保持其原来的状态。如果用导热界壁（俗称导热壁）把 A 和 B 隔开，则它们的状态函数将相互影响，其数值会一升一降，直至两个系统的状态函数相同，达到一个新的平衡态为止，即热平衡。因此，热平衡是指两个或两个以上系统通过导热壁接触后所到达的一种平衡状态。

热平衡实验见图 2-1，把 A 和 B 用绝热壁隔开，而 A 和 B 又同时通过导热壁与 C 接触，此时 A 和 B 分别与 C 建立热平衡，如图 2-1（a）。接着，把 A 和 B 之间换成导热壁，同时将 A 与 C、B 与 C 之间换成绝热壁，此时观察不到 A 和 B 的状态发生任何变化，如图 2-1（b）。这表明，在图 2-1（a）状态时 A 和 B 已经处于热平衡状态。

实验事实说明，在不受外界的影响下，只要系统 A 和 B 同时与系统 C 处于热平衡，即使系统 A 和 B 没有接触，它们仍处于热平衡状态。也就是说，如果两个系统分别和处于确定状态的第三个系统达到热平衡，则这两个系统彼此也将处于热平衡。这个结论称为热平衡定律或热力学第零定律（the zeroth law of thermodynamics）。热力学第零定律是 Fowler 于 1939 年提出的，是对大量实验事实的概括和总结，既不能从其他的定律或定义推导，也不能由逻辑推理得出。

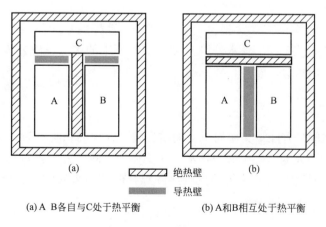

▨▨▨	绝热壁	
▮▮▮	导热壁	

(a) A、B 各自与 C 处于热平衡 　　　　　　(b) A 和 B 相互处于热平衡

图 2-1 热力学第零定律

热力学第零定律为建立温度概念提供了实验基础。热力学第零定律指出，处于同一个热

平衡状态下的所有系统都具有相同的状态函数（也可称宏观性质），决定系统热平衡的这个状态函数称为温度，也就是说，温度是决定某一系统是否与其他系统处于热平衡的宏观标志，它的特征在于一切互为热平衡的系统都具有相同的温度。温度的微观统计意义是，系统内分子热运动剧烈程度的量度。

热力学第零定律不仅给温度下了科学的定义，而且为测定温度提供了依据和方法。在判断两物体温度高低时，不一定要将两物体直接接触，可借助第三方物体作"标准"与这两个物体分别接触就行，这个"标准"的物体便是温度计。

温度计是根据物质随冷热变化而发生单调、较显著改变的某种属性而设计的，并规定好具体的数值表示法（温标）来计量温度。显然，可以有各种各样的温度计，如酒精温度计、水银温度计、电阻温度计等。还可以有不同的温标，如，建立在热力学第二定律基础上的温标称为热力学温标，它是一种理论温标，不依赖于任何物质及其物理属性，它的单位为"开尔文"，简称"开"，记为"K"。

2.2 基本概念与常用术语

2.2.1 系统与环境

为了观察和研究问题的方便，在研究具体事物时，人们总是习惯首先确定所需研究的对象，确定它与其他部分物质的分开界限，把作为研究对象的那部分物质称为系统（system），也称为物系或体系。如常温、常压下，桌子上放置了一杯温度为50℃的水，要研究杯中水的性质（温度、质量等）变化，水便是系统。存在于系统之外、与系统有密切联系的那部分物质，称为系统的环境（ambience）。上面例子中盛水的杯子、放杯子的桌子、杯子周围的大气，都是"水"这个系统的环境。事实上，系统与环境之间的界限有时是实际存在的，有时根本不存在，是为了解决问题而假想的。

根据系统与环境之间进行能量交换和物质交换的情况不同，系统常可以分为敞开系统、封闭系统和隔离系统三类。

（1）敞开系统

系统与环境之间既有物质交换又有能量交换，这样的系统称为敞开系统（open system），也称为开放系统。如一杯水若没有加杯盖，杯中的水（系统）因分子热运动会蒸发到大气（环境）中而减少，同时，杯中水会把热传给杯壁、桌面、大气而降温。可见，此时的这杯水处于敞开系统。

（2）封闭系统

系统与环境之间只有能量交换而没有物质交换，这样的系统称为封闭系统（closed system），它是热力学研究的基础。如一杯水若加了杯盖（假定完全密封），杯中水会因将热传给杯壁、桌面，并通过它们继续传给大气而降温，但杯中水的质量自始至终不会减少。可见，此时的这杯水处于封闭系统。

（3）隔离系统

系统与环境之间既无能量交换又无物质交换，这样的系统称为隔离系统（isolated system），也称为孤立系统。如假定盛水的杯子既加杯盖又百分之百保温，那么，这杯水随着时间的推移，既不会有质量上的减少，也不会有温度方面的降低，此时的水属于隔离系统。

现实中真正的隔离系统并不存在，它是一种假想的系统。有时为了研究问题的需要，往往把原先划分的系统和环境在分开研究完成后，再合起来作为一个整体来处理，此时的这个整体就是隔离系统。这种处理问题的理念和方法是必须学会的，在后面的学习中将通过具体的实例加以介绍。

2.2.2 性质、状态与状态函数

(1) 性质

研究一个系统，就要了解这个系统所处的温度 T、压力 p、体积 V、质量 m、密度 ρ、组成 x、黏度 η 等宏观上的物理量，这些物理量称为热力学性质（thermodynamic property），简称性质。除了宏观上可测定的性质外，系统还具有宏观上不能直接测定的性质，如热力学能 U、焓 H 和熵 S 等。按性质的数值是否与系统物质的数量多少有关，将其分为广度性质（extensive property）和强度性质（intensive property）两类。

广度性质又叫容量性质（capacity property）或广度量，其数值与系统物质的数量成正比，具有加和性。如 1mol 理想气体在 273K 和 101.325kPa 条件下的体积是 22.4dm³，而 2mol 理想气体在 273K 和 101.325kPa 条件下的体积是 44.8dm³，所以体积 V 是广度性质。同样，质量 m、热力学能 U、焓 H 等都是广度性质。

强度性质又称强度量，其数值与系统物质的数量无关，不具有加和性。如一杯 298K 的水倒掉一半仍是 298K，因此温度 T 是强度性质。同样压力 p、密度 ρ、黏度 η、摩尔体积 V_m 等都是强度性质。

一般情况下，由两个广度性质之比得到的物理量则是强度性质。例如，广度性质体积与物质的量之比称为摩尔体积，即 $V_m = \dfrac{V}{n}$，是强度性质；广度性质热力学能与物质的量之比称为摩尔热力学能，即 $U_m = \dfrac{U}{n}$，也是强度性质；广度性质质量与体积之比为密度，即 $\rho = \dfrac{m}{V}$，同样是强度性质等。

(2) 状态与状态函数

系统性质的综合表现称为状态（state）。当系统的每个性质都有确定值时，系统的状态也就确定了。例如，一杯质量一定的水温度为 298K、压力为 202.650kPa，这时水的状态就确定了。如果温度变成了 308K，压力变成了 101.325kPa，则系统的状态发生了变化。变化前的状态叫做始态（初态），变化后的状态叫做终态（末态）。在系统状态发生变化的过程中，无论是先升温后降压，还是先降压后升温，或是升温降压同时进行，系统温度的变化 $\Delta T = T_终 - T_始 = 10K$，系统压力 p 的变化 $\Delta p = p_终 - p_始 = -101.325kPa$。

上述例子说明，当系统处于一定状态时，系统的性质只取决于此时此刻的状态，而与过去的历史无关。当外界条件维持不变，系统的各种性质就不会发生改变。系统的状态发生变化时，它的性质将随之而变，且变化值只与系统的始态和终态相关，而与所经历的途径无关。这种定态有定值的热力学性质称为状态函数。例如，温度的增量 ΔT，压力的减少量 Δp 只与始、终态有关而与途径无关。除了温度 T、压力 p 外，体积 V、热力学能 U、焓 H、熵 S、亥姆霍兹函数 A、吉布斯函数 G 等都是热力学中重要的状态函数。状态函数具有下列特征。

① 状态函数 Z 在数学上具有全微分的性质，其微小变化可用全微分 dZ 表示。如温度的微小变化为 dT，压力的微小变化为 dp 等。

② 系统开始时的 A 状态（始态）变化到终态 B，即 A → B，这一过程状态函数 Z 的变化量 $\Delta_A^B Z$ 仅取决于终态与始态的差值 $\Delta_A^B Z = Z_B - Z_A$，而与变化的具体途径无关。显然，若系统发生变化后又恢复到原状态，则状态函数也恢复到原来的数值，即状态函数的变化值为零。

③ 状态函数的二阶导数与求导的先后次序无关。如状态函数 Z 取决于系统的温度 T 和压力 p 两个性质，即 $Z = Z(T, p)$，则

$$\left[\frac{\partial}{\partial T} \left(\frac{\partial Z}{\partial p} \right)_T \right]_p = \left[\frac{\partial}{\partial p} \left(\frac{\partial Z}{\partial T} \right)_p \right]_T \tag{2-1}$$

需要给定多少个系统的性质，才能确定系统的状态呢？实验事实说明，对于没有化学反应的纯物质均相封闭系统，只要给定两个独立变化的强度性质，其他的强度性质也就随之确定；若再明确了系统的物质数量，则广度性质也就确定。至于说确定哪两个强度性质，原则上没有规定。然而，通常采用实验容易测定的温度 T 和压力 p 作为独立变化的强度性质。例如，液体水一旦给定温度 T、压力 p 两个强度性质，则它的密度 ρ、黏度 η、摩尔体积 V_m 等强度性质都有一定的值。又例如，对于理想气体，$V_m = \dfrac{RT}{p} = f(T, p)$，温度 T、压力 p 及摩尔体积 V_m 三者都是强度性质，若温度 T、压力 p 给定，则 V_m 也就确定，此时若再明确系统的物质的量 n，系统的广度性质体积 V 就确定了，因为 $V = nV_m$。或者，$V = \dfrac{nRT}{p} = f(T, p, n)$，若给定强度性质温度 T、压力 p 的基础上，再给出物质的量 n，则同样可以确定广度性质 V。

(3) 热力学平衡状态

在一定条件下，经过足够长的时间，系统中各种热力学性质都不随时间而改变，此时系统处于热力学平衡状态（thermodynamic equilibrium state），简称平衡态。处于热力学平衡态的系统一般应同时满足下列条件，缺一不可。

① 热平衡（thermal equilibrium），系统内部各处温度相等，即系统有唯一的温度。

② 力平衡（mechanical equilibrium），系统内部各个部分的压力相等，即系统有单一的压力。若两个均匀系统被一个固定的器壁隔开，即便两个系统的压力不等，系统同样能保持力平衡。

③ 相平衡（phase equilibrium），系统有多个相共存时，达到平衡后各相中的任何一种物质，从组成到数量都不随时间而改变。如水和水蒸气在沸点时的两相平衡，液相中水的量与气相中水蒸气的量都保持不变。

④ 化学平衡（chemical equilibrium），系统中存在化学反应时，达到平衡后宏观上表现出化学反应已经停止，即各种物质的数量和组成不随时间而改变。

2.2.3　过程与途径

系统从一个状态变化到另一个状态，称为系统发生了一个热力学过程，简称过程（process）。变化的具体步骤称为途径（path），从始态到终态的一个过程，可以通过不同的

途径来完成。如，人们从南京去北京，要完成这一个过程，可以通过坐高铁或坐飞机等不同的途径来实施。

根据过程发生的条件不同，通常可以将过程分为以下几种。

① 等温过程与恒温过程。等温过程是指系统始态的温度 T_1、终态的温度 T_2 以及变化过程中环境的温度 T_{amb} 三者都相等的过程，即 $T_1 = T_2 = T_{amb}$，变化过程中系统的温度可以不相等。若等温过程在变化过程中系统的温度也保持不变，就称为恒温过程。

② 等压过程与恒压过程。等压过程是指系统始态的压力 p_1、终态的压力 p_2 以及变化过程中系统在任何时刻对抗的环境压力 p_{amb} 三者都相等的过程，即 $p_1 = p_2 = p_{amb}$，变化过程中系统的压力可以不相等。若等压过程在变化过程中系统的压力仍保持不变，就称为恒压过程。

③ 恒外压过程。变化过程中系统所对抗的环境压力 p_{amb} 始终不变，因系统最终处于平衡状态，所以环境压力 p_{amb} 与系统终态压力 p_2 相等，但系统始态的压力 p_1 与终态压力 p_2 一般不等，即 $p_1 \neq p_2 = p_{amb}$。等压过程与恒压过程也属于恒外压过程，是恒外压过程的特例。

④ 恒容过程。系统在变化过程中体积保持不变的过程。一般在刚性容器中进行的过程都是恒容过程。

⑤ 绝热过程。系统在变化过程中与环境之间不存在热传递的过程。真正的绝热过程很难实现，若过程进行极迅速（如爆炸），系统来不及与环境进行热交换，或者系统与环境传热极少，都可近似地认为是绝热过程。绝热过程分为绝热可逆过程与绝热不可逆过程两种。

⑥ 循环过程。系统从始态出发，经过一系列变化又回到原来的状态，称为循环过程。循环过程的特征是状态函数的变化值为零。

系统所进行的过程，不仅仅只有上述几种，要依据具体的变化情况而确定相应的处理方法，例如理想气体在 pVT 变化过程中沿着 p/V 为常数的途径进行，就不属于上述任何过程。从大的方向看，系统所进行的过程，不外乎有 pVT 变化过程、相变化过程、化学变化过程三大类，当然也可以几种过程兼而有之。

2.2.4 热和功

当系统的状态发生变化时，系统与环境间的能量交换是通过热和功的传递方式来实现的。也就是说，热和功是系统与环境进行能量交换的两种基本形式，它们的 SI 制单位都是焦耳（J）。

热是物质运动的一种表现形式，与大量分子的无规则运动紧密相关。温度是分子无规则运动剧烈程度的量度，温度越高，分子的无规则运动强度越大。当两个温度不同的物体相接触时，无规则运动的差异导致它们通过分子间的碰撞而交换能量，这种能量交换的方式就是热。因此，热是由于系统与环境间存在着温度差而交换的能量，以符号 Q 表示，且规定系统从环境吸热 $Q>0$，系统向环境放热 $Q<0$。

热不是系统的状态函数，而是与过程相关的途径函数，只有系统进行某一过程，系统与环境间交换的热才能体现出来，处于一定状态的系统，没有热的概念。微小变化过程的热常用 δQ 表示。热的形式有多种，最常见的是系统既不发生化学变化又没有相变、而仅仅因与环境的温度差异交换的热，称为显热；把系统发生化学变化过程交换的热称为化学反应热，或反应热效应；另外，还有相变热，是指系统发生相变化而交换的热，因过程温度不变，所以又称潜热，从这一点看，把热定义为"由于系统与环境间存在分子热运动差异而交换的能量"更为全面、科学。

除热以外，系统与环境间能量交换的另一种形式称为功，用符号 W 表示功。同样规定系统对环境做功，系统失去能量，$W<0$；环境对系统做功，系统获得能量，$W>0$。与热一样，功也不是系统的状态函数，而是途径函数，功也只有在系统的变化过程中才得以体现，处于一定状态的系统，也没有功的概念。微小变化过程的功常用 δW 表示。

在物理化学中，功分为体积功和非体积功两类。体积功是在变化过程中因系统体积变化而与环境交换的能量，以功的符号 W 表示。除体积功以外的其他形式的功，如机械功、电功、表面功等统称为非体积功，为与体积功区分，以符号 W' 表示。所以，在以后的学习中要特别注意，不能随便使用符号 W'，因为它特指非体积功。热力学中讨论最多的是体积功，且一般假设没有非体积功。电功和表面功等非体积功，只是在电化学和界面现象等相关内容中才加以阐述。

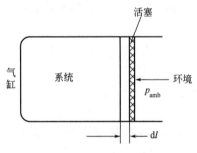

图 2-2　体积功示意图

如图 2-2 所示，在截面积为 A 的气缸内装有一定量的气体，如果作用在活塞上的力为 F，其方向向左，它与环境的压力 p_{amb} 之间的关系为 $F = p_{amb}A$。假如活塞本身无质量且与气缸壁无摩擦，当气缸与热源相接触受热时，气体膨胀的体积为 dV，相应地活塞向右移动的距离为 dl，显然 $dl = \dfrac{dV}{A}$。

体积功是系统体积变化时反抗外压所做的功，其本质上是机械功，等于力与力作用方向上的位移乘积。现在因为力 F 的方向向左，气缸位移 dl 方向向右，所以气体所做的体积功 $\delta W = -Fdl$，将 $F = p_{amb}A$ 和 $dl = \dfrac{dV}{A}$ 同时代入上式，得

$$\delta W = -p_{amb}A\frac{dV}{A} = -p_{amb}dV$$

或

$$W = -\int_{V_1}^{V_2} p_{amb}dV \tag{2-2}$$

上式是体积功的计算公式，p_{amb} 是环境压力，单位为 Pa，V 是系统体积，单位为 m³。计算体积功的关键，是要分析具体过程中环境压力 p_{amb} 与系统内部的压力 p 的关系，同时找出系统体积 V 与压力 p 的联系，代入式(2-2)就可以计算出结果。

可见，当系统内部的压力 p 小于环境压力 p_{amb}，即 $p < p_{amb}$ 时，气缸内气体受到压缩，$dV < 0$，该过程的 $\delta W > 0$，系统得到环境所做的功；当系统内部的压力 p 大于环境压力 p_{amb}，即 $p > p_{amb}$ 时，气缸内气体膨胀，$dV > 0$，该过程的 $\delta W < 0$，系统对环境做功。因此，气体受到压缩时，系统得到环境做的功，体积功一定为正；气体膨胀时，系统对环境做功，体积功一定小于零或等于零（等于零为真空膨胀时的情况）。

若气体向真空自由膨胀，即 $p_{amb} = 0$，则不管体积变化多大，体积功总是为零。若一个变化过程在密闭刚性容器中进行，体积变化为零，即 $\Delta V = 0$，则不管外压有多大，体积功也总是为零。体积功还可以这样来理解，加热气缸内的气体，气体体积膨胀，本来毫无秩序

运动着的气体分子作定向运动，从而推动活塞移动。因此从微观的角度看，功是系统内部分子作有序运动时与环境交换的能量。

若 1mol 理想气体在 273K 下，由 101.325kPa 的始态出发，分别反抗 50.6625kPa 的恒外压膨胀和真空膨胀，经过这样两条不同途径达到同一终态 50.6625kPa。由体积功公式计算可知，在恒温、恒外压膨胀过程中，系统从环境吸收 1134.84J 的热，对环境做 1134.84J 的功。而在恒温向真空膨胀过程中，系统对环境做功为零，同时与环境之间也没有热交换。

由此可见，系统由相同的始态出发，经过不同的途径变化到相同的终态，热和功的数值是不相等的，这说明热和功的值与变化的途径密切相关，证明了热和功不是系统的状态函数，而是途径函数。

2.3 体积功的计算与可逆过程

功不是状态函数，是过程函数，计算系统发生变化时的体积功，是热力学最基本也是最重要的内容之一。体积功的计算依据是式(2-2)，下面以气缸中气体膨胀、压缩为例来介绍体积功的计算，并从中发现有关规律。

2.3.1 体积功的计算

图 2-3 是理想气体的恒温膨胀和恒温压缩过程示意图。在 298K 下将一定量的理想气体置于带有活塞（其质量和摩擦忽略不计）的气缸中，气体的压力为 p。活塞上放一定数目的砝码（每个砝码相当于 100kPa 的压力），产生的压力为 p_{amb}。当气体内部的压力 p 与外压 p_{amb} 相等时，系统处于平衡态；当气体内部的压力大于外压时，气体就膨胀；当气体的压力小于外压时，气体被压缩。

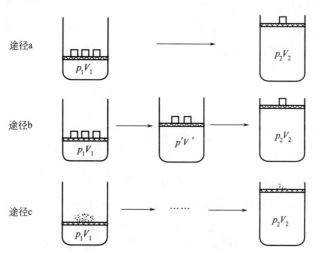

图 2-3 恒温时气体不同途径膨胀与压缩示意图

恒外压过程，意味着外压 p_{amb} 与终态压力 p_2 相等且为常数，依据式(2-2) 得恒外压过程体积功的计算公式为

$$W = -p_2(V_2 - V_1) \tag{2-3}$$

下面分别讨论理想气体恒温膨胀过程和压缩过程体积功的计算。

膨胀过程：在 298K 下，将 1dm³ 理想气体由始态压力 $p_1 = 300$kPa 的平衡态，经过三条不同的途径膨胀至终态压力为 $p_2 = 100$kPa 的平衡态（一个砝码）。压缩过程：相当于对始态压力为 100kPa 的平衡态理想气体，加压压缩到终态压力为 300kPa 的平衡态过程。

途径 a：将活塞上的砝码一次性移去两个，外压由 300kPa 一下子降低到 100kPa（p_2），气体在恒定外压 100kPa 下膨胀，体积由 $V_1 = 1$dm³ 膨胀至 $V_2 = 3$dm³，过程的膨胀体积功记为 W_{a-1}。

$$W_{a-1} = -p_2(V_2 - V_1) = -100 \times 10^3 (3 \times 10^{-3} - 1 \times 10^{-3}) J = -200J$$

其逆向过程是恒温、恒外压压缩，在活塞上一次性加上两个砝码，将外压一下子增加到 300kPa，使膨胀后的理想气体重新从 $V_2 = 3$dm³ 被压缩到体积为 $V_1 = 1$dm³ 的起始状态，其压缩体积功记为 W_{a-2}。

$$W_{a-2} = -p_1(V_1 - V_2) = -300 \times 10^3 (1 \times 10^{-3} - 3 \times 10^{-3}) J = 600J$$

计算结果表明，在膨胀过程中，系统对环境做功 200J，功为负值；在逆向压缩过程中，环境对系统做功 600J，功为正值。膨胀与逆向压缩过程虽然始态、终态相同，但在做功的数值上不等同，存在差值。

途径 b：分两步进行，先从活塞上移走一个砝码，外压从 300kPa 减至 200kPa（p'），气体在恒定外压 p' 下膨胀到平衡，体积由 $V_1 = 1$dm³ 变到 $V' = 1.5$ dm³；然后再从活塞上移走一个砝码，外压从 $p' = 200$kPa 降为 100kPa（p_2），气体在恒定外压 p_2 下再次膨胀，体积由 $V' = 1.5$dm³ 变到 $V_2 = 3$dm³。过程总的体积功记为 W_{b-1}，其值是两步体积功之和。

$$\begin{aligned} W_{b-1} &= -p'(V' - V_1) - p_2(V_2 - V') \\ &= [-200 \times 10^3 (1.5 \times 10^{-3} - 1 \times 10^{-3}) - 100 \times 10^3 (3 \times 10^{-3} - 1.5 \times 10^{-3})]J \\ &= -250J \end{aligned}$$

其逆向压缩过程也分两步进行，从理想气体所处的 100kPa 状态开始，先把外压加大到 200kPa 压缩气体到平衡；然后再把外压加大到 300kPa，压缩气体到平衡终态，其总的压缩体积功记为 W_{b-2}，其值也等于两步体积功之和。

$$\begin{aligned} W_{b-2} &= -p'(V' - V_2) - p_1(V_1 - V') \\ &= [-200 \times 10^3 (1.5 \times 10^{-3} - 3 \times 10^{-3}) - 300 \times 10^3 (1 \times 10^{-3} - 1.5 \times 10^{-3})]J \\ &= 450J \end{aligned}$$

途径 b 气体膨胀过程与其逆向压缩过程做功的特点与途径 a 完全一致。途径 b 与途径 a 相比，从始态到终态的步骤增加了，以至于途径 b 中系统对环境做功的数值比途径 a 大，而逆向压缩时环境对系统所做的功，途径 b 比途径 a 的小。同时，途径 b 的膨胀体积功与其逆向的压缩体积功，在数值上的差距比途径 a 缩小了许多。步骤增多到一定程度这种差距是否会完全消除呢？

途径 c：将活塞上的三只砝码换成一堆等重的细砂，每次取走一粒细砂后，与取走这粒细砂之前相比，总是外压降低 dp，气体体积膨胀 dV，系统新的平衡压力降为 $p - dp$。经过无限多次这种取走一粒细砂操作后，系统膨胀到内、外压力都达到 100kPa 的终态。显然，在每次取走一粒砂子的瞬间，系统的压力 p 与外压 p_{amb} 仅相差无限小量 dp，即 $p_{amb} = p - dp$。可见，完成整个过程的变化是无限慢的，每完成一步时系统所处的状态非常接近于平衡态。完成整个过程的膨胀体积功记为 W_{c-1}。

$$W_{c-1} = -\int_{V_1}^{V_2} p_{\text{amb}} dV = -\int_{V_1}^{V_2} (p - dp) dV = -\int_{V_1}^{V_2} (p dV - dp dV)$$

因为 $dp dV$ 为二阶无穷小，相对于 $p dV$ 可以略去，所以

$$W_{c-1} = -\int_{V_1}^{V_2} p dV = -\int_{V_1}^{V_2} \frac{nRT}{V} dV = -nRT \ln \frac{V_2}{V_1} = -p_1 V_1 \ln \frac{V_2}{V_1} = p_1 V_1 \ln \frac{p_2}{p_1}$$

$$= 300 \times 10^3 \times 1 \times 10^{-3} \times \ln \frac{100}{300} J = -330 J$$

再来看其逆向压缩过程，同样采用每次加一粒细砂的方法，可以使系统压力由 100kPa 经过无限多次压缩后达到 300kPa 的状态，过程的压缩体积功记为 W_{c-2}。

$$W_{c-2} = nRT \ln \frac{V_2}{V_1} = p_1 V_1 \ln \frac{V_2}{V_1} = -p_1 V_1 \ln \frac{p_2}{p_1}$$

$$= -300 \times 10^3 \times 1 \times 10^{-3} \times \ln \frac{100}{300} J = 330 J$$

途径 c 气体膨胀时系统对环境所做的体积功，与其逆向过程压缩体积功在数值上完全相等，膨胀和压缩两个过程中系统所做的总功为零，正好能使系统恢复到原来的状态。

综合上述三种途径体积功计算结果可以发现，在恒温条件下系统由相同的始态膨胀或压缩到相同的终态，但体积功不相等，再次验证了功不是状态函数，而是过程函数。不同的途径中，系统对环境所做功的大小（绝对值）顺序为

$$|W_{c-1}| > |W_{b-1}| > |W_{a-1}|$$

因为功本身就有正负之分，系统对环境做功为负值，所以上式去掉绝对值符号后，膨胀体积功的关系为

$$W_{c-1} < W_{b-1} < W_{a-1}$$

而在不同途径的逆向压缩过程中，环境对系统所做的功的大小顺序为

$$W_{a-2} > W_{b-2} > W_{c-2}$$

2.3.2 可逆过程概念及其特征

上述途径 c 每一步膨胀或逆向压缩时，其推动力无限小、系统与环境之间在无限接近平衡条件下进行，在经过无限缓慢的膨胀、压缩循环之后，系统和环境都回到了原来的状态而不留下任何痕迹，这样的过程称为可逆过程（reversible process），它是热力学中一种非常重要的过程。

因此，途径 c 中气体膨胀与压缩之间互为可逆过程，理想气体恒温可逆变化过程的体积功公式为

$$W_r = -nRT \ln \frac{V_2}{V_1} = nRT \ln \frac{p_2}{p_1} \tag{2-4}$$

式中，W_r 代表可逆体积功。

从上面的讨论可以看出，可逆过程具有下列特征：

① 可逆过程是由一连串无限接近于平衡态的状态构成，紧邻的状态之间以无限微小的变化在推进，完成整个过程的速度是无限缓慢的。

② 在逆向过程中，采用与原来过程同样的手段逆向操作，可以使系统和环境都完全还原到原来的状态而不留下任何痕迹。

③ 恒温可逆膨胀过程中，系统对环境做最大功，体现出可逆过程的效率最高准则；恒

温可逆压缩过程中，环境对系统做最小功，或者说环境对系统做功最省力，反映了可逆过程的经济最佳准则。

与理想气体的概念一样，可逆过程是一种理想的过程，是一种为了处理问题的方便而提出的科学抽象概念，实际上真正的可逆过程并不存在，自然界中的一切过程都是不可逆的，充其量也只能无限接近可逆过程。但是，可逆过程是热力学中极其重要的概念，一些重要的热力学函数的变化值只有借助可逆过程才可以求得。

对于单纯的 pVT 变化过程来说，在压力恒定的条件下，系统的温度为 T，当环境的温度比系统的温度低 dT 时，系统就降温；当环境的温度比系统的温度高 dT 时，系统就升温。这样的变温过程即为可逆变温过程。在温度恒定的条件下，系统（气体）的压力为 p，当环境的压力比系统的压力低 dp 时，气体就膨胀；当环境的压力比系统的压力高 dp 时，气体就压缩。这样的变压过程即为可逆变压过程。

在相变过程中，下列过程为可逆相变过程：

① 物质在其正常沸点时的蒸发和冷凝过程。例如，水的正常沸点是 373.15K，因此在 101.325kPa 下，水在 373.15K 时蒸发成水蒸气和水蒸气冷凝成水的过程都是可逆相变过程。

② 液体在一定温度和该温度时的饱和蒸气压下的蒸发和冷凝过程。例如，水在 298K 时的饱和蒸气压为 3.167kPa，则在 298K 和 3.167kPa 下，水蒸发成水蒸气和水蒸气冷凝成水的过程为可逆相变过程。同样的，固体在一定温度和该温度时的饱和蒸气压下的升华和凝华过程也是可逆相变过程。

③ 物质在其正常凝固点时的熔化和凝固过程。例如，水的正常凝固点为 273.15K，因此在 101.325kPa 和 273.15K 下，水结成冰和冰融化成水的过程为可逆相变过程。

2.4 热力学第一定律

能量守恒定律的建立是科学史上继牛顿力学之后又一次伟大的发现，是科学史上激动人心的一页，恩格斯曾将它与进化论、细胞学说并列为三大发现。18 世纪末到 19 世纪初，随着蒸汽机在生产中的广泛应用，人们对热与功的转换关系越来越关注，于是热力学应运而生。德国物理学家、医生梅耶尔（J. R. Mayer，1814—1878）受病人血液颜色变化的启迪，在 1841—1843 年间提出了热与机械运动之间能量相互转换的观点，这是热力学第一定律（the first law of thermodynamics）的首次提出。焦耳精心、严谨地设计实验测定热功当量，他以精确的实验数据为热力学第一定律提供了可靠的事实证明和坚固的实验基础。与梅耶尔和焦耳不同，德国物理学家亥姆霍兹（H. Von. Helmholtz，1821—1894）从理论上发现了热力学第一定律。因此，科学界公认梅耶尔、焦耳和亥姆霍兹同为热力学第一定律的奠基人。

2.4.1 热力学第一定律文字叙述

热力学第一定律的本质是能量守恒定律，即"自然界一切物质都具有能量，能量有各种不同的形式，它能从一种形式转化为另一种形式，从一个物体传递给另一个物体，在转化和传递过程中能量的总值保持不变"。换句话说，"隔离系统中无论发生什么样的变化，其能量总值不变"。

在热力学第一定律确立之前，人们早就幻想能制造出一种机器，它既不需外界供给能量又不减少自身的能量，却能不断地对外做功，即所谓的第一类永动机。第一类永动机违反了能量守恒定律，所以热力学第一定律也可以表述为"第一类永动机是不可能制造出来的"。

然而，历史上曾有许多人为这种假想的机器付出了艰辛却徒劳的努力。随着人们逐步对永动机不可能实现的认识，一些国家对永动机给出了限制，如 1775 年法国科学院正式宣布不再刊载有关永动机的通讯，1917 年美国专利局决定不再受理有关永动机的专利申请等。这些都表明了科学的理论对实践具有积极的指导意义。

2.4.2 封闭系统热力学第一定律的数学表达式

热力学第一定律仅仅是一种思想，它的发展要借助于数学，正如马克思所说"一门科学只有达到了能成功运用数学时，才算是得到了真正发展"。热力学第一定律描述了热与功之间的能量转换，但热与功都不是系统的状态函数，我们应该寻找一个量纲也是能量且与系统状态有关的函数（状态函数），把热与功联系起来，以此说明热与功转换的结果是其总能量仍然守恒。

一般而言，系统的总能量有系统整体运动的动能、系统在外力场中的位能和系统内部的能量三种形式。在化学热力学中，往往研究的是宏观静止系统，没有系统整体运动的动能，而且一般也不考虑特殊的外力场作用下产生的位能。因此，化学热力学关注的仅仅是最后一种能量——系统内部的能量。

系统内部的能量，是指系统内部所有能量的总和，称为热力学能（thermodynamics energy，以前称为内能），用符号 U 表示，SI 制单位为 J。热力学能包括只取决于温度高低的动能、取决于分子间作用力大小和距离远近（体现在宏观性质上为体积）的位能两部分。其中，动能是指系统内分子运动的平动能、转动能、振动能、电子运动与原子核运动的能量等的总称。

在一个封闭系统中，由始态变化到终态，这个变化可以通过不同的途径来实现，各条途径所对应的功 W 和热 Q 都有各自不同的数值。但实验结果表明，不论哪种途径，它们的 $(Q+W)$ 值却都有同一数值。这说明，在系统的状态发生变化后，一定存在着

图 2-4　始态和终态热力学能关系

一个状态函数，其变化值在数值上与 $(Q+W)$ 相等，它只取决于系统的始态和终态，而与实现变化的途径无关，这个状态函数就是热力学能 U。

对于封闭系统，由热力学能为 U_1 的始态变化到热力学能为 U_2 的终态时，系统从环境吸热为 Q，得到环境所做的功为 W，见图 2-4。

根据能量守恒定律，有

$$U_2 = U_1 + Q + W$$

即

$$\Delta U = U_2 - U_1 = Q + W \tag{2-5}$$

若系统的状态仅发生一无限小的变化，则

$$dU = \delta Q + \delta W \tag{2-6}$$

以上两式是封闭系统热力学第一定律的数学表达式，它表明热力学能、热和功之间相互

转化时的定量关系，表达式中的功 W 实际上包括体积功和非体积功两种功。大多数情况下，都是在假定非体积功 $W'=0$ 的前提下，只考虑存在体积功时讨论热力学第一定律的。但是，在系统中存在电功、表面功等非体积功时，热力学第一定律中的功 W 要把这些非体积功 W' 计算在内。

对于封闭系统，若选定 T、V 为独立变量，则状态函数热力学能 U 可表述为温度 T、体积 V 的函数，即

$$U = U(T, V) \tag{2-7}$$

热力学能的全微分表达式为

$$\mathrm{d}U = \left(\frac{\partial U}{\partial T}\right)_V \mathrm{d}T + \left(\frac{\partial U}{\partial V}\right)_T \mathrm{d}V \tag{2-8}$$

对于隔离系统而言，$Q=0$，$W=0$，则 $\Delta U=0$，即隔离系统的热力学能守恒。

热力学能是系统的广度性质，其值与系统内所含物质的量成正比。热力学能的绝对值无法确定，而变化过程中热力学能的变化量 ΔU 可以通过热力学第一定律得出，这正是热力学研究所关注的问题。

2.4.3　焦耳实验

1843 年焦耳设计了如图 2-5 所示的实验装置，进行了如下实验：将两个体积容量相等的导热容器 A 和 B 浸在水浴中，两容器之间用带有活塞 a 的管子连接，其中一个容器 A 抽成真空，另一个容器 B 装有低压气体，水浴中有精度为百分之一的温度计，用来测定水浴温度的变化。打开活塞 a，气体就由容器 B 向抽成真空的容器 A 作自由膨胀，直至系统达到平衡状态。实验结束，发现水浴温度在整个实验过程中没有一点变化，气体的体积增大了，压力降低了。

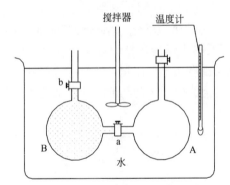

图 2-5　焦耳实验装置示意图

这一实验事实表明，整个过程水温没变，气体在膨胀过程中温度必然也没有改变。因此，系统与环境（水浴）间没有热量的交换，即 $Q=0$；气体向真空膨胀，因外压 $p_{\mathrm{amb}}=0$，体积功 $W=0$。根据热力学第一定律 $\Delta U=Q+W$ 可知，气体在自由膨胀中热力学能不变。将式(2-8)应用于这一过程，即 $\mathrm{d}U=0$、$\mathrm{d}T=0$，

所以

$$\left(\frac{\partial U}{\partial V}\right)_T \mathrm{d}V = 0$$

焦耳实验过程中，气体的体积是增加的，即 $\mathrm{d}V>0$，上式成立的条件为

$$\left(\frac{\partial U}{\partial V}\right)_T = 0 \tag{2-9}$$

实验中采用的是低压下的实际气体，可以视为理想气体。上式表明在恒温条件下，理想气体的热力学能不随体积而改变。这是焦耳实验得出的结论。

对于一定量（即 n 一定）的理想气体，$V = \dfrac{nRT}{p}$ ，代入式(2-9) 得

$$\left[\frac{\partial U}{\partial(nRT/p)}\right]_T = 0$$

$$-\frac{p^2}{nRT}\left(\frac{\partial U}{\partial p}\right)_T = 0$$

所以

$$\left(\frac{\partial U}{\partial p}\right)_T = 0 \tag{2-10}$$

上式表明在恒温条件下，理想气体的热力学能同样不随压力而改变。

式(2-9) 和式(2-10) 表明，理想气体的热力学能仅仅与温度有关，与体积、压力无关，也就是说，理想气体的热力学能只是温度的函数，即

$$U = U(T) \tag{2-11}$$

这一结论可以从理想气体微观模型给以解释。热力学能是系统内分子所有种类的动能及分子间相互作用的位能之和。各种动能与分子的热运动有关，均取决于温度。分子间相互作用的位能与分子间作用力大小和分子间距离远近（体现为气体体积）有关，而理想气体分子间没有相互作用力，位能自然为零。因此，理想气体的热力学能仅仅是各类动能之和，只与温度有关，而与体积无关。

当然，焦耳实验的设计是不够精确的，因为作为环境的水其热容量很大，约比作为系统的气体热容量大很多倍，所以气体（实验用的必然是实际气体）膨胀可能引起水温的微小变化就不易被测出。即便如此，焦耳实验测定精度上的欠缺并不影响"理想气体的热力学能仅仅是温度的函数"这一结论的正确性。

焦耳（J. P. Joule, 1818—1889） 英国曼彻斯特一位酿酒世家的儿子，自幼跟随父母参加酿酒劳动而没有上过正规学校，是一位没有受过专门训练的自学成才的科学家。19 世纪 30 年代末，焦耳首先开始了对电流热效应的研究，1840～1841 年，他发表了著名的焦耳定律。在以后近 40 年的时间内，焦耳进行了 400 余次测定"热功当量"的实验，以精确的数据为热和功转换的当量问题提供了可靠的论据，证明了热和机械能及电能的转化关系，为能量守恒定律的建立打下坚实的实验基础。历经艰难曲折的探索，他的实验结果最终得到了科学界的公认，能量守恒是自然界的一条基本定律。1850 年，32 岁的焦耳被选为英国皇家学会会员，1886 年被授予皇家学会柯普兰金质奖章。1872～1887 年任英国科学促进协会主席。

2.5　恒容热、恒压热及焓

无论在科学研究还是在化工生产中，对变化过程热的研究都有着重要的意义。热和功都是途径函数，是与过程有关的物理量。但是在某些特定条件下，变化过程的热只取决于系统的始态和终态，而与变化过程的具体途径无关。应用热力学第一定律，对恒容和恒压两种特

定过程的热与状态函数变化量的关系进行讨论。

2.5.1　恒容热（Q_V）与热力学能

在非体积功为零（$W'=0$）时，系统进行恒容变化的过程中与环境交换的热，称为恒容热，用符号 Q_V 表示。

恒容过程体积变化 $dV=0$，体积功 $W=0$。根据热力学第一定律 $\Delta U = Q + W$ 可得

$$\Delta U = Q_V \tag{2-12}$$

可见，对于非体积功为零的恒容过程，系统与环境交换的热（即恒容热 Q_V）等于系统热力学能的变化量 ΔU。由于热力学能是状态函数，它的变化量只决定于系统的始态和终态，因此恒容热也只取决于始态和终态，而与变化过程的具体途径无关，但并不是说恒容热是状态函数。式(2-12) 表明，在恒容且非体积功为零的条件下，计算途径函数 Q_V 时，可以转化为计算热力学能这个状态函数的变化量 ΔU；反过来，不可测量的热力学能的变化量可以通过测定这种条件下变化过程的 Q_V 得到。

在非体积功为零时，对于发生一个微小变化的恒容过程，有

$$dU = \delta Q_V \tag{2-13}$$

2.5.2　恒压热（Q_p）与焓

在非体积功为零（$W'=0$）时，系统进行恒压变化的过程中与环境交换的热，称为恒压热，用符号 Q_p 表示。

恒压过程系统与环境压力关系为 $p_1 = p_2 = p_{amb}$，由体积功的定义得

$$W = -p_{amb}(V_2 - V_1) = -p_2 V_2 + p_1 V_1$$

在非体积功为零（$W'=0$）时，将上式代入热力学第一定律 $\Delta U = Q + W$，可得到恒压热 Q_p 为

$$Q_p = \Delta U - W = (U_2 - U_1) - (-p_2 V_2 + p_1 V_1)$$

即

$$Q_p = (U_2 + p_2 V_2) - (U_1 + p_1 V_1) \tag{2-14}$$

由于 U、p、V 均为系统的状态函数，其组合仍是一个状态函数。因此，可定义出另一个新的状态函数，称为焓（enthalpy），用符号 H 表示，即

$$H = U + pV \tag{2-15}$$

将上式代入式(2-14) 得到

$$Q_p = H_2 - H_1 = \Delta H \tag{2-16}$$

可见，对于非体积功为零的恒压过程，系统与环境交换的恒压热 Q_p 等于系统的焓变 ΔH，因此恒压热 Q_p 也只取决于始态和终态，而与变化过程的具体途径无关。同样，在恒压且非体积功为零的条件下，计算途径函数 Q_p 时，可以转化为计算系统的焓变 ΔH。

在非体积功为零时，对于发生一个微小变化的恒压过程，有

$$dH = \delta Q_p \tag{2-17}$$

从状态函数 H 的定义式可知，U、V 为广度性质，故焓 H 表现为广度性质。因热力学能 U 的绝对值不可知，所以焓 H 的绝对值也无法获得，热力学所关注的仍然是变化过程的焓变 ΔH。热力学能 U 代表系统的总能量，但焓 H 是组合函数，没有明确的物理意义。焓与热力学能的单位一样，也为焦耳（J）。

理想气体的热力学能 U 只是温度的函数，而与压力、体积无关。因为 $H = U(T) + pV$，且理想气体的 $pV = nRT$，故 $H = U(T) + nRT$。因此，理想气体的焓也只是温度的函数，同样与压力、体积无关，即

$$H = H(T) \tag{2-18}$$

值得一提的是，恒压热式(2-16)和式(2-17)尽管是在恒压条件下导出的，但仅仅用到了 $p_1 = p_2 = p_{amb}$ 这个条件，对变化过程中系统的压力是否相等没有要求。因此，式(2-16)和式(2-17)不仅适用于恒压过程，而且对等压过程也适用，但都必须在非体积功为零的前提下。

2.6 热容

热容是热力学最重要的基础热数据之一，用于计算系统发生单纯 pVT 变化时的 ΔU 和 ΔH，以及过程的恒容热 Q_V 和恒压热 Q_p。

2.6.1 热容与比热容

在非体积功为零、没有相变和化学反应的均相封闭系统中，处于温度 T 的物质升高温度到 $(T+dT)$，所吸收的热量为 δQ，则 $\dfrac{\delta Q}{dT}$ 称为该物质在温度 T 时的热容（heat capacity），即

$$C = \frac{\delta Q}{dT} \tag{2-19}$$

式中，C 为热容，等于系统升高单位热力学温度所吸收的热。热容 C 是广度性质，一般又称为真热容，单位为 $J \cdot K^{-1}$。根据系统升温时的不同条件，即是在恒压还是恒容下进行，热容可以分为定压热容 C_p 和定容热容 C_V。

系统中所含某种物质越多，则升高相同的温度 dT 时，吸收的热量 δQ 就越多。为了方便比较不同种类的物质吸热能力的大小，又提出了两个与热容密切相关的概念——摩尔热容和比热容。系统单位物质的量所具有的热容，称为摩尔热容，用 C_m 表示，单位为 $J \cdot mol^{-1} \cdot K^{-1}$；系统单位质量所具有的热容，称为比热容，用 c 表示，单位 $J \cdot kg^{-1} \cdot K^{-1}$。它们的数学表达式分别为

$$C_m = \frac{C}{n} = \frac{1}{n} \times \frac{\delta Q}{dT} = \frac{\delta Q_m}{dT} \tag{2-20}$$

$$c = \frac{C}{m} = \frac{1}{m} \times \frac{\delta Q}{dT} \tag{2-21}$$

因此，物质的量相同时，摩尔热容越大的物质，升高相同的温度所需吸收的热就越多；或者说质量相同的物质，吸收相同的热量时，比热容越小的物质，温度升高得就越多。摩尔热容 C_m 与比热容 c 都是强度性质，它们之间存在着定量关系，即

$$C_m = cM \tag{2-22}$$

式中，M 为摩尔质量，单位为 $kg \cdot mol^{-1}$。

2.6.2 热容与温度的关系及平均热容

物质的热容除了与物质的种类有关外，一般还会随温度的变化而改变。例如，1mol Ag

在 300K 时升温 1K 所需吸收的热是 25.52J，而在 700K 时升温 1K 所需吸收的热是 28.24J。同一种物质升高相同的温度 1K 时，因为起始温度不同导致吸收的热不同，说明同一种物质在每个温度点都有不同的热容，即热容与温度存在函数关系。这种函数关系因物质的本性、物质的聚集态和温度等的不同而异。常常可以根据实验，将热容与温度的函数关系写成经验方程式，例如

$$C(T) = a + bT + cT^2 + \cdots \tag{2-23}$$

式中，a、b、c、$\cdots$ 均为经验常数，由各种物质自身的特性及温度决定。

用 $C(T)$ 计算变化过程的热或系统的 ΔU、ΔH 时要积分，工程上为避免积分带来的麻烦，特引入平均热容的概念。系统中某物质的温度由 T_1 升高到 T_2 时吸热 Q，物质在温度 T_1 到 T_2 区间内的平均热容 $\overline{C}$ 为

$$\overline{C} = \frac{Q}{T_2 - T_1} = \frac{\int_{T_1}^{T_2} \delta Q}{T_2 - T_1} = \frac{\int_{T_1}^{T_2} C \mathrm{d}T}{T_2 - T_1} \tag{2-24}$$

2.6.3　摩尔定压热容（$C_{p,\mathrm{m}}$）和摩尔定容热容（$C_{V,\mathrm{m}}$）

(1) 摩尔定压热容（$C_{p,\mathrm{m}}$）

在前面定义摩尔热容的基础上加上"恒压升温"这个条件，就是摩尔定压热容 $C_{p,\mathrm{m}}$，即

$$C_{p,\mathrm{m}} = \frac{\delta Q_{p,\mathrm{m}}}{\mathrm{d}T} \tag{2-25}$$

因为非体积功为零的恒压变化过程中 $\mathrm{d}H_\mathrm{m} = \delta Q_{p,\mathrm{m}}$
所以

$$C_{p,\mathrm{m}} = \left(\frac{\partial H_\mathrm{m}}{\partial T}\right)_p \tag{2-26}$$

可见，摩尔定压热容是恒压条件下系统的摩尔焓随温度的变化率。

根据平均热容的定义，恒压且非体积功为零的条件下，系统中单位物质的量的某物质温度由 T_1 升高到 T_2 时吸热 $Q_{p,\mathrm{m}}$，则该温度范围内物质的平均摩尔定压热容 $\overline{C}_{p,\mathrm{m}}$ 为

$$\overline{C}_{p,\mathrm{m}} = \frac{Q_{p,\mathrm{m}}}{T_2 - T_1} = \frac{\int_{T_1}^{T_2} \delta Q_{p,\mathrm{m}}}{T_2 - T_1} = \frac{\int_{T_1}^{T_2} C_{p,\mathrm{m}} \mathrm{d}T}{T_2 - T_1} \tag{2-27}$$

(2) 摩尔定容热容（$C_{V,\mathrm{m}}$）

同样的，只要在前面定义摩尔热容的基础上加上"恒容升温"这个条件，就是摩尔定容热容 $C_{V,\mathrm{m}}$，即

$$C_{V,\mathrm{m}} = \frac{\delta Q_{V,\mathrm{m}}}{\mathrm{d}T} \tag{2-28}$$

因为非体积功为零的恒容变化过程中 $\mathrm{d}U_\mathrm{m} = \delta Q_{V,\mathrm{m}}$
所以

$$C_{V,\mathrm{m}} = \left(\frac{\partial U_\mathrm{m}}{\partial T}\right)_{V_\mathrm{m}} \tag{2-29}$$

可见，摩尔定容热容是恒容条件下系统的摩尔热力学能随温度的变化率。

在恒容且非体积功为零的条件下，系统中单位物质的量的某物质温度由 T_1 升高到 T_2

时吸热 $Q_{V,m}$ ，则根据平均热容的定义，该温度范围内物质的平均摩尔定容热容 $\overline{C}_{V,m}$ 为

$$\overline{C}_{V,m} = \frac{Q_{V,m}}{T_2 - T_1} = \frac{\int_{T_1}^{T_2} \delta Q_{V,m}}{T_2 - T_1} = \frac{\int_{T_1}^{T_2} C_{V,m} dT}{T_2 - T_1} \tag{2-30}$$

2.6.4 $C_{p,m}$ 与 $C_{V,m}$ 的关系

对于物质的量为 1mol 的封闭系统，由式（2-8）得

$$dU_m = \left(\frac{\partial U_m}{\partial T}\right)_{V_m} dT + \left(\frac{\partial U_m}{\partial V_m}\right)_T dV_m$$

恒压下，上式两边同时除以 dT ，得

$$\left(\frac{\partial U_m}{\partial T}\right)_p = \left(\frac{\partial U_m}{\partial T}\right)_{V_m} + \left(\frac{\partial U_m}{\partial V_m}\right)_T \left(\frac{\partial V_m}{\partial T}\right)_p \tag{2-31}$$

根据式(2-26) 和式(2-29) 关于 $C_{p,m}$ 与 $C_{V,m}$ 的定义，得

$$
\begin{aligned}
C_{p,m} - C_{V,m} &= \left(\frac{\partial H_m}{\partial T}\right)_p - \left(\frac{\partial U_m}{\partial T}\right)_{V_m} \\
&= \left[\frac{\partial(U_m + pV_m)}{\partial T}\right]_p - \left(\frac{\partial U_m}{\partial T}\right)_{V_m} \\
&= \left(\frac{\partial U_m}{\partial T}\right)_p + p\left(\frac{\partial V_m}{\partial T}\right)_p - \left(\frac{\partial U_m}{\partial T}\right)_{V_m}
\end{aligned}
$$

将式(2-31) 代入上式，得

$$C_{p,m} - C_{V,m} = \left[\left(\frac{\partial U_m}{\partial V_m}\right)_T + p\right]\left(\frac{\partial V_m}{\partial T}\right)_p \tag{2-32}$$

在非体积功为零的恒容条件下，系统不对外做体积功，它从环境吸收的热全部用来增加系统的热力学能，而使系统温度升高。而在非体积功为零的恒压条件下，系统从环境吸收的热因有一部分用于对外做体积功上，只有其中的一部分转化成热力学能而使系统温度升高。因此，要让系统升高同样的温度，恒压过程系统吸收的热一定比恒容过程吸收的热多，所以，$C_{p,m} > C_{V,m}$ 。

式(2-32) 适用于任何均相纯物质系统。对于理想气体，由于热力学能仅仅是温度的函数，而与体积无关，即 $\left(\frac{\partial U_m}{\partial V_m}\right)_T = 0$ ；且理想气体的 $V_m = \frac{RT}{p}$ ，则 $\left(\frac{\partial V_m}{T}\right)_p - \frac{R}{p}$ ，代入式(2-32)，得

$$C_{p,m} - C_{V,m} = R \tag{2-33}$$

或

$$C_p - C_V = nR \tag{2-34}$$

理想气体的热容与温度及气体的本性无关。根据气体分子运动论，单原子气体分子常认为是球形分子，可以不考虑它的转动和振动，只要考虑分子的平动。所以，单原子理想气体（如 He 等），其 $C_{V,m} = \frac{3}{2}R$ ，$C_{p,m} = \frac{3}{2}R + R = \frac{5}{2}R$ 。若是双原子气体分子，除了考虑平动外还要考虑转动因素，因此，其 $C_{V,m} = \frac{5}{2}R$ ，$C_{p,m} = \frac{5}{2}R + R = \frac{7}{2}R$ 。

对于凝聚态物质，即液体和固体，大多数情况下，压力一定时它们的摩尔体积随温度变化的值很小，即 $\left(\frac{\partial V_m}{\partial T}\right)_p \approx 0$ ，故 $C_{p,m} \approx C_{V,m}$ 。但有些特殊情况的凝聚态系统，其 $C_{p,m}$ 与

$C_{V,m}$ 并不相等。

对于真实气体，其 $C_{p,m}$ 与 $C_{V,m}$ 的关系遵循式（2-32），即

$$C_{p,m} - C_{V,m} = \left[\left(\frac{\partial U_m}{\partial V_m} \right)_T + p \right] \left(\frac{\partial V_m}{\partial T} \right)_p$$

2.7 热力学第一定律在纯 pVT 变化过程的应用

纯 pVT 变化过程，是指系统在非体积功为零的条件下，变化过程中不涉及化学变化和相变化的情况。本节着重讨论理想气体 pVT 变化过程中，系统的 ΔU、ΔH 及过程的 Q、W 计算。理想气体的 pVT 变化主要包括下列几种过程。

2.7.1 恒温过程

理想气体的恒温变化过程可分为恒温可逆过程（膨胀或压缩）、恒温恒外压过程（膨胀或压缩）和恒温真空自由膨胀过程三种。由于理想气体的热力学能和焓只是温度的函数，所以不管发生什么样的恒温变化时，都有

$$\Delta U = 0 \text{ , } \Delta H = 0$$

(1) 恒温可逆过程

物质的量为 n 的理想气体，经恒温可逆过程由始态 $p_1 V_1 T$ 变到终态 $p_2 V_2 T$，根据式（2-4）恒温时可逆体积功的计算公式，得

$$W_r = - nRT \ln \frac{V_2}{V_1} = nRT \ln \frac{p_2}{p_1}$$

由于理想气体恒温过程中 $\Delta U = 0$，由热力学第一定律 $\Delta U = Q + W$，恒温可逆热为

$$Q_r = - W_r = nRT \ln \frac{V_2}{V_1} = - nRT \ln \frac{p_2}{p_1}$$

(2) 恒温恒外压过程

物质的量为 n 的理想气体，恒温恒外压下由始态 $p_1 V_1 T$ 变到终态 $p_2 V_2 T$，恒外压过程的特点是变化过程外压力自始至终不变，且 $p_{amb} = p_2$。因此，过程的体积功为

$$W = - p_{amb}(V_2 - V_1) = - p_2(V_2 - V_1) = - p_2 V_2 + \frac{p_2}{p_1} p_1 V_1 = - nRT \left(1 - \frac{p_2}{p_1} \right)$$

由于理想气体恒温时 $\Delta U = 0$，由热力学第一定律 $\Delta U = Q + W$，恒温恒外压过程的热为

$$Q = - W = nRT \left(1 - \frac{p_2}{p_1} \right)$$

(3) 恒温真空自由膨胀过程

物质的量为 n 的理想气体，恒温下由始态 $p_1 V_1 T$ 真空自由膨胀到终态 $p_2 V_2 T$，真空自由膨胀过程的特点是变化过程 $p_{amb} = 0$。因此，过程的体积功为

$$W = - p_{amb}(V_2 - V_1) = 0$$

由于理想气体恒温时 $\Delta U = 0$，由热力学第一定律 $\Delta U = Q + W$，恒温真空自由膨胀过程的热为

$$Q = 0$$

【例 2-1】 1mol 理想气体在 $T=300K$ 时，从始态 200kPa 经下列不同的过程达到相同的平衡终态，压力为 100kPa。求各过程的 Q、W、ΔU 和 ΔH。

（1）可逆膨胀；

（2）反抗恒外压；

（3）真空自由膨胀。

解　因为各过程都是恒温变化，所以各过程的

$$\Delta U = 0，\Delta H = 0$$

（1）$W_1 = nRT\ln\dfrac{p_2}{p_1} = 1 \times 8.314 \times 300 \times \ln\dfrac{100}{200}\mathrm{J} = -1729\mathrm{J}$

$\qquad Q_1 = -W_1 = 1729\mathrm{J}$

（2）$W_2 = -nRT\left(1 - \dfrac{p_2}{p_1}\right)$

$$\qquad\quad = -1 \times 8.314 \times 300 \times \left(1 - \dfrac{100}{200}\right)\mathrm{J} = -1247\mathrm{J}$$

$\qquad Q_2 = -W_2 = 1247\mathrm{J}$

（3）真空自由膨胀过程 $p_{\mathrm{amb}} = 0$，$W_3 = -p_{\mathrm{amb}}(V_2 - V_1) = 0$，所以

$\qquad Q_3 = -W_3 = 0$

可见，理想气体恒温过程的计算，要分清是何种恒温过程，其热 Q 和功 W 的结果是不相同的，不能混为一谈。

2.7.2　恒容过程

理想气体在发生恒容变化时，由始态 p_1VT_1 变到终态 p_2VT_2，首先由理想气体状态方程可以得出 $T_2 = \dfrac{p_2}{p_1}T_1$，据此确定终态温度 T_2。

根据摩尔定容热容的定义式(2-29)得

$$\Delta U = n\Delta U_{\mathrm{m}} = n\int_{T_1}^{T_2} C_{V,\mathrm{m}}\mathrm{d}T \tag{2-35}$$

若 $C_{V,\mathrm{m}}$ 在 $T_1 - T_2$ 范围内为与温度 T 无关的常数，则

$$\Delta U = nC_{V,\mathrm{m}}(T_2 - T_1) \tag{2-36}$$

由于理想气体的焓只与系统的温度有关而与具体的途径无关，因此，即使是恒容过程，系统由始态 p_1VT_1 变到终态 p_2VT_2 时，过程的焓变依然只与始态温度 T_1 和终态温度 T_2 有关。根据摩尔定压热容的定义公式(2-26)得

$$\Delta H = n\Delta H_{\mathrm{m}} = n\int_{T_1}^{T_2} C_{p,\mathrm{m}}\mathrm{d}T \tag{2-37}$$

若 $C_{p,\mathrm{m}}$ 在 $T_1 - T_2$ 范围内为与温度 T 无关的常数，则

$$\Delta H = nC_{p,\mathrm{m}}(T_2 - T_1) \tag{2-38}$$

焓变也可以通过焓的定义式 $H = U + pV$ 求解：

$$\Delta H = \Delta U + \Delta(pV) = nC_{V,\mathrm{m}}(T_2 - T_1) + nR(T_2 - T_1)$$
$$= n(C_{V,\mathrm{m}} + R)(T_2 - T_1) = nC_{p,\mathrm{m}}(T_2 - T_1)$$

所以，两种方法计算 ΔH 的结果是一样的。

恒容变化，$\mathrm{d}V = 0$，故 $W = 0$。由热力学第一定律，得

$$Q = Q_V = \Delta U$$

【例 2-2】　1mol 单原子理想气体由 $T_1 = 300K$、$p_1 = 200kPa$ 的始态，恒容变化到 $p_2 = 100kPa$ 的终态。求过程的 Q、W、ΔU 和 ΔH。

解　单原子理想气体的 $C_{V,m} = \dfrac{3}{2}R$，$C_{p,m} = \dfrac{5}{2}R$

终态温度 $T_2 = \dfrac{p_2}{p_1}T_1 = \dfrac{100}{200} \times 300K = 150K$

$$\Delta U = n\,C_{V,m}(T_2 - T_1) = 1 \times \frac{3}{2} \times 8.314 \times (150 - 300)J = -1871J$$

$$\Delta H = n\,C_{p,m}(T_2 - T_1) = 1 \times \frac{5}{2} \times 8.314 \times (150 - 300)J = -3118J$$

恒容时，　$W = 0$，则

$$Q = \Delta U = -1871J$$

2.7.3　恒压过程

理想气体在发生恒压变化时，由始态 pV_1T_1 变到终态 pV_2T_2，先由理想气体状态方程可以得出 $T_2 = \dfrac{V_2}{V_1}T_1$，以此确定终态温度 T_2。

然后由式(2-35) 或式(2-36) 求解系统的 ΔU，并由式(2-37) 或式(2-38) 求出系统的 ΔH。

最后，根据恒压过程的热等于系统的焓变，得 $Q = Q_p = \Delta H$，再根据热力学第一定律可以得出体积功 $W = \Delta U - Q = \Delta U - \Delta H$。这是求恒压过程的热与功最便捷的方法，但要求做到概念清楚。

此外，恒压过程的热与功也可以采用先求体积功再计算热的方法。恒压过程的功 $W = -p_{amb}(V_2 - V_1) = -(p_2V_2 - p_1V_1) = -nR(T_2 - T_1)$，再由热力学第一定律，过程的热为 $Q = \Delta U - W$，两种方法计算的结果是一样的。

【例 2-3】　1mol 双原子理想气体由 $T_1 = 300K$、$V_1 = 50dm^3$ 的始态，恒压加热到 $V_2 = 100\ dm^3$ 的终态。求过程的 Q、W、ΔU 和 ΔH。

解　双原子理想气体的 $C_{V,m} = \dfrac{5}{2}R$，$C_{p,m} = \dfrac{7}{2}R$

终态温度 $T_2 = \dfrac{V_2}{V_1}T_1 = \dfrac{100}{50} \times 300K = 600K$

$$\Delta U = nC_{V,m}(T_2 - T_1) = 1 \times \frac{5}{2} \times 8.314 \times (600 - 300)J = 6236J$$

$$\Delta H = nC_{p,m}(T_2 - T_1) = 1 \times \frac{7}{2} \times 8.314 \times (600 - 300)J = 8730J$$

$$Q = \Delta H = 8730J$$

$$W = \Delta U - \Delta H = (6236 - 8730)J = -2494J$$

2.7.4　绝热过程

绝热过程（adiabatic process）是指变化过程中系统与环境之间没有热交换，即 $Q = 0$，计算绝热过程的 ΔU、ΔH 及 W 的关键是求出始态和终态温度。理想气体的绝热过程分为绝热可逆过程和绝热不可逆过程两种。

(1) 绝热可逆过程

对于理想气体的绝热可逆过程，$\delta Q_r = 0$，所以

$$dU = \delta W_r$$

即

$$nC_{V,\mathrm{m}}dT = -pdV \tag{2-39}$$

封闭系统中，对理想气体状态方程 $pV = nRT$ 两边微分，得

$$Vdp + pdV = nRdT$$

所以

$$nC_{V,\mathrm{m}}dT = \frac{C_{V,\mathrm{m}}}{R}(Vdp + pdV)$$

将上式代入式(2-39)，且利用 $R = C_{p,\mathrm{m}} - C_{V,\mathrm{m}}$，整理得

$$\frac{C_{p,\mathrm{m}}}{C_{V,\mathrm{m}}} \times \frac{dV}{V} + \frac{dp}{p} = 0$$

令 $\dfrac{C_{p,\mathrm{m}}}{C_{V,\mathrm{m}}} = \gamma$，$\gamma$ 称为热容比（heat capacity ratio）。若 γ 是常数，代入上式，则

$$d\ln(pV^{\gamma}) = 0$$

所以

$$pV^{\gamma} = 常数 \tag{2-40}$$

上式是理想气体绝热可逆过程中，压力与体积的函数关系。对于物质的量 n 一定的理想气体，将 $p = \dfrac{nRT}{V}$ 和 $V = \dfrac{nRT}{p}$ 分别代入上式，整理得到理想气体绝热可逆过程中，温度与体积、温度与压力的函数关系分别为

$$TV^{\gamma-1} = 常数 \tag{2-41}$$

$$T^{\gamma}p^{1-\gamma} = 常数 \tag{2-42}$$

式(2-40)、式(2-41) 和式(2-42) 是理想气体在绝热可逆过程中的过程方程式，能定量地给出理想气体绝热可逆变化时所处的各状态，尤其是始态和终态时 p、V 和 T 的关系。通过绝热可逆过程的过程方程式，能求出状态温度 T_2（始态温度 T_1 一般会给出），然后根据式(2-36) 和式(2-38) 计算系统的热力学能变化值 ΔU 和焓变值 ΔH，进一步得到体积功 $W_r = \Delta U$。

有了理想气体在绝热可逆过程中的过程方程式，还可以用体积功的定义式进行绝热可逆过程体积功的计算。理想气体经过绝热可逆变化，由始态 $p_1V_1T_1$ 变到终态 $p_2V_2T_2$，因为 $pV^{\gamma} = p_1V_1^{\gamma} = p_2V_2^{\gamma} = \mathrm{K}$，所以可逆体积功 W_r 为

$$W_r = -\int_{V_2}^{V_1} pdV = -\int_{V_2}^{V_1} \frac{\mathrm{K}}{V^{\gamma}}dV$$

$$= \frac{\mathrm{K}}{(\gamma-1)}\left(\frac{1}{V_2^{\gamma-1}} - \frac{1}{V_1^{\gamma-1}}\right)$$

大家自己可以证明，用上式计算理想气体绝热可逆过程的体积功，与用 ΔU 计算得到的结果是完全相同的。显然利用 $W_r = \Delta U$，通过计算 ΔU 求 W_r 更为方便、快捷。

理想气体从同一始态出发，若分别经过恒温可逆膨胀和绝热可逆膨胀达到相同的压力，由于绝热可逆膨胀过程系统的温度降低，所以气体的体积要小于恒温可逆膨胀过程时气体的

体积。因此在 p-V 图上，绝热可逆膨胀过程的 p-V 曲线要比恒温可逆膨胀过程的 p-V 更陡，如图 2-6 所示。

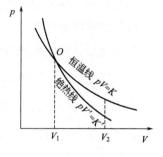

图 2-6 理想气体恒温可逆和
绝热可逆膨胀 p-V 曲线

（2）绝热不可逆过程

绝热不可逆过程又分为绝热向真空膨胀过程和绝热恒外压过程（膨胀或压缩）。绝热向真空膨胀过程的热力学计算很简单：由于过程绝热 $Q=0$，向真空膨胀 $W=0$，由热力学第一定律可知 $\Delta U=0$。因为理想气体的热力学能只与温度有关，故过程的 $\Delta T=0$，所以，过程的焓变 $\Delta H=0$。

对于理想气体绝热恒外压不可逆过程中的热力学计算，相对而言要复杂些，它不像绝热可逆过程那样有过程方程式。要计算绝热恒外压不可逆过程中终态的温度，只能以绝热过程的基本条件 $Q=0$，即 $\Delta U=W$ 为依据。根据理想气体的热力学能变化值

$$\Delta U = nC_{V,\mathrm{m}}(T_2 - T_1)$$

恒外压过程的体积功

$$W = -p_2(V_2 - V_1) = -p_2 V_2 + \frac{p_2}{p_1} p_1 V_1 = -nRT_2 + \frac{p_2}{p_1} nRT_1$$

利用

$$nC_{V,\mathrm{m}}(T_2 - T_1) = -nRT_2 + \frac{p_2}{p_1} nRT_1$$

即

$$C_{V,\mathrm{m}}(T_2 - T_1) = -RT_2 + \frac{p_2}{p_1} RT_1$$

可以算出终态温度 T_2。

【例 2-4】 1mol 理想气体，自始态 300K，1dm³，分别经过下列两条不同的途径达到平衡态，平衡态压力均为 101.325kPa。分别求出两种途径终态的体积 V 和温度 T，及 W、ΔU 和 ΔH 值。已知 $C_{V,\mathrm{m}} = 12.55\,\mathrm{J \cdot mol^{-1} \cdot K^{-1}}$

（1）绝热可逆膨胀；

（2）绝热反抗恒外压不可逆膨胀到平衡终态。

解　（1）绝热可逆过程

$p_1 = ?$	
$V_1 = 1\mathrm{dm^3}$	绝热可逆膨胀 →
$T_1 = 300\mathrm{K}$	

$p_2 = 101.325\mathrm{kPa}$
$V_2 = ?$
$T_2 = ?$

$$p_1 = \frac{nRT_1}{V_1} = \frac{1 \times 8.314 \times 300}{1 \times 10^{-3}}\mathrm{Pa} = 2.494 \times 10^6\,\mathrm{Pa}$$

$$C_{p,\mathrm{m}} = C_{V,\mathrm{m}} + R = (12.55 + 8.314)\mathrm{J \cdot mol^{-1} \cdot K^{-1}} = 20.864\mathrm{J \cdot mol^{-1} \cdot K^{-1}}$$

$$\gamma = \frac{C_{p,\mathrm{m}}}{C_{V,\mathrm{m}}} = \frac{20.864}{12.55} = 1.662$$

因为 $p_1 V_1^\gamma = p_2 V_2^\gamma$，所以 $\dfrac{p_1}{p_2} = \left(\dfrac{V_2}{V_1}\right)^\gamma$，即

$$\frac{2.494 \times 10^6}{1.01325 \times 10^5} = \left(\frac{V_2}{1 \times 10^{-3}}\right)^{1.662}$$

解得 $V_2 = 6.872 \times 10^{-3} \text{m}^3 = 6.872 \text{ dm}^3$

$$T_2 = \frac{p_2 V_2}{nR} = \frac{1.01325 \times 10^5 \times 6.872 \times 10^{-3}}{1 \times 8.314} \text{K} = 83.75 \text{K}$$

$$W = \Delta U = nC_{V,\text{m}}(T_2 - T_1) = 1 \times 12.55 \times (83.75 - 300) \text{J} = -2714 \text{J}$$

$$\Delta H = nC_{p,\text{m}}(T_2 - T_1) = 1 \times 20.864 \times (83.75 - 300) \text{J} = -4512 \text{J}$$

（2）绝热反抗恒外压不可逆膨胀

如前所述，运用绝热条件 $Q=0$，即 $\Delta U = W$，可以导出

$$C_{V,\text{m}}(T_2 - T_1) = -RT_2 + \frac{p_2}{p_1}RT_1$$

$$12.55 \times (T_2 - 300) = -8.314 T_2 + \frac{1.01325 \times 10^5}{2.494 \times 10^6} \times 8.314 \times 300$$

所以 $T_2 = 185.3 \text{K}$

$$V_2 = \frac{nRT_2}{p_2} = \frac{1 \times 8.314 \times 185.3}{101325} \text{m}^3 = 1.52 \times 10^{-2} \text{m}^3 = 15.2 \text{dm}^3$$

$$W = \Delta U = nC_{V,\text{m}}(T_2 - T_1) = 1 \times 12.55 \times (185.3 - 300) \text{J} = -1439 \text{J}$$

$$\Delta H = nC_{p,\text{m}}(T_2 - T_1) = 1 \times 20.864 \times (185.3 - 300) \text{J} = -2393 \text{J}$$

计算结果表明，理想气体自同一始态出发，经过绝热可逆过程与绝热不可逆过程，不能到达同一终态，即终态压力相等，但终态的温度和体积都不相等。

（3）恒容绝热过程与恒压绝热过程

在绝热容器中带有绝热隔板，隔板两侧物质（气体、液体或固体都可以）的温度不同，快速抽去隔板时，整个系统在形成新的热平衡过程中，可以视为绝热过程。如果整个容器是密闭的，因容器体积不变，新的热平衡建立过程是恒容绝热过程；若整个容器是带活塞且活塞上的压力始终与环境压力相等，形成热平衡的过程是恒压绝热过程。现以后者为例，说明其热力学计算方法与过程。

【例 2-5】 在一带活塞的绝热容器中有一绝热隔板，隔板两侧分别为 1mol，273K 的双原子理想气体 A 和 2mol，323K 的单原子理想气体 B，两气体的压力都为 100kPa，活塞外的压力维持 100kPa 不变。现将容器的隔板抽去，两种气体混合达到平衡。求平衡温度 T 及过程的 W、ΔU 和 ΔH 值。

解 单原子理想气体 $C_{V,\text{m,B}} = 1.5R$，$C_{p,\text{m,B}} = 2.5R$

双原子理想气体 $C_{V,\text{m,A}} = 2.5R$，$C_{p,\text{m,A}} = 3.5R$

容器带有可以自由移动的活塞，说明系统压力自始至终维持不变且等于环境压力，因此整个过程为恒压绝热，即

$$\Delta H = Q_p = 0$$
$$\Delta H = \Delta H_A + \Delta H_B = n_A C_{p,m,A}(T - T_A) + n_B C_{p,m,B}(T - T_B) = 0$$
$$\Delta H = 1 \times 3.5R(T - 273) + 2 \times 2.5R(T - 323) = 0$$

解得 $T = 302K$

$$\Delta U = \Delta U_A + \Delta U_B = n_A C_{V,m,A}(T - T_A) + n_B C_{V,m,B}(T - T_B)$$
$$= 1 \times 2.5 \times 8.314 \times (302 - 273) + 2 \times 1.5 \times 8.314 \times (302 - 323)J$$
$$= 79.0J$$

因为是恒压绝热过程，所以 $Q = Q_p = \Delta H = 0$，则

$$W = \Delta U = 79.0J$$

上面较为详细地介绍了理想气体单纯 pVT 变化中特定过程的 Q、W 和系统的 ΔU、ΔH 计算，获得了计算时的一些规律。

① 温度是求解理想气体单纯 pVT 变化过程的 Q、W 及系统的 ΔU、ΔH 之关键，因此，解题时首先要准确无误地算出各状态所处的温度。

② 公式 $\Delta U = n\int_{T_1}^{T_2} C_{V,m}dT$ 和 $\Delta H = n\int_{T_1}^{T_2} C_{p,m}dT$ 适用于一切理想气体单纯 pVT 变化过程，而不是恒容时才能用前者、恒压时才能用后者。仅仅是，恒容时，过程的热 Q（恒容热 Q_V）等于热力学能的变化值 ΔU，即 $Q = Q_V = \Delta U$；恒压时，过程的热 Q（恒压热 Q_p）等于焓的变化值 ΔH，即 $Q = Q_p = \Delta H$。

需要特别指出的是，对于恒压条件下的凝聚态物质（液态和固态物质）以及压力变化不大时的凝聚态物质，发生单纯的 pVT 变化时，系统的焓变也只取决于始态和终态温度，都可以用下列公式进行计算

$$\Delta H = n\int_{T_1}^{T_2} C_{p,m}dT$$

③ 单纯 pVT 变化过程的恒压热与恒容热之差，等于系统焓的变化值与热力学能的变化值之差，即 $Q_p - Q_V = \Delta H - \Delta U = \Delta(pV)$。恒容过程，$\Delta(pV) = V\Delta p = V(p_2 - p_1)$；恒压及等压过程 $\Delta(pV) = p\Delta V = p(V_2 - V_1)$；$p$、$V$ 都变时，$\Delta(pV) = p_2V_2 - p_1V_1$；凝聚态系统时，$\Delta(pV) \approx 0$。

2.8　热力学第一定律对实际气体的应用——节流膨胀

前面已经指出，焦耳设计的低压实际气体自由膨胀实验不够精确。为了克服因环境（水浴）热容量比系统（实验用的实际气体）大得多，而难以测出气体膨胀后水浴温度可能发生的微小变化，1852 年，焦耳和汤姆逊（W. Thomson，即开尔文，L. Kelvin）设计了著名的多孔塞实验（常称为焦耳-汤姆逊实验），比较精确地测量了实际气体在绝热膨胀前后的温度变化。这个实验反映出，实际气体的热力学能、焓不仅仅取决于系统的温度，还与系统的压力或体积有关。在此基础上，将它应用到工业生产上，获得了制冷及气体液化技术。

2.8.1　焦耳-汤姆逊实验

图 2-7 为焦耳-汤姆逊实验装置示意图。在一个绝热圆筒的中部安置一个多孔塞，它的作用是使气体不能快速通过，当一侧气体向另一侧流动时，造成压力下降。多孔塞的左右两

侧有两个绝热活塞,两侧的压力及温度的变化,可分别通过压力计和温度计测量。

实验开始前,把温度为 T_1、压力为 p_1 和体积为 V_1 的实际气体全部置于多孔塞的左侧,左侧活塞上外加恒定压力为 p_1。多孔塞右侧活塞外加恒定压力 p_2($p_2<p_1$),活塞与多孔塞紧挨,见图 2-7(a)。实验开始时,多孔塞左侧气体连续地、缓慢地、有节制地通过多孔塞进入右侧,直到所有气体进入右侧为止,见图 2-7(b)。此时,右侧气体的温度为 T_2、压力为 p_2、体积为 V_2。这种在绝热条件下,气体通过多孔塞(工业上用减压阀代替)而使气体的压力下降,始态和终态的外压保持不变而温度发生变化的膨胀过程,称为节流膨胀过程(throttling process)。可见,节流膨胀是减压($p_2<p_1$)、绝热过程。

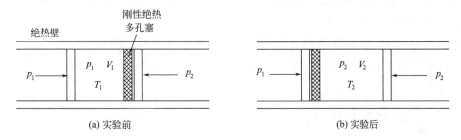

(a) 实验前   (b) 实验后

图 2-7   焦耳-汤姆逊实验示意图

2.8.2　节流膨胀热力学

节流膨胀装置是绝热的,因此整个过程绝热,即

$$Q=0$$

系统包括多孔塞左、右两侧气体。左侧,环境对系统做功 W_1 为

$$W_1 = -p_1(0-V_1) = p_1V_1$$

右侧,系统对环境做功 W_2 为

$$W_2 = -p_2(V_2-0) = -p_2V_2$$

故整个节流膨胀过程中功 W 为

$$W = W_1 + W_2 = p_1V_1 - p_2V_2$$

根据热力学第一定律,得

$$U_2 - U_1 = \Delta U = Q + W = p_1V_1 - p_2V_2$$

整理得

$$U_2 + p_2V_2 = U_1 + p_1V_1$$

即

$$H_2 = H_1$$

或

$$\Delta H = 0$$

上两式表明,节流膨胀前后,系统的焓维持不变,即节流膨胀是恒焓过程。

理想气体的焓只与温度有关，而节流膨胀是恒焓过程，故理想气体经节流膨胀后温度保持不变（$\Delta T = 0$），因此这一过程的热力学能也不改变，即 $\Delta U = 0$。因为节流膨胀是在绝热条件下进行的，$Q = 0$，所以体积功同样为零，即 $W = 0$。

实际气体经过节流膨胀后，尽管焓不变，但实验发现温度发生了变化，表明实际气体的焓不只与温度有关，还与压力有关，即 $H = H(T, p)$。这是实际气体经节流膨胀后，必然会产生制冷（降温，即 $T_2 < T_1$）或制热（升温，即 $T_2 > T_1$）效应的根本原因。

实际气体分子间存在相互作用力，节流膨胀后系统体积膨胀，分子间距离增加将引起分子间相互作用的势能改变；而且节流膨胀后系统的温度发生了变化，分子热运动的动能自然会变。两种因素都将导致节流膨胀后的热力学能发生改变。因此，实际气体的热力学能与温度和体积有关，即 $U = U(T, V)$。

与理想气体一样，实际气体的节流膨胀也是在绝热下进行，即 $Q = 0$，但是，实际气体节流膨胀后的热力学能是改变的。因此，根据热力学第一定律，实际气体节流膨胀过程中的体积功不为零。

2.8.3　节流膨胀系数 $\mu_{\text{J-T}}$

实际气体经过节流膨胀后，系统的压力减小、温度改变，将温度随压力的变化率，称为节流膨胀系数，或称焦耳-汤姆逊系数（Joule-Thomson coefficient），用符号 $\mu_{\text{J-T}}$ 表示，即

$$\mu_{\text{J-T}} = \left(\frac{\partial T}{\partial p}\right)_H \tag{2-43}$$

节流膨胀系数 $\mu_{\text{J-T}}$ 是系统的强度性质，与温度和压力有关，它反映了实际气体在节流膨胀过程中制冷或制热能力的大小。

因为节流膨胀中压力减小，即 $p_2 < p_1$，或 $\mathrm{d}p < 0$，所以，若 $\mu_{\text{J-T}} > 0$，则 $\mathrm{d}T < 0$，表示节流膨胀后气体温度下降，产生制冷效应。反之，若 $\mu_{\text{J-T}} < 0$，则 $\mathrm{d}T > 0$，表示节流膨胀后气体温度升高，产生制热效应。处于室温、常压下的大多数气体，如氧气、空气、氮气的 $\mu_{\text{J-T}}$ 都为正值，但少数气体如氢、氦的 $\mu_{\text{J-T}}$ 为负值。因理想气体经节流膨胀后温度不变，其 $\mu_{\text{J-T}}$ 为零。

焦耳-汤姆逊实验还发现，足够低压的实际气体经节流膨胀后温度基本不变，其 $\mu_{\text{J-T}}$ 值近似为零，说明低压下的实际气体行为可以按理想气体处理。表 2-1 列出了几种气体在 273K、100kPa 下的 $\mu_{\text{J-T}}$ 值。

表 2-1　几种气体在 273K、100kPa 下的 $\mu_{\text{J-T}}$ 值

气体	He	N_2	空气	CO	Ar	CO_2
$\mu_{\text{J-T}} / 10^{-6} \text{K} \cdot \text{Pa}^{-1}$	-0.62	2.67	2.75	2.95	4.31	12.90

节流膨胀系数 $\mu_{\text{J-T}}$ 值可以是正值，也可以是负值，甚至可以为零，其原因可以利用热力学方法加以分析。

对于单位物质的量的气体，其热力学函数 H_m 可表示成

$$H_\text{m} = H_\text{m}(T, p)$$

对其全微分

$$dH_m = \left(\frac{\partial H_m}{\partial T}\right)_p dT + \left(\frac{\partial H_m}{\partial p}\right)_T dp$$

焦耳-汤姆逊节流膨胀过程的 $dH_m = 0$，代入上式，整理得

$$\left(\frac{\partial T}{\partial p}\right)_{H_m} = -\frac{\left(\frac{\partial H_m}{\partial p}\right)_T}{\left(\frac{\partial H_m}{\partial T}\right)_p}$$

即

$$\mu_{J\text{-}T} = \left(\frac{\partial T}{\partial p}\right)_{H_m} = -\frac{\left[\frac{\partial(U_m + pV_m)}{\partial p}\right]_T}{C_{p,m}}$$

所以

$$\mu_{J\text{-}T} = -\frac{1}{C_{p,m}}\left\{\left(\frac{\partial U_m}{\partial p}\right)_T + \left[\frac{\partial(pV_m)}{\partial p}\right]_T\right\} \tag{2-44}$$

对于单位物质的量的理想气体，$\left[\frac{\partial(pV_m)}{\partial p}\right]_T = \left[\frac{\partial(RT)}{\partial p}\right]_T = 0$，且热力学能只与温度有关，即 $\left(\frac{\partial U_m}{\partial p}\right)_T = 0$，由式(2-44)可知，理想气体的 $\mu_{J\text{-}T} = 0$，与上面的结果相吻合。

实际气体的 $\mu_{J\text{-}T}$ 值，取决于式(2-44)中的 $\left(\frac{\partial U_m}{\partial p}\right)_T$ 和 $\left[\frac{\partial(pV_m)}{\partial p}\right]_T$ 两项值的大小与正负号。

实际气体的热力学能 U_m 不仅仅是温度 T 的函数，还与压力 p（或体积 V_m）有关。一般温度和压力下，实际气体分子间主要是相互吸引力作用，在恒温下减压（$dp < 0$），意味着增加体积，系统的位能增加，而恒温时分子动能不变，所以系统的热力学能 U_m 增大。因此，$\left(\frac{\partial U_m}{\partial p}\right)_T < 0$。

$\left[\frac{\partial(pV_m)}{\partial p}\right]_T$ 的值取决于气体本身的性质及所处状态的温度和压力，它可以从各种实际气体 $pV_m\text{-}p$ 的等温线上求出。如图 2-8，273K 时 CH_4 等温线在压力不太大时，即曲线的前段，$\left[\frac{\partial(pV_m)}{\partial p}\right]_T < 0$，由式(2-44)可知，此时 CH_4 气体的 $\mu_{J\text{-}T}$ 一定为正值。当压力不断增大时，$\left[\frac{\partial(pV_m)}{\partial p}\right]_T > 0$，此时 $\left(\frac{\partial U_m}{\partial p}\right)_T$ 和 $\left[\frac{\partial(pV_m)}{\partial p}\right]_T$ 绝对值的大小决定着 CH_4 气体的 $\mu_{J\text{-}T}$ 的数值与正负：两者绝对值相等，$\mu_{J\text{-}T}$ 为零；前者的绝对值大于后者，$\mu_{J\text{-}T}$ 为正值；前者的绝对值小于后者，$\mu_{J\text{-}T}$ 为负值。因此，实际气体的 $\mu_{J\text{-}T}$ 数值随气体所处的具体温度及压力，可以为正、负或零。

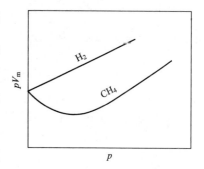

图 2-8 273K 下 H_2 和 CH_4 的 $pV_m\text{-}p$ 恒温线示意图

在室温时，氢气在任何压力下的 $\left[\frac{\partial(pV_m)}{\partial p}\right]_T > 0$，且其绝对值都大于 $\left(\frac{\partial U_m}{\partial p}\right)_T$ 的绝对值，所以它的节流膨胀系数 $\mu_{J\text{-}T}$ 为负值，节流膨胀后温度升高。若降低温度，氢气等温线的

图形逐渐变为与 CH_4 在 273K 时的等温线相似，具有最低点。这样 $\mu_{J\text{-}T}$ 就可能出现正值。

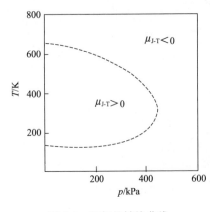

图 2-9　空气的转换曲线

焦耳-汤姆逊效应最重要的用途是降温及气体的液化。只有在 $\mu_{J\text{-}T} > 0$ 时，气体才会因绝热膨胀而降温。

随着温度和压力的变化，实际气体的节流膨胀系数 $\mu_{J\text{-}T}$ 都有从正值到负值的转变过程。在这个过程中一定会出现 $\mu_{J\text{-}T} = 0$ 的状态，把此状态所对应的温度和压力称为该气体的转换温度和转换压力。若将各转换温度及其转换压力在 T-p 图上所代表的点标出并连线，得到一条 $\mu_{J\text{-}T} = 0$ 的曲线，称为转换曲线。图 2-9 是空气的转换曲线图，图中虚线是转换曲线，由它分出了制冷区（$\mu_{J\text{-}T} > 0$）和制热区（$\mu_{J\text{-}T} < 0$）。不同气体的转化曲线和转化温度是不同的，工业上利用节流膨胀使气体液化。

2.8.4　实际气体的 ΔU 与 ΔH

系统的热力学能是分子动能与位能的总和。分子运动论认为，气体分子的动能只与温度有关，因此体积变化时，分子的动能不变。但是体积变化后，分子间的距离改变，系统必须克服分子内的引力或斥力而做内功，因此位能将会改变。所以，对于实际气体在恒温膨胀时，可以用反抗分子间引力（即内压力，internal pressure，以 p_i 表示）所消耗的能量来衡量热力学能的变化。内压力 p_i 为

$$p_i = \left(\frac{\partial U}{\partial V}\right)_T$$

实际气体的热力学能 $U = U(T, V)$，则

$$dU = \left(\frac{\partial U}{\partial T}\right)_V dT + \left(\frac{\partial U}{\partial V}\right)_T dV = C_V dT + \left(\frac{\partial U}{\partial V}\right)_T dV$$

若实际气体为范德华气体，符合方程

$$\left(p + \frac{a}{V_m^2}\right)(V_m - b) = RT$$

其内压力为 $p_i = \dfrac{a}{V_m^2}$，即

$$\left(\frac{\partial U}{\partial V}\right)_T = \frac{a}{V_m^2}$$

所以

$$\Delta U = \int dU = \int C_V dT + \int \frac{a}{V_m^2} dV$$

上式表明，与理想气体相比，计算范德华气体的热力学能变化值时，仅多了后面一个积分项。对于恒温下的范德华气体，有

$$\Delta U = \int_{V_{m,1}}^{V_{m,2}} \frac{a}{V_m^2} dV = -a\left(\frac{1}{V_{m,2}} - \frac{1}{V_{m,1}}\right)$$

$$\Delta H = \Delta U + \Delta(pV_m) = -a\left(\frac{1}{V_{m,2}} - \frac{1}{V_{m,1}}\right) + \Delta(pV_m)$$

2.9 热力学第一定律在相变过程的应用

系统中物理性质和化学性质完全相同的均匀部分，称为一个相。例如，在100℃、101.325kPa时液体水与水蒸气共存的平衡系统中，尽管液体水和水蒸气的化学组成是相同的，但是它们的物理性质并不一样。因此，液体水是一个相，常称为液相；水蒸气为另一个相，常称为气相。

系统中同一种物质在不同相之间的转变，或者说物质由一种聚集状态转变为另一种聚集状态的过程，称为相变过程。常见的相变过程有：气-液之间的蒸发（evaporation）和凝结（condensation）、气-固之间的升华（sublimation）与凝华（deposition）、液-固之间的熔化（fusion）和凝固（solidification），以及固体不同晶型间的转变等。

2.9.1 摩尔相变焓

在非体积功为零的条件下，物质的量为 n 的某种物质 B，在一定温度 T 和该温度所对应的平衡压力 p 下，发生相变时的焓变，称为物质 B 的相变焓，以 $\Delta_\alpha^\beta H$ 表示，单位为 J。α 代表相变的始态相，β 代表相变的终态相，即 B(α) → B(β)。单位物质的量的相变焓，称为摩尔相变焓，以 $\Delta_\alpha^\beta H_m$ 表示，单位为 J·mol^{-1}，所以

$$\Delta_\alpha^\beta H_m = \frac{\Delta_\alpha^\beta H}{n} \tag{2-45}$$

相变焓是在非体积功为零和恒压条件下定义的，所以相变过程的热（习惯上称为相变热）是恒压热，在数值上应等于相变焓，即 $Q_p = \Delta_\alpha^\beta H$。

温度相同但聚集状态不同的同一种物质，具有不同的热力学能。例如，0℃、101.325kPa时的冰融化为同温同压时的液体水要吸热，100℃、101.325kPa时的液体水蒸发为同温同压时的水蒸气也要吸热，说明相同温度下气体的热力学能大于液体的，而液体的热力学能又大于同温度下固体的。显然，物质在温度恒定的条件下，熔化或蒸发时吸收的热全部"潜藏"到了物质的内部。在相变过程中，系统的温度维持恒定，系统与环境交换的热全部用于改变物质的聚集状态，故相变热又称为相变潜热。

焓是状态函数，同一种物质在相同的条件下发生的两个互为相反的相变过程，其摩尔相变焓数值相等，正、负号相反，即

$$\Delta_\alpha^\beta H_m = -\Delta_\beta^\alpha H_m$$

例如，单位物质的量的纯液体在一定温度 T 和该温度所对应的平衡压力 p 下，蒸发成气体所吸收的热，叫做摩尔蒸发焓，用 $\Delta_{vap} H_m$ 表示；相同条件下，单位物质的量的纯气体凝结成液体所放出的热，称为摩尔凝结焓 $\Delta_{con} H_m$。蒸发与凝结互为相反的相变过程，因此有

$$\Delta_{con} H_m = -\Delta_{vap} H_m$$

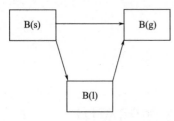

图 2-10　固体升华步骤分解图

同样的道理，在相同条件下，摩尔凝固焓 $\Delta_{sol}H_m$ 和摩尔熔化焓 $\Delta_{fus}H_m$ 之间的关系为

$$\Delta_{sol}H_m = -\Delta_{fus}H_m$$

摩尔凝华焓 $\Delta_{sgt}H_m$ 和摩尔升华焓 $\Delta_{sub}H_m$ 之间的关系为

$$\Delta_{sgt}H_m = -\Delta_{sub}H_m$$

由于固体的升华过程可以分两步完成：先是固体熔化为液体，然后是液体蒸发为气体，见图 2-10。

根据状态函数的特点，摩尔升华焓等于摩尔熔化焓与摩尔蒸发焓之和，即

$$\Delta_{sub}H_m = \Delta_{fus}H_m + \Delta_{vap}H_m \tag{2-46}$$

2.9.2　相变过程热力学函数的计算

相变化过程的计算，主要是应用热力学第一定律，计算相变过程系统的 ΔU 和 ΔH 及其与环境之间的 Q、W。

【例 2-6】　液体水 100℃时的饱和蒸气压为 101.325kPa，在此温度和压力下水的摩尔蒸发焓 $\Delta_{vap}H_m = 40.67$ kJ·mol^{-1}，试求下列两过程的 Q、W、ΔU 和 ΔH。

(1) 将 2mol、100℃、101.325kPa 的液体水在 100℃、101.325kPa 条件下，蒸发为同温、同压下的水蒸气；

(2) 将 2mol、100℃、101.325kPa 的液体水在真空容器中，蒸发为同温、同压下的水蒸气。假设水蒸气为理想气体。

解　(1) 根据蒸发焓的定义，有

$$\Delta H_1 = n\Delta_{vap}H_m = 2 \times 40.67 \times 10^3 \text{J} = 8.134 \times 10^4 \text{J}$$

因为蒸发过程是在恒温、恒压条件下进行，所以

$$Q_1 = Q_p = \Delta H_1 = 8.134 \times 10^4 \text{J}$$

$$W_1 = -\int_{V_1}^{V_g} p_{amb} dV = -p(V_g - V_1)$$

因为气体体积远远大于液体体积，即 $V_g \gg V_1$，故

$$W_1 \approx -pV_g = -nRT = (-2 \times 8.314 \times 373)\text{J} = -6.20 \times 10^3 \text{J}$$

根据热力学第一定律，得

$$\Delta U_1 = Q_1 + W_1 = (8.134 \times 10^4 - 6.20 \times 10^3)\text{J} = 7.514 \times 10^4 \text{J}$$

实际上，计算热力学能的变化值和功的方法不只有上述一种。在计算完 Q_1 后，可以按下列方法先计算 ΔU_1：

$$\Delta U_1 = \Delta H_1 - \Delta(pV) = \Delta H_1 - p\Delta V = \Delta H_1 - p(V_g - V_1) \approx \Delta H_1 - pV_g$$
$$= \Delta H_1 - nRT = (8.134 \times 10^4 - 2 \times 8.314 \times 373)\text{J}$$
$$= 7.514 \times 10^4 \text{J}$$

然后根据热力学第一定律，再计算 W_1，两种结果是一样的。

(2) 由于过程 (2) 与过程 (1) 的始态和终态相同，热力学能和焓均为状态函数，所以有

$$\Delta U_2 = \Delta U_1 = 7.514 \times 10^4 \text{J}$$

$$\Delta H_2 = \Delta H_1 = 8.134 \times 10^4 \text{J}$$

因为在真空条件下蒸发，外压 $p_{amb} = 0$，所以

$$W_2 = 0$$

根据热力学第一定律，得

$$Q_2 = \Delta U_2 - W_2 = \Delta U_2 = 7.514 \times 10^4 \, \text{J}$$

过程（1）在 100℃、101.325kPa 条件下蒸发，蒸发过程中环境的压力始终为 101.325kPa，系统的压力也是 101.325kPa，相当于气-液两相是在平衡共存的条件下进行的蒸发，这种相变称为可逆相变过程。纯物质在正常相变点发生的相变化，如水在 100℃、101.325kPa 条件下的蒸发（常称正常沸点下蒸发）或水蒸气的凝结，水在 0℃、101.325kPa 条件下的凝固或冰的熔化等，都是可逆相变。除此以外，纯物质在一定温度和该温度所对应的饱和蒸气压下的相变化，也属于可逆相变，如水在 25℃、3.167kPa 条件下的蒸发。

过程（2）在真空条件下蒸发，蒸发过程中环境的压力为零，而系统的压力为 101.325kPa，系统与环境压力不相等，不满足可逆过程每一步必须在无限接近于平衡状态下进行的条件，因此，这是不可逆相变过程。

两种相变过程始态和终态相同，作为状态函数的热力学能和焓在两种条件下的变化值相等，这也是单独计算过程（2）时的 ΔU 和 ΔH 依据所在。两种相变过程的热与功不相等，再次说明了热与功不是状态函数，而是过程函数。

除了上面的不可逆相变外，像过冷液体的凝固、过热液体的蒸发、过饱和蒸气的凝结等，都是常见的不可逆相变。计算不可逆相变过程的 Q、W、ΔU 和 ΔH 时，可以利用状态函数的特点，设计一条与所求过程有相同始态和终态的可逆途径进行相关计算。

【例 2-7】 将 1mol 温度为 298K、压力为 101.325kPa 的过饱和水蒸气（视为理想气体）在恒定压力 101.325kPa 下，凝结为 298K 时的液体水，计算该过程的 Q、W、ΔU 和 ΔH。已知水在正常沸点下的摩尔蒸发焓 $\Delta_{vap}H_m = 40.67 \, \text{kJ} \cdot \text{mol}^{-1}$，液体水的 $C_{p,m,H_2O(l)} = 75.75 \, \text{J} \cdot \text{mol}^{-1} \cdot \text{K}^{-1}$，水蒸气的 $C_{p,m,H_2O(g)} = 33.76 \, \text{J} \cdot \text{mol}^{-1} \cdot \text{K}^{-1}$。

解 根据题目所给条件，设计如下途径。

其中 ΔH_1 为水蒸气恒压升温过程的焓变：

$$\Delta H_1 = nC_{p,m,H_2O(g)}(T_2 - T_1) = 1 \times 33.76 \times (373 - 298) \, \text{J} = 2\,532 \, \text{J}$$

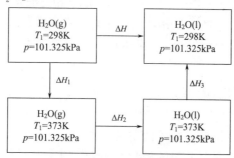

ΔH_2 为恒温恒压时水蒸气变为液体水可逆相变的焓变：

$$\Delta H_2 = -n\Delta_{vap}H_m = -1 \times 40.67 \times 10^3 \, \text{J} = -4.067 \times 10^4 \, \text{J}$$

ΔH_3 为液体水恒压降温过程的焓变：

$$\Delta H_3 = nC_{p,m,H_2O(l)}(T_1 - T_2) = 1 \times 75.75 \times (298 - 373) \, \text{J} = -5681 \, \text{J}$$

所以，过程的焓变 ΔH 为

$$\Delta H = \Delta H_1 + \Delta H_2 + \Delta H_3 = (2532 - 4.067 \times 10^4 - 5\,681) \, \text{J} = -4.382 \times 10^4 \, \text{J}$$

系统的热力学能变化值 ΔU 为

$$\Delta U = \Delta H - \Delta(pV) = \Delta H - p\Delta V = \Delta H - p(V_1 - V_g) \approx \Delta H + pV_g$$
$$= \Delta H + nRT_1 = (-4.382 \times 10^4 + 1 \times 8.314 \times 298)\text{J}$$
$$= -4.134 \times 10^4 \text{J}$$

因为过程始终恒压，所以过程的热为

$$Q = Q_p = \Delta H = -4.382 \times 10^4 \text{J}$$

根据热力学第一定律，得

$$W = \Delta U - Q = [-4.134 \times 10^4 - (-4.382 \times 10^4)]\text{J} = 2480\text{J}$$

2.9.3 摩尔相变焓与温度的关系

相变与分子热运动密切相关，而温度是衡量分子热运动剧烈程度的量度，不同温度下的同一种相变，其相变焓并不相等。一般说来，文献只提供压力为 101.325kPa 及其平衡温度时的相变焓数据，而不涉及其他温度时的相变焓数据。

实际工作中常需要用到其他温度下的相变焓数据，利用已知温度条件下的相变焓数据和相变前后两种相的热容数据，通过设计途径、从状态函数的特点出发，可以求出其他条件下的相变焓数据。

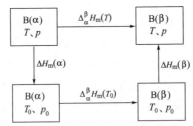

现以物质 B 由 α 相转变到 β 相过程中，温度 T 时的摩尔相变焓 $\Delta_\alpha^\beta H_\text{m}$ 求解过程为例予以说明。已知压力为 $p_0 = 101.325\text{kPa}$ 时的平衡温度为 T_0，对应的相变焓为 $\Delta_\alpha^\beta H_\text{m}(T_0)$，α相、β相的摩尔定压热容分别为 $C_{p,\text{m}(\alpha)}$ 和 $C_{p,\text{m}(\beta)}$，欲求压力为 p 及其平衡温度为 T 时的相变焓 $\Delta_\alpha^\beta H_\text{m}(T)$，可以设计如上途径。

途径中 $\Delta H_\text{m}(\alpha)$ 和 $\Delta H_\text{m}(\beta)$ 的计算，无论 α 相、β 相是液态、固态还是气态，正如前面所述，凝聚态（液态或固态）系统的焓受压力 p 变化的影响甚微，可以按理想气体 pVT 变化过程中焓变的计算公式进行计算；只要途径中的气态能按理想气体处理，$\Delta H_\text{m}(\alpha)$ 和 $\Delta H_\text{m}(\beta)$ 都可按下式计算

$$\Delta H_\text{m}(\alpha) = \int_T^{T_0} C_{p,\text{m}(\alpha)} \text{d}T = -\int_{T_0}^T C_{p,\text{m}(\alpha)} \text{d}T$$

$$\Delta H_\text{m}(\beta) = \int_{T_0}^T C_{p,\text{m}(\beta)} \text{d}T$$

因此，压力为 p 及其平衡温度为 T 时的相变焓 $\Delta_\alpha^\beta H_\text{m}(T)$ 为

$$\Delta_\alpha^\beta H_\text{m}(T) = \Delta H_\text{m}(\alpha) + \Delta_\alpha^\beta H_\text{m}(T_0) + \Delta H_\text{m}(\beta)$$
$$= \Delta_\alpha^\beta H_\text{m}(T_0) + \int_{T_0}^T [C_{p,\text{m}(\beta)} - C_{p,\text{m}(\alpha)}]\text{d}T$$

令

$$\Delta_\alpha^\beta C_{p,\text{m}} = C_{p,\text{m}(\beta)} - C_{p,\text{m}(\alpha)} \qquad (2\text{-}47)$$

则

$$\Delta_\alpha^\beta H_\mathrm{m}(T) = \Delta_\alpha^\beta H_\mathrm{m}(T_0) + \int_{T_0}^{T} \Delta_\alpha^\beta C_{p,\mathrm{m}} \mathrm{d}T \qquad (2\text{-}48)$$

上式显示，在给定压力为 101.325kPa 及其平衡温度为 T_0 时的摩尔相变焓为 $\Delta_\alpha^\beta H_\mathrm{m}(T_0)$，以及相变前后 α 相、β 相的摩尔定压热容分别为 $C_{p,\mathrm{m}(\alpha)}$ 和 $C_{p,\mathrm{m}(\beta)}$ 后，可以求解任何温度下的摩尔相变焓 $\Delta_\alpha^\beta H_\mathrm{m}(T)$，对实际工作有应用价值。上式还表明，若 $\Delta_\alpha^\beta C_{p,\mathrm{m}} = 0$，摩尔相变焓 $\Delta_\alpha^\beta H_\mathrm{m}(T)$ 是一个不随温度而变化的常数。

【例 2-8】 已知液态水和水蒸气在 $298 \sim 373\mathrm{K}$ 间的平均摩尔定压热容分别为 $C_{p,\mathrm{m},\mathrm{H_2O(l)}} = 75.75\mathrm{J \cdot mol^{-1} \cdot K^{-1}}$ 和 $C_{p,\mathrm{m},\mathrm{H_2O(g)}} = 33.76\mathrm{J \cdot mol^{-1} \cdot K^{-1}}$，水在 373K、101.325kPa 时的摩尔蒸发焓 $\Delta_\mathrm{vap} H_\mathrm{m}(373\mathrm{K}) = 40.67\mathrm{kJ \cdot mol^{-1}}$。试求水在 298K 时的摩尔蒸发焓。假设水蒸气为理想气体。

解 根据公式(2-47)得

$$\begin{aligned}
\Delta_\mathrm{vap} C_{p,\mathrm{m}} &= C_{p,\mathrm{m},\mathrm{H_2O(g)}} - C_{p,\mathrm{m},\mathrm{H_2O(l)}} \\
&= (33.76 - 75.75)\mathrm{J \cdot mol^{-1} \cdot K^{-1}} = -41.99\mathrm{J \cdot mol^{-1} \cdot K^{-1}}
\end{aligned}$$

代入式(2-48)

$$\begin{aligned}
\Delta_\mathrm{vap} H_\mathrm{m}(298\mathrm{K}) &= \Delta_\mathrm{vap} H_\mathrm{m}(373\mathrm{K}) + \int_{T_0}^{T} \Delta_\mathrm{vap} C_{p,\mathrm{m}} \mathrm{d}T \\
&= \left(40.67 \times 10^3 + \int_{373\mathrm{K}}^{298\mathrm{K}} -41.99\mathrm{d}T\right)\mathrm{J \cdot mol^{-1}} = 43.82\mathrm{kJ \cdot mol^{-1}}
\end{aligned}$$

2.10　化学反应焓变

化学反应往往伴随着系统与环境之间的热交换，在非体积功为零的条件下，系统在完成化学反应后温度又恢复到反应开始时的温度，这一过程中系统吸收或放出的热，称为化学反应的热效应，研究化学反应热效应的科学称为热化学（thermochemistry）。

热化学的数据是计算化学反应平衡常数和其他热力学量的依据，为化学热力学的建立和发展奠定了坚实的基础。同时，化学反应的热效应为化工、冶金、机械、能源和安全等生产过程的设计提供了基础数据。因此，研究热化学的实验方法和所获得的热化学数据，具有重大的理论意义和应用价值。

化学反应的热效应与系统中所发生化学反应的物质的多少有关。为了更好地研究化学反应过程中的热效应，首先介绍两个重要的概念——化学计量数和反应进度。

2.10.1　化学计量数与反应进度

对于任意的化学反应

$$a\mathrm{A} + d\mathrm{D} + \cdots = e\mathrm{E} + f\mathrm{F} + \cdots$$

按照热力学表达状态函数增量时的终态与始态相减原则，上式可以写为

$$0 = (e\mathrm{E} + f\mathrm{F} + \cdots) - (a\mathrm{A} + d\mathrm{D} + \cdots)$$

即

$$0 = \sum_\mathrm{B} \nu_\mathrm{B} \mathrm{B} \qquad (2\text{-}49)$$

式中，B 代表化学反应方程式中任一组分；ν_B 为组分 B 的化学计量数，规定产物的计量数 ν_B 为正数、反应物的计量数 ν_B 为负数，例如 $\nu_E = e$、$\nu_F = f$、$\cdots$；$\nu_A = -a$、$\nu_D = -d$、$\cdots$。ν_B 是量纲为一的量。

通常用反应进度（extent of reaction）ξ 来衡量化学反应进行的程度，对于任一化学反应

$$0 = \sum_B \nu_B B$$

反应进度 ξ 的定义式为

$$d\xi = \frac{dn_B}{\nu_B} \tag{2-50}$$

式中，n_B 为组分 B 的物质的量，单位为 mol；ν_B 为组分 B 的化学计量数；ξ 为反应进度，其大小代表了化学反应进行的程度，单位为 mol。

若规定反应开始即 $n_{B,0}$ 时的反应进度 $\xi = 0$，反应进行到组分 B 的物质的量为 n_B 时的反应进度为 ξ，则

$$\int_0^\xi d\xi = \int_{n_{B,0}}^{n_B} \frac{dn_B}{\nu_B}$$

即

$$\xi = \frac{n_B - n_{B,0}}{\nu_B} = \frac{\Delta n_B}{\nu_B} \tag{2-51}$$

若 B 为产物，随着反应的进行物质的量增加，即 $\Delta n_B > 0$，且产物的 $\nu_B > 0$，则反应进度 ξ 为正值；若 B 为反应物，随着反应的进行物质的量减少，即 $\Delta n_B < 0$，且反应物的 $\nu_B < 0$，所以反应进度 ξ 依然为正值。

引入反应进度 ξ 来衡量化学反应进行程度的显著优点是，反应进行到任何时刻，可以用化学反应方程式中的任一物质表示反应进度，其结果是一样的。对于化学反应

$$aA + dD + \cdots = eE + fF + \cdots$$

有

$$\xi = \frac{\Delta n_A}{\nu_A} = \frac{\Delta n_D}{\nu_D} = \cdots = \frac{\Delta n_E}{\nu_E} = \frac{\Delta n_F}{\nu_F} = \cdots \tag{2-52}$$

同一个化学反应，即便物质 B 的物质的量的变化量 Δn_B 相同，由于反应方程式书写形式可以不同，即 ν_B 不同，化学反应进度 ξ 也不相同。例如，二氧化硫氧化生成三氧化硫的反应方程式，有以下两种写法：

$$(\text{I}) \quad SO_2(g) + \frac{1}{2}O_2(g) = SO_3(g)$$

$$(\text{II}) \quad 2SO_2(g) + O_2(g) = 2SO_3(g)$$

若反应过程中 $O_2(g)$ 物质的量消耗为 1mol，即 $\Delta n_{O_2(g)} = -1\text{mol}$，对于反应方程式（I），反应进度为

$$\xi_1 = \frac{-1\text{mol}}{-1/2} = 2\text{mol}$$

而对于反应方程式（II），反应进度为

$$\xi_2 = \frac{-1\text{mol}}{-1} = 1\text{mol}$$

可见，当化学反应按照所给方程式的计量系数比例进行了一个单位的化学反应，即 $\Delta n_B = \nu_B \text{ mol}$ 时，此时的反应进度 ξ 为 1mol，上例中的反应方程式（II）就属于这种情况。

显然，方程式书写形式不同时，如方程式（Ⅰ）和（Ⅱ），即使反应进度都为 1mol，两种方程式中反应物的消耗量和产物的生成量也是不同的。

2.10.2　摩尔反应焓变与标准摩尔反应焓变

（1）标准态规定

大家早就熟知，高度的绝对零点无从知道，要获得处在两地的两座山的高度差，都是选择一定温度、压力下地面上某一纬度的海平面为高度零点作参考基准，测出相对于这一基准的相对高度，两个相对高度之差就是两座山的绝对高度差值。热力学能 U、焓 H 等热力学函数的绝对值同样不可知，要得到系统由于温度 T、压力 p 等条件发生变化时热力学函数的变化量，与高度相似，同样要面临基准的选择，而这个基准就是标准态（standard state）。处于标准态的物理量，在其符号右上角用"$\ominus$"标记，如标准热力学能 $U^{\ominus}$、标准焓 $H^{\ominus}$ 等。对于化学反应而言，若反应物和生成物都处于标准态，则热力学函数就有了绝对值的意义。

标准态的压力规定为 100kPa，用符号"$p^{\ominus}$"表示，即 $p^{\ominus} = 100$kPa。热力学对各种聚集状态物质的标准态作了如下规定：

对于气体，规定任意温度 T、标准压力 $p^{\ominus}$ 下具有理想气体性质的纯气体所处的状态为标准态。理想气体实际上并不存在，而压力为 $p^{\ominus}$ 时的实际气体，其行为又不理想，所以气体的标准态是一种假想的状态。

对于液体和固体，规定任意温度 T、标准压力 $p^{\ominus}$ 下的纯液体或纯固体所处的状态为标准态。

由于溶液中各组分的标准态的规定，与溶液组成的表示方法有关，将在第 4 章作详细的介绍。

标准态对温度没有作出规定，换句话说，任何温度下都有各自的标准态。

（2）摩尔反应焓变

在非体积功为零时，对于在温度 T、压力 p 条件下进行的化学反应，其热效应的大小可以用焓变 $\Delta_r H$（脚标"r"是"reaction"的缩写，代表反应）进行衡量。焓是广度性质，因此化学反应的焓变 $\Delta_r H$ 取决于反应的进度，反应进度不同则焓变 $\Delta_r H$ 值不同。定义完成单位反应进度所引起的反应焓变为摩尔反应焓变（molar enthalpy of the reaction）$\Delta_r H_m$，即

$$\Delta_r H_m = \left(\frac{\partial H}{\partial \xi}\right)_{T,p} \tag{2-53}$$

$\Delta_r H_m$ 是指反应完成进度为 1mol 时的焓变，单位为 J·mol^{-1}。$\Delta_r H_m$ 除了受温度 T、压力 p 影响外，还与反应方程式书写形式有关，因为反应进度都为 1mol，但方程式书写形式不同时，反应系统中各物质的物质的量变化不相等。

（3）标准摩尔反应焓变

在温度 T 下，反应方程式中各物质都处于标准态时，化学反应的摩尔反应焓变就是温度 T 时的标准摩尔反应焓变，用符号"$\Delta_r H_m^{\ominus}(T)$"表示。例如，对于化学反应

$$\frac{1}{2} N_2(g) + \frac{3}{2} H_2(g) \Longrightarrow NH_3(g)$$

298K 时的标准摩尔反应焓变

$$\Delta_r H_m^{\ominus}(298K) = -46.11 \text{kJ·mol}^{-1}$$

这表明，在 298K 时的标准态下，上述化学反应完成进度为 1mol 的反应时，系统放热

$46.11\text{kJ}\cdot\text{mol}^{-1}$。也就是说，$0.5\text{mol}$ 纯 $N_2(g)$ 与 1.5mol 纯 $H_2(g)$ 完全反应，生成 1mol 纯 $NH_3(g)$ 时系统放热 $46.11\text{kJ}\cdot\text{mol}^{-1}$，要求 $N_2(g)$ 和 $H_2(g)$ 相互之间不混合，显然这是个假想过程。而若将 0.5mol $N_2(g)$ 与 1.5mol $H_2(g)$ 混合后反应，由于这一反应过程本身是个平衡反应，因此达到平衡时 0.5mol $N_2(g)$ 与 1.5mol $H_2(g)$ 不可能全部转化为产物，系统放热也不会是 $46.11\text{kJ}\cdot\text{mol}^{-1}$。

另外，化学反应方程式若写为

$$N_2(g) + 3H_2(g) \Longequal 2NH_3(g)$$

那么，298K 时的标准摩尔反应焓变

$$\Delta_r H_m^{\ominus}(298K) = -92.22\text{kJ}\cdot\text{mol}^{-1}$$

因此，标准摩尔反应焓变与方程式书写形式相关。

2.10.3　恒压摩尔热效应 $Q_{p,m}$ 与恒容摩尔热效应 $Q_{V,m}$

大多数的化工生产，是在非体积功为零的恒压或恒容条件下进行的恒温反应。在非体积功为零且恒温、恒压条件下完成 1mol 反应进度时的热效应，称为恒压摩尔热效应，用符号 $Q_{p,m}$ 表示。在非体积功为零且恒温、恒容条件下完成 1mol 反应进度时的热效应，称为恒容摩尔热效应，用符号 $Q_{V,m}$ 表示。

化学反应的摩尔热效应往往可以通过实验测定，而常用的热量计（如氧弹测定燃烧热）所测得的热效应是恒容摩尔热效应 $Q_{V,m}$，要获得恒压摩尔热效应 $Q_{p,m}$ 数据，可以从 $Q_{V,m}$ 与 $Q_{p,m}$ 的关系求算。

设任一恒温反应，在非体积功为零的条件下，从相同的初始状态（反应物状态 T、p、V）出发分别经恒压和恒容两条途径完成 1mol 反应进度的反应，到达产物相同但状态不同的终态，如图 2-11 所示。图中途径（1）是恒温、恒压反应，产物所处状态为（T、p、V'）；途径（2）是恒温、恒容反应，产物所处状态为（T、p'、V）。不同状态的产物可由途径（3）使其压力变化至 p。

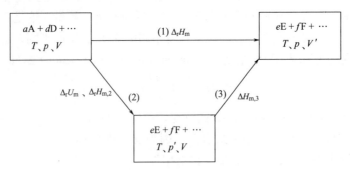

图 2-11　Q_p 与 Q_V 的关系

因为 H 是状态函数，所以

$$\Delta_r H_m = \Delta_r H_{m,2} + \Delta H_{m,3} = [\Delta_r U_m + \Delta(pV)_2] + \Delta H_{m,3}$$

由于 $Q_{p,m} = \Delta_r H_m$，$Q_{V,m} = \Delta_r U_m$，故

$$Q_{p,m} - Q_{V,m} = \Delta_r H_m - \Delta_r U_m = \Delta(pV)_2 + \Delta H_{m,3}$$

式中，$\Delta H_{m,3}$ 是途径（3）恒温变化的摩尔焓变，若产物是理想气体，其焓只与温度有关，故 $\Delta H_{m,3} = 0$；若产物是液体或固体等凝聚态物质，因恒容和恒压过程的终态压力变化不

大，在恒温的条件下可以忽略压力对焓的影响，即 $\Delta H_{m,3} = 0$。总之，不论产物以什么聚集状态出现，都有 $\Delta H_{m,3} = 0$。所以

$$Q_{p,m} - Q_{V,m} = \Delta_r H_m - \Delta_r U_m = \Delta(pV)_2$$

式中，$\Delta(pV)_2$ 代表途径（2）中终态与始态的 pV 之差，即恒温、恒容化学反应的产物与反应物的 pV 之差。对于反应系统中的凝聚态物质，反应前后 pV 值相差甚微，可以忽略不计，只需考虑系统中的气体物质，并假定气体为理想气体，则

$$\Delta(pV)_2 = \Delta(n_g RT) = \Delta n_g \cdot RT$$

因化学反应是完成1mol 反应进度为前提讨论的，故 $\Delta n_g = \sum_B \nu_{B(g)}$。所以，得

$$Q_{p,m} - Q_{V,m} = \Delta n_g \cdot RT = \sum_B \nu_{B(g)} RT \tag{2-54}$$

或

$$\Delta_r H_m - \Delta_r U_m = \Delta n_g \cdot RT = \sum_B \nu_{B(g)} RT \tag{2-55}$$

上两式分别代表化学反应的恒压摩尔热效应与恒容摩尔热效应之间、化学反应的摩尔焓的变化值与摩尔热力学能的变化值之间的关系。上两式中 $\sum_B \nu_{B(g)}$ 为化学反应方程式中的气体物质的计量数代数和，如

$$2H_2(g) + O_2(g) == 2H_2O(l) \qquad \sum_B \nu_{B(g)} = -3$$

$$H_2(g) + \frac{1}{2}O_2(g) == H_2O(g) \qquad \sum_B \nu_{B(g)} = -0.5$$

$$CaCO_3(s) == CaO(s) + CO_2(g) \qquad \sum_B \nu_{B(g)} = 1$$

2.10.4 热化学方程式

表示化学反应及其热效应的方程式，称为热化学方程式。热化学方程式既要表示出化学反应各组分之间的计量关系，又要表示反应的热效应。例如，1mol 石墨碳在 298K 和 100kPa 下完全燃烧放出 393.51 kJ 的热量，热化学方程式表示为

$$C(石墨) + O_2(g) == CO_2(g) \qquad \Delta_r H_m^\ominus(298K) = -393.51 kJ \cdot mol^{-1}$$

书写热化学方程式有以下几点具体规定：

① 指明是恒容反应热或是恒压反应热，前者用 $\Delta_r U_m$ 而后者用 $\Delta_r H_m$ 表示；

② 注明反应的温度和压力，若不注明温度和压力，则一般认为温度为 298K，压力为 100kPa；

③ 注明方程式中各物质的聚集状态及晶型，一般用"g"代表气体，"l"代表液体，"s"代表固体；

④ 对于在溶液中进行的化学反应，在其热化学方程式中应注明物质的浓度，当溶液为无限稀时，用 aq 表示。例如

$$HCl(aq) + NaOH(aq) == NaCl(aq) + H_2O(l) \qquad \Delta_r H_m^\ominus(298K) = -56.9 kJ \cdot mol^{-1}$$

2.10.5 盖斯定律

1840 年，俄国化学家盖斯在大量实验的基础上总结出一条规律：一个化学反应不管是一步完成，还是分几步完成，其热效应相同。也就是说，化学反应的热效应只与起始状态和

终了状态有关，而与具体的途径无关，称为盖斯定律（Hess's Law）。

一般情况下，大多数化学反应都是在非体积功为零的恒压或恒容条件下进行的，在这样的条件下，根据热力学第一定律必然有 $Q_{p,m} = \Delta_r H_m$ 或 $Q_{V,m} = \Delta_r U_m$。因此，恒压过程的摩尔热效应等于摩尔反应焓的变化量，恒容过程的摩尔热效应等于摩尔反应热力学能的变化量，即摩尔热效应可以转化为状态函数（焓或热力学能）的变化量，只要给定了化学反应的始态和终态，$\Delta_r H_m$ 和 $\Delta_r U_m$ 便有定值，而与具体途径无关。因此，可以说盖斯定律是热力学第一定律的必然结果。对每一步都是恒压，或每一步都是恒容的化学反应，盖斯定律才能适用。

盖斯定律为热化学的计算奠定了一定基础。由于实验手段和方法上的问题，有些化学反应的热效应测量比较困难或者测量精度不高，更有甚者根本就没有直接的测量方法。这时，可以借助于盖斯定律，运用化学方程式相互加减，热效应进行相对应的加减运算，从而通过能够准确测定的反应热效应来计算这类化学反应的热效应。

例如，在煤气生产中，固体碳燃烧生成 $CO(g)$ 反应的热效应数据对工厂设计与生产很重要，但无法用实验方法直接测定，因为碳在空气中燃烧时必定会伴有 $CO_2(g)$ 的生成。但是，可以准确直接测定下列两个反应的热效应数据，利用盖斯定律间接推算出固体碳燃烧生成 $CO(g)$ 反应的热效应数据。

① $C(s) + O_2(g) \Longrightarrow CO_2(g)$ 　　　$\Delta_r H_{m,1}^{\ominus}(298K) = -393.51 \text{kJ} \cdot \text{mol}^{-1}$

② $CO(g) + \dfrac{1}{2}O_2(g) \Longrightarrow CO_2(g)$ 　　$\Delta_r H_{m,2}^{\ominus}(298K) = -282.98 \text{kJ} \cdot \text{mol}^{-1}$

因为方程式①－②得

$$C(s) + \frac{1}{2}O_2(g) \Longrightarrow CO(g)$$

所以，该方程式的标准摩尔焓变为

$$\begin{aligned}
\Delta_r H_m^{\ominus}(298K) &= \Delta_r H_{m,1}^{\ominus}(298K) - \Delta_r H_{m,2}^{\ominus}(298K) \\
&= (-393.51 + 282.98)\text{kJ} \cdot \text{mol}^{-1} = -110.53 \text{kJ} \cdot \text{mol}^{-1}
\end{aligned}$$

盖斯（G. H. Hess, 1802—1850）生于瑞士日内瓦，在俄国学习和工作，1825 年毕业于多尔帕特大学，取得医学博士学位。1826 年弃医专攻化学，1828年因化学上的卓越贡献被选为圣彼得堡科学院院士。盖斯早年从事分析化学的研究，1830 年开始专门从事化学热效应测定方法改进的研究，曾任俄国圣彼得堡工艺学院理论化学教授兼中央师范学院和矿业学院教授。1836 年在大量实验的基础上总结出了举世闻名的盖斯定律，奠定了热化学计算的基础。1838 年选为俄国科学院院士，1850 年 12 月 13 日卒于圣彼得堡。盖斯的主要著作为《纯

G. H. 盖斯

化学基础》（1834 年），曾作为俄国教科书达 40 年之久，出版过七次，对欧洲化学界有较大影响。

2.10.6　标准摩尔反应焓变的计算

物质的标准摩尔生成焓、标准摩尔燃烧焓和离子的标准摩尔生成焓，是计算化学反应标准摩尔反应焓变 $\Delta_r H_m^{\ominus}$ 的基础热力学数据。由 $\Delta_r H_m^{\ominus}$ 可以进一步计算化学反应过程的 Q_p、Q_V、W 以及系统的 $\Delta_r H$ 和 $\Delta_r U$ 等。

（1）物质的标准摩尔生成焓 $\Delta_f H_m^\ominus$ 与反应的 $\Delta_r H_m^\ominus$

在温度为 T 的标准态下，由稳定的单质生成 $1\,mol\,\beta$ 相态的化合物 B 时的反应焓变，称为化合物 B(β) 在温度 T 时的标准摩尔生成焓（standard molar enthalpy of formation），用 $\Delta_f H_m^\ominus(B,\beta,T)$ 表示，下标"f"表示"生成"，单位为 $J \cdot mol^{-1}$ 或 $kJ \cdot mol^{-1}$ 。

根据标准摩尔生成焓的定义，稳定单质的标准摩尔生成焓为零。显然，定义对温度没有作出规定，理论上可以定义，任意温度下稳定单质的标准摩尔生成焓为零，以此为基准得到该温度下各种化合物的标准摩尔生成焓。即便如此，从各种化工手册上能够查到的，也仅仅是在 298K 时各种化合物的标准摩尔生成焓 $\Delta_f H_m^\ominus(B,\beta,T)$ 数据。

但是，标准摩尔生成焓的定义中，要求参加反应的单质必须在指定条件下具有稳定的相态。当单质在一定的条件下有多种形态存在时，应该以其中最为稳定的一种为基准定义化合物 B 的 $\Delta_f H_m^\ominus(B,\beta,T)$ 。例如在 298K、101.325kPa 时，碳有石墨、金刚石和无定形碳等同素异构体，其中石墨是热力学上最为稳定的，因此，$\Delta_f H_m^\ominus$ (C，石墨，298K)＝0。又如硫的稳定单质为正交硫，而非单斜硫，即 $\Delta_f H_m^\ominus$ (S，正交，298K)＝0。磷比较特殊，虽然红磷比白磷稳定，但因白磷容易制得，故过去一直选择白磷作为标准参考态，即 $\Delta_f H_m^\ominus$ (P，白磷，298K)＝0。但近些年来，有的文献已改用红磷作为标准参考态。因此，在应用磷及含磷化合物的标准摩尔生成焓数据时，一定要注意选用的是哪种磷作为标准参考态。既然稳定单质的 $\Delta_f H_m^\ominus(B,\beta,T)$＝0，那么不稳定单质的 $\Delta_f H_m^\ominus(B,\beta,T) \neq 0$ ，如 298K 时碳的另一种单质金刚石的 $\Delta_f H_m^\ominus$ (C，金刚石，298K)＝$1.985\ kJ \cdot mol^{-1}$ 。

此外，相同温度下，聚集态不同的同一种物质，标准摩尔生成焓 $\Delta_f H_m^\ominus$ 也不相同。例如 298K 时，$\Delta_f H_m^\ominus(H_2O_2,g)＝-136.3kJ \cdot mol^{-1}$ ，而 $\Delta_f H_m^\ominus(H_2O_2,l)＝-187.8kJ \cdot mol^{-1}$ ，液体水、气体水的情况与此类似。

在非体积功为零的条件下，恒温、恒压时化学反应的焓变等于各产物焓的总和与反应物焓的总和之差。尽管各种物质焓的绝对值无法知道，但是物质的标准摩尔生成焓 $\Delta_f H_m^\ominus$ 规定了一个统一的相对标准，以此来计算化学反应的标准摩尔焓变 $\Delta_r H_m^\ominus$ ，其结果与"化学反应的焓变等于各产物焓的总和与反应物焓的总和之差"是一致的。

按照质量守恒原理，化学反应方程式两边的物质都可以由相同种类、相同数量的稳定单质生成，例如温度为 T 的标准态下乙烯二聚反应

$$2C_2H_4(g) \Longrightarrow C_4H_8(g)$$

形成方程式左边的 $2C_2H_4(g)$ 和形成方程式右边的 $C_4H_8(g)$ 起点共同，均为稳定的单质 $4C(s)+4H_2(g)$ ，为计算乙烯二聚反应的标准摩尔焓变 $\Delta_r H_m^\ominus$ ，可以设计下列途径：

根据物质标准摩尔生成焓的定义，得

$$\Delta_f H_m^\ominus(C_2H_4,g) = \frac{\Delta_r H_{m,1}^\ominus}{2}$$

$$\Delta_{\mathrm{f}} H_{\mathrm{m}}^{\ominus}(\mathrm{C_4 H_8},\mathrm{g}) = \Delta_{\mathrm{r}} H_{\mathrm{m,2}}^{\ominus}$$

焓是状态函数，因此

$$\Delta_{\mathrm{r}} H_{\mathrm{m,2}}^{\ominus} = \Delta_{\mathrm{r}} H_{\mathrm{m,1}}^{\ominus} + \Delta_{\mathrm{r}} H_{\mathrm{m}}^{\ominus}$$

则

$$\Delta_{\mathrm{r}} H_{\mathrm{m}}^{\ominus} = \Delta_{\mathrm{r}} H_{\mathrm{m,2}}^{\ominus} - \Delta_{\mathrm{r}} H_{\mathrm{m,1}}^{\ominus}$$
$$= \Delta_{\mathrm{f}} H_{\mathrm{m}}^{\ominus}(\mathrm{C_4 H_8},\mathrm{g}) - 2\Delta_{\mathrm{f}} H_{\mathrm{m}}^{\ominus}(\mathrm{C_2 H_4},\mathrm{g})$$

基于上述化学反应求算反应的标准摩尔焓变 $\Delta_{\mathrm{r}} H_{\mathrm{m}}^{\ominus}$ 理念，对于在温度为 298K、标准态下进行的任意化学反应

$$a\mathrm{A} + d\mathrm{D} + \cdots = e\mathrm{E} + f\mathrm{F} + \cdots$$

其 298K 时的标准摩尔焓变，可以运用相同的方法，利用化学反应方程式中各组分的标准摩尔生成焓来进行计算

$$\Delta_{\mathrm{r}} H_{\mathrm{m}}^{\ominus}(298\mathrm{K}) = \left[e\Delta_{\mathrm{f}} H_{\mathrm{m}}^{\ominus}(\mathrm{E}) + f\Delta_{\mathrm{f}} H_{\mathrm{m}}^{\ominus}(\mathrm{F}) + \cdots \right] - \left[a\Delta_{\mathrm{f}} H_{\mathrm{m}}^{\ominus}(\mathrm{A}) + d\Delta_{\mathrm{f}} H_{\mathrm{m}}^{\ominus}(\mathrm{D}) + \cdots \right]$$

即

$$\Delta_{\mathrm{r}} H_{\mathrm{m}}^{\ominus}(298\mathrm{K}) = \sum_{\mathrm{B}} \nu_{\mathrm{B}} \Delta_{\mathrm{f}} H_{\mathrm{m}}^{\ominus}(\mathrm{B}) \tag{2-56}$$

上式表明，298K 时化学反应的标准摩尔反应焓变 $\Delta_{\mathrm{r}} H_{\mathrm{m}}^{\ominus}(298\mathrm{K})$，等于相同温度下方程式中各组分标准摩尔生成焓与其计量数乘积的代数和。换句话说，等于终态各产物总的标准摩尔生成焓之和减去始态各反应物总的标准摩尔生成焓之和。

【例 2-9】 已知反应

$$(\mathrm{COOH})_2(\mathrm{s}) + \frac{1}{2}\mathrm{O}_2(\mathrm{g}) = 2\mathrm{CO}_2(\mathrm{g}) + \mathrm{H}_2\mathrm{O}(\mathrm{l})$$

计算该反应 298K 时的 $\Delta_{\mathrm{r}} H_{\mathrm{m}}^{\ominus}$。

解 查 298K 时物质的标准摩尔生成焓数据得

$$\Delta_{\mathrm{f}} H_{\mathrm{m}}^{\ominus}\left[(\mathrm{COOH})_2,\mathrm{s}\right] = -826.8\mathrm{kJ} \cdot \mathrm{mol}^{-1}$$
$$\Delta_{\mathrm{f}} H_{\mathrm{m}}^{\ominus}(\mathrm{CO}_2,\mathrm{g}) = -393.5\mathrm{kJ} \cdot \mathrm{mol}^{-1}$$
$$\Delta_{\mathrm{f}} H_{\mathrm{m}}^{\ominus}(\mathrm{H}_2\mathrm{O},\mathrm{l}) = -285.8\mathrm{kJ} \cdot \mathrm{mol}^{-1}$$

稳定单质的标准摩尔生成焓为零，即 $\Delta_{\mathrm{f}} H_{\mathrm{m}}^{\ominus}(\mathrm{O}_2,\mathrm{g}) = 0$

$$\Delta_{\mathrm{r}} H_{\mathrm{m}}^{\ominus} = \left[2\Delta_{\mathrm{f}} H_{\mathrm{m}}^{\ominus}(\mathrm{CO}_2,\mathrm{g}) + \Delta_{\mathrm{f}} H_{\mathrm{m}}^{\ominus}(\mathrm{H}_2\mathrm{O},\mathrm{l}) \right] - \left\{ \Delta_{\mathrm{f}} H_{\mathrm{m}}^{\ominus}\left[(\mathrm{COOH})_2,\mathrm{s}\right] + \frac{1}{2}\Delta_{\mathrm{f}} H_{\mathrm{m}}^{\ominus}(\mathrm{O}_2,\mathrm{g}) \right\}$$
$$= \left\{ \left[2\times(-393.5) + (-285.8) \right] - \left[(-826.8) + 0 \right] \right\}\mathrm{kJ} \cdot \mathrm{mol}^{-1}$$
$$= 246.0\mathrm{kJ} \cdot \mathrm{mol}^{-1}$$

(2) 物质的标准摩尔燃烧焓 $\Delta_{\mathrm{c}} H_{\mathrm{m}}^{\ominus}$ 与反应的 $\Delta_{\mathrm{r}} H_{\mathrm{m}}^{\ominus}$

在温度为 T 的标准态下，由单位物质的量的物质 B(β) 与氧气发生完全氧化反应时的焓变，称为物质 B(β) 在温度 T 时的标准摩尔燃烧焓 (standard molar enthalpy of combustion)，用 $\Delta_{\mathrm{c}} H_{\mathrm{m}}^{\ominus}(\mathrm{B},\beta,T)$ 表示，下标"c"表示"燃烧"，单位为 J·mol^{-1} 或 kJ·mol^{-1}。

定义中的完全氧化，又称完全燃烧，是指物质 B 在没有催化剂的条件下与氧气充分地自然燃烧、分子中的各元素生成指定产物的过程，如物质中的 C 元素变为 $\mathrm{CO}_2(\mathrm{g})$，H 元素变为 $\mathrm{H}_2\mathrm{O}(\mathrm{l})$，S 元素变为 $\mathrm{SO}_2(\mathrm{g})$，N 元素变成 $\mathrm{N}_2(\mathrm{g})$，Cl 元素变为 $\mathrm{HCl}(\mathrm{l})$ 等。例如，298K 时 C(石墨)、$\mathrm{H}_2(\mathrm{g})$、$\mathrm{C}_6\mathrm{H}_5\mathrm{NH}_2(\mathrm{l})$（苯胺）与 $\mathrm{O}_2(\mathrm{g})$ 在标准态下的燃烧反应分别为

$$\mathrm{C}(石墨) + \mathrm{O}_2(\mathrm{g}) = \mathrm{CO}_2(\mathrm{g})$$

$$H_2 + \frac{1}{2} O_2(g) = H_2O(l)$$

$$C_6H_5NH_2(l) + \frac{31}{4} O_2(g) = 6CO_2(g) + \frac{7}{2} H_2O(l) + \frac{1}{2} N_2(g)$$

各反应的标准摩尔焓变分别为 C(石墨)、$H_2(g)$、$C_6H_5NH_2(l)$ 在 298K 时的标准摩尔燃烧焓 $\Delta_c H_m^\ominus$。同时可以看出，C(石墨) 的标准摩尔燃烧焓在数值上等于 $CO_2(g)$ 的标准摩尔生成焓，即 $\Delta_c H_m^\ominus(C, 石墨) = \Delta_f H_m^\ominus(CO_2, g)$，$H_2(g)$ 的标准摩尔燃烧焓在数值上等于 $H_2O(l)$ 的标准摩尔生成焓，即 $\Delta_c H_m^\ominus(H_2, g) = \Delta_f H_m^\ominus(H_2O, l)$。

绝大多数有机化合物难以由稳定单质直接合成，且即使可以合成但有机反应过程中常伴有副反应，因而它们的标准摩尔生成焓不易直接测定或测量不准。但是，有机化合物能在氧气中充分燃烧，生成完全氧化产物，所以其标准摩尔燃烧焓能够方便、准确地直接测定。物质的标准摩尔燃烧焓 $\Delta_c H_m^\ominus$ 是重要的热化学数据，通常一些有机物质在 298K 时的 $\Delta_c H_m^\ominus$ 可以从化工手册中查到。当然完全氧化产物的标准摩尔燃烧焓为零，如 $\Delta_c H_m^\ominus(CO_2, g) = 0$、$\Delta_c H_m^\ominus(H_2O, l) = 0$ 等。

利用标准摩尔燃烧焓 $\Delta_c H_m^\ominus$ 数据可以计算有机反应的标准摩尔反应焓变 $\Delta_r H_m^\ominus$。若已知化学反应中各物质 298K 时的标准摩尔燃烧焓 $\Delta_c H_m^\ominus$，则化学反应的标准摩尔反应焓变 $\Delta_r H_m^\ominus$，等于该温度下方程式中各组分标准摩尔燃烧焓与其计量数乘积代数和的相反数。或者说，等于始态各反应物总的标准摩尔燃烧焓之和减去终态各产物总的标准摩尔燃烧焓之和。对于化学反应

$$aA + dD + \cdots = eE + fF + \cdots$$

其 298K 时用物质标准摩尔燃烧焓计算的标准摩尔焓变为

$$\Delta_r H_m^\ominus(298K) = -\left[\{e\Delta_c H_m^\ominus(E) + f\Delta_c H_m^\ominus(F) + \cdots\} - \{a\Delta_c H_m^\ominus(A) + d\Delta_c H_m^\ominus(D) + \cdots\}\right]$$

即

$$\Delta_r H_m^\ominus(298K) = -\sum_B \nu_B \Delta_c H_m^\ominus(B) \tag{2-57}$$

上式计算化学反应的 $\Delta_r H_m^\ominus$ 是基于化学反应方程式两边的物质分别与氧气完全反应、生成的产物种类和数量是相等的。例如，298K 的标准态下，反应

$$
\begin{array}{ccc}
2C_2H_4(g) & \xrightarrow{\Delta_r H_m^\ominus} & C_4H_8(g) \\
298K, p^\ominus & & 298K, p^\ominus \\
\Delta_r H_{m,1}^\ominus \searrow{\scriptstyle +6O_2(g)} & {\scriptstyle +6O_2(g)} & \swarrow \Delta_r H_{m,2}^\ominus \\
& 4CO_2(g) + 4H_2O(l) & \\
& 298K, p^\ominus &
\end{array}
$$

根据物质标准摩尔燃烧焓的定义，得

$$\Delta_c H_m^\ominus(C_2H_4, g) = \frac{\Delta_r H_{m,1}^\ominus}{2}$$

$$\Delta_c H_m^\ominus(C_4H_8, g) = \Delta_r H_{m,2}^\ominus$$

焓是状态函数，因此

$$\Delta_r H_{m,1}^\ominus = \Delta_r H_m^\ominus + \Delta_r H_{m,2}^\ominus$$

则

$$\Delta_r H_m^\ominus = \Delta_r H_{m,1}^\ominus - \Delta_r H_{m,2}^\ominus$$
$$= 2\Delta_c H_m^\ominus(C_2H_4,g) - \Delta_c H_m^\ominus(C_4H_8,g)$$

【例 2-10】 已知化学反应

$$\text{HCOOH(l)} + \text{CH}_3\text{OH(l)} === \text{HCOOCH}_3\text{(l)} + \text{H}_2\text{O(l)}$$
$$\quad\quad\text{A} \quad\quad\quad\quad \text{B} \quad\quad\quad\quad\quad \text{C}$$

试求反应在 298K 的 $\Delta_r H_m^\ominus$。

解 查 298K 时各物质的标准摩尔燃烧焓数据为

$$\Delta_c H_m^\ominus(\text{HCOOH,l}) = \Delta_c H_m^\ominus(\text{A}) = -254.6\text{kJ}\cdot\text{mol}^{-1}$$
$$\Delta_c H_m^\ominus(\text{CH}_3\text{OH,l}) = \Delta_c H_m^\ominus(\text{B}) = -726.5\text{kJ}\cdot\text{mol}^{-1}$$
$$\Delta_c H_m^\ominus(\text{HCOOCH}_3,\text{l}) = \Delta_c H_m^\ominus(\text{C}) = -979.5\text{kJ}\cdot\text{mol}^{-1}$$
$$\Delta_r H_m^\ominus = \Delta_c H_m^\ominus(\text{A}) + \Delta_c H_m^\ominus(\text{B}) - \Delta_c H_m^\ominus(\text{C})$$
$$= (-254.6 - 726.5 + 979.5)\text{kJ}\cdot\text{mol}^{-1} = -1.6\text{kJ}\cdot\text{mol}^{-1}$$

标准摩尔燃烧焓 $\Delta_c H_m^\ominus$ 除了用于计算有机反应的焓变 $\Delta_r H_m^\ominus$ 外，还可以用来计算有机化合物的标准摩尔生成焓 $\Delta_f H_m^\ominus$，特别是对一些通常不能直接由单质合成的有机化合物尤其重要。

【例 2-11】 已知 298K 时乙烯的 $\Delta_c H_m^\ominus(C_2H_4, g) = -1\ 411.0\ \text{kJ}\cdot\text{mol}^{-1}$，$\Delta_f H_m^\ominus(CO_2, g) = -393.5\text{kJ}\cdot\text{mol}^{-1}$，$\Delta_f H_m^\ominus(H_2O, l) = -285.8\text{kJ}\cdot\text{mol}^{-1}$。求乙烯在 298K 时的 $\Delta_f H_m^\ominus$。

解 乙烯在 298K、标准态下的燃烧反应为

$$C_2H_4(g) + 3O_2(g) === 2CO_2(g) + 2H_2O(l)$$

乙烯的标准摩尔燃烧焓等于化学反应的标准摩尔焓变

$$\Delta_c H_m^\ominus(C_2H_4,g) = \Delta_r H_m^\ominus = \sum_B \nu_B \Delta_f H_m^\ominus(\text{B})$$
$$= 2\Delta_f H_m^\ominus(CO_2,g) + 2\Delta_f H_m^\ominus(H_2O,l) - \Delta_f H_m^\ominus(C_2H_4,g)$$

所以

$$\Delta_f H_m^\ominus(C_2H_4,g) = 2\Delta_f H_m^\ominus(CO_2,g) + 2\Delta_f H_m^\ominus(H_2O,l) - \Delta_c H_m^\ominus(C_2H_4,g)$$
$$= [2\times(-393.5) + 2\times(-285.8) - (-1\ 411.0)]\text{kJ}\cdot\text{mol}^{-1}$$
$$= 52.4\text{kJ}\cdot\text{mol}^{-1}$$

(3)* 离子的标准摩尔生成焓 $\Delta_f H_m^\ominus$ 与反应的 $\Delta_r H_m^\ominus$

对于水溶液中进行的离子反应，如果能够得到每种离子的标准摩尔生成焓数据，同样可以计算出离子反应的焓变。

在 298K 和 100kPa 下，将 1mol HCl(g) 溶于大量水中，形成含有 $H^+(\text{aq},\infty)$、$Cl^-(\text{aq},\infty)$ 的水溶液，"(aq,∞)"代表"无限稀释"，其溶解过程为

$$\text{HCl(g)} \xrightarrow{\text{H}_2\text{O}} H^+(\text{aq},\infty) + Cl^-(\text{aq},\infty)$$

实验测得，此条件下溶解 1mol HCl(g) 放热 74.77kJ。由于溶解是在恒温、恒压下完成，所以此时的溶解热等于 HCl(g) 的标准摩尔溶解焓变，即 $\Delta_{sol} H_m^\ominus = -74.77\text{kJ}\cdot\text{mol}^{-1}$。像化学反应的标准摩尔焓变计算一样，溶解过程的标准摩尔溶解焓变也可以通过物质的标准

摩尔生成焓进行计算，即

$$\Delta_{sol}H_m^\ominus = \Delta_f H_m^\ominus(H^+, aq, \infty) + \Delta_f H_m^\ominus(Cl^-, aq, \infty) - \Delta_f H_m^\ominus(HCl, g)$$

所以，有

$$\Delta_f H_m^\ominus(H^+, aq, \infty) + \Delta_f H_m^\ominus(Cl^-, aq, \infty) = \Delta_{sol}H_m^\ominus + \Delta_f H_m^\ominus(HCl, g)$$

查得 298K 时 $\Delta_f H_m^\ominus(HCl, g) = -92.31 kJ \cdot mol^{-1}$，所以

$$\Delta_f H_m^\ominus(H^+, aq, \infty) + \Delta_f H_m^\ominus(Cl^-, aq, \infty) = (-74.77 - 92.31) kJ \cdot mol^{-1}$$
$$= -167.08 kJ \cdot mol^{-1}$$

得到了正、负两种离子无限稀释时的标准摩尔生成焓之和。溶液为保持电中性，溶液中正、负离子总是同时共存，HCl(g) 溶解于水也不例外。因此，无法获得单一离子的标准摩尔生成焓。但是，如果选定一种离子并规定它的标准摩尔生成焓为某一定值，则可以获得其他离子在无限稀释时的标准摩尔生成焓的相对值数据。应用这些相对值数据，可以解决水溶液中有关离子反应的热效应、溶解过程的标准摩尔溶解焓变等计算问题。现在公认的热力学标准是，规定 $H^+(aq, \infty)$ 的标准摩尔生成焓为零，即

$$\Delta_f H_m^\ominus(H^+, aq, \infty) = 0$$

在这样的规定基础上，上例中 $\Delta_f H_m^\ominus(Cl^-, aq, \infty) = -167.08 kJ \cdot mol^{-1}$。

以此类推，可以获得其他离子无限稀释时的标准摩尔生成焓。例如，在 298K 和 100kPa 下实验测得，1mol KCl(s) 溶于水中形成无限稀释溶液时，吸热 17.28kJ，即 KCl(s) 标准摩尔溶解焓 $\Delta_{sol}H_m^\ominus(KCl, s) = 17.28 kJ \cdot mol^{-1}$，而 $\Delta_f H_m^\ominus(KCl, s) = -436.50 kJ \cdot mol^{-1}$。KCl(s) 在水中的溶解过程为

$$KCl(s) \xrightarrow{H_2O} K^+(aq, \infty) + Cl^-(aq, \infty)$$

$$\Delta_{sol}H_m^\ominus(KCl, s) = \Delta_f H_m^\ominus(K^+, aq, \infty) + \Delta_f H_m^\ominus(Cl^-, aq, \infty) - \Delta_f H_m^\ominus(KCl, s)$$

因为上面已有 $\Delta_f H_m^\ominus(Cl^-, aq, \infty) = -167.08 kJ \cdot mol^{-1}$，所以

$$\Delta_f H_m^\ominus(K^+, aq, \infty) = (17.28 + 167.08 - 436.50) kJ \cdot mol^{-1}$$
$$= -252.14 kJ \cdot mol^{-1}$$

其他离子无限稀释时的 $\Delta_f H_m^\ominus$ 都可以用类似的方法求出。表 2-2 给出了部分离子在 298K 时的 $\Delta_f H_m^\ominus$。

表 2-2　298K 时部分离子的 $\Delta_f H_m^\ominus$

正离子	$\Delta_f H_m^\ominus / kJ \cdot mol^{-1}$	负离子	$\Delta_f H_m^\ominus / kJ \cdot mol^{-1}$
H^+	0	OH^-	-230.02
Li^+	-278.49	F^-	-332.63
Na^+	-240.12	Cl^-	-167.08
K^+	-252.14	Br^-	-121.55
NH_4^+	-132.51	I^-	-55.19
Ag^+	105.79	S^{2-}	33.10
Ba^{2+}	-537.64	SO_4^{2-}	-909.27
Cu^{2+}	64.77	NO_3^-	-205.00
$[Ag(NH_3)_2]^+$	-111.29	CO_3^{2-}	-677.14
$[Cu(NH_3)_4]^{2+}$	-348.5	PO_4^{3-}	-1277.40

【例 2-12】 在 298K 和 100kPa 下，大量水中含有 Ag^+ 和 Cl^- 各 1mol，当有 AgCl（s）沉淀生成时，求沉淀过程的焓变。

解 查得 298K 时 $\Delta_f H_m^\ominus(AgCl,s) = -127.07kJ \cdot mol^{-1}$ ，

$\Delta_f H_m^\ominus(Ag^+,aq,\infty) = 105.79kJ \cdot mol^{-1}$ ， $\Delta_f H_m^\ominus(Cl^-,aq,\infty) = -167.08kJ \cdot mol^{-1}$

Ag^+ 和 Cl^- 沉淀反应为

$$Ag^+(aq,\infty) + Cl^-(aq,\infty) =\!=\!= AgCl(s)$$

沉淀过程的标准摩尔焓变为

$$\begin{aligned}
\Delta_r H_m^\ominus &= \Delta_f H_m^\ominus(AgCl,s) - [\Delta_f H_m^\ominus(Ag^+,aq,\infty) + \Delta_f H_m^\ominus(Cl^-,aq,\infty)] \\
&= [-127.07 - (105.79 - 167.08)]kJ \cdot mol^{-1} \\
&= -65.78kJ \cdot mol^{-1}
\end{aligned}$$

2.11 反应焓变与温度的关系

在 298K、标准态下进行的化学反应，其标准摩尔反应焓变 $\Delta_r H_m^\ominus(298K)$，可以通过 298K 时物质（不含离子）的标准摩尔生成焓 $\Delta_f H_m^\ominus$、标准摩尔燃烧焓 $\Delta_c H_m^\ominus$ 以及离子的标准摩尔生成焓 $\Delta_f H_m^\ominus$ 等算出。当化学反应在任意温度 $T \neq 298K$ 下进行时，其标准摩尔反应焓变 $\Delta_r H_m^\ominus(T)$ 可以以 $\Delta_r H_m^\ominus(298K)$ 为基础通过途径设计进行计算。

2.11.1 基尔霍夫公式

对于任意温度 T、标准态下进行的化学反应，既可以一步直接完成生成产物，也可以分三步来完成反应：

$$T: aA+dD+\cdots \xrightarrow{\Delta_r H_m^\ominus(T)} eE+fF+\cdots$$

$$\downarrow \Delta H_1 \qquad\qquad\qquad \uparrow \Delta H_2$$

$$298K: aA+dD+\cdots \xrightarrow{\Delta_r H_m^\ominus(298K)} eE+fF+\cdots$$

由于焓是状态函数，所以一步直接完成反应时的标准摩尔反应焓变 $\Delta_r H_m^\ominus(T)$，与分三步完成时各步的焓变之和相等，即

$$\Delta_r H_m^\ominus(T) = \Delta H_1 + \Delta_r H_m^\ominus(298K) + \Delta H_2$$

第一步是将 $aA+dD+\cdots$ 的反应物在恒压的条件下，温度由 T 变化到 298K，其过程焓变为

$$\Delta H_1 = \int_T^{298K} (aC_{p,m,A} + dC_{p,m,D} + \cdots)dT$$

第二步是在 298K、标准态下完成化学反应，生成产物，过程的焓变为 $\Delta_r H_m^\ominus(298K)$，它可以通过物质的 $\Delta_f H_m^\ominus(298K)$ 或 $\Delta_c H_m^\ominus(298K)$ 数据，由式（2-56）或式（2-57）计算。

第三步是将生成的产物 $eE+fF+\cdots$ 在恒压的条件下，温度由 298K 变化到 T，其过程焓变为

$$\Delta H_2 = \int_{298K}^{T} (e\,C_{p,m,E} + f\,C_{p,m,F} + \cdots)\mathrm{d}T$$

因此

$$\Delta_r H_m^{\ominus}(T) = \Delta_r H_m^{\ominus}(298K) + \int_{298K}^{T} \Delta_r C_{p,m}\mathrm{d}T \tag{2-58}$$

式中，$\Delta_r C_{p,m}$ 称为恒压热容差，等于产物恒压热容之和减去反应物恒压热容之和，即

$$\Delta_r C_{p,m} = (e\,C_{p,m,E} + f\,C_{p,m,F} + \cdots) - (a\,C_{p,m,A} + d\,C_{p,m,D} + \cdots)$$
$$= \sum_B \nu_B C_{p,m,B} \tag{2-59}$$

式(2-58) 两边对温度 T 求导，得

$$\Delta_r C_{p,m} = \frac{\mathrm{d}[\Delta_r H_m^{\ominus}(T)]}{\mathrm{d}T} \tag{2-60}$$

式(2-58) 和式(2-60) 都称为基尔霍夫（Kirchhoff，1824—1887，德国化学家）公式，前者为积分式，后者为微分式。两者都表明了任意温度 T 时化学反应的标准摩尔焓变随温度 T 的变化规律。

若 $\Delta_r C_{p,m} > 0$，表明化学反应的摩尔反应焓变 $\Delta_r H_m^{\ominus}(T)$ 将随温度升高而增大；若 $\Delta_r C_{p,m} < 0$，表明化学反应的摩尔反应焓变 $\Delta_r H_m^{\ominus}(T)$ 将随温度升高而减小；若 $\Delta_r C_{p,m} = 0$，表明化学反应的摩尔反应焓变 $\Delta_r H_m^{\ominus}(T)$ 不随随温度而变化。

若 $\Delta_r C_{p,m}$ 是一个与温度无关且不为零的常数，式(2-58) 可以简化为

$$\Delta_r H_m^{\ominus}(T) = \Delta_r H_m^{\ominus}(298K) + \Delta_r C_{p,m}(T-298)$$

若 $\Delta_r C_{p,m}$ 是温度的函数，如 $\Delta_r C_{p,m} = f(T)$，将这种函数关系代入式(2-58) 先积分再代温度数据，便能计算出温度 T 时的标准摩尔反应焓变 $\Delta_r H_m^{\ominus}(T)$。

应用式(2-58) 的条件是，在温度 298K 和 T 之间任何组分均不能有相变化。若有相变化，则应重新设计途径进行计算。

【例 2-13】 试求在 500K、100kPa 时，下列反应 $\Delta_r H_m^{\ominus}(500K)$、$\Delta_r U_m^{\ominus}(500K)$、$Q$ 和 W。

$$CO(g) + \frac{1}{2}O_2(g) \longrightarrow CO_2(g)$$

已知 $CO(g)$ 和 $CO_2(g)$ 的标准摩尔生成焓 $\Delta_f H_m^{\ominus}(298K)$ 分别为 $-110.53\,\mathrm{kJ \cdot mol^{-1}}$ 和 $-393.51\,\mathrm{kJ \cdot mol^-}$；在 298～500K 温度范围内，$O_2(g)$、$CO(g)$、$CO_2(g)$ 的平均定压摩尔热容 $\overline{C}_{p,m}$ 分别为 $30.56\,\mathrm{J \cdot mol^{-1} \cdot K^{-1}}$、$29.41\,\mathrm{J \cdot mol^{-1} \cdot K^{-1}}$ 和 $41.29\,\mathrm{J \cdot mol^{-1} \cdot K^{-1}}$。假设气体均为理想气体。

解 298K、标准态下反应的焓变为
$$\Delta_r H_m^{\ominus}(298K) = \Delta_f H_m^{\ominus}(CO_2,g) - \Delta_f H_m^{\ominus}(CO,g)$$
$$= (-393.51 + 110.53)\mathrm{kJ \cdot mol^{-1}}$$
$$= -282.98\mathrm{kJ \cdot mol^{-1}}$$

反应的平均恒压热容差为

$$\Delta_r \overline{C}_{p,m} = \overline{C}_{p,m,CO_2(g)} - \overline{C}_{p,m,CO(g)} - \frac{1}{2}\overline{C}_{p,m,O_2(g)}$$

$$= \left(41.29 - 29.41 - \frac{1}{2} \times 30.56\right) J \cdot mol^{-1} \cdot K^{-1} = -3.40 J \cdot mol^{-1} \cdot K^{-1}$$

由基尔霍夫公式得 500K 反应的标准摩尔反应焓变

$$\Delta_r H_m^\ominus(500K) = \Delta_r H_m^\ominus(298K) + \Delta_r \overline{C}_{p,m}(T - 298)$$
$$= [-282.98 - 3.40 \times (500 - 298) \times 10^{-3}] kJ \cdot mol^{-1}$$
$$= -283.67 kJ \cdot mol^{-1}$$

根据化学反应的摩尔热力学能变化值与反应的摩尔焓变之间的关系，应用式(2-55) 得

$$\Delta_r U_m^\ominus(500K) = \Delta_r H_m^\ominus(500K) - \sum_B \nu_{B(g)} RT$$
$$= \left[-283.67 - \left(1 - 1 - \frac{1}{2}\right) \times 8.314 \times 500 \times 10^{-3}\right] kJ \cdot mol^{-1}$$
$$= -281.59 kJ \cdot mol^{-1}$$

因为反应在恒温、恒压条件下进行，所以

$$Q = Q_p = \Delta_r H_m^\ominus(500K) = -283.67 kJ \cdot mol^{-1}$$

由热力学第一定律，化学反应过程中的体积功为

$$W = \Delta_r U_m^\ominus(500K) - Q = (-281.59 + 283.67) kJ \cdot mol^{-1} = 2.08 kJ \cdot mol^{-1}$$

可见，在非体积功为零的条件下，在计算出化学反应的标准摩尔反应焓变后，应用热力学能与焓的关系式和热力学第一定律，可以计算出化学反应的热力学能变化值以及反应过程的体积功。

【例 2-14】 对于反应

$$CO(g) + \frac{1}{2}O_2(g) \longrightarrow CO_2(g)$$

若已知 $O_2(g)$、$CO(g)$、$CO_2(g)$ 的定压摩尔热容与温度的函数关系，即 $C_{p,m} = f(T) = a + bT + cT^2$，各气体的特性常数 a、b 和 c 见下表。试求任意温度 T 时，反应的标准摩尔反应焓变 $\Delta_r H_m^\ominus(T)$ 与温度 T 的关系式；并以此求出 $\Delta_r H_m^\ominus(500K)$。

气体	$a/J \cdot mol^{-1} \cdot K^{-1}$	$b \times 10^3/J \cdot mol^{-1} \cdot K^{-2}$	$c \times 10^6/J \cdot mol^{-1} \cdot K^{-3}$
$O_2(g)$	28.17	6.30	-0.75
$CO(g)$	26.54	7.68	-1.17
$CO_2(g)$	26.75	42.26	-14.25

解 由上例可知，298K、标准态下反应的焓变为

$$\Delta_r H_m^\ominus(298K) = -282.98 kJ \cdot mol^{-1}$$

反应的热容差与温度 T 的关系为

$$\Delta_r C_{p,m} = C_{p,m,CO_2(g)} - C_{p,m,CO(g)} - \frac{1}{2}C_{p,m,O_2(g)}$$
$$= \sum_B \nu_B a_B + \sum_B \nu_B b_B + \sum_B \nu_B c_B$$
$$= [-13.88 + 31.43 \times 10^{-3}(T/K) - 12.71 \times 10^{-6}(T/K)^2] J \cdot mol^{-1} \cdot K^{-1}$$

任意温度 T 时化学反应的标准摩尔焓变

$$\Delta_r H_m^\ominus(T) = \Delta_r H_m^\ominus(298K) + \int_{298K}^{T} \Delta_r C_{p,m} dT$$

$$= \left\{ -282.98 \times 10^3 + \int_{298K}^{T} [-13.88 + 31.43 \times 10^{-3}(T/K) - 12.71 \times 10^{-6}(T/K)^2] dT \right\} J \cdot mol^{-1}$$

$$= [-280.13 \times 10^3 - 13.88(T/K) + 15.72 \times 10^{-3}(T/K)^2 - 4.24 \times 10^{-6}(T/K)^3] J \cdot mol^{-1}$$

当温度为 500K 时，有

$$\Delta_r H_m^\ominus(500K) = -283.47 kJ \cdot mol^{-1}$$

计算表明，用平均热容计算化学反应焓变的值和真热容计算的结果是基本一致的。因此，工程上用平均热容进行计算而避开用真热容计算时的繁琐积分，具有合理性。

2.11.2 非恒温反应

上面介绍的都是非体积功为零、标准态下进行且反应物和产物温度相同的恒温化学反应。但是，实际化工生产中情况远非如此，反应既不是在标准态下进行，又常常不是在恒温下完成等。当反应速率很快、反应过程的热量不能及时与环境进行传递，系统的温度就会发生改变，始态和终态的温度就不相同，这样的化学反应便是非恒温反应。

非恒温反应中最极端的是，反应过程中的热量与环境之间没有一点交换，这种情况称为绝热反应。例如，对于一个在恒压下进行的燃烧反应，所放出的热量没有任何损失，全部用于提升系统中各组分的温度，这是一个非体积功为零的恒压绝热过程，即 $Q_p = \Delta H = 0$。恒压燃烧反应过程中所能达到的最高温度，称为最高火焰温度。

又如，在绝热容器中进行的有气体存在的放热反应，化学反应放出的热量因容器绝热而滞留在容器内部，这部分热量对系统中存在的气体加热，使得气体压力迅猛增加，当系统内的压力大到容器材质所能承受的最大压力时，爆炸发生。在爆炸到来的前一瞬间，容器体积不变，容器内压力最大、温度最高，且又是绝热容器。因此，这是一个非体积功为零时的恒容绝热过程，即 $Q_v = \Delta U = 0$。

【例 2-15】 计算甲烷与理论量的空气在 100kPa 下完全燃烧时所能达到的最高温度（设空气中氧气和氮气的物质的量之比为 1:4）。已知甲烷在 298K 时的标准摩尔燃烧焓为 $-890.3 kJ \cdot mol^{-1}$，在 298K 和 100kPa 下水的摩尔蒸发焓为 $44.02 kJ \cdot mol^{-1}$，$CO_2(g)$、H_2O (g) 以及 $N_2(g)$ 的 $C_{p,m}$ 与温度 T 的关系依次为

$$C_{p,m,CO_2(g)} = (26.75 + 42.26 \times 10^{-3} T/K) J \cdot mol^{-1} \cdot K^{-1}$$

$$C_{p,m,H_2O(g)} = (29.16 + 14.49 \times 10^{-3} T/K) J \cdot mol^{-1} \cdot K^{-1}$$

$$C_{p,m,N_2(g)} = (27.32 + 6.23 \times 10^{-3} T/K) J \cdot mol^{-1} \cdot K^{-1}$$

解 甲烷与氧气的燃烧反应为

$$CH_4(g) + 2O_2(g) == CO_2(g) + 2H_2O(l)$$

若燃烧 1mol $CH_4(g)$，理论上需要 2mol $O_2(g)$，由于空气中 $O_2(g)$ 和 $N_2(g)$ 的物质的量之比为 1:4，所以反应系统中带入 8mol $N_2(g)$（始终不参加化学反应）。在 298K 时 1mol $CH_4(g)$ 和 2mol $O_2(g)$ 完全燃烧后生成 1mol $CO_2(g)$ 和 2mol $H_2O(l)$，放出的热量全部被产物和不参加反应的 $N_2(g)$ 所吸收，用于液体水的汽化和混合气体的升温。因此，从燃烧开始到升高到最高温度整个过程中，是恒压绝热过程。其过程如下：

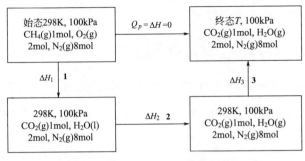

$$Q_p = \Delta H = \Delta H_1 + \Delta H_2 + \Delta H_3 = 0$$

其中，过程 1 是在 298K、100kPa 下时 $CH_4(g)$ 完全燃烧，过程的焓变为

$$\Delta H_1 = \Delta_r H_m = \Delta_c H_{m,CH_4(g)} = -890.3 kJ \cdot mol^{-1}$$

过程 2 是在 298K、100kPa 下 2mol $H_2O(l)$ 汽化为 2mol $H_2O(g)$，过程的焓变为

$$\Delta H_2 = 2\Delta_{vap} H_{m,H_2O} = 88.04 kJ \cdot mol^{-1}$$

过程 3 是在 100kPa 下三种混合气体温度由 298K 升高到 T，过程的焓变为

$$\Delta H_3 = \int_{298K}^{T} \Delta_r C_{p,m} dT$$

其中

$$\Delta_r C_{p,m} = C_{p,m,CO_2(g)} + 2C_{p,m,H_2O(g)} + 8C_{p,m,N_2(g)}$$
$$= (303.63 + 121.02 \times 10^{-3} T/K) J \cdot mol^{-1} \cdot K^{-1}$$

所以

$$(-890.3 + 88.04) \times 10^3 + \int_{298K}^{T} (303.63 + 121.02 \times 10^{-3} T) dT = 0$$

即

$$60.51 \times 10^{-3} T^2 + 303.63 T - 802.26 \times 10^3 = 0$$

解得

$$T = 2088K$$

因此，甲烷在所给条件下完全燃烧时的最高温度为 2088K。

*2.12 溶解焓与稀释焓

将溶质溶于溶剂形成溶液的过程中，以及将溶剂加入一定浓度的溶液中形成浓度更低溶液的稀释过程中，都会伴有热交换。前者称为溶解热，如 $NaCl(s)$ 溶于水要吸热、$HCl(g)$ 溶于水要放热；后者称为稀释热，如 KNO_3 溶液稀释要吸热，H_2SO_4 溶液稀释要放热等。在非体积功为零条件下进行的溶解和稀释过程，因过程的热与焓变相等，所以溶解热称为溶解焓，稀释热称为稀释焓。

2.12.1 摩尔溶解焓

摩尔溶解焓分为摩尔积分溶解焓和摩尔微分溶解焓两种。在一定的温度和压力下，在物

质的量为 n_A 的溶剂 A 中，将 1mol 溶质 B 从开始溶解到全部溶解过程中所吸收或放出的热，称为物质 B 在溶剂 A 中的摩尔积分溶解焓，用符号 $\Delta_{sol}H_m$ 表示，单位为 kJ·mol^{-1}。摩尔积分溶解焓除了与温度 T、压力 p 有关外，还与溶液的组成有关，因溶质恒定为 1mol，因此溶液的组成只取决于溶剂 A 的物质的量 n_A 大小。例如，在 298K、101.325kPa 时将 1mol H_2SO_4(l) 溶于物质的量不同的溶剂水中形成溶液，测得过程的摩尔积分溶解焓如表 2-3 所示。

表 2-3　298K、101.325kPa 时，不同溶液组成时 H_2SO_4(l) 的摩尔积分溶解焓

序号	$n_水$/mol	$-\Delta_{sol}H_m$/kJ·mol^{-1}	序号	$n_水$/mol	$-\Delta_{sol}H_m$/kJ·mol^{-1}
1	1	28.16	6	50	74.37
2	5	58.21	7	100	75.06
3	10	67.93	8	200	75.82
4	20	71.85	9	1000	79.34
5	25	73.08	10	∞	96.19

可见，摩尔积分溶解焓与溶剂水的物质的量有关，即与溶液组成相关。表中的"∞"表示溶剂水的用量非常大，形成的溶液极稀，再加入水时系统不再产生热效应。这种状态称为"无限稀释状态"，其摩尔积分溶解焓用符号"$\Delta_{sol}H_m(aq,\infty)$"表示。

另外，在一定的温度和压力下，在组成一定的溶液中加入物质的量为 dn_B 的溶质，所引起的热效应为 δQ 或 $d(\Delta_{sol}H)$，则

$$\left[\frac{\partial(\Delta_{sol}H)}{\partial n_B}\right]_{T,p,n_A}$$

称为摩尔微分溶解焓，单位为 kJ·mol^{-1}。这一定义也可以理解为，在一定的温度和压力下，在大量组成一定的溶液中加入单位物质的量溶质所产生的热效应。

摩尔微分溶解焓不能像摩尔积分溶解焓那样直接测定，但能通过测定积分溶解焓得到求解。具体做法为：在一定的温度和压力下，在一定量的溶剂中加入物质的量不同的溶质，测出各自的积分溶解焓 $\Delta_{sol}H$；然后以溶质的物质的量 n_B 为横坐标，以 $\Delta_{sol}H$ 为纵坐标，绘制出曲线。曲线上任一点切线的斜率为该浓度时的摩尔微分溶解焓。

2.12.2　摩尔稀释焓

与摩尔溶解焓相似，摩尔稀释焓分为摩尔积分稀释焓和摩尔微分稀释焓两种。在一定的温度和压力下，向含有单位物质的量溶质 B、组成为 $x_{B,1}$ 的溶液中添加溶剂 A，溶液稀释至组成为 $x_{B,2}$ 的过程中所吸收或放出的热，称为物质 B 自 $x_{B,1}$ 稀释到 $x_{B,2}$ 时的摩尔积分稀释焓，用符号 $\Delta_{dil}H_m$ 表示，单位为 kJ·mol^{-1}。显然，摩尔积分稀释焓与溶液开始的组成 $x_{B,1}$、终了的组成 $x_{B,2}$ 有关，它不是经实验直接测定的，而是等于溶液稀释过程的终了时摩尔积分溶解焓与开始时摩尔积分溶解焓之差，即

$$\Delta_{dil}H_m(x_{B,1}\rightarrow x_{B,2})=\Delta_{sol}H_m(x_{B,2})-\Delta_{sol}H_m(x_{B,1}) \tag{2-61}$$

例如，将表 2-3 中的 1 号溶液稀释为 2 号溶液，3 号溶液稀释为 6 号溶液，过程的摩尔积分稀释焓分别为：

$$\Delta_{dil}H_m(x_{B,1}\rightarrow x_{B,2})=(-58.21+28.16)kJ·mol^{-1}=-30.05kJ·mol^{-1}$$

$$\Delta_{dil}H_m(x_{B,3}\rightarrow x_{B,6})=(-74.37+67.93)kJ·mol^{-1}=-6.44kJ·mol^{-1}$$

可见，硫酸溶液在没有达到无限稀释状态前的稀释过程都是放热的，对不同浓度的同一种溶液进行稀释，其摩尔积分稀释焓不相等。

在一定的温度和压力下，在组成一定的溶液中加入物质的量为 dn_A 的溶剂，所引起的热效应为 δQ 或 $d(\Delta_{sol}H)$，则

$$\left[\frac{\partial(\Delta_{sol}H)}{\partial n_A}\right]_{T,p,n_B}$$

称为摩尔微分稀释焓，单位为 $kJ \cdot mol^{-1}$。也就是说，在一定的温度和压力下，在大量组成一定的溶液中加入单位物质的量溶剂所产生的热效应。

摩尔微分稀释焓也不能由实验直接测得，其求解过程与摩尔微分溶解焓相同。在一定的温度和压力下，在单位物质的量的溶质中加入不同物质的量的溶剂，测出各自的积分溶解焓 $\Delta_{sol}H$；然后以溶剂的物质的量 n_A 为横坐标、以 $\Delta_{sol}H$ 为纵坐标，绘制出曲线，曲线上任一点切线的斜率为该浓度时的摩尔微分稀释焓。例如，表 2-3 中的数据是 $1mol\ H_2SO_4(l)$ 溶于不同量水中时的积分溶解焓，绘制成图 2-12，得硫酸在水中的摩尔积分溶解焓与溶剂水的物质的量 n_A 的关系曲线。

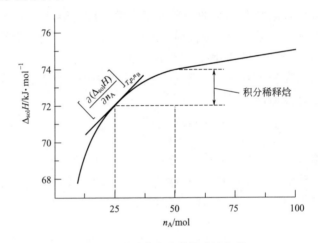

图 2-12　硫酸在水中的积分溶解焓

在一定的温度和压力条件下，积分溶解焓与溶液的浓度有关，它是溶剂（A）的物质的量 n_A 和溶质（B）的物质的量 n_B 的函数，即

$$\Delta_{sol}H = \Delta_{sol}H(n_A, n_B)$$

在恒温、恒压下，溶液浓度改变时摩尔积分溶解焓的变化可用下面的全微分表示

$$d(\Delta_{sol}H) = \left(\frac{\partial\Delta_{sol}H}{\partial n_A}\right)_{T,p,n_B} dn_A + \left(\frac{\partial\Delta_{sol}H}{\partial n_B}\right)_{T,p,n_A} dn_B \tag{2-62}$$

式中，$\left(\dfrac{\partial\Delta_{sol}H}{\partial n_B}\right)_{T,p,n_A}$ 称为摩尔微分溶解焓；$\left(\dfrac{\partial\Delta_{sol}H}{\partial n_A}\right)_{T,p,n_B}$ 称为摩尔微分稀释焓。

摩尔微分溶解焓和摩尔微分稀释焓很难由实验直接测定，它们可从积分溶解焓间接求得。将式（2-62）在温度、压力和溶液浓度保持不变的条件下积分，得

$$\Delta_{sol}H = \left(\frac{\partial\Delta_{sol}H}{\partial n_A}\right)_{T,p,n_B} n_A + \left(\frac{\partial\Delta_{sol}H}{\partial n_B}\right)_{T,p,n_A} n_B \tag{2-63}$$

上式表明，在恒温和恒压下，物质的量为 n_B 的溶质溶于物质的量为 n_A 的溶剂时的积分溶解焓 $\Delta_{sol}H$，等于 n_A 乘以在该浓度时的摩尔微分稀释焓和 n_B 乘以在该浓度时的摩尔微分

溶解焓之和。式(2-63)还说明，若按照原来溶液中溶剂和溶质的物质的量之比（设为 n_A：n_B），在溶液里加入物质的量为 n_A 的溶剂和物质的量为 n_B 的溶质时所产生的总的热效应（积分溶解焓 $\Delta_{sol}H$），等于由 n_A 乘以在该浓度时的摩尔微分稀释焓和 n_B 乘以在该浓度时的摩尔微分溶解焓之和。

式(2-63)提供了由实验测定积分溶解焓，可以同时求解摩尔微分溶解焓和摩尔微分稀释焓的方法。由实验测定积分溶解焓 $\Delta_{sol}H$ 与溶剂的物质的量 n_A 的关系曲线，通过曲线上某一点作切线，其斜率便是该组成下溶液的摩尔微分稀释焓 $\left(\dfrac{\partial \Delta_{sol}H}{\partial n_A}\right)_{T,p,n_B}$，并且由该点所对应的积分溶解焓 $\Delta_{sol}H$ 数据，代入式(2-63)，可以求算出该点的摩尔微分溶解焓 $\left(\dfrac{\partial \Delta_{sol}H}{\partial n_B}\right)_{T,p,n_A}$。若实验测定的是积分溶解焓 $\Delta_{sol}H$ 与溶质的物质的量 n_B 的关系曲线，用同样的处理方法，可以先求出摩尔微分溶解焓 $\left(\dfrac{\partial \Delta_{sol}H}{\partial n_B}\right)_{T,p,n_A}$，然后计算出摩尔微分稀释焓 $\left(\dfrac{\partial \Delta_{sol}H}{\partial n_A}\right)_{T,p,n_B}$。

学习基本要求

1. 熟悉系统与环境的概念，掌握系统的分类；掌握广度性质与强度性质的区别与联系，学会对性质分类；掌握状态函数的基本特征和始态、终态原则，了解平衡态概念；掌握几种特定过程的特点；掌握热与功的概念，了解温度本质和热力学第零定律。

2. 掌握体积功的定义，熟练进行体积功的计算，掌握可逆过程的基本特征，掌握常见的可逆过程。

3. 熟悉热力学第一定律的文字叙述，掌握热力学第一定律的数学表达式，了解焦耳实验过程，掌握理想气体热力学能只与温度有关的理念。

4. 掌握焓的定义，掌握恒容热与热力学能变化量、恒压热与焓变的关系，掌握理想气体的焓只与温度有关的理念。

5. 掌握热容、摩尔热容、比热容的定义，尤其是定容摩尔热容和定压摩尔热容的定义，掌握 $C_{p,m}$ 与 $C_{V,m}$ 的关系，了解平均热容的概念。

6. 能熟练应用热力学第一定律，计算理想气体恒温、恒容、恒压和绝热等变化过程中 W、Q、ΔU 和 ΔH。

7. 了解节流膨胀的概念，掌握节流膨胀热力学和节流系数的概念，熟悉恒温下实际气体 W、Q、ΔU 和 ΔH 的计算。

8. 掌握相变与相变焓的概念，能熟练应用热力学第一定律计算相变过程的 W、Q、ΔU 和 ΔH，掌握摩尔相变焓与温度的关系。

9. 掌握化学反应计量数、反应进度、反应摩尔焓变与标准态的概念，能熟练运用物质的标准摩尔生成焓、标准摩尔燃烧焓计算化学反应的标准摩尔焓变，掌握盖斯定律、恒压摩尔热效应 $Q_{p,m}$ 与恒容摩尔热效应 $Q_{V,m}$ 的关系，了解热化学反应方程式和离子的标准摩尔生成焓概念。

10. 掌握化学反应焓变与温度关系的基尔霍夫公式，了解非恒温反应及最高火焰温度、爆炸极限温度等概念。

11. 了解摩尔溶解焓和摩尔稀释焓的概念，了解摩尔微分溶解焓和摩尔微分稀释焓的定义与计算。

习　　题

2-1　在 100℃、101.325kPa 时，将 1mol 的液体水蒸发为水蒸气，求过程的体积功。假设水蒸气为理想气体，气体体积远远大于液体体积。

2-2　在 298K 时，2mol、25dm³ 的理想气体经过下列三种过程膨胀到体积为 50dm³ 的终态。试求三种过程的体积功。

(1) 恒温可逆膨胀；

(2) 向真空自由膨胀；

(3) 在恒定外压下膨胀。

2-3　求 1molN₂(g) 在 500K 恒温下从 20dm³ 可逆膨胀到 50dm³ 时的体积功 W_r。

(1) 假设 N₂(g) 为理想气体；

(2) 假设 N₂(g) 为范德华气体，其范德华常数见附录。

2-4　1mol 理想气体从 298K、100kPa 的始态，沿着 p/V＝常数的途径可逆地变化到压力为 200kPa 的终态，求过程的体积功 W_r。

2-5　1mol 理想气体在恒定压力下温度升高 1K，求过程中系统与环境交换的功。

2-6　2mol 理想气体分别经恒压和恒容两条途径升高温度 50℃，求两个过程所吸收热的差值。

2-7　1mol 理想气体由 350K、100kPa 的始态，分别经两条不同的途径到达相同的终态。途径 1：先绝热压缩到 450K、200kPa，过程的体积功 W_1＝2.079kJ；然后恒容冷却到压力为 100kPa 的终态，过程的热 Q_1＝－4.577kJ。途径 2：恒压冷却过程。试求途径 2 的体积功 W_2 和热 Q_2。

2-8　已知 $H_2O(g)$ 的
$$C_{p,m} = \{29.16 + 14.49 \times 10^{-3}(T/K) - 2.02 \times 10^{-6}(T/K)^2\} J \cdot mol^{-1} \cdot K^{-1}$$
试求：

(1) 25～100℃间 $H_2O(g)$ 的平均定压摩尔热容 $\overline{C}_{p,m}$；

(2) 恒压下将 5kg$H_2O(g)$ 从 25℃加热到 100℃时所需的 Q。

2-9　证明：$\left(\dfrac{\partial U}{\partial T}\right)_p = C_p - p\left(\dfrac{\partial V}{\partial T}\right)_p$，并证明对于理想气体有 $\left(\dfrac{\partial H}{\partial V}\right)_T = 0$，$\left(\dfrac{\partial C_V}{\partial V}\right)_T = 0$。

2-10　证明：$\left(\dfrac{\partial U}{\partial T}\right)_p = C_p \left(\dfrac{\partial T}{\partial V}\right)_p - p$，$C_p - C_V = -\left(\dfrac{\partial p}{\partial T}\right)_V \left[\left(\dfrac{\partial H}{\partial p}\right)_T - V\right]$

2-11　某理想气体 $C_{p,m} = \dfrac{7}{2}R$，今有该气体 2mol 在恒容下温度降低 10K。求过程的 W、Q、ΔU 和 ΔH。

2-12　某理想气体 $C_{V,m} = \dfrac{3}{2}R$，今有该气体 3mol 在恒压下温度升高 20K。求过程的 W、Q、ΔU 和 ΔH。

2-13　2mol 某单原子理想气体，由始态 100kPa、100dm³，先恒压冷却使体积缩小至 50dm³，再恒容加热使压力升高至 200kPa。求整个过程的 W、Q、ΔU 和 ΔH。

2-14　1mol 单原子理想气体，从始态 273K、200kPa 到终态 323K、100kPa，通过两个途径：

(1) 先等压加热至 323K，再等温可逆膨胀至 100kPa；

(2) 先等温可逆膨胀至 100kPa，再等压加热至 323K。

请分别计算两个途径的 Q、W、ΔU 和 ΔH，试比较两种结果有何不同。

2-15　1mol 单原子理想气体，在 298K 和 200kPa 压力下，分别经下列两条不同的途径到达各自平衡终态，终态的压力都为 100kPa。试求两个过程的 W、ΔU 和 ΔH。

(1) 绝热可逆膨胀；

（2）绝热反抗恒外压膨胀。

2-16 单原子理想气体 A 与双原子理想气体 B 的混合物共 5mol，摩尔分数 $y_B = 0.6$，始态温度 $T_1 = 500K$，压力 $p_1 = 200kPa$。今该混合气体绝热反抗恒外压 $p = 50kPa$ 膨胀到平衡态。求末态温度 T_2 及过程的 W、ΔU 和 ΔH。

2-17 容积一定的密闭容器中有一绝热隔板，隔板两侧分别为 273K、2mol 的 Ar(g) 和 373K、4mol 的 Cu(s)。现将隔板撤掉，求整个系统达到平衡时的温度及过程的 ΔH。已知 Ar(g) 和 Cu(s) 的 $C_{p,m}$ 分别是 $20.786J \cdot mol^{-1} \cdot K^{-1}$ 及 $24.435J \cdot mol^{-1} \cdot K^{-1}$。

2-18 在一带活塞的绝热容器中有一绝热隔板，隔板的两侧分别为 2mol、298K 的单原子理想气体 A 及 3mol、373K 的双原子理想气体 B，两气体的压力均为 100kPa。活塞外的压力维持 100kPa 不变。今将容器内的绝热隔板撤去，使两种气体混合达到平衡态。求末态的温度 T 及过程的 W 和 ΔU。

2-19 373K、100kPa 时，将 5mol $H_2O(g)$ 全部液化为 373K、100kPa 的 $H_2O(l)$。试求过程的 Q、W、ΔU 和 ΔH。已知水的汽化热为 $2259kJ \cdot kg^{-1}$。

2-20 在 101.325kPa 下，加热 1mol 25℃ 的液体苯，使之成为 100℃ 的苯蒸气。试求过程的 Q、W、ΔU 和 ΔH。已知苯在 101.325kPa 下的沸点为 80.2℃，该温度下的摩尔蒸发焓为 $30.878kJ \cdot mol^{-1}$，液体苯和苯蒸气在 $298 \sim 373K$ 之间的平均定压摩尔热容分别为 $C_{p,m,l} = 131.0J \cdot mol^{-1} \cdot K^{-1}$ 和 $C_{p,m,g} = 101.9 J \cdot mol^{-1} \cdot K^{-1}$。假设蒸气为理想气体。

2-21 冰在 101.325kPa 下的熔点为 0℃，此时其摩尔熔化焓 $\Delta_{fus} H_m = 6.012kJ \cdot mol^{-1}$。现在一绝热容器中加入 50℃ 的水和 -20℃ 的冰各 1kg。试求混合平衡后系统的温度及冰、水质量。已知题中温度区间内冰与水的平均定压摩尔热容分别为 $C_{p,m,s} = 37.2J \cdot mol^{-1} \cdot K^{-1}$ 和 $C_{p,m,l} = 75.3J \cdot mol^{-1} \cdot K^{-1}$。

2-22 在标准压力下，把一个极小的冰块投入 0.1kg、268K 的水中，结果使系统的温度变为 273K，并有一定数量的水凝结成冰。由于过程进行得很快，可以看作是绝热的。已知冰的融化热为 $334kJ \cdot kg^{-1}$，在 $268 \sim 273K$ 之间水的比热容为 $4.183kJ \cdot K^{-1} \cdot kg^{-1}$。

（1）写出系统物态的变化，并求出 ΔH；

（2）求析出冰的质量。

2-23 已知苯的正常沸点为 353K，此时的摩尔蒸发焓 $\Delta_{vap} H_m = 30.878kJ \cdot mol^{-1}$。液体苯和苯蒸气在 $298 \sim 353K$ 之间的平均定压摩尔热容分别为 $C_{p,m,l} = 131.0J \cdot mol^{-1} \cdot K^{-1}$ 和 $C_{p,m,g} = 101.9J \cdot mol^{-1} \cdot K^{-1}$。试求 298K、101.325kPa 时苯的摩尔蒸发焓。

2-24 冰在 101.325kPa 下的熔点为 0℃，此时的摩尔熔化焓 $\Delta_{fus} H_m = 6.012kJ \cdot mol^{-1}$。已知在 $-10 \sim 0℃$ 温度区间内冰与水的平均定压摩尔热容分别为 $C_{p,m,s} = 37.2J \cdot mol^{-1} \cdot K^{-1}$ 和 $C_{p,m,l} = 75.3J \cdot mol^{-1} \cdot K^{-1}$。试求在 101.325kPa 和 -10℃ 下，过冷水结成冰的摩尔凝固焓。

2-25 应用附录中有关物质在 298K 的标准摩尔生成焓的数据，计算下列反应在 298K 时的 $\Delta_r H_m^{\ominus}$ 及 $\Delta_r U_m^{\ominus}$。

（1） $4NH_3(g) + 5O_2(g) \Longrightarrow 4NO(g) + 6H_2O(g)$

（2） $3NO_2(g) + H_2O(l) \Longrightarrow 2HNO_3(l) + NO(g)$

（3） $Fe_2O_3(s) + 3C(石墨) \Longrightarrow 2Fe(s) + 3CO(g)$

2-26 应用附录中物质在 298K 的标准摩尔燃烧焓数据、物质在 298K 的标准摩尔生成焓数据且 $\Delta_f H_m^{\ominus}$(HCOOCH$_3$，l) $= -379.07kJ \cdot mol^{-1}$，分别计算 298K 时反应

$$2CH_3OH(l) + O_2(g) \Longrightarrow HCOOCH_3(l) + 2H_2O(l)$$

的标准摩尔反应焓变。

2-27 已知 $CH_3COOH(g)$、$CH_4(g)$ 和 $CO_2(g)$ 的平均恒压摩尔热容 $C_{p,m}$ 分别为 $52.3J \cdot mol^{-1} \cdot K^{-1}$、$37.7J \cdot mol^{-1} \cdot K^{-1}$ 和 $31.4J \cdot mol^{-1} \cdot K^{-1}$。并应用附录中物质在 298K 的标准摩尔生成焓数据，计算 1000K 时下列反应的 $\Delta_r H_m^{\ominus}$。

$$CH_3COOH(g) \Longrightarrow CH_4(g) + CO_2(g)$$

2-28　对于化学反应 $CH_4(g)+H_2O(g)\mathop{=\!=}CO(g)+3H_2(g)$，应用附录中物质在 298K 时标准摩尔生成焓数据以及恒压摩尔热容与温度的函数关系式数据，试求：

(1) 将 $\Delta_r H_m^{\ominus}$ (T) 表示成温度的函数关系式；

(2) 该反应在 1000K 时的 $\Delta_r H_m^{\ominus}$。

2-29　在 1200K、100kPa 压力下，有 1mol $CaCO_3(s)$ 完全分解为 $CaO(s)$ 和 $CO_2(g)$，吸热 180kJ。计算过程中 Q、W、ΔU 和 ΔH。设气体为理想气体。

2-30　298K 下，密闭恒容的容器中有 10g 固体萘 $C_{10}H_8(s)$，在过量的 $O_2(g)$ 中完全燃烧生成 $CO_2(g)$ 和 $H_2O(l)$，过程放热 401.727kJ。求：

(1) $C_{10}H_8(s)+12O_2(g)\mathop{=\!=}10CO_2(g)+4H_2O(l)$ 的反应进度；

(2) $C_{10}H_8(s)$ 的 $\Delta_c H_m^{\ominus}$。

2-31　根据下列反应在 298K 时的标准摩尔焓变值，计算 $AgCl(s)$ 的标准摩尔生成焓 $\Delta_f H_m^{\ominus}$（AgCl，s，298K）。

(1) $Ag_2O(s)+2HCl(g)\mathop{=\!=}2AgCl(s)+H_2O(l)$　　$\Delta_r H_{m,1}^{\ominus}(298K)=-324.9kJ \cdot mol^{-1}$

(2) $2Ag(s)+\dfrac{1}{2}O_2(g)\mathop{=\!=}Ag_2O(s)$　　$\Delta_r H_{m,2}^{\ominus}(298K)=-30.57kJ \cdot mol^{-1}$

(3) $\dfrac{1}{2}H_2(g)+\dfrac{1}{2}Cl_2(g)\mathop{=\!=}HCl(g)$　　$\Delta_r H_{m,3}^{\ominus}(298K)=-92.31kJ \cdot mol^{-1}$

(4) $H_2(g)+\dfrac{1}{2}O_2(g)\mathop{=\!=}H_2O(l)$　　$\Delta_r H_{m,4}^{\ominus}(298K)=-285.84kJ \cdot mol^{-1}$

2-32　已知 298K 甲酸甲酯（$HCOOCH_3$，l）的标准摩尔燃烧焓 $\Delta_c H_m^{\ominus}=-979.5kJ \cdot mol^{-1}$，甲酸（HCOOH，l）、甲醇（$CH_3OH$，l）、水（$H_2O$，l）和二氧化碳（$CO_2$，g）的标准摩尔生成焓 $\Delta_f H_m^{\ominus}$ 分别为 $-424.72kJ \cdot mol^{-1}$、$-238.66kJ \cdot mol^{-1}$、$-285.83kJ \cdot mol^{-1}$ 和 $-393.509kJ \cdot mol^{-1}$。试求 298K 时下列反应的标准摩尔反应焓变

$$HCOOH(l)+CH_3OH(l)\mathop{=\!=}HCOOCH_3(l)+H_2O(l)$$

2-33　在 298K 及 100kPa 压力时，设环丙烷、石墨及氢气的燃烧焓 $\Delta_c H_m^{\ominus}$（298K）分别为 $-2092kJ \cdot mol^{-1}$、$-393.8kJ \cdot mol^{-1}$ 及 $-285.84kJ \cdot mol^{-1}$；若已知丙烯 $C_3H_6(g)$ 的标准摩尔生成焓为 $\Delta_f H_m^{\ominus}$（298K）$=20.50kJ \cdot mol^{-1}$。试求：

(1) 环丙烷的标准摩尔生成焓 $\Delta_f H_m^{\ominus}$（298K）；

(2) 环丙烷异构化变为丙烯的摩尔反应焓变值 $\Delta_r H_m^{\ominus}$（298K）。

2-34　甲烷与过量 50% 的空气混合，为使恒压燃烧的最高温度能达到 2273K，问燃烧前混合气体应预热到多少摄氏度。物质的标准摩尔生成焓数据见附录，空气组成为 $y_{O_2}=0.21$、$y_{N_2}=0.79$。各物质的平均恒压摩尔热容 $\overline{C}_{p,m}/J \cdot mol^{-1} \cdot K^{-1}$：$CH_4(g)$ 为 75.31、$O_2(g)$ 为 34.37、$N_2(g)$ 为 33.47、$CO_2(g)$ 为 54.39、$H_2O(g)$ 为 41.84。

2-35　氢气与过量 50% 的空气混合物置于密闭恒容的容器中，始态温度 298K，压力 100kPa。将氢气点燃，反应瞬间完成后，求系统所能达到的最高温度和最大压力。空气组成为 $y_{O_2}=0.21$、$y_{N_2}=0.79$。水蒸气的标准摩尔生成焓见附录。各气体的平均恒容摩尔热容 $C_{V,m}/J \cdot mol^{-1} \cdot K^{-1}$：$O_2(g)$ 为 25.1、$N_2(g)$ 为 25.1、$H_2O(g)$ 为 37.66。假设气体为理想气体。

第3章

热力学第二定律

　　热力学第一定律是自然界存在的普遍规律之一，它揭示了系统在状态发生变化过程中所遵循的总能量不变原则，其正确性已被无数事实所证实。对于给定的两个状态，热力学第一定律能够给出两个状态之间变化时的能量变化值，但不能指出变化的方向和变化进行到什么程度终止。例如，对于 298K 下的化学反应

$$\frac{1}{2}N_2(g, p_1) + \frac{3}{2}H_2(g, p_2) \Longrightarrow NH_3(g, p_3)$$

热力学第一定律能够指出，若反应向正方向进行，过程的 $\Delta_r H_{m,1}^{\ominus} = -46.11 \text{kJ} \cdot \text{mol}^{-1}$ ；若反应向逆方向进行，过程的 $\Delta_r H_{m,2}^{\ominus} = 46.11 \text{kJ} \cdot \text{mol}^{-1}$ 。但是，在具体的反应条件如反应温度、各组分分压等确定后，反应究竟朝什么方向进行以及进行的最大限度等问题，热力学第一定律无法作出回答。

　　虽然自然界中所发生的一切变化和过程都遵守热力学第一定律，但是并不意味着不违背热力学第一定律的变化和过程都能自动发生。例如，温度不同的两个物体相互接触，高温物体自动地把热传给低温物体，直到两个物体温度相同为止；但是，它的相反过程即热是不能自动地由低温物体传给高温物体的，即使后者依然遵守热力学第一定律。因此，在判断过程的方向性和限度这两个问题上，热力学第一定律显得无能为力，只能依赖于热力学第二定律（the second law of thermodynamics）。

　　在热力学的发展史上，热力学第二定律的建立是与热机效率密切相关的。蒸汽机于 18 世纪末被发明，经过瓦特（J. Watt，1736—1819）的改进后在工业上得到了广泛的应用，并促进了第一次工业革命的发展，追求效率高的蒸汽机是当时人们研究的热点课题。在这种大背景下，1824 年，卡诺（S. Carnot，1796—1832）发表了他一生中唯一的一篇不朽名著《关于火的动力的思考》，系统地探讨了热机工作的本质，从理论上阐明了提高热机效率的根本途径。他用错误的"热质学"论据得出了正确的卡诺定理，指出了热功转换的条件及热机效率的最高理论限度，奠定了热力学第二定律的基础。1834 年，克拉佩龙（B. P. E. Clapeyron，1799—1864）在发现并阅读卡诺著作的基础上，认识到卡诺这一工作的重要意义，发表了《关于热动力备忘录》，转述并总结了卡诺的主要工作。随后，开尔文和克劳修斯从克拉佩龙的论文得到启发，在进一步研究工作的基础上，1850 年克劳修斯在

《物理学与化学年鉴》上率先发表了《论热的动力及由此推出的关于热本性的定律》一文，1851 年开尔文在《爱丁堡皇家学会会刊》发表了 3 篇题目均为《热的动力理论》的论文，各自对热力学第二定律进行了表述。至此，热力学第二定律得到建立。

热力学第二定律以热功转换规律为依据，引出了对解决过程的方向性和限度具有普遍意义的熵函数（S）判据。在熵函数（S）判据的基础上，进一步导出了两个重要的热力学函数——亥姆霍兹函数（A）和吉布斯函数（G），以此可以方便地判断特定条件下变化的方向和限度问题。

和热力学第一定律一样，热力学第二定律是人类长期生产和科学实践的总结，它的正确性不需要严格的数学证明。热力学第二定律对于工业生产和科学研究具有指导作用，一个经过热力学第二定律判断不可能发生的变化过程，就失去了研究和开发的意义。例如，热力学第二定律判断常温下没有环境帮助水分解为氢气和氧气是不可能的，这是不能违背的规律。同时，热力学第二定律只解决了过程发生的可能性，它对如何把可能性变为现实性不能给出回答，因为热力学研究中不涉及时间因素，不考虑反应速率的快慢。例如，根据热力学第二定律的观点，氢气和氧气在常温下发生反应生成水的趋势非常大，但实际上常温下把氢气和氧气放在一起长时间不发生可觉察的反应。

3.1　热力学第二定律

3.1.1　自发过程

凡是在无需外力人为帮助的自然条件下，系统自然而然就能自动发生的过程，称为自发过程（spontaneous process）。这里的"外力人为帮助"是指环境对系统做功。自发过程总是自动地、单向地朝着平衡方向进行，其相反过程不能自动进行。

自发过程的实例很多，例如：①气体流动的方向总是自动地从高压处流向低压处，直到两处压力相等为止。其相反过程，即气体由低压处流向高压处，使高压处的压力更高、低压处的压力更低，是不可能自动发生的。②温度不同的两个物体之间的热交换，自动进行的方向是热量由高温物体传给低温物体，直到两个物体的温度相等。其相反过程，热量不可能自动地由低温物体传给高温物体。③水总是自动地从高水位处向低水位处流动，直至水位相等为止。而其相反过程，水由低处向高处自动地流，是不可能发生的。④酸碱中和反应，

$H^+ + OH^- \Longrightarrow H_2O$，直到 $\dfrac{c_{H^+}}{c^\ominus} \cdot \dfrac{c_{OH^-}}{c^\ominus} = 1.0 \times 10^{-14}$ 为止。它的相反过程，水不可能自动地

分解为 H^+ 和 OH^-。这些例子说明，对于不同的系统，可以利用各系统特有的某些性质上的差异，如压力差、温度差、水位差、离子积与离子积常数差等，来判断气体扩散、热量传递、水体流动及化学反应的方向和限度。这些物理量尽管很直观，但是，对于判断任意过程的方向和限度缺乏普遍性。

上述例子表明自发过程有以下共同特征。第一，自发过程都是自动地、单向地向着平衡方向进行，直到平衡为止，是热力学上的不可逆过程，这是确立热力学第二定律的基础。第二，自发过程具有对外做功的能力，只要有合适的装置就都能对外做功。气体流动只要在中间加上汽轮机就能做功；高温物体与低温物体之间安置热机后传热

就可以做功；水由高处往低处流时装上水轮机便能做功；酸碱中和反应在原电池装置上进行就可以做功。

自发过程都是自动地、单向地向着平衡方向进行，其相反过程不能自动进行，并不代表在其他条件下相反过程依然不能进行。只要环境对系统做功，就可以使一个自发过程的相反过程能够进行。例如，在上面所列举自发过程的相反过程中，压缩机做功可以实现低压气体向高压气体流动；冷冻机做功可以把热从低温物体传给高温物体；水泵做功能够使水由低处向高处流动；利用电解池、通过电解做功，可以将水分解成 H^+ 和 OH^-。因此，实现自发过程的相反过程进行的条件是，环境必须对系统做功。

3.1.2 热和功的转换

人们总结长期的实践经验发现，自然界的一切过程都与热和功的转换相关。进一步研究表明，功变热和热变功这两个过程并不等价。功可以全部转化为热，如钻木取火、双手相搓取暖，都是通过摩擦做功生热的实例，功完全转变成了热；但是，热不能全部转化为功，例如汽车燃烧汽油后所获得的热，一部分用于做功使得汽车运动起来，另一部分热则散发到空气中。

吸收热量后将其中一部分转换为机械功向外输出的原动机，称为热机（heat engine），热机能量流向示意图见图 3-1。热机效率是指热机对外做的功 $-W$（$W<0$）与从高温热源吸收的热量 Q_1 之比，用 η 表示，即

$$\eta = \frac{-W}{Q_1} \tag{3-1}$$

若热机从高温热源吸收的热量全部用于对外做功而不向低温热源散热，此时的热机效率为 100%，相当于从单一热源吸热后全部用来对外做功，这样的热机称为第二类永动机（second kind of perpetual motion machine）。遗憾的是，实践早已证明这样的永动机虽然不违背能量守恒定律，但却永远无法制造出来，从而也说明了热不能完全转化为功。

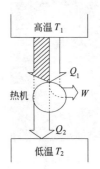

图 3-1 热机能量
流向示意图

最早的热机是 18 世纪发明的蒸汽机，但那时的热机效率太低，不足 5%。当时，工程师、科学家们对提高热机效率和效率的极限值的共同关注与倾心投入，直接导致了热力学第二定律的确立。

3.1.3 热力学第二定律的表述

事实上，自然界许许多多只能自动向单一方向进行的过程，尽管存在这样或那样的差异，但是，"不可逆性"却是各种自发过程的共性。人们在总结长期实践经验的基础上，得出了一条适用于判断任何过程方向与限度的客观规律——热力学第二定律。虽然热力学第二定律说法众多，但是各种说法之间都存在着密切的内在联系，都是等价的。这里，仅介绍最具代表性的克劳修斯说法和开尔文说法。

1850 年，克劳修斯在《论热的动力及由此推出的关于热本性的定律》一文中对热力学第二定律进行了明确的阐述，即克劳修斯说法："热不能自动从低温物体传给高温物体而不产生其他变化"。

克劳修斯（R. Clausius，1822—1888）　德国物理学家，热力学的奠基人之一。1822 年 1 月 2 日生于普鲁士的克斯林（今波兰科沙林），1850 年，他对卡诺循环进行了精心的研究，得出了热力学第二定律的克劳修斯陈述。克劳修斯在科学研究方面的主要贡献是建立了热力学基础，他最先提出了熵的概念，导出了克拉佩龙-克劳修斯方程，创建了统计物理学。鉴于他在物理学等各领域中所做出的贡献和取得的成就，1865 年，他被选为法国科学院院士。克劳修斯虽然在晚年错误地提出了"热寂说"，但在他一生的大部分时间里，在科学、教育上做了大量有益的工作。特别是他奠定了热力学理论基础，他的大量学术论文和专著是人类宝贵的财富，他在科学史上的功绩是不容否定的。克劳修斯先后在柏林大学、苏黎世大学、维尔茨堡大学和波恩大学执教长达三十余年，桃李芬芳。他培养的很多学生后来都成为了知名的学者，有的甚至是举世闻名的物理学家。

1851 年，开尔文在《热的动力理论》的论文中对热力学第二定律进行了表述，即开尔文说法："不可能从单一热源吸热使之全部对外做功而不产生其他变化"。

开尔文（L. Kelvin，1824—1907）　英国著名物理学家、发明家，热力学的主要奠基人之一。1824 年 6 月 26 日生于爱尔兰的贝尔法斯特，1845 年毕业于剑桥大学，1846 年受聘为格拉斯哥大学自然哲学（物理学当时的别名）教授，任职达 53 年之久。由于装设第一条大西洋海底电缆有功，英国政府于 1866 年封他为爵士，并于 1892 年晋升为开尔文勋爵，开尔文这个名字就是从此开始的。开尔文 1877 年被选为法国科学院院士，1890～1895 年任伦敦皇家学会会长，1904 年任格拉斯哥大学校长，直到 1907 年 12 月 17 日在苏格兰的内瑟霍尔逝世为止。开尔文对热力学的发展作出了一系列的重大贡献，于 1848 年创立了热力学温标，1852 年他与焦耳合作，进行了气体膨胀的多孔塞实验，发现了焦耳-汤姆孙效应。开尔文的一生是非常成功的，他可以算是世界上最伟大的科学家之一。他于 1907 年 12 月 17 日去世时，得到了几乎整个英国和全世界科学家的哀悼。他的遗体被安葬在威斯敏斯特教堂牛顿墓的旁边。

　　热力学第二定律的两种表述都是指某一过程的单向性和不可逆性。克劳修斯说法指出了高温物体向低温物体传热过程的单向性和不可逆性，开尔文说法指出了热功转换的方向性和不可逆性。尽管这两种说法各自表述的不可逆过程的内容不同，但是实际上是等价的，一种说法成立，另一种说法也成立；反之，其中一种说法不成立，另一种说法也不成立。这种相互依存的等效关系，可以用反证法加以证明。现以克劳修斯说法不成立为例，来证明开尔文说法同样不成立。

　　假设"热可以自动从低温物体传给高温物体而不产生其他变化"。如图 3-2，工作于温度为 T_1 的高温热源和温度为 T_2 的低温热源之间的热机，从高温热源吸热 Q_1（$Q_1 > 0$）后，一部分用于对外做功，其数值大小为 $|W|$（$W < 0$），另一部分热量传给低温热源，其数值为 $|Q_2|$（$Q_2 < 0$）。若热量 $|Q_2|$ 能够从温度为 T_2 的低温热源自动地传给温度为 T_1 的高温热源，则在完成一个

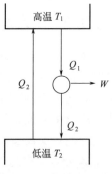

图 3-2　热力学第二定律两种说法的等效性

循环后，对于低温热源而言，得到与失去的热量相等。对于高温热源，其获得热量的值为 $(Q_1 - |Q_2|)$ 或 $(Q_1 + Q_2)$。相当于热机从单一的高温热源吸收了 $(Q_1 - |Q_2|)$ 的热量，全部用于对外做功而没有引起其他变化，这显然违背了开尔文说法。同样可以证明，若开尔文说法不成立，则克劳修斯说法也不成立（请读者自己证明）。

开尔文说法是用热功转换关系来表述热力学第二定律的，因此，开尔文说法也可以表达为："第二类永动机是不可能制造成功的"。

3.2　卡诺循环与卡诺定理

3.2.1　卡诺循环

19 世纪初，蒸汽机在采矿、冶炼、纺织、机器制造和交通运输等行业发挥的作用越来越重要，但是，有关控制蒸汽机把热转变为机械功的各种因素的理论尚未形成。1824 年，法国青年军事工程师卡诺在《关于火的动力的思考》一文中总结了他早期的研究成果，他在加热器和冷凝器之间构造了一个理想循环：①将盛有工作介质（简称工质，水蒸气）的汽缸与加热器相连，汽缸内的蒸汽异常缓慢地膨胀，以至于整个过程蒸汽与加热器的温度始终相同。②然后，将汽缸与加热器隔绝，蒸汽绝热缓慢膨胀、温度降到与冷凝器的温度相同。③保持在冷凝器的温度下用活塞缓慢压缩蒸汽，直到汽缸与冷凝器脱离为止。④最后蒸汽作绝热压缩，回复到原来的状态。这是由两个等温过程和两个绝热过程构成的循环，称为"卡诺循环"（Carnot cycle），而按卡诺循环工作的热机称为卡诺热机。

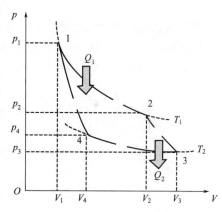

图 3-3　卡诺循环示意图

卡诺循环是热力学的基本循环，它是将物质的量为 n 的工作介质视为理想气体，放在带有无摩擦、无重量的活塞的汽缸中，然后使其在高温热源 T_1 和低温热源 T_2 之间，经由恒温可逆膨胀、绝热可逆膨胀、恒温可逆压缩、绝热可逆压缩四步，组合起来的简单循环过程，如图 3-3 所示。

恒温可逆膨胀（1→2）

汽缸中物质的量为 n 的理想气体与温度为 T_1 的高温热源相接触，作恒温可逆膨胀，从状态 1 (p_1, V_1, T_1) 变到状态 2 (p_2, V_2, T_1)，该过程从高温热源 T_1 吸热 Q_1，对外做功 $-W_1$。因为理想气体的热力学能只与温度有关，所以

$$\Delta U_1 = 0$$

则

$$Q_1 = -W_1 = nRT_1 \ln \frac{V_2}{V_1} \tag{a}$$

绝热可逆膨胀（2→3）

物质的量为 n 的理想气体从状态 2 (p_2, V_2, T_1) 经绝热可逆膨胀到状态 3 (p_3, V_3, T_2)，由于过程绝热 $Q = 0$，故

$$\Delta U_2 = W_2 = nC_{V,m}(T_2 - T_1) \tag{b}$$

系统对外做功要消耗热力学能，所以系统的温度由 T_1 下降为 T_2。

恒温可逆压缩 (3→4)

物质的量为 n、温度降为 T_2 的理想气体与温度为 T_2 的低温热源接触，系统从状态 $3(p_3, V_3, T_2)$ 恒温可逆压缩到状态 $4(p_4, V_4, T_2)$，系统得到功 W_3 的同时向低温热源放热 $-Q_2$。

因为

$$\Delta U_3 = 0$$

所以

$$Q_2 = -W_3 = nRT_2 \ln \frac{V_4}{V_3} \tag{c}$$

绝热可逆压缩 (4→1)

物质的量为 n 的理想气体由状态 $4(p_4, V_4, T_2)$ 经绝热可逆压缩，回复到状态 $1(p_1, V_1, T_1)$，由于绝热过程 $Q = 0$，所以

$$\Delta U_4 = W_4 = nC_{V,m}(T_1 - T_2) \tag{d}$$

环境对系统做功，增加系统的热力学能，因此系统的温度由 T_2 升高到 T_1。

以上四步可逆过程构成一个可逆循环。循环一周系统回到原来的状态，根据热力学第一定律，总热在数值上应等于总功，即

$$Q = Q_1 + Q_2 = -W = -(W_1 + W_2 + W_3 + W_4)$$

把式(a) ~式(d) 代入上式得

$$-W = -(W_1 + W_2 + W_3 + W_4) = -(W_1 + W_3)$$
$$= nRT_1 \ln \frac{V_2}{V_1} + nRT_2 \ln \frac{V_4}{V_3} \tag{e}$$

过程2和过程4均为理想气体绝热可逆过程，遵循绝热可逆过程方程式，即

$$T_1 V_2^{\gamma-1} = T_2 V_3^{\gamma-1}$$
$$T_1 V_1^{\gamma-1} = T_2 V_4^{\gamma-1}$$

两式相除，得

$$\frac{V_2}{V_1} = \frac{V_3}{V_4}$$

将上式代入式(e) 得

$$-W = nR(T_1 - T_2) \ln \frac{V_2}{V_1}$$

热机从高温热源 T_1 吸热 Q_1，将其中一部分热用于对外做功 $-W$，而另一部分热量 $-Q_2$ 则传给低温热源 T_2。根据热机效率的定义，卡诺热机的效率为

$$\eta = \frac{-W}{Q_1} = \frac{Q_1 + Q_2}{Q_1} = \frac{nR(T_1 - T_2)\ln(V_2/V_1)}{nRT_1 \ln(V_2/V_1)}$$

整理，得

$$\eta = \frac{-W}{Q_1} = \frac{Q_1 + Q_2}{Q_1} = \frac{T_1 - T_2}{T_1} = 1 - \frac{T_2}{T_1} \tag{3-2}$$

上式表明：

① 卡诺热机的效率 η 只与两个热源的热力学温度有关。提高高温热源的温度 T_1 和降低低温热源的温度 T_2，是提高热机效率的两个方向。由于低温热源往往是周围环境（如大气或冷却水），降低环境温度难度大、成本高，既不现实也不经济，是不足取的方法。因此，提高高温热源温度 T_1 是提高热机效率的最佳方法。现代热电厂尽量提高水蒸气的温度，采用过热水蒸气推动汽轮机以获得尽可能高的热机效率，正是基于这一原理。

② 因为既不能获得 $T_1 \rightarrow \infty$ 的高温热源，也不能有 $T_2 = 0\text{K}(-273℃)$ 的低温热源，所以，可逆循环的热机效率必然小于 1。这充分说明了热力学第二定律开尔文说法的正确性，即"第二类永动机是不可能制造成功的"。

③ 热不仅有量的多少，还有质的高低。因为低温热源 T_2 相同时，高温热源 T_1 越高，热机效率就越大。也就是说，处于相同环境温度 T_2 下的热机，从不同高温热源获得相同的热量后，T_1 越高，热机对外做功就越多。可见，温度越高的热，其"品质"越高。

④ 由式(3-2) 得

$$1 + \frac{Q_2}{Q_1} = 1 - \frac{T_2}{T_1}$$

所以

$$\frac{Q_1}{T_1} + \frac{Q_2}{T_2} = 0 \tag{3-3}$$

式中，$\dfrac{Q_1}{T_1}$、$\dfrac{Q_2}{T_2}$ 称为热温商，即卡诺循环中，可逆热温商之和为零，这是卡诺循环最重要的结论，是后面导出熵函数的理论依据。

3.2.2 卡诺定理

提高热机效率是人们一直致力于的工作，但热机效率究竟可以达到多少？卡诺回答了这一问题，他认为："一切工作在两个不同温度热源之间的热机，以可逆热机的效率为最高"，这就是卡诺定理。虽然卡诺定理的发表比热力学第二定律的建立早了二十多年，但是，要证明其正确性却要用到热力学第二定律。

设在温度为 T_1 的高温热源和温度为 T_2 的低温热源之间，有任意热机 i 和可逆热机 r（卡诺热机）各一台，见图 3-4。假设任意热机的热机效率大于可逆热机效率，即

$$\eta_i > \eta_r$$

若两个热机从高温热源吸收相同的热 Q_1 分别对外做功，见图 3-4 （a）。因为

$$\frac{-W_i}{Q_1} = \eta_i > \eta_r = \frac{-W_r}{Q_1}$$

即

$$-W_i > -W_r$$

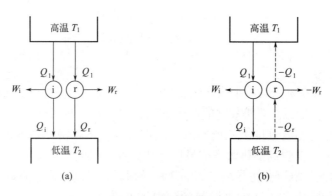

图 3-4　卡诺定理证明

式中，$-W_i$、$-W_r$ 分别代表任意热机和可逆热机对外做的功的数值，即任意热机对环境做功比可逆热机大。

因为

$$-Q_i = Q_1 + W_i$$
$$-Q_r = Q_1 + W_r$$

所以

$$-Q_i < -Q_r$$

因此，任意热机向低温热源 T_2 所传递的热 $-Q_i$ 小于可逆热机向低温热源 T_2 传递的热 $-Q_r$。

现将可逆热机逆向运行，即从低温热源 T_2 吸热 $-Q_r$，从环境得到功 $-W_r$，然后向高温热源传递热量 Q_1，见图 3-4（b）。当将任意热机 i 与该可逆热机联合工作一个循环后，总的结果是：高温热源 T_1 先失去热量 Q_1 给任意热机，后来从可逆热机得到热量 Q_1，热量总体上是不得不失，热源复原。低温热源 T_2 先从任意热机得到热量 $-Q_i$，然后被可逆热机取走热量 $-Q_r$。因 $-Q_i < -Q_r$，即 $-Q_i + Q_r < 0$，故低温热源 T_2 热量总体上是得少失多，失去的这部分热量，全部转化成了任意热机和可逆热机做功的总和（$-W_i + W_r$）。因为 $-W_i + W_r > 0$，这意味着从单一热源 T_2 吸热可以用来全部对外做功而不产生其他变化，这显然违背了热力学第二定律开尔文说法。所以前面的假设 $\eta_i > \eta_r$ 是错误的，只能有

$$\eta_i \leqslant \eta_r$$

这是用热力学第二定律证明卡诺定理的过程。当 $\eta_i < \eta_r$ 时，说明任意热机 i 为不可逆热机；当 $\eta_i = \eta_r$ 时，此时的任意热机便是可逆热机。

除了用热力学第二定律证明卡诺定理外，实际上在前面以理想气体为工作介质导出卡诺热机效率时，已很好地说明了卡诺定理的正确性。卡诺循环每一步都是可逆过程，其中两个绝热可逆过程的功在数值上相等、符号上相反，两者之和为零。另两个是恒温可逆过程，其一是理想气体的恒温可逆膨胀过程，热机对外做功最大；其二是恒温可逆压缩过程，环境对系统（热机）做功最小。所以，经过一个卡诺循环过程后的结果是，热机以最大极限水准对外界提供了最大的功，因此其热机效率最大。

从卡诺定理不难发现，"在两个不同温度热源之间工作的所有可逆热机，其热机效率都相等，且与工作介质、变化过程的形式和种类无关"，这是卡诺定理推论。也就是说，不管工作介质是理想气体还是实际气体或液体，也不管进行的是可逆的 pVT 变化还是可逆的相

变化或化学反应，只要两个热源的温度确定，则热机效率都相等。

卡诺（Carnot，1796—1832）　1796 年 6 月 1 日生于巴黎。他的父亲拉查雷·卡诺是法国有名的将军、政治活动家，并在数学、物理方面有很高的造诣。卡诺自幼受父亲的熏陶进步非常快。1812 年，16 岁的卡诺考入了法国著名的巴黎理工学校，1814 年 10 月，以班上第六名的成绩获得理工学校的毕业文凭。接着，他到梅斯工兵学校学习了两年军事工程。1820 年，卡诺先后在巴黎大学、法兰西学院、矿业学院和巴黎国立工艺博物馆学习物理学、数学和政治经济学。1824 年，28 岁的卡诺发表了《关于火的动力的思考》一文，阐述了他的理想热机理论并提出了著名的卡诺定理。他最先提出了热功当量的概念，他的一些研究发现奠定了热力学的理论基础。1832 年 6 月，卡诺不幸得了猩红热，接着又患脑膜炎，最后又染上了流行性霍乱。在这些严重疾病的袭击下，他于同年 8 月 24 日逝世，终年仅 36 岁。

3.3　熵与克劳修斯不等式

卡诺循环不仅解决了热功转换的极限问题，更为重要的是，由卡诺循环得出的可逆过程的热温商之和为零，这一结论是导出热力学中极其重要的状态函数——熵的理论依据，从而为过程的方向与限度判断找到了共同的判据。

3.3.1　熵的导出与定义

在前面讨论卡诺循环热机效率时，我们得到了一个重要结论，即

$$\frac{Q_1}{T_1} + \frac{Q_2}{T_2} = 0$$

若是一个无限微小的卡诺循环，工作介质从高温热源吸收或给低温热源释放的是微量热量 δQ，则

$$\frac{\delta Q_1}{T_1} + \frac{\delta Q_2}{T_2} = 0$$

可见，任意卡诺循环的热温商之和为零。将这一结果应用于任意可逆循环的热温商研究，以期得出相同的结论。

对于任意一个可逆循环，如图 3-5 中所示。在这个循环中，引入若干彼此排列极为接近的恒温线（以实线表示）和绝热线（以虚线表示），把整个封闭曲线分割成许多个由两条恒温可逆线和两条绝热可逆线构成的小卡诺循环的集合体。图中任何一段绝热可逆线（图中虚线部分）可以认为是不存在的，它是前一个小卡诺循环的绝热可逆膨胀线和后一个小卡诺循环的绝热可逆压缩线的部分重叠区域，因此在每一条绝热线上，过程都要沿正、反方向各进行一次以完成膨胀和压缩，重叠部分过程的体积功恰好互相抵消，使得这些小卡诺循环的总和形成了一个沿着原先任意可逆循环曲线的封闭折线。当小卡诺循环分割得无限小时，折线

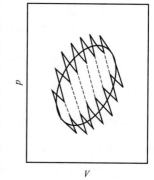

图 3-5　任意可逆循环

就与原先任意可逆循环的曲线完全重叠。于是，就可以用无限多个无限小的卡诺循环之和来代替任意一个可逆循环。

对于每个无限小的卡诺循环来说，它们的可逆热温商之和为零，即

$$\frac{\delta Q_1}{T_1} + \frac{\delta Q_2}{T_2} = 0$$

$$\frac{\delta Q_1'}{T_1'} + \frac{\delta Q_2'}{T_2'} = 0$$

$$\vdots \qquad \vdots \qquad \vdots$$

式中，T_1、T_2、T_1'、T_2'、$\cdots$ 为各小卡诺循环的热源温度。上述各式相加，得

$$\frac{\delta Q_1}{T_1} + \frac{\delta Q_2}{T_2} + \frac{\delta Q_1'}{T_1'} + \frac{\delta Q_2'}{T_2'} + \cdots = 0$$

即

$$\sum \frac{\delta Q_r}{T} = 0 \tag{3-4}$$

式中，δQ_r 代表各小卡诺循环中系统与温度为 T 的热源所交换的微量可逆热，因为过程是可逆的，所以 T 也是系统温度。在极限条件下，式(3-4) 可以写为

$$\oint \frac{\delta Q_r}{T} = 0 \tag{3-5}$$

上式表示，任意可逆循环的可逆热温商 $\frac{\delta Q_r}{T}$ 沿封闭曲线的环程积分为零。

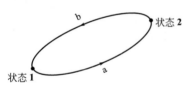

图 3-6 可逆循环过程

现在考察可逆过程中的热温商。如图 3-6 所示，以一个封闭曲线代表任意的可逆循环，在曲线上任意选取两点 1 和 2，把可逆循环分为可逆过程 a（1→2）和可逆过程 b（2→1）。将式(3-5) 中的环程积分拆成两项，即

$$\int_1^2 \frac{\delta Q_{r,a}}{T} + \int_2^1 \frac{\delta Q_{r,b}}{T} = 0$$

移项后得

$$\int_1^2 \frac{\delta Q_{r,a}}{T} = -\int_2^1 \frac{\delta Q_{r,b}}{T}$$

即

$$\int_1^2 \frac{\delta Q_{r,a}}{T} = \int_1^2 \frac{\delta Q_{r,b}}{T}$$

这表明，从状态 1 到状态 2 经过两个不同的可逆过程，这两个可逆过程的热温商之和相等。由于所选的可逆过程是任意的，因此从状态 1 至状态 2 的其他任何可逆过程也可以得到同样的结论。所以，$\int_1^2 \frac{\delta Q_r}{T}$ 的值仅取决于系统的始态 1 和终态 2，而与始态 1 和终态 2 间具体的可逆途径无关。

按积分定理，若沿闭合曲线的环程积分等于零，则被积变量——可逆过程的热温商 $\frac{\delta Q_r}{T}$ 应是系统某一状态函数的全微分，该变量的积分值应为这一函数的变化值，它只取决于系统的始态、终态，而与变化的具体途径无关，这就反映了系统中存在着某一个状态函数。

克劳修斯将这个状态函数定义为熵（entropy），用符号 S 表示，即

$$dS = \frac{\delta Q_r}{T} \tag{3-6}$$

上式表明，系统发生微小变化时的熵变，等于可逆过程的微量热与温度的比值。这里定义的是熵的变化值，而非熵本身的值，重要的是变化过程前后熵的变化量。熵的单位为 $J \cdot K^{-1}$ 。

若系统从始态1变化到终态2时，其熵变为

$$\Delta S = S_2 - S_1 = \int_1^2 \frac{\delta Q_r}{T} \tag{3-7}$$

熵是广度性质，是状态函数，当始态和终态确定后，过程的熵变就有确定的值，其值可以通过可逆过程的热温商求出。即便是不可逆过程，只要给定始态和终态，其熵变也有定值，但是这时实际过程的热温商不能用作熵变计算，需要在始态和终态之间设计可逆途径，方可求解熵变，这一点尤其值得倍加关注。显然，对于绝热可逆过程，因为 $\delta Q_r = 0$ ，所以熵变为零，故绝热可逆过程又称为恒熵过程。

3.3.2 克劳修斯不等式

工作在温度为 T_1 的高温热源和温度为 T_2 的低温热源之间的任意不可逆热机 ir，从高温热源吸热 Q_1、给低温热源放热 $-Q_2$ ，其热机效率为

$$\eta_{ir} = \frac{Q_1 + Q_2}{Q_1} = 1 + \frac{Q_2}{Q_1}$$

若 T_1 和 T_2 两个热源之间还有一台可逆热机 r 在工作，其热机效率为

$$\eta_r = \frac{T_1 - T_2}{T_1} = 1 - \frac{T_2}{T_1}$$

根据卡诺定理，不可逆热机与可逆热机的热机效率关系为

$$\eta_{ir} < \eta_r$$

则

$$1 + \frac{Q_2}{Q_1} < 1 - \frac{T_2}{T_1}$$

即

$$\frac{Q_1}{T_1} + \frac{Q_2}{T_2} < 0$$

当任意不可逆热机完成一个微小的不可逆循环时，有

$$\frac{\delta Q_1}{T_1} + \frac{\delta Q_2}{T_2} < 0$$

上式表明，任意不可逆热机在完成一个微小的不可逆循环后，其热温商之和小于零。

用导出 $\oint \frac{\delta Q_r}{T} = 0$ 同样的方法，将任意一个不可逆循环用无数多个微小的不可逆循环分割替换，可以得到

$$\oint \frac{\delta Q_{ir}}{T} < 0 \tag{3-8}$$

现有一个不可逆循环，由从状态1到状态2的不可逆途径 a 和从状态2到状态1的可逆途径 b 构成，见图3-7。对这一不可逆循环应用式(3-8)，得

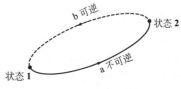

图 3-7　不可逆循环过程

$$\int_1^2 \frac{\delta Q_{ir}}{T} + \int_2^1 \frac{\delta Q_r}{T} < 0$$

对于可逆途径 b，有

$$\int_2^1 \frac{\delta Q_r}{T} = -\int_1^2 \frac{\delta Q_r}{T}$$

所以

$$\Delta S = \int_1^2 \frac{\delta Q_r}{T} > \int_1^2 \frac{\delta Q_{ir}}{T}$$

即不可逆过程的热温商小于熵变。

因此，对于任意一个过程，不管是可逆还是不可逆，必有

$$\Delta S \geqslant \int_1^2 \frac{\delta Q}{T} \quad \text{（">" 为"不可逆"，"=" 为"可逆"）} \tag{3-9}$$

对于微小过程，则

$$dS \geqslant \frac{\delta Q}{T} \quad \text{（">" 为"不可逆"，"=" 为"可逆"）} \tag{3-10}$$

式(3-9) 和式(3-10) 都是克劳修斯不等式，又称为热力学第二定律的数学表达式。式中 δQ 是实际发生过程系统与环境所交换的热，T 是环境温度，而可逆过程中的环境温度等于系统温度。

利用克劳修斯不等式可以判断过程的可逆性：若过程的热温商小于熵变，则该过程不可逆；若过程的热温商等于熵变，则该过程可逆。

3.3.3 熵增原理

若系统发生的是绝热变化过程，即 $\delta Q = 0$，依据克劳修斯不等式，有

$$\Delta S \geqslant 0 \quad \text{（">" 为"不可逆"，"=" 为"可逆"）} \tag{3-11}$$

或

$$dS \geqslant 0 \quad \text{（">" 为"不可逆"，"=" 为"可逆"）} \tag{3-12}$$

式(3-11) 和式(3-12) 表明，在绝热可逆过程中，系统的熵不变；在绝热不可逆过程中，系统的熵增加。即绝热不可逆过程向着熵增加的方向进行，当达到平衡时，系统熵值达到最大，熵的变化和最大值指明了过程进行的方向和限度。因此，绝热过程中熵值永不减少，或者说，绝热条件下朝着平衡方向进行的过程总是使系统的熵增加，这就是熵增原理（principle of entropy increasing）。

隔离系统自然是绝热的，故

$$\Delta S_{iso} \geqslant 0 \quad \text{（">" 为"不可逆"，"=" 为"可逆"）} \tag{3-13}$$

或

$$dS_{iso} \geqslant 0 \quad \text{（">" 为"不可逆"，"=" 为"可逆"）} \tag{3-14}$$

即隔离系统的熵不可能减少，这是熵增原理的另一种说法。

不可逆过程可以是自发过程，也可以是非自发过程。在绝热的封闭系统中，系统与环境虽没有热的交换，但可以通过功的形式交换能量，若绝热封闭系统中环境对系统做功，尽管系统熵增加，但仍是非自发过程。对于隔离系统，由于它与环境没有能量交换，因此，其内部若发生不可逆过程，必定是自发过程，且自发过程的方向与不可逆过程的方向一致；而其内部若发生的是可逆过程，则是系统处于平衡状态。所以有

$$\Delta S_{iso} \geqslant 0 \quad \text{（">" 为"自发"，"=" 为"平衡"）} \tag{3-15}$$

或

$$dS_{iso} \geq 0 \quad (\text{"} > \text{"为"自发"，"} = \text{"为"平衡"}) \tag{3-16}$$

式(3-13)～式(3-16)是利用隔离系统的熵变来判断过程的方向与限度，所以常称为熵判据。

通常，系统与环境之间并不绝热，这时可以将原先划分的系统（sys）和环境（amb）合起来作为一个整体，假想成一个新的隔离系统，通过计算这个隔离系统的熵变，再应用式(3-13)～式(3-16)，判断过程的方向与限度。假想的隔离系统熵变为

$$\Delta S_{iso} = \Delta S_{sys} + \Delta S_{amb} \tag{3-17}$$

或

$$dS_{iso} = dS_{sys} + dS_{amb} \tag{3-18}$$

式中的 dS_{sys}（或 ΔS_{sys}）是原先所划分系统的熵变，等于可逆热温商，应按式(3-6)和式(3-7)进行计算，即

$$dS_{sys} = \frac{\delta Q_r}{T} \quad \text{或} \quad \Delta S_{sys} = \int_1^2 \frac{\delta Q_r}{T}$$

而 dS_{amb}（或 ΔS_{amb}）是原先所划分环境的熵变，它的计算依赖于实际发生过程中系统与环境交换的热 δQ_{sys}（或 Q_{sys}），因为 $\delta Q_{amb} = -\delta Q_{sys}$（或 $Q_{amb} = -Q_{sys}$），所以

$$dS_{amb} = \frac{\delta Q_{amb}}{T_{amb}} = -\frac{\delta Q_{sys}}{T_{amb}} \tag{3-19}$$

或

$$\Delta S_{amb} = \frac{Q_{amb}}{T_{amb}} = -\frac{Q_{sys}}{T_{amb}} \tag{3-20}$$

3.3.4 熵的物理意义

根据热力学第二定律，熵是描述自然界一切自发过程都具有不可逆性特征的宏观物理量，隔离系统的熵值增加，过程自发进行。以热传递过程为例，热量只能自发地从高温物体传向低温物体，而不能自发地从低温物体传向高温物体。热量 Q（$Q > 0$）从温度为 T_1 的高温物体传递到温度为 T_2 的低温物体的过程中，高温物体失去热量，熵变为 $\Delta S_1 = -\dfrac{Q}{T_1}$，低温物体得到热量，熵变为 $\Delta S_2 = \dfrac{Q}{T_2}$，隔离系统总熵变为

$$\Delta S_{iso} = \Delta S_1 + \Delta S_2 = -\frac{Q}{T_1} + \frac{Q}{T_2}$$

因为 $T_1 > T_2$，所以隔离系统总熵变 $\Delta S_{iso} > 0$，这表明，在热量从高温物体自发地传给低温物体的过程中系统的熵增加了。

熵还标志着热功转换的不可逆性和限度。热是因系统与环境之间存在温度差而交换的能量，温度是分子热运动剧烈程度的量度，因此，热是系统内部分子作无序运动时与环境交换能量的方式。而功是系统内部气体在膨胀或压缩时，分子作定向运动（有序运动）时与环境交换能量的形式。在无外界作用的情况下，一切有序的运动会自动地变成无序的运动，而无序的运动则不会自动地变成有序的运动。功转变为热的过程，从微观上讲是分子作有序定向运动的能量向作无序热运动的能量转化，这种熵增的过程是没有限制的；反之，单纯热转化为功的过程是熵减过程，不可能简单发生。热机工作时，高温热源放热并对外做功（有序运

动），混乱度减小，同时必须有一低温热源吸收热量，其混乱度增加，且所增加的部分必须超过所减小的部分。所以，在隔离系统中一切自发过程都是向着混乱度增加的方向进行，而达到完全混乱的状态时，也就是平衡态，即为过程的最大限度。

从微观上说，熵是组成系统的大量微观粒子无序度的量度，系统越无序、越混乱，熵就越大，热力学过程不可逆性的微观本质和统计意义就是系统从有序趋于无序，从概率较小趋于概率较大的状态，热力学第二定律体现的就是这个特征。统计热力学所描述的熵和热力学概率的关系为

$$S = k \ln \Omega \tag{3-21}$$

式中，k 为玻尔兹曼常数；Ω 为热力学概率。式(3-21) 称为玻尔兹曼关系式。玻尔兹曼关系式是联系系统宏观物理量熵 S 和微观量概率 Ω 的桥梁，奠定了统计热力学的基础。

玻尔兹曼（L. Boltzmann，1844—1906） 奥地利物理学家，他为现代统计物理理论做了奠基性的工作。玻尔兹曼 1844 年 2 月 20 日生于维也纳，青少年时代的玻尔兹曼聪明伶俐、志趣广泛，学习成绩始终在班上名列前茅，1866 年在维也纳大学获得博士学位。享有奥地利和德国几所大学的数学、实验物理学和理论物理学的教授职位。他把统计学的思想引入分子运动论，玻尔兹曼熵定理把宏观性质熵与微观性质热力学概率联系在一起，并对热力学第二定律进行了微观解释，奠定了统计热力学领域的基础。最后因疾病和沮丧使玻尔兹曼于 1906 年结束了自己的生命，他的墓志铭是伟大的公式：$S = k \ln \Omega$。

3.4　熵变的计算

定量地计算出系统的熵变和环境的熵变，可以利用熵判据判断一个具体过程的方向与限度。熵变的计算必须注意两个基本点：一是要用可逆过程的热来计算系统的熵变；二是要灵活运用熵是状态函数的特点。熵变的计算主要对单纯 pVT 变化过程、相变过程和化学反应三种情况进行讨论，本节介绍前两种过程中熵变的计算。

一般情况下，不作特殊说明时，直接用 ΔS 表示系统熵变，而不另外加注脚标；有时，要同时讨论原先所划分系统的熵变、环境的熵变和假设的隔离系统的熵变，这时分别用 ΔS_{sys}、ΔS_{amb} 和 ΔS_{iso} 区别表示。

3.4.1　单纯 pVT 变化过程的熵变

单纯的 pVT 变化是指在没有相变和化学反应存在的情况下，系统 p、V、T 三个参数之间的改变。在理想气体和凝聚态物质进行 pVT 变化时，因凝聚态物质变化过程中熵变的计算比较简单，可以借助理想气体熵变计算公式，故下面将重点介绍理想气体 pVT 变化过程熵变的计算方法。理想气体 pVT 变化又可以分为恒温膨胀和压缩过程、恒容变温过程、恒压变温过程、pVT 同时变化过程和理想气体混合过程等，现对各过程熵变的计算一一加以探讨。

（1）理想气体恒温变化的 $\Delta_T S$

理想气体恒温变化常见的有恒温可逆过程、恒温恒外压过程和恒温真空膨胀过程三种。

后两种是不可逆过程，其过程的热不能用来计算系统的熵变值。若三种途径的始态、终态相同，则第一种恒温可逆过程就是后两种不可逆过程计算熵变时所要设计的途径。恒温可逆变化过程的框架见图 3-8。

因为理想气体恒温过程的热力学能变化值 $\Delta U = 0$，恒温可逆过程的热为

$$Q_r = -W_r = nRT\ln\frac{V_2}{V_1} = -nRT\ln\frac{p_2}{p_1}$$

所以，恒温过程系统的熵变为

图 3-8 恒温可逆变化过程

$$\Delta_T S = \frac{Q_r}{T} = nR\ln\frac{V_2}{V_1} = -nR\ln\frac{p_2}{p_1} \qquad (3\text{-}22)$$

上式虽在恒温可逆条件下导出，由于熵是状态函数，对于恒温恒外压变化和恒温真空膨胀这两种不可逆过程，同样适用。

【**例 3-1**】 在 298K 时，将 1mol、200kPa 的某理想气体通过下列三种途径膨胀到终态平衡压力为 100kPa，分别计算系统和环境的熵变，并判断过程的可逆性。

(1) 可逆膨胀；

(2) 反抗恒外压膨胀；

(3) 真空膨胀。

解

(1) 可逆膨胀过程

$$\Delta S_{\text{sys},1} = -nR\ln\frac{p_2}{p_1} = \left(-1\times 8.314\times\ln\frac{100}{200}\right)\text{J}\cdot\text{K}^{-1} = 5.76\text{J}\cdot\text{K}^{-1}$$

因为理想气体恒温过程的热力学能变化值 $\Delta U = 0$，故系统与环境交换的热为

$$Q_{\text{sys},1} = -W_r = -nRT\ln\frac{p_2}{p_1} = \left(-1\times 8.314\times 298\times\ln\frac{100}{200}\right)\text{J} = 1\,717\text{J}$$

环境的熵变计算依据式(3-20)，得

$$\Delta S_{\text{amb},1} = \frac{Q_{\text{amb},1}}{T_{\text{amb}}} = -\frac{Q_{\text{sys},1}}{T_{\text{amb}}} = \left(-\frac{1\,717}{298}\right)\text{J}\cdot\text{K}^{-1} = -5.76\text{J}\cdot\text{K}^{-1}$$

隔离系统的熵变为

$$\Delta S_{\text{iso},1} = \Delta S_{\text{sys},1} + \Delta S_{\text{amb},1} = 0$$

所以，过程 (1) 为可逆过程。

(2) 反抗恒外压膨胀

系统的熵是状态函数，恒温反抗恒外压膨胀与过程 (1) 中的恒温可逆膨胀始态、终态相同，系统的熵变也相同，所以

$$\Delta S_{\text{sys},2} = -nR\ln\frac{p_2}{p_1} = \left(-1\times 8.314\times\ln\frac{100}{200}\right)\text{J}\cdot\text{K}^{-1} = 5.76\text{J}\cdot\text{K}^{-1}$$

因为理想气体恒温过程的热力学能变化值 $\Delta U = 0$，故系统与环境交换的热为

$$Q_{\text{sys},2} = -W_2 = \int p_{\text{amb}}\text{d}V = p_2(V_2 - V_1) = p_2 V_2 - \frac{p_2}{p_1}p_1 V_1$$

$$= nRT\left(1 - \frac{p_2}{p_1}\right) = \left[1\times 8.314\times 298\times\left(1 - \frac{100}{200}\right)\right]\text{J} = 1239\text{J}$$

环境的熵变为

$$\Delta S_{amb,2} = -\frac{Q_{sys,2}}{T_{amb}} = \left(-\frac{1\,239}{298}\right) J \cdot K^{-1} = -4.16 J \cdot K^{-1}$$

隔离系统的熵变为

$$\Delta S_{iso,2} = \Delta S_{sys,2} + \Delta S_{amb,2} = (5.76 - 4.16) J \cdot K^{-1} = 1.60 J \cdot K^{-1} > 0$$

所以，过程（2）为不可逆过程。

（3）真空膨胀

用与（2）相同的方法，计算结果如下：

$$\Delta S_{sys,3} = 5.76 J \cdot K^{-1}$$

$$Q_{sys,3} = -W_3 = \int p_{amb} dV = 0$$

$$\Delta S_{amb,3} = -\frac{Q_{sys,3}}{T_{amb}} = 0$$

$$\Delta S_{iso,3} = \Delta S_{sys,3} + \Delta S_{amb,3} = (5.76 + 0) J \cdot K^{-1} = 5.76 J \cdot K^{-1} > 0$$

所以，过程（3）为不可逆过程。

计算结果表明，始态、终态相同的三条不同途径，系统的熵变相等，而环境和隔离系统的熵变都不相等。这说明，熵是状态函数这一结论，只对原先所划分的系统有效，对环境及组合的假设隔离系统不适用。

(2) 理想气体恒容变温过程的 $\Delta_V S$ 和恒压变温过程的 $\Delta_p S$

在没有相变和化学反应存在的情况下，当环境的温度 $T_{amb} = T \pm dT$ 时，系统便缓慢地升温或降温，这样的变温过程就是可逆变温过程。可逆变温过程分为恒容可逆变温和恒压可逆变温两种情况。

恒容可逆变温的框架见图 3-9。

在非体积功为零的无限小的恒容可逆变温过程中，$dV = 0$，故 $\delta W = -p_{amb}dV = 0$，系统与环境交换的热为 $\delta Q_V = dU = nC_{V,m}dT$。因此，过程的熵变 $\Delta_V S$ 为

$$\Delta_V S = \int_{T_1}^{T_2} \frac{nC_{V,m}}{T} dT \tag{3-23}$$

若 $C_{V,m}$ 与温度 T 有关时，即 $C_{V,m} = f(T)$，代入上式先积分，然后计算过程的熵变；若 $C_{V,m}$ 是与温度无关的常数，直接积分上式得

$$\Delta_V S = nC_{V,m} \ln \frac{T_2}{T_1} \tag{3-24}$$

上两式为恒容可逆变温过程熵变的计算公式。

恒压可逆变温的框架见图 3-10。

图 3-9 恒容可逆变温过程

图 3-10 恒压可逆变温过程

在非体积功为零的无限小的恒压可逆变温过程中，系统与环境交换的是恒压热，其值为 $\delta Q_p = \mathrm{d}H = nC_{p,\mathrm{m}}\mathrm{d}T$。因此，过程的熵变 $\Delta_p S$ 为

$$\Delta_p S = \int_{T_1}^{T_2} \frac{nC_{p,\mathrm{m}}}{T}\mathrm{d}T \tag{3-25}$$

若 $C_{p,\mathrm{m}}$ 是温度 T 的函数，即 $C_{p,\mathrm{m}} = f(T)$，代入上式先积分，然后计算过程的熵变；若 $C_{p,\mathrm{m}}$ 是与温度无关的常数，可以直接积分上式得

$$\Delta_p S = nC_{p,\mathrm{m}}\ln\frac{T_2}{T_1} \tag{3-26}$$

上两式为恒压可逆变温过程熵变的计算公式。

【例 3-2】 2mol 单原子理想气体从始态 300K、100kPa，先恒压加热使气体体积增加 1 倍，再恒容升压到 150kPa。求过程的 Q、W、ΔU、ΔH 和 ΔS。

解 因为是单原子理想气体，所以 $C_{V,\mathrm{m}} = \frac{3}{2}R$、$C_{p,\mathrm{m}} = \frac{5}{2}R$。

理想气体在变化过程中各状态的温度关系见下面流程图：

$$\boxed{\begin{matrix} p_1 \\ V_1 \\ T_1 \end{matrix}} \xrightarrow{\Delta p = 0} \boxed{\begin{matrix} p_2 = p_1 \\ V_2 = 2V_1 \\ T_2 = 2T_1 \end{matrix}} \xrightarrow{\Delta V = 0} \boxed{\begin{matrix} p_3 = 1.5p_2 \\ V_3 = V_2 \\ T_3 = 1.5T_2 \end{matrix}}$$

各状态的温度为

$$T_2 = 2T_1 = 600\mathrm{K}, \qquad T_3 = 1.5T_2 = 900\mathrm{K}$$

系统的热力学能变化为

$$\Delta U = nC_{V,\mathrm{m}}(T_3 - T_1) = \left[2 \times \frac{3}{2} \times 8.314 \times (900 - 300)\right]\mathrm{J} = 1.50 \times 10^4\,\mathrm{J}$$

系统的焓变为

$$\Delta H = nC_{p,\mathrm{m}}(T_3 - T_1) = \left[2 \times \frac{5}{2} \times 8.314 \times (900 - 300)\right]\mathrm{J} = 2.49 \times 10^4\,\mathrm{J}$$

变化过程的体积功为

$$W = W_1 + W_2 = -p_{\mathrm{amb}}(V_2 - V_1) + 0 = -p_2V_2 + p_1V_1$$
$$= -nRT_2 + nRT_1 = -2 \times 8.314 \times (600 - 300)\mathrm{J} = -4.99 \times 10^3\,\mathrm{J}$$

系统与环境交换的热为

$$Q = \Delta U - W = 1.5 \times 10^4 + 4.99 \times 10^3\,\mathrm{J} = 2.0 \times 10^4\,\mathrm{J}$$

系统的熵变为

$$\Delta S = \Delta S_1 + \Delta S_2 = nC_{p,\mathrm{m}}\ln\frac{T_2}{T_1} + nC_{V,\mathrm{m}}\ln\frac{T_3}{T_2}$$
$$= \left(2 \times \frac{5}{2} \times 8.314 \times \ln\frac{2T_1}{T_1} + 2 \times \frac{3}{2} \times 8.314 \times \ln\frac{1.5T_2}{T_2}\right)\mathrm{J}\cdot\mathrm{K}^{-1}$$
$$= 38.92\mathrm{J}\cdot\mathrm{K}^{-1}$$

需要说明的是，式(3-23)和式(3-24)不仅适用于理想气体，对凝聚态物质的单纯 pVT 变化中的恒容过程同样适用；式(3-25)和式(3-26)除适用于理想气体单纯 pVT 变化外，还可用于凝聚态物质的恒压过程。即便对于凝聚态物质的非恒容和非恒压过程，由于压力 p

对固体、液体等凝聚态物质的影响甚微，在其他条件不变的情况下，仅仅改变压力，系统内部质点的无序度变化极小，因此可以认为熵值不变。所以，对凝聚态物质的非恒容和非恒压变温过程，仍然用式(3-25)和式(3-26)计算熵变。

【例3-3】 容器中盛有500g、373K的液体水，在101.325kPa下向温度为298K的大气散热直到平衡为止。求水的熵变 ΔS_{sys} 和大气的熵变 ΔS_{amb}，并判断过程的自发性。已知液体水在298～373K间的平均定压摩尔热容 $C_{p,m} = 75.75 J \cdot mol^{-1} \cdot K^{-1}$。

解 500g的液体水在101.325kPa下，由初始温度373K散热变到298K的终态，过程的熵变为

$$\Delta S_{sys} = nC_{p,m}\ln\frac{T_2}{T_1} = \left(\frac{500}{18} \times 75.75 \times \ln\frac{298}{373}\right) J \cdot K^{-1} = -472.35 J \cdot K^{-1}$$

液体水向大气所散的热量为

$$Q_{sys} = nC_{p,m}(T_2 - T_1) = \left[\frac{500}{18} \times 75.75 \times (298-373)\right] J = -1.578 \times 10^5 J$$

大气的熵变为

$$\Delta S_{amb} = -\frac{Q_{sys}}{T_{amb}} = \left(\frac{1.578 \times 10^5}{298}\right) J \cdot K^{-1} = 529.53 J \cdot K^{-1}$$

隔离系统的熵变为

$$\Delta S_{iso} = \Delta S_{sys} + \Delta S_{amb} = (-472.35 + 529.53) J \cdot K^{-1} = 57.18 J \cdot K^{-1}$$

$\Delta S_{iso} > 0$ 表明，在101.325kPa下373K的液体水向温度为298K的大气散热是自发过程。

(3) 理想气体 p、V、T 同时变化的 ΔS

恒温过程、恒容变温过程和恒压变温过程是理想气体最基本的单纯 pVT 变化，它们的

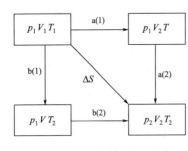

图3-11 理想气体 pVT 变化
ΔS 计算的途径设计

熵变计算公式极其重要。由于熵是状态函数，理想气体 p、V、T 三者同时变化时，即由始态 p_1、V_1、T_1 变化到终态 p_2、V_2、T_2，其熵变的计算可以通过设计可逆途径，利用已有的恒温过程、恒容变温过程和恒压变温过程熵变计算公式进行计算。如图3-11，对于理想气体 p、V、T 三者都改变的过程，设计了两条可逆途径来计算熵变。途径a是将中间状态设为 $p_1 V_2 T$，其第一步是恒压变温过程，第二步是恒容变温过程，因此，系统熵变为

$$\Delta S = nC_{p,m}\ln\frac{T}{T_1} + nC_{V,m}\ln\frac{T_2}{T} \tag{a}$$

式中，$T = \frac{V_2}{V_1} T_1$。

途径b的中间状态设为 $p_1 V T_2$，其第一步是恒压变温过程，第二步是恒温过程，因此，系统熵变为

$$\Delta S = nC_{p,m}\ln\frac{T_2}{T_1} + nR\ln\frac{V_2}{V} \tag{b}$$

式中，$V = \dfrac{T_2}{T_1} V_1$ 。

式(a) 和式 (b) 计算过程的熵变，结果是等价的，证明如下：

将 $T = \dfrac{V_2}{V_1} T_1$ 代入式(a)，得

$$\Delta S = nC_{p,\mathrm{m}} \ln \frac{V_2}{V_1} + nC_{V,\mathrm{m}} \ln \left(\frac{T_2}{T_1} \times \frac{V_1}{V_2} \right) = nC_{V,\mathrm{m}} \ln \frac{T_2}{T_1} + \left(nC_{p,\mathrm{m}} \ln \frac{V_2}{V_1} - nC_{V,\mathrm{m}} \ln \frac{V_2}{V_1} \right)$$

$$= nC_{V,\mathrm{m}} \ln \frac{T_2}{T_1} + nR \ln \frac{V_2}{V_1}$$

将 $V = \dfrac{T_2}{T_1} V_1$ 代入式(b)，得

$$\Delta S = nC_{p,\mathrm{m}} \ln \frac{T_2}{T_1} + nR \ln \frac{V_2}{V_1} \times \frac{T_1}{T_2} = \left(nC_{p,\mathrm{m}} \ln \frac{T_2}{T_1} - nR \ln \frac{T_2}{T_1} \right) + nR \ln \frac{V_2}{V_1}$$

$$= nC_{V,\mathrm{m}} \ln \frac{T_2}{T_1} + nR \ln \frac{V_2}{V_1}$$

因此，在理想气体 p、V、T 三者同时发生变化时，所设计的两种可逆途径计算的熵变，其结果是一样的。

实际上，在始态 p_1、V_1、T_1 和终态 p_2、V_2、T_2 之间，还可以设计出其他四种不同的可逆途径，所求得的过程熵变都是相同的。设计可逆途径的关键是确立中间状态的 p、V、T 参数，一般的原则有以下三点：从始态的 p、V、T 三个参数中任选一个，共有三种选择方法，如上述可逆途径设计中选择了压力 p_1；然后从终态余下的两个参数中任选一个，又有两种选择方法，如上述可逆途径设计中选择的 V_2 或 T_2，中间状态的最后一个参数可以由所选择的两个参数确定，如上述可逆途径设计中的 $T = \dfrac{V_2}{V_1} T_1$ 和 $V = \dfrac{T_2}{T_1} V_1$；虽然可以按照上面两条原则任意选择中间状态的参数，但为了计算方便，应尽可能选择题中已经给出具体数据的参数。可见，这样的设计总共有 $C_3^1 C_2^1 = 3 \times 2 = 6$ 条可逆途径。

当然，对于理想气体，可以从熵的定义和热力学第一定律的可逆热出发，直接导出熵变的计算公式，而不需要设计可逆途径。

对于 $\delta W' = 0$ 的理想气体 pVT 的微小变化，其熵的微小变化为

$$\mathrm{d}S = \frac{\delta Q_{\mathrm{r}}}{T} = \frac{\mathrm{d}U - \delta W_{\mathrm{r}}}{T} = \frac{\mathrm{d}U + p\mathrm{d}V}{T} = \frac{nC_{V,\mathrm{m}}\mathrm{d}T}{T} + \frac{nR\mathrm{d}V}{V}$$

若 $C_{V,\mathrm{m}}$ 是与温度无关的常数，积分上式得

$$\Delta S = \int_{S_1}^{S_2} \mathrm{d}S = \int_{T_1}^{T_2} \frac{nC_{V,\mathrm{m}}\mathrm{d}T}{T} + \int_{V_1}^{V_2} \frac{nR\mathrm{d}V}{V}$$

即

$$\Delta S = nC_{V,\mathrm{m}} \ln \frac{T_2}{T_1} + nR \ln \frac{V_2}{V_1} \tag{3-27}$$

将理想气体的 $\dfrac{V_2}{V_1} = \dfrac{nRT_2}{p_2} \times \dfrac{p_1}{nRT_1} = \dfrac{T_2}{T_1} \times \dfrac{p_1}{p_2}$ 代入上式，整理得

$$\Delta S = nC_{p,\mathrm{m}} \ln \frac{T_2}{T_1} - nR \ln \frac{p_2}{p_1} \tag{3-28}$$

将理想气体的 $\dfrac{T_2}{T_1} = \dfrac{p_2 V_2}{nR} \times \dfrac{nR}{p_1 V_1} = \dfrac{p_2}{p_1} \times \dfrac{V_2}{V_1}$ 代入上式，整理得

$$\Delta S = nC_{p,\mathrm{m}}\ln\frac{V_2}{V_1} + nC_{V,\mathrm{m}}\ln\frac{p_2}{p_1} \tag{3-29}$$

式(3-27)～式(3-29)是计算理想气体 pVT 变化过程熵变的通式。由这三个公式可以得出理想气体恒温过程（$T_1 = T_2$）、恒容过程（$V_1 = V_2$）和恒压过程（$p_1 = p_2$）熵变的计算公式[式（3-22）、式（3-24）和式（3-26）]。

【例 3-4】 加热 1mol 双原子理想气体，温度由 300K 升到 450K，系统压力由 200kPa 变到 100kPa，计算过程的熵变。

解 双原子理想气体的 $C_{V,\mathrm{m}} = \dfrac{5}{2}R$，$C_{p,\mathrm{m}} = \dfrac{7}{2}R$。这是一个 p、V、T 都发生变化的过程，因给出了始态和终态的温度与压力，可以设计成先恒压变化、后恒温变化的可逆途径。

$$\begin{aligned}
\Delta S &= nC_{p,\mathrm{m}}\ln\frac{T_2}{T_1} - nR\ln\frac{p_2}{p_1} \\
&= \left(1\times\frac{7}{2}\times 8.314\times\ln\frac{450}{300} - 1\times 8.314\times\ln\frac{100}{200}\right)\mathrm{J\cdot K^{-1}} \\
&= 17.56\mathrm{J\cdot K^{-1}}
\end{aligned}$$

(4) 理想气体、凝聚态物质混合或传热过程的 ΔS

这里的混合是指两种或两种以上的理想气体的混合，凝聚态物质仅指温度不同的同种液体间的混合，有时还涉及理想气体与凝聚态物质间的混合等。

由于理想气体分子间没有作用力，任意一种气体的性质不会因其他组分气体的存在而受到影响。所以，理想气体混合系统中任意一种组分气体的熵变，都可以按照该气体单独存在时性质发生变化，应用式(3-27)～式(3-29)计算熵变，只不过公式中的 p_1 和 p_2 是指某种气体混合前与混合后的分压力，这一点要加以注意；然后把各组分的熵变相加，得出混合过程总熵变。

【例 3-5】 一绝热容器中间有一隔板，将容器隔为两等分，两边分别盛有温度相同的 2mol He(g) 和 1mol Ar(g)。He(g) 和 Ar(g) 均按理想气体处理。

2mol He(g) T、V	1mol Ar(g) T、V

(1) 求隔板抽走后气体混合过程的 $\Delta_{\mathrm{mix}}S_1$，判断过程的可逆性；

(2) 若开始时将左侧的 He(g) 换成 Ar(g)，求隔板抽走后气体混合过程的 $\Delta_{\mathrm{mix}}S_2$。

解 (1) 因为容器绝热，即 $Q = 0$；容器体积不变，则 $W = 0$。根据热力学第一定律，过程的 $\Delta U = Q + W = 0$，故理想气体混合过程中温度恒定不变。经过混合后两种气体存在的体积加倍，He(g) 和 Ar(g) 的压力都变为原来的 $\dfrac{1}{2}$。混合后系统熵变为

$$\begin{aligned}
\Delta_{\mathrm{mix}}S_1 &= -n_{\mathrm{He}}R\ln\frac{p_{\mathrm{He},2}}{p_{\mathrm{He},1}} - n_{\mathrm{Ar}}R\ln\frac{p_{\mathrm{Ar},2}}{p_{\mathrm{Ar},1}} \\
&= \left(-2\times 8.314\times\ln\frac{1}{2} - 1\times 8.314\times\ln\frac{1}{2}\right)\mathrm{J\cdot K^{-1}} \\
&= 17.28\mathrm{J\cdot K^{-1}}
\end{aligned}$$

因为过程的 $Q=0$，$W=0$，所以这是隔离系统。$\Delta S_{\mathrm{iso}} = \Delta_{\mathrm{mix}}S_1 = 17.28\mathrm{J\cdot K^{-1}} > 0$，因此，过程不可逆。

（2）抽走隔板前：左侧 Ar(g) 的分压 $p_{\mathrm{Ar},1} = \dfrac{2RT}{V}$，右侧 Ar(g) 的分压 $p'_{\mathrm{Ar},1} = \dfrac{RT}{V}$；

抽走隔板后，即气体混合后，系统中气体都是 Ar(g)，混合后 Ar(g) 的压力 $p_{\mathrm{Ar},2} = \dfrac{3RT}{2V}$，因此系统的熵变为

$$
\begin{aligned}
\Delta_{\mathrm{mix}}S_2 &= -n_{\mathrm{Ar},,1}R\ln\frac{p_{\mathrm{Ar},2}}{p_{\mathrm{Ar},1}} - n_{\mathrm{Ar},2}R\ln\frac{p_{\mathrm{Ar},2}}{p'_{\mathrm{Ar},1}} \\
&= \left(-2\times 8.314\times\ln\frac{3}{4} - 1\times 8.314\times\ln\frac{3}{2}\right)\mathrm{J\cdot K^{-1}} \\
&= 1.41\,\mathrm{J\cdot K^{-1}}
\end{aligned}
$$

气体混合使系统混乱程度达到最大，熵增加、过程自发进行。对于状态不同的同种理想气体，混合后某一状态理想气体的熵变，应用式(3-28)，即

$$
\Delta S = nC_{p,\mathrm{m}}\ln\frac{T_2}{T_1} - nR\ln\frac{p_2}{p_1}
$$

计算熵变时，p_2 是混合后系统的总压力。若是恒温混合，上式简化为 $\Delta S = -nR\ln\dfrac{p_2}{p_1}$，上面例题的第二个问题的求解，就属于这种情况。

温度不同的气体在绝热容器中的混合分为绝热恒容混合和绝热恒压混合两种，前者利用 $Q_V = \Delta U = 0$ 计算混合后系统的平衡温度，后者利用 $Q_p = \Delta H = 0$ 计算混合后系统的平衡温度。在此基础上，可以计算出混合过程的熵变。

【例 3-6】 绝热恒容容器中有一绝热隔板，隔板的一侧是 1mol 温度为 300K、体积为 100 dm³ 的单原子理想气体 A，另一侧是 2mol 温度为 500K、体积为 200 dm³ 的双原子理想气体 B。现将隔板抽走，气体 A 和气体 B 混合达到平衡，求过程的 ΔH 和 ΔS。

解 单原子理想气体 A 的 $C_{V,\mathrm{m,A}} = 1.5R$，$C_{p,\mathrm{m,A}} = 2.5R$；
双原子理想气体 B 的 $C_{V,\mathrm{m,B}} = 2.5R$，$C_{p,\mathrm{m,B}} = 3.5R$

1mol A	2mol B
300K	500K
100dm³	200dm³

气体是在恒容绝热下混合，过程的 $Q_V = \Delta U = \Delta U_{\mathrm{A}} + \Delta U_{\mathrm{B}} = 0$，即

$$
\Delta U = n_{\mathrm{A}}C_{V,\mathrm{m,A}}(T - T_{\mathrm{A}}) + n_{\mathrm{B}}C_{V,\mathrm{m,B}}(T - T_{\mathrm{B}}) = 0
$$

则

$$
1\times 1.5R(T - 300) + 2\times 2.5R(T - 500) = 0
$$

系统终态温度为

$$
T = 454\mathrm{K}
$$

$$
\begin{aligned}
\Delta H &= \Delta H_{\mathrm{A}} + \Delta H_{\mathrm{B}} = n_{\mathrm{A}}C_{p,\mathrm{m,A}}(T - T_{\mathrm{A}}) + n_{\mathrm{B}}C_{p,\mathrm{m,B}}(T - T_{\mathrm{B}}) \\
&= [1\times 2.5\times 8.314\times(454 - 300) + 2\times 3.5\times 8.314\times(454 - 500)]\mathrm{J} \\
&= 523.8\mathrm{J}
\end{aligned}
$$

抽走隔板后，对于气体 A，相当于由温度为 300K、体积为 100 dm³ 的始态变化为温度为 454K、体积为 300 dm³ 的终态，这一过程的熵变为

$$\Delta S_A = n_A C_{V,m,A} \ln \frac{T}{T_A} + n_A R \ln \frac{V}{V_A}$$

$$= \left(1 \times 1.5 \times 8.314 \times \ln \frac{454}{300} + 1 \times 8.314 \times \ln \frac{300}{100}\right) J \cdot K^{-1}$$

$$= 14.3 J \cdot K^{-1}$$

同样，抽走隔板后，对于气体 B，相当于由温度为 500K、体积为 200 dm³ 的始态变化为温度为 454K、体积为 300 dm³ 的终态，这一过程的熵变为

$$\Delta S_B = n_B C_{V,m,B} \ln \frac{T}{T_B} + n_B R \ln \frac{V}{V_B}$$

$$= \left(2 \times 2.5 \times 8.314 \times \ln \frac{454}{500} + 2 \times 8.314 \times \ln \frac{300}{200}\right) J \cdot K^{-1}$$

$$= 2.7 J \cdot K^{-1}$$

混合过程的熵变为

$$\Delta S = \Delta S_A + \Delta S_B = (14.3 + 2.7) J \cdot K^{-1} = 17.0 J \cdot K^{-1}$$

因为混合是绝热容器中进行的过程，$\Delta S = 17.0 J \cdot K^{-1} > 0$，所以过程自发。

【**例 3-7**】 101.325kPa 下，在一绝热容器中将 5mol 300K 的铁块和 10mol 800K 的铁块放在一起。当两铁块传热达到平衡后，求过程的 ΔS。已知铁的定压摩尔热容为 $C_{p,m} = (14.10 + 29.72 \times 10^{-3} T/K) J \cdot K^{-1} \cdot mol^{-1}$。

解 因为铁块传热是在恒压下的绝热容器中进行，所以 $Q_p = \Delta H = 0$，即

$$\Delta H = \Delta H_1 + \Delta H_2 = \int_{300}^{T} n_1 C_{p,m} dT + \int_{800}^{T} n_2 C_{p,m} dT$$

$$= \int_{300}^{T} 5(14.10 + 29.72 \times 10^{-3} T) dT + \int_{800}^{T} 10(14.10 + 29.72 \times 10^{-3} T) dT$$

$$= 222.9 \times 10^{-3} T^2 + 211.5 T - 235741 = 0$$

解得系统终态温度为

$$T = 658K$$

两铁块传热达到平衡后的熵变为

$$\Delta S = \Delta S_1 + \Delta S_2 = \int_{300}^{T} \frac{n_1 C_{p,m} dT}{T} + \int_{800}^{T} \frac{n_2 C_{p,m} dT}{T}$$

$$= \left[\int_{300}^{658} \frac{5(14.10 + 29.72 \times 10^{-3} T) dT}{T} + \int_{800}^{658} \frac{10(14.10 + 29.72 \times 10^{-3} T) dT}{T}\right] J \cdot K^{-1}$$

$$= 38.82 J \cdot K^{-1}$$

在绝热容器中铁块传热可以视为隔离系统，因为 $\Delta S_{iso} = 38.82 J \cdot K^{-1} > 0$，故过程自发进行。

3.4.2　相变过程的熵变

在第 2 章已经介绍过，相变不仅形式多种多样，而且有可逆相变和不可逆相变之分，在无限接近于两相平衡条件下进行的相变为可逆相变，否则为不可逆相变。因熵变等于可逆过程的热温商，故可逆相变过程可以直接由熵的定义计算熵变；而对于不可逆相变过程，则需

要利用熵是状态函数的特点，在不可逆相变过程的始态和终态之间，设计一条由可逆相变过程和单纯 pVT 变化过程构成的可逆途径，然后才能计算不可逆相变过程系统的熵变。

同样，对于任意的相变过程，可以通过计算隔离系统的熵变，应用熵判据来判断相变过程是否可逆。

【例 3-8】 液体水 100℃时的饱和蒸气压为 101.325kPa，在此温度和压力下水的摩尔蒸发焓 $\Delta_{vap}H_m = 40.67kJ \cdot mol^{-1}$，试求下列两途径的 ΔS_{sys}、ΔS_{amb} 和 ΔS_{iso}，并判断相变过程的可逆性。

(1) 将 2mol、100℃、101.325kPa 的液体水在 100℃、101.325kPa 条件下，蒸发为同温、同压下的水蒸气；

(2) 将 2mol、100℃、101.325kPa 的液体水在真空容器中，蒸发为同温、同压下的水蒸气。假设水蒸气为理想气体。

解 (1) 该条件下液体水蒸发为水蒸气的过程，是在一定温度及该温度所对应的平衡压力下进行的相变，是可逆相变，系统熵变为

$$\Delta S_{sys,1} = \frac{n\Delta_{vap}H_m}{T} = \frac{2 \times 40.67 \times 10^3}{373}J \cdot K^{-1} = 218.07J \cdot K^{-1}$$

系统与环境交换的热为

$$Q_{sys,1} = \Delta H = n\Delta_{vap}H_m = 2 \times 40.67 \times 10^3 J = 8.134 \times 10^4 J$$

环境熵变为

$$\Delta S_{amb,1} = -\frac{Q_{sys,1}}{T_{amb}} = \left(-\frac{8.134 \times 10^4}{373}\right)J \cdot K^{-1} = -218.07J \cdot K^{-1}$$

隔离系统熵变为

$$\Delta S_{iso,1} = \Delta S_{sys,1} + \Delta S_{amb,1} = (218.07 - 218.07)J \cdot K^{-1} = 0$$

$\Delta S_{iso,1} = 0$，说明是可逆相变，这与实际情况是一致的。

(2) 熵是状态函数，由于途径 (2) 与途径 (1) 的始态和终态相同，所以，系统熵变为

$$\Delta S_{sys,2} = \Delta S_{sys,1} = 218.07J \cdot K^{-1}$$

因为在真空条件下蒸发，$W_2 = 0$，根据热力学第一定律，系统与环境交换的热为

$$Q_{sys,2} = \Delta U_2 = \Delta H_2 - \Delta(pV) = \Delta H_2 - p(V_g - V_1) \approx \Delta H_2 - pV_g$$
$$= n\Delta_{vap}H_m - nRT = (2 \times 40.67 \times 10^3 - 2 \times 8.314 \times 373)J$$
$$= 7.514 \times 10^4 J$$

环境熵变为

$$\Delta S_{amb,2} = -\frac{Q_{sys,2}}{T_{amb}} = \left(-\frac{7.514 \times 10^4}{373}\right)J \cdot K^{-1} = -191.80J \cdot K^{-1}$$

隔离系统熵变为

$$\Delta S_{iso,2} = \Delta S_{sys,2} + \Delta S_{amb,2} = (218.07 - 191.80)J \cdot K^{-1} = 26.27J \cdot K^{-1}$$

$\Delta S_{iso,2} = 26.27J \cdot K^{-1} > 0$，说明是自发过程，为不可逆相变。

可见，通过计算隔离系统的熵变 ΔS_{iso}，可以判断是否为可逆相变过程。过程 (2) 尽管终态的温度、压力与始态的相等，但是环境的压力为零，不等于始态、终态的压力，因此是不可逆相变。要计算此时系统的相变，过程 (1) 就是它所需设计的可逆过程。

对于在一定温度和该温度非平衡压力下进行的不可逆相变，系统的熵变要通过设计可逆途径才能计算。

【例 3-9】 将 1mol 温度为 298K、压力为 101.325kPa 的过饱和水蒸气（视为理想气体）在恒定压力 101.325kPa 下，凝结为 298K 时的液体水，计算该过程的 ΔS_{sys}、ΔS_{amb} 和 ΔS_{iso}，并判断相变过程的可逆性。

已知水在正常沸点下的摩尔蒸发焓为 $\Delta_{vap}H_m = 40.67 kJ\cdot mol^{-1}$，298K 时的平衡压力为 3.167kPa。水蒸气的平均定压摩尔热容 $C_{p,m,H_2O(g)} = 33.76 J\cdot mol^{-1}\cdot K^{-1}$，液体水的平均定压摩尔热容 $C_{p,m,H_2O(l)} = 75.75 J\cdot mol^{-1}\cdot K^{-1}$。

解 水在温度为 298K 时的平衡压力为 3.167kPa。显然，温度为 298K、压力为 101.325kPa 的过饱和水蒸气在恒定压力 101.325kPa 下凝结为 298K、101.325kPa 时的液体水，是不可逆相变过程。

根据题中所给条件，设计的可逆途径由如下三个可逆过程构成：（1）视为理想气体的气体水恒压下温度由 298K 升至 373K；（2）气体水在 373K、101.325kPa 条件下液化为同温同压的液体水（可逆相变）；（3）液体水恒压下温度由 373K 降为 298K。

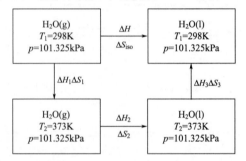

系统的熵是状态函数，过程的熵变为

$$\Delta S_{sys} = \Delta S_1 + \Delta S_2 + \Delta S_3 = \int_{298}^{373}\frac{nC_{p,m,H_2O(g)}dT}{T} + \frac{-n\Delta_{vap}H_m}{373} + \int_{373}^{298}\frac{nC_{p,m,H_2O(l)}dT}{T}$$

$$= \left(\int_{298}^{373}\frac{1\times33.76dT}{T} + \frac{-1\times40.67\times10^3}{373} + \int_{373}^{298}\frac{1\times75.75dT}{T}\right)J\cdot K^{-1}$$

$$= -118.45 J\cdot K^{-1}$$

焓与熵一样也是状态函数，过程的焓变 ΔH 为

$$\Delta H = \Delta H_1 + \Delta H_2 + \Delta H_3$$

$$= nC_{p,m,H_2O(g)}(T_2-T_1) + (-n\cdot\Delta_{vap}H_m) + nC_{p,m,H_2O(l)}(T_1-T_2)$$

$$= [1\times33.76\times(373-298) - 1\times40.67\times10^3 + 1\times75.75\times(298-373)]J$$

$$= (2532 - 4.067\times10^4 - 5\,681)J$$

$$= -4.382\times10^4 J$$

因为题中过程是恒压变化，所以系统与环境交换的热为

$$Q_{sys} = Q_p = \Delta H = -4.382\times10^4 J$$

环境熵变为

$$\Delta S_{amb} = -\frac{Q_{sys}}{T_{amb}} = \left(\frac{4.382\times10^4}{298}\right)J\cdot K^{-1} = 147.05 J\cdot K^{-1}$$

隔离系统熵变为

$$\Delta S_{iso} = \Delta S_{sys} + \Delta S_{amb} = (-118.45 + 147.05)J\cdot K^{-1} = 28.60 J\cdot K^{-1}$$

因为 $\Delta S_{iso} = 28.60 J\cdot K^{-1} > 0$，所以相变为自发过程，是不可逆相变。

3.5　化学反应的标准摩尔反应熵变

如前所述，熵变等于可逆过程的热温商，而通常情况下给定条件下进行的化学反应都是不可逆的，化学反应的热效应当然就不是可逆热，因此，这样的反应热不能用来计算化学反应的熵变。要利用 $\mathrm{d}S = \dfrac{\delta Q_r}{T}$ 计算一定条件下不可逆化学反应的熵变，必须通过设计可逆途径，而可逆途径中的化学变化过程一定也应该是可逆的化学反应，如可以设计成可逆原电池反应（属于可逆的化学反应）。但是，若将所有的不可逆化学反应都进行可逆途径设计，不仅麻烦而且困难较大，因此，寻找方便快捷的计算化学反应熵变的途径成为必然。

热力学第三定律（the third law of themodynamics）的发现，确立了任何物质在各种状态下的规定熵（conventional entropy），为计算化学反应（不管是否可逆）的熵变提供了一条简便的途径。熵是状态函数，只与系统的始态和终态有关，其变化量 ΔS 等于终态的 S_2 减去始态的 S_1。对于化学反应而言，反应物相当于始态，产物则是终态，因此，化学反应的熵变等于产物的规定熵减去反应物的规定熵。

3.5.1　热力学第三定律

早在 1902 年，美国学者理查德（T. W. Richard，1868—1926）在研究低温下凝聚系统电池反应时发现，随着温度逐渐降低，凝聚系统恒温反应的熵变降低，当温度趋于 0K 时，熵变趋于最小。这一研究成果为热力学第三定律的提出提供了理论和实验准备。

在此基础上，德国物理学家能斯特应用热力学原理，对低温条件下凝聚系统物质的化学反应过程进行了深入、系统的研究，经过大量的实验，于 1906 年提出了一个基本假设：当温度趋近于 0K 时，凝聚系统恒温变化过程的熵变趋向于零，即

$$\lim_{T \to 0} \Delta_T S = 0 \tag{3-30}$$

上式称为能斯特热定理（Nernst heat theorem），能斯特热定理奠定了热力学第三定律的基础。

能斯特（W. H. Nernst，1864—1941）　德国卓越的化学家和物理学家。1886 年获维尔茨堡大学博士学位，1887 年在莱比锡大学做奥斯特瓦尔德的助手，后在多所大学执教。从 1905～1922 年，任柏林大学物理化学教授兼第二化学研究所所长。1924 年任柏林大学物理学教授和实验物理研究所所长，直到1934 年退休。1932 年当选为英国皇家学会会员。

能斯特主要从事电化学、热力学和光化学方面的研究，是电化学、溶液理论、低温物理和光化学等领域的奠基者之一。1888～1889 年他引入溶度积这一重要概念，用以解释沉淀平衡。同年，他提出了溶解压假说，导出了电极电势与溶液浓度的关系式，即能斯特方程，为用电化学的方法来测定热力学数据提供了理论依据。1906年，能斯特提出了热定理，即后来发展成为热力学第三定律，有效地解决了计算平衡常数的许多问题，并断言绝对零度不可能达到。1918 年他提出了光化学的链反应理论，用以解释氯化氢的光化学合成反应。能斯特因热化学研究方面的突出成就和对热力学第三定律的贡献而获 1920 年诺贝尔化学奖。他一生发表论文 157 篇，著书 14 本，最著名的为《理论化学》（1895）。

德国物理学家普朗克（M. Plank，1858—1947）全面分析了能斯特热定理，他根据状态函数的特点发展了能斯特热定理。普朗克敏锐地发现，既然熵是状态函数且只有 ΔS 才有意义，若选择 $T \to 0$ 时的 $S_0 = 0$，这对于计算变化过程的 ΔS 最为方便。因此，他于 1911 年提出了下列假定：0K 时，凝聚态纯物质的熵值等于零，即

$$\lim_{T \to 0} S^* (凝聚态) = 0$$

或

$$S^* (0K，凝聚态) = 0$$

这是普朗克关于热力学第三定律的最早说法，"＊"代表纯物质。

与能斯特说法相比，普朗克说法有两个显著优点：一是在 $T \to 0$ 时，能斯特认为所有凝聚态物质的熵变趋于零；而普朗克认为只有纯的凝聚态物质的熵值才趋于零，对于那些不纯物质，即便 $T \to 0$，由于混合使系统混乱程度增加，其熵值不为零，这与熵的物理意义是相符的。二是普朗克说法选定了物质的熵的基准态，给出了"绝对熵"的概念，为不可逆过程熵变的计算提供了一条捷径。因此，普朗克说法比能斯特说法前进了一大步，而且很明显，若普朗克的说法成立，则很方便就能推导出能斯特说法，反之却不能。

尽管如此，普朗克说法还是引起了当时科学家们的争论与质疑，因为一些纯固体在 $T \to 0$ 时熵值仍然大于零而不等于零，但是普朗克说法对这一现象没有给出合理解释，这是热力学第三定律的普朗克说法的不足之处。在普朗克说法的基础上，为解决一些纯物质在 $T \to 0$ 时 $S > 0$ 的实验事实，路易斯和吉布森在 1920 年用"完美晶体"的概念对热力学第三定律进行了更加科学、严谨的表述，即"0K 时，纯物质完美晶体的熵值等于零"，用数学式表示为

$$\lim_{T \to 0} S^* (完美晶体) = 0$$

或

$$S^* (0K，完美晶体) = 0 \tag{3-31}$$

这种说法是热力学第三定律第一次被科学家们都认为满意的表述，以至于成了现在最普遍的说法。

这里的"完美晶体"，也称为理想晶体，是指没有任何缺陷的规则晶体，即构成晶体的所有质点都处于最低能级且规则地排列在完全有规律的点阵结构中，形成空间排布只有一种方式的晶体。从微观统计角度看，这种"完美晶体"的微观状态数，即热力学概率 $\Omega = 1$，根据玻尔兹曼熵定律得

$$S = k \ln \Omega = k \ln 1 = 0$$

即，此时的熵值为零。例如，一氧化碳分子晶体中若都按照 COCOCO… 或 OCOCOC… 的规则顺序排列，它就是完美晶体，在 $T \to 0$ 时，其熵值为零；一旦晶体中有分子出现反向排列，如 COCOOC… 或 OCCOOC… 等，系统的混乱程度就会增加，在 $T \to 0$ 时，这种晶体的熵值比完美晶体的熵值大，不再为零。

3.5.2　规定熵与物质的标准摩尔熵

由热力学第三定律可知，0K 时纯物质完美晶体的熵值为零，以此为基准，可以求出一定量的该物质在给定状态（T，p）时的熵值，称为该物质在此状态下的规定熵，也称为第三定律熵。1mol 纯物质在标准状态下（$p = 100\text{kPa}$）、温度为 T 时的规定熵，称为该物质在

温度为 T 时的标准摩尔熵（standard molar entropy），记为 $S_m^{\ominus}(T)$。

现以 $p = 101.325\text{kPa}$ 下 1mol 的 B 物质为例，将温度为 0K 的完美晶体经过下列过程，变为温度为 298K、标准状态下的理想气体，讨论理想气体 B 的 $S_m^{\ominus}(298\text{K})$ 计算方法。假设固体变化过程没有晶型转变。

$$B(s) \xrightarrow{\Delta S_1} B(s) \xrightarrow{\Delta S_2} B(s) \xrightarrow{\Delta S_3} B(l) \xrightarrow{\Delta S_4} B(l)$$

$$\begin{array}{ccccc} 0\text{K} & 15\text{K} & T_f & T_f & T_b \\ p & p & p & p & p \end{array}$$

$$\xrightarrow{\Delta S_5} B(g) \xrightarrow{\Delta S_6} B(pg) \xrightarrow{\Delta S_7} B(pg) \xrightarrow{\Delta S_8} B(pg)$$

$$\begin{array}{cccc} T_b & T_b & T_b & 298\text{K} \\ p & p & p^{\ominus} & p^{\ominus} \end{array}$$

式中，T_f 代表固体 B 的正常熔点温度；T_b 代表正常沸点温度；pg 代表理想气体。

根据热力学第三定律，$S_m^*(B,0\text{K}) = 0$，所以理想气体 B 在 298K 时的标准摩尔熵等于八步变化过程熵变之和

$$S_m^{\ominus}(298\text{K}) = \Delta S_1 + \Delta S_2 + \Delta S_3 + \Delta S_4 + \Delta S_5 + \Delta S_6 + \Delta S_7 + \Delta S_8$$

第一步，固体在压力 p 下由 0K 升温到 15K，因温度极低实验测定困难，缺乏 15K 以下的热容数据，人们习惯用德拜（Debye）公式计算 0～15K 的热容，即

$$C_{p,m} \approx C_{V,m} = aT^3$$

式中，a 为物质的特征常数。因此，有

$$\Delta S_1 = \int_{0\text{K}}^{15\text{K}} aT^2 dT$$

第二步，固体在恒压 p 下由 15K 升温到熔点温度 T_f，其熵变为

$$\Delta S_2 = \int_{15\text{K}}^{T_f} \frac{C_{p,m,s}}{T} dT$$

第三步，固体在恒压 p、恒温 T_f 下熔化为同温、同压下的液体，其熵变为

$$\Delta S_3 = \frac{\Delta_s^l H_m}{T_f}$$

第四步，在恒压 p 下液体由 T_f 升温到沸点温度 T_b，过程的熵变为

$$\Delta S_4 = \int_{T_f}^{T_b} \frac{C_{p,m,l}}{T} dT$$

第五步，液体在恒压 p、恒温 T_b 下汽化为同温、同压下的气体，其熵变为

$$\Delta S_5 = \frac{\Delta_l^g H_m}{T_b}$$

第六步，在恒压 p、恒温 T_b 下实际气体变为理想气体，过程的熵变计算方法参见 3.8 节例 3-18。

第七步，恒温 T_b 下理想气体由压力 p 变为 $p^{\ominus}$，过程的熵变为

$$\Delta S_7 = R\ln \frac{p}{p^{\ominus}}$$

第八步，恒压 $p^{\ominus}$ 下理想气体由温度 T_b 变为 298K，过程的熵变为

$$\Delta S_8 = \int_{T_b}^{298K} \frac{C_{p,m,pg}}{T} dT$$

3.5.3 化学反应的标准摩尔反应熵变

理论上可以运用热力学第三定律，计算任意物质在给定状态（T，p）时的规定熵，从上面的介绍可以发现，这样处理相当麻烦。各种物质在标准态、298K 时的标准摩尔熵的数据能够从书后附录或化工手册中查到，若再有了物质的 $C_{p,m}$ 值数据及状态发生变化时的途径方程，就可以把标准态、298K 时的状态作为始态，通过计算变化过程的熵变，利用 $\Delta S = S_2 - S_1$ 算出物质在任意温度或压力下的熵值 S_2，进一步可以计算任何条件下化学反应的熵变。例如，任意物质 B 在恒定压力 $p^\ominus$ 下，温度由 298K 变化到任意 T 时，即

$$B(p^\ominus, 298K) \xrightarrow{\Delta S_m} B(p^\ominus, T)$$
$$S_m^\ominus(298K) \qquad\qquad S_m^\ominus(T)$$

过程的熵变为

$$S_m^\ominus(T) - S_m^\ominus(298K) = \Delta S_m = \int_{298K}^{T} \frac{C_{p,m}}{T} dT$$

则

$$S_m^\ominus(T) = S_m^\ominus(298K) + \int_{298K}^{T} \frac{C_{p,m}}{T} dT \tag{3-32}$$

上式是由物质 B 的 $S_m^\ominus(298K)$ 和 $C_{p,m}$ 数据计算任意温度 T 时的标准摩尔熵公式。

对于任意的化学反应

$$a A + d D + \cdots = e E + f F + \cdots$$

若在 298K 且各组分均处于标准状态下进行，完成 1mol 反应进度时，对应的熵变为标准摩尔反应熵变，它可以直接利用 298K 时各物质的 $S_m^\ominus$ 进行计算，即

$$\Delta_r S_m^\ominus = [e S_m^\ominus(E) + f S_m^\ominus(F) + \cdots] - [a S_m^\ominus(A) + d S_m^\ominus(D) + \cdots]$$
$$= \sum_B \nu_B S_m^\ominus(B) \tag{3-33}$$

上式表明，298K 下化学反应标准摩尔反应熵变等于产物（终态）的标准摩尔熵代数和减去反应物（始态）的标准摩尔熵代数和。

若化学反应

$$a A + d D + \cdots = e E + f F + \cdots$$

在标准状态下的任意温度 T 下恒温进行，要计算此时化学反应的熵变 $\Delta_r S_m^\ominus(T)$，可以由式（3-32）先计算出反应方程式中各物质的 $S_m^\ominus(T)$，然后再用 T 温度时产物的标准摩尔熵代数和减去反应物的标准摩尔熵代数和，即

$$\Delta_r S_m^\ominus(T) = [e S_m^\ominus(E,T) + f S_m^\ominus(F,T) + \cdots] - [a S_m^\ominus(A,T) + d S_m^\ominus(D,T) + \cdots]$$
$$= \Delta_r S_m^\ominus(298K) + \int_{298K}^{T} \frac{\Delta_r C_{p,m}}{T} dT \tag{3-34}$$

式中

$$\Delta_r C_{p,m} = [eC_{p,m}(E) + fC_{p,m}(F) + \cdots] - [aC_{p,m}(A) + dC_{p,m}(D) + \cdots]$$

$$= \sum_B \nu_B C_{p,m}(B) \tag{3-35}$$

【例 3-10】 对于反应

$$CO(g) + \frac{1}{2}O_2(g) \longrightarrow CO_2(g)$$

已知 $O_2(g)$、$CO(g)$、$CO_2(g)$ 在 298 时的 $S_m^\ominus$ 分别为 205.14J·mol⁻¹·K⁻¹、197.67J·mol⁻¹·K⁻¹ 和 213.74 J·mol⁻¹·K⁻¹，若它们的定压摩尔热容与温度的函数关系即 $C_{p,m} = f(T)$，分别为 $(28.17 + 6.30 \times 10^{-3} T/K)$、$(26.54 + 7.68 \times 10^{-3} T/K)$ 和 $(26.75 + 42.26 \times 10^{-3} T/K)$ J·mol⁻¹·K⁻¹。试求 500K 时反应的标准摩尔反应熵变 $\Delta_r S_m^\ominus(500K)$。

解 298K 时反应的标准摩尔熵变为

$$\Delta_r S_m^\ominus(298K) = S_m^\ominus(CO_2) - S_m^\ominus(CO) - \frac{1}{2}S_m^\ominus(O_2)$$

$$= \left(213.74 - 197.67 - \frac{1}{2} \times 205.14\right) \text{J·mol}^{-1}\text{·K}^{-1}$$

$$= -86.50 \text{J·mol}^{-1}\text{·K}^{-1}$$

反应的热容差为

$$\Delta_r C_{p,m} = C_{p,m,CO_2(g)} - C_{p,m,CO(g)} - \frac{1}{2}C_{p,m,O_2(g)}$$

$$= [-13.88 + 31.43 \times 10^{-3}(T/K)] \text{J·mol}^{-1}\text{·K}^{-1}$$

500K 时化学反应的标准摩尔焓变

$$\Delta_r S_m^\ominus(500K) = \Delta_r S_m^\ominus(298K) + \int_{298K}^{500K} \frac{\Delta_r C_p}{T} dT$$

$$= \left(-86.50 + \int_{298K}^{500K} \frac{-13.88 + 31.43 \times 10^{-3} T}{T} dT\right) \text{J·mol}^{-1}\text{·K}^{-1}$$

$$= -88.33 \text{J·mol}^{-1}\text{·K}^{-1}$$

3.6 亥姆霍斯函数与吉布斯函数

熵函数的引入和克劳修斯不等式的建立，成功开启了判断过程的方向与限度之门。在隔离系统中应用克劳修斯不等式，所得到的熵判据（又称熵增原理），可以方便地判断出过程是自发进行还是处于平衡状态。但是，大多数情况下，很多化学反应和变化过程往往是在恒温、恒容或恒温、恒压条件下进行的，这些并不是隔离系统，若再应用熵判据就要构建一个假想的隔离系统，这样除了要计算系统的熵变外，还要计算环境的熵变，极不方便。因此，有必要引入新的热力学函数，以期只需通过系统自身的这种新函数的变化值，就可以判断特定条件下过程的方向与限度，而无需考虑环境的变化因素。为此，亥姆霍兹和吉布斯从克劳修斯不等式出发，结合热力学第一定律，利用特定的条件，定义了两个新的热力学状态函数——亥姆霍兹函数 A 和吉布斯函数 G。

3.6.1 亥姆霍斯函数

根据热力学第二定律的数学表达式

$$\mathrm{d}S \geqslant \frac{\delta Q}{T} \quad (\text{">" 为"不可逆","=" 为"可逆"})$$

将热力学第一定律的数学表达式改写为 $\delta Q = \mathrm{d}U - \delta W$，代入上式，得

$$\mathrm{d}S \geqslant \frac{\mathrm{d}U - \delta W}{T} \quad (\text{">" 为"不可逆","=" 为"可逆"})$$

两边同时乘以 T，因为过程是恒温的，整理可以得

$$\mathrm{d}(U - TS) \leqslant \delta W \quad (\text{"<" 为"不可逆","=" 为"可逆"})$$

由于 U、T、S 均为状态函数，因而（$U - TS$）也是状态函数，定义

$$A = U - TS \tag{3-36}$$

A 称为亥姆霍兹函数，是系统的状态函数，它与物质的量有关，是广度性质，SI 制单位为 J。则

$$\mathrm{d}A_T \leqslant \delta W \quad (\text{"<" 为"不可逆","=" 为"可逆"}) \tag{3-37}$$

或

$$\triangle A_T \leqslant W \quad (\text{"<" 为"不可逆","=" 为"可逆"}) \tag{3-38}$$

式中，W 包括体积功 $\left(\int_{V_1}^{V_2} - p_{\mathrm{amb}} \mathrm{d}V \right)$ 和非体积功 W' 两部分。为方便讨论，下面对式(3-38)进行阐述，其结论对式(3-37) 同样适用。

对于 $W' = 0$ 的封闭系统中进行的恒温变化过程，若恒容，则体积功 $\int_{V_1}^{V_2} - p_{\mathrm{amb}} \mathrm{d}V = 0$，那么式(3-38) 变为

$$\triangle A_{T,V} \leqslant 0 \quad (\text{"<" 为"不可逆","=" 为"可逆"}) \tag{3-39}$$

上式表明，在非体积功为零、恒温、恒容的条件下，封闭系统中自发进行的过程，其亥姆霍兹函数减小，即 $\triangle A_{T,V} < 0$；而平衡过程，其亥姆霍兹函数不变，即 $\triangle A_{T,V} = 0$。这样只需要由系统状态函数的变化值 $\triangle A$ 而不需要考虑环境的变化，就能直接判断非体积功为零、恒温、恒容时过程的方向与限度，比熵判据方便。

若系统在非体积功为零、恒温、恒容条件下进行微小的变化，则

$$\mathrm{d}A_{T,V} \leqslant 0 \quad (\text{"<" 为"不可逆","=" 为"可逆"}) \tag{3-40}$$

式(3-39) 和式(3-40) 称为亥姆霍兹函数判据。

对于 $W' = 0$ 的恒温变化过程（但不恒容），式(3-38) 中的 W 仅仅是体积功，当过程可逆时，必然有

$$\triangle A_T = W_{\mathrm{r}} \tag{3-41}$$

显然，$W' = 0$ 的恒温变化过程（未必是可逆过程），系统的亥姆霍兹函数的增量等于恒温可逆过程的体积功。由于在所有恒温变化过程中，恒温可逆过程系统对环境做的功最大（参见 2.3 节），故 $\triangle A_T$ 体现了 $W' = 0$ 时系统进行恒温变化时所具有的对外做功的最大能力。这正是亥姆霍兹函数的物理意义之所在。

对于 $W' \neq 0$ 的恒温、恒容变化过程，因为体积功为零，式(3-38) 中的 W 只有非体积功 W' 一项，若过程可逆，则

$$\triangle A_{T,V} = W'_{\mathrm{r}} \tag{3-42}$$

此式表明，亥姆霍兹函数的增量 $\Delta A_{T,V}$ 表示在恒温、恒容变化过程中系统所具有的对外做非体积功的最大能力。

　　亥姆霍兹（H. Helmholtz，1821—1894）　德国物理学家、生理学家。1821年 10 月 31 日生于柏林波茨坦的一个中学教师家庭，1842 年获医学博士学位。1848 年起，在多所大学担任生理学和解剖学的教学工作。1860 年他被选为英国皇家学会会员，并获该会 1873 年度科普利奖章。1870 年成为普鲁士科学学会会员，1871 年任柏林大学物理学教授，1877 年荣任柏林大学校长，1888 年任新成立的夏洛特堡帝国物理学工程研究所的第一任主席。他的研究领域广泛，在科学界最负盛名的成就是他与梅耶尔和焦耳共同成为热力学第一定律的奠基人。

3.6.2　吉布斯函数

　　结合热力学第一定律和热力学第二定律的数学表达式，上面我们已经导出了恒温变化过程

$$\mathrm{d}(U - TS) \leqslant \delta W \quad (\text{“}<\text{”为“不可逆”，“}=\text{”为“可逆”})$$

也指出式中 δW 包括体积功和非体积功两部分，即 $\delta W = -p_{\mathrm{amb}}\mathrm{d}V + \delta W'$，代入上式得

$$\mathrm{d}(U - TS) \leqslant -p_{\mathrm{amb}}\mathrm{d}V + \delta W' \quad (\text{“}<\text{”为“不可逆”，“}=\text{”为“可逆”})$$

恒压变化过程，应满足 $p_{\mathrm{amb}} = p_1 = p_2 = p =$ 常数，代入上式

$$\mathrm{d}(U + pV - TS) \leqslant \delta W' \quad (\text{“}<\text{”为“不可逆”，“}=\text{”为“可逆”})$$

即

$$\mathrm{d}(H - TS) \leqslant \delta W' \quad (\text{“}<\text{”为“不可逆”，“}=\text{”为“可逆”})$$

由于 H、T、S 都是状态函数，因而 $(H - TS)$ 也是状态函数，定义

$$G = H - TS \tag{3-43}$$

　　G 称为吉布斯函数，与亥姆霍兹函数一样，吉布斯函数也是系统的状态函数，它与物质的量有关，是广度性质，SI 制单位为 J。则

$$\mathrm{d}G_{T,p} \leqslant \delta W' \quad (\text{“}<\text{”为“不可逆”，“}=\text{”为“可逆”}) \tag{3-44}$$

或

$$\Delta G_{T,p} \leqslant W' \quad (\text{“}<\text{”为“不可逆”，“}=\text{”为“可逆”}) \tag{3-45}$$

式（3-45）表明，恒温、恒压下的 ΔG 是系统对外做非体积功的最大限度，这个最大限度在可逆途径中得以实现。可见，恒温、恒压下的可逆过程，系统吉布斯函数的变化值等于系统对外所做的非体积功，即

$$\Delta G_{T,p} = W'_{\mathrm{r}} \tag{3-46}$$

这是第 10 章中连接可逆原电池热力学与原电池电动势关系的桥梁公式，极其重要。

　　当 $W' = 0$，式（3-44）和式（3-45）对应变为

$$\mathrm{d}G_{T,p} \leqslant 0 \quad (\text{“}<\text{”为“不可逆”，“}=\text{”为“可逆”}) \tag{3-47}$$

或

$$\Delta G_{T,p} \leqslant 0 \quad (\text{“}<\text{”为“不可逆”，“}=\text{”为“可逆”}) \tag{3-48}$$

式（3-47）和式（3-48）称为吉布斯函数判据。这两式表明，在非体积功为零、恒温、恒压的

条件下，封闭系统中进行的过程，可以像亥姆霍兹函数判据一样，不需考虑环境变化因素，直接由系统状态函数的变化值 ΔG 判断过程进行的可能性：在 $W'=0$、恒温、恒压的条件下，自发过程朝着系统吉布斯函数减小的方向进行，当吉布斯函数不再变化时，系统进行的程度达到最大限度、处于平衡状态，不可能发生吉布斯函数增加的过程。

由吉布斯函数和亥姆霍兹函数定义可以发现，两种函数之间存在内在联系，因为

$$G-A = (H-TS)-(U-TS) = H-U = pV$$

所以

$$G = A + pV \tag{3-49}$$

吉布斯（J. W. Gibbs，1839—1903）　美国物理化学家、数学物理学家。吉布斯出生于康涅狄克州，1854 年入耶鲁学院学习，并于 1858 年以极其优秀的成绩毕业，1863 年在耶鲁学院获得美国第一个工程学博士学位。1866 年吉布斯前往巴黎、柏林、海德堡各学习一年，卡尔·魏尔施特拉斯、基尔霍夫、克劳修斯和亥姆霍兹等大师开设的课程让他受益匪浅。1869 年吉布斯返回耶鲁，1871 年成为耶鲁学院数学物理学教授，是全美第一个这一学科的教授，在这一职位上工作到 1903 年逝世。1876 年吉布斯在康涅狄克科学院学报上发表了奠定化学热力学基础的经典之作《论非均相物体的平衡》的第一部分，1878 年完成了第二部分，被认为是化学史上最重要的论文之一，其中提出了吉布斯自由能、化学势等概念，阐明了化学平衡、相平衡、表面吸附等现象的本质。1889 年之后吉布斯撰写了一部关于统计力学的经典教科书《统计力学的基本原理》，从而将热力学建立在了统计力学的基础之上。1901 年吉布斯获得当时的科学界最高奖赏柯普利奖章。奥斯特瓦尔德认为"无论从形式还是内容上，吉布斯赋予了物理化学整整一百年。"

3.7　ΔA 与 ΔG 的计算

依据 $A = U - TS$ 和 $G = H - TS$，一个过程的 ΔA 和 ΔG 分别为

$$\Delta A = \Delta U - \Delta(TS) \tag{3-50}$$

$$\Delta G = \Delta H - \Delta(TS) \tag{3-51}$$

从上面两式可以看出，ΔA 和 ΔG 的计算要涉及 ΔS 的计算，而熵变等于可逆过程的热温商。因此，常常需在给定的始态和终态之间，借助可逆途径的设计完成 ΔA 和 ΔG 的计算。又因为 $G = A + pV$，所以可以优先算出过程的 ΔG，然后再利用 $\Delta A = \Delta G - \Delta(pV)$ 计算出 ΔA。

现在分别对单纯 pVT 变化过程、相变过程和化学反应过程的 ΔA 和 ΔG 的计算，逐一进行介绍。

3.7.1　单纯 pVT 变化过程的 ΔA 与 ΔG

单纯 pVT 变化过程 ΔA 和 ΔG 的计算可以分为恒温变化过程和变温变化过程两大类。先讨论恒温变化过程。

（1）单纯 pVT 恒温过程

对于在 $W'=0$ 的封闭系统中进行的理想气体恒温变化，因为 $\Delta T=0$，故 $\Delta U=0$，$\Delta H=0$，则

$$\Delta A = \Delta G = -T\Delta S = -Q_r = W_r = -nRT\ln\frac{V_2}{V_1} = nRT\ln\frac{p_2}{p_1} \tag{3-52}$$

理想气体恒温变化，ΔA 和 ΔG 也可以用下列方法计算。因为是封闭系统中进行的理想气体恒温变化，所以 $pV = nRT =$ 常数，则有 $\mathrm{d}(pV) = 0$，即 $-p\mathrm{d}V = V\mathrm{d}p$，因为

$$\mathrm{d}G = \mathrm{d}A = -T\mathrm{d}S = -T\frac{\delta Q_r}{T} = -\delta Q_r = \delta W_r = -p\mathrm{d}V = V\mathrm{d}p$$

所以

$$\Delta G = \int_{p_1}^{p_2} V\mathrm{d}p \tag{3-53}$$

式(3-53)尽管由理想气体恒温变化过程导出，但它同样适用于 $W' = 0$ 的封闭系统中非理想气体和凝聚态物质，进行单纯 pVT 恒温变化过程时 ΔA 和 ΔG 的计算，这一点可以从后面 3.8 节中热力学基本方程得到证明。

【**例 3-11**】 2mol 理想气体在 300K 下，由始态 200kPa 经真空自由膨胀到原体积的 2 倍，求过程的 ΔA 和 ΔG。

解 这是一个理想气体恒温变化过程，所以

$$\Delta A = \Delta G = -nRT\ln\frac{V_2}{V_1} = \left(-2\times8.314\times300\times\ln\frac{2}{1}\right)\mathrm{J} = -3458\mathrm{J}$$

(2) 单纯 pVT 变温过程

对于单纯 pVT 的变温过程，一般都用式(3-50)和式(3-51)来计算 ΔA 和 ΔG，而式中的 $\Delta(TS) = T_2 S_2 - T_1 S_1$。变温过程中常常会给出始态或终态之一的规定熵（或规定摩尔熵），在计算出过程的 ΔS 后，利用 $\Delta S = S_2 - S_1$ 便能确定 S_1 或 S_2。

【**例 3-12**】 在 3.4 节的例 3-2 中，若给出始态单原子理想气体 S_m 为 114.71 $\mathrm{J \cdot mol^{-1} \cdot K^{-1}}$。计算过程的 ΔA 和 ΔG。

解 始态的规定熵为 $S_1 = nS_m = (2\times114.71)\mathrm{J \cdot K^{-1}} = 229.42\mathrm{J \cdot K^{-1}}$

由例 3-2 得 $\Delta S = 38.92\mathrm{J \cdot K^{-1}}$，所以终态的规定熵为

$$S_2 = S_1 + \Delta S_1 = (229.42 + 38.92)\mathrm{J \cdot K^{-1}} = 268.33\mathrm{JVK^{-1}}$$

则

$$\Delta(TS) = T_2 S_2 - T_1 S_1 = (900\times268.33 - 300\times229.42)\mathrm{J} = 17.27\times10^4\mathrm{J}$$

由例 3-2 得 $\Delta U = 1.50\times10^4\mathrm{J}$，过程的亥姆霍兹函数变化为

$$\Delta A = \Delta U - \Delta(TS) = (1.50\times10^4 - 17.27\times10^4)\mathrm{J} = -15.77\times10^4\mathrm{J}$$

由例 3-2 得 $\Delta H = 2.49\times10^4\mathrm{J}$，过程的吉布斯函数变化为

$$\Delta G = \Delta H - \Delta(TS) = (2.49\times10^4 - 17.27\times10^4)\mathrm{J} = -14.78\times10^4\mathrm{J}$$

3.7.2 相变过程的 ΔA 与 ΔG

相变可以分为可逆相变和不可逆相变，若相变过程在恒温下进行，在计算出过程的 ΔU、ΔH 和 ΔS 后，可以用式 $\Delta A = \Delta U - T\Delta S$ 及 $\Delta G = \Delta H - T\Delta S$ 计算相变过程的 ΔA 和 ΔG。

【**例 3-13**】 结合 2.9 节例 2-6 的中 ΔU 和 ΔH 计算结果，计算 3.4 节例 3-8 中的 ΔA 与 ΔG。

解 在 3.4 节例 3-8 中两条途径的始态和终态相同，A 函数和 G 函数是状态函数，因此它们的 ΔA 和 ΔG 应该是一样的。由 2.9 节例 2-6 得

$$\Delta U = 7.514 \times 10^4 \text{J}, \Delta H = 8.134 \times 10^4 \text{J}$$

由 3.4 节例 3-8 得

$$\Delta S = 218.07 \text{J} \cdot \text{K}^{-1}$$

因此

$$\Delta A = \Delta U - T\Delta S = (7.514 \times 10^4 - 373 \times 218.04)\text{J} = -6.2 \times 10^3 \text{J}$$

$$\Delta G = \Delta H - T\Delta S = (8.134 \times 10^4 - 373 \times 218.04)\text{J} = 0$$

题中相变途径（1）是恒温、恒压条件下的相变，且 $W' = 0$，符合吉布斯函数判据适用条件。因为计算所得 $\Delta G = 0$，所以途径（1）是可逆相变，这与熵判据的结果是一致的。途径（2）虽然 $\Delta G = 0$ 且恒温，但由于真空汽化不是恒压变化，因此，不能使用吉布斯函数判据，只能用熵判据判断过程的方向性，例 3-8 中已经判断出途径（2）是不可逆相变。

【例 3-14】 结合 2.9 节例 2-7 的中 ΔU 和 ΔH 计算结果，计算 3.4 节例 3-9 中的 ΔA 和 ΔG。

解 由 2.9 节例 2-7 得

$$\Delta U = -4.134 \times 10^4 \text{J}, \Delta H = -4.382 \times 10^4 \text{J}$$

由 3.4 节例 3-9 得

$$\Delta S = -118.45 \text{J} \cdot \text{K}^{-1}$$

因此

$$\Delta A = \Delta U - T\Delta S = (-4.134 \times 10^4 + 298 \times 118.45)\text{J} = -6.04 \times 10^3 \text{J}$$

$$\Delta G = \Delta H - T\Delta S = (-4.382 \times 10^4 + 298 \times 118.45)\text{J} = -8.52 \times 10^3 \text{J}$$

因为是恒温、恒压且 $W' = 0$ 的相变，过程的 $\Delta G = -8.52 \times 10^3 \text{J} < 0$，因此，根据吉布斯函数判据，过程自发进行，是不可逆相变。

在 3.4 节例 3-9 中水在 298K 时的平衡压力为 3.167kPa，可以通过设计下列可逆途径，直接计算 ΔA 和 ΔG。

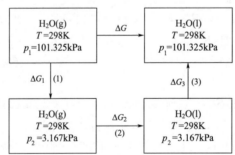

过程（1）是理想气体恒温变压，由式（3-53）得

$$\Delta G_1 = \int_{p_1}^{p_2} V_g \mathrm{d}p$$

过程（2）是在 298K 及其平衡压力 3.167kPa 下的恒温、恒压可逆相变过程，故

$$\Delta G_2 = 0$$

过程（3）是液体恒温变压，同样可以根据式（3-53）得

$$\Delta G_3 = \int_{p_2}^{p_1} V_l \mathrm{d}p$$

则

$$\Delta G = \Delta G_1 + \Delta G_2 + \Delta G_3 = \int_{p_1}^{p_2} V_g \mathrm{d}p + \int_{p_2}^{p_1} V_l \mathrm{d}p = \int_{p_1}^{p_2} (V_g - V_l) \mathrm{d}p$$

因为 $V_g \gg V_l$ ，所以

$$\Delta G = \int_{p_1}^{p_2} V_g \, dp = \int_{p_1}^{p_2} \frac{nRT}{p} \, dp = nRT \ln \frac{p_2}{p_1}$$

$$= \left(1 \times 8.314 \times 298 \times \ln \frac{3.167}{101.325}\right) J$$

$$= -8.59 \times 10^3 J$$

$$\Delta A = \Delta G - \Delta(pV) = \Delta G - p_1(V_1 - V_g) \approx \Delta G + p_1 V_g = \Delta G + nRT$$

$$= (-8.59 \times 10^3 + 1 \times 8.314 \times 298) J$$

$$= -6.11 \times 10^3 J$$

可见，两种计算方法所得结果是相同的。

3.7.3 化学反应的 △A 与 △G

对于恒温、标准态下进行的化学反应

$$a\mathrm{A} + d\mathrm{D} + \cdots = e\mathrm{E} + f\mathrm{F} + \cdots$$

其吉布斯函数的变化值为

$$\Delta_r G_m^\ominus(T) = \Delta_r H_m^\ominus(T) - T\Delta_r S_m^\ominus(T) \tag{3-54}$$

式中，化学反应的标准摩尔焓变 $\Delta_r H_m^\ominus(T)$ 和标准摩尔熵变 $\Delta_r S_m^\ominus(T)$ 的计算，可以参考前面的介绍。

同时，与利用物质的标准摩尔生成焓 $\Delta_f H_m^\ominus(\mathrm{B})$ 计算化学反应的标准摩尔反应焓变 $\Delta_r H_m^\ominus$ 一样，可以引入物质的标准摩尔生成吉布斯函数概念，以计算化学反应的标准摩尔吉布斯函数变化值。

在温度为 T 的标准态下，由稳定的单质生成单位物质的量的 β 相态的化合物 B 时，化学反应的吉布斯函数变化，称为化合物B（β ）在温度 T 时的标准摩尔生成吉布斯函数，用 $\Delta_f G_m^\ominus(\mathrm{B},\beta,T)$ 表示，它的 SI 制单位为 $J \cdot mol^{-1}$ 。明显地，稳定相态单质的 $\Delta_f G_m^\ominus(\mathrm{B}) = 0$ ，常见物质在 298K 时的 $\Delta_f G_m^\ominus(\mathrm{B}, 298K)$ 数据，可从书中附录或化工手册中查到。由物质的 $\Delta_f G_m^\ominus(\mathrm{B}, 298K)$ ，可以直接通过下式计算化学反应在 298K 时的 $\Delta_r G_m^\ominus(298K)$ 。

$$\Delta_r G_m^\ominus(298K) = \left[e\Delta_f G_m^\ominus(\mathrm{E}) + f\Delta_f G_m^\ominus(\mathrm{F}) + \cdots\right] - \left[a\Delta_f G_m^\ominus(\mathrm{A}) + d\Delta_f G_m^\ominus(\mathrm{D}) + \cdots\right]$$

即

$$\Delta_r G_m^\ominus(298K) = \sum_B \nu_B \Delta_f G_m^\ominus(\mathrm{B}, 298K) \tag{3-55}$$

上式表明，298K 时化学反应的标准摩尔吉布斯函数的变化值，等于该温度下产物的标准摩尔生成吉布斯函数的代数和减去反应物的标准摩尔生成吉布斯函数的代数和。

任意温度 T 时化学反应的 $\Delta_r G_m^\ominus(T)$ 的计算，除了用式(3-54) 外，还可以参考前面介绍的计算 $\Delta_r H_m^\ominus(T)$ 和 $\Delta_r S_m^\ominus(T)$ 时所用的方法。

另外，若几个化学反应有内在的联系，即可以进行代数运算，效仿运用盖斯定律计算化学反应焓变的方法，计算化学反应的 $\Delta_r G_m^\ominus$ 。这将在第 5 章作详细介绍。

计算得到了化学反应的 $\Delta_r G_m^\ominus$ ，可以通过下式计算化学反应的标准摩尔亥姆霍兹函数变化值，即

$$\Delta_r A_m^\ominus = \Delta_r G_m^\ominus - \Delta_r (pV) \tag{3-56}$$

若是恒温反应，则

$$\Delta_r A_m^\ominus = \Delta_r G_m^\ominus - \sum_B \nu_{B,g} RT \tag{3-57}$$

3.8　热力学基本方程式与麦克斯韦关系式

在前面所讨论的热力学函数中，除了热 Q 和体积功 W 是途径函数外，其余的都是状态函数，如 p、V、T 和 U、H、S、A、G 等。所列举的前三个热力学状态函数，都可以用实验手段直接测定，而后面五个热力学状态函数则无法直接测定。从后五个热力学状态函数的用途来看，U 和 H 主要用于系统能量之间转化的计算，S、A 和 G 致力于判断过程的方向和限度。

热力学能 U 和熵 S 分别是热力学第一定律和热力学第二定律的必然产物，它们具有明确的物理意义。而热力学状态函数 H、A 和 G，都是为了处理问题的方便，由相应的状态函数 p、V、T、U 和 S 组合、定义而成，没有任何物理意义。但是，在特定的条件下，当系统状态发生改变时，这些组合而成的状态函数的变化量 ΔH、ΔA 和 ΔG 等于过程的热、体积功和非体积功，并表现出明确的物理意义。因此，寻找出各函数之间的内在联系，特别是如能用可以直接测定的函数表述出不可直接测定的函数的变化量，对处理具体问题意义重大，所以确立函数之间的关系极为必要。

若 z 是以 x，y 为独立变量的函数，即 $z=z(x,y)$，其全微分为

$$dz = \left(\frac{\partial z}{\partial x}\right)_y dx + \left(\frac{\partial z}{\partial y}\right)_x dy = M dx + N dy$$

$M = \left(\frac{\partial z}{\partial x}\right)_y$，$N = \left(\frac{\partial z}{\partial y}\right)_x$ 称为系数，同样是 x，y 的函数，则

$$\left(\frac{\partial M}{\partial y}\right)_x = \left[\frac{\partial}{\partial y}\left(\frac{\partial z}{\partial x}\right)_y\right]_x，\left(\frac{\partial N}{\partial x}\right)_y = \left[\frac{\partial}{\partial x}\left(\frac{\partial z}{\partial y}\right)_x\right]_y$$

因为

$$\frac{\partial^2 z}{\partial x \partial y} = \left[\frac{\partial}{\partial x}\left(\frac{\partial z}{\partial y}\right)_x\right]_y = \left[\frac{\partial}{\partial y}\left(\frac{\partial z}{\partial x}\right)_y\right]_x$$

所以

$$\left(\frac{\partial M}{\partial y}\right)_x = \left(\frac{\partial N}{\partial x}\right)_y$$

这些数学知识是讨论热力学函数对应系数关系式和麦克斯韦关系式的基础。

3.8.1　热力学基本方程式

在组成不变的封闭系统中，发生一个 $\delta W' = 0$ 的、微小的可逆变化过程，其热力学第一定律表达式为

$$dU = \delta Q_r + \delta W_r = \delta Q_r - p dV$$

根据热力学第二定律，可逆过程的热为

$$\delta Q_r = T dS$$

所以

$$dU = TdS - pdV \tag{3-58}$$

由焓的定义式 $H = U + pV$ 得

$$dH = dU + d(pV) = dU + pdV + Vdp$$

将式(3-58) 代入上式，整理得

$$dH = TdS + Vdp \tag{3-59}$$

由亥姆霍兹函数的定义式 $A = U - TS$ 得

$$dA = dU - d(TS) = dU - TdS - SdT$$

将式(3-58) 代入上式，整理得

$$dA = -SdT - pdV \tag{3-60}$$

由吉布斯函数的定义式 $G = H - TS$ 得

$$dG = dH - d(TS) = dH - TdS - SdT$$

将式(3-59) 代入上式，整理得

$$dG = -SdT + Vdp \tag{3-61}$$

式(3-58)～式(3-61) 四个公式称为热力学基本方程。其中，式(3-58)是热力学第一定律和热力学第二定律的联合公式，包含了热力学第一定律和热力学第二定律的基本原理，正因为如此，它是四个热力学基本方程中最基本的。

式(3-59) ～式(3-61) 三个热力学基本方程是由式(3-58) 衍生得出，因此，它们与最基本的热力学方程的适用条件是相同的。尽管在导出式(3-58) 这个热力学基本方程时，引用了"组成不变的封闭系统、$\delta W' = 0$ 和可逆变化"三个条件，但是四个基本方程中的 p、V、T、S、U、H、A、G 都是状态函数，状态函数的变化量只取决于始态、终态。所以，在应用热力学基本方程计算状态函数的变化量时，只有前两个条件是必不可少的，而与过程是否可逆无关。但只有在可逆过程中，TdS 才代表可逆热 δQ_r，$-pdV$ 才代表可逆体积功 δW_r。

"组成不变的封闭系统"对有化学反应和相变化存在的封闭系统，若发生的是可逆化学反应和可逆相变，可视为组成不变，四个热力学基本方程依然适用。若发生的是不可逆化学反应或不可逆相变，系统组成发生了改变，热力学基本方程就不再适用，否则将得出错误的结论。例如，在 101.325kPa、-5℃条件下，-5℃的过冷水结成相同温度、相同压力的冰是自发过程，这是不争的事实。虽然过程的 $dT = 0$、$dp = 0$，由式(3-61) 也可以得到 $dG = 0$，根据吉布斯函数判据可知，上述过程为可逆相变。显然，这是一个错误的结论，其原因是在应用热力学基本方程式(3-61) 时，忽略了适用条件中的"组成不变的封闭系统"。因为水结为冰的过程，系统中液体水和固体冰的物质的量都发生了变化，是"组成改变的封闭系统"，此时根本不能用式(3-61) 计算过程的 dG。

在四个热力学基本方程中，式(3-61) 是最常用的，在恒温时，式(3-61) 变为

$$dG = Vdp$$

积分，得

$$\Delta G = \int_{p_1}^{p_2} Vdp$$

可见，上式适用于 $\delta W' = 0$、组成不变的封闭系统中进行的恒温变化过程，不管是理想气体，还是非理想气体或凝聚态物质。这很好地解释了 3.7 节中由理想气体恒温变化过程导出的式(3-53)，同样适用于非理想气体或凝聚态物质恒温变化过程 ΔG 的计算。

对于凝聚态物质的恒温变压过程，一方面其体积 V 随压力变化甚微，可以认为是不变

的常数，所以 $\Delta G = \int_{p_1}^{p_2} V \mathrm{d}p = V(p_2 - p_1) = V\Delta p$；另一方面，凝聚态物质的体积 V 本身就很小，在系统压力变化不大时，可以忽略压力对吉布斯函数的影响，即 $\Delta G \approx 0$。

3.8.2 对应系数关系式

由式(3-58)可以发现，热力学能 U 是熵 S 与体积 V 的函数，即 $U = U(S, V)$，则热力学能的全微分为

$$\mathrm{d}U = \left(\frac{\partial U}{\partial S}\right)_V \mathrm{d}S + \left(\frac{\partial U}{\partial V}\right)_S \mathrm{d}V$$

将上式与热力学基本方程式(3-58)比较，依照对应项相等原则，有

$$T = \left(\frac{\partial U}{\partial S}\right)_V, \qquad p = -\left(\frac{\partial U}{\partial V}\right)_S \tag{3-62}$$

用同样的方法，由另外三个热力学基本方程可以分别得出

$$T = \left(\frac{\partial H}{\partial S}\right)_p, \qquad V = \left(\frac{\partial H}{\partial p}\right)_S \tag{3-63}$$

$$S = -\left(\frac{\partial A}{\partial T}\right)_V, \qquad p = -\left(\frac{\partial A}{\partial V}\right)_T \tag{3-64}$$

$$S = -\left(\frac{\partial G}{\partial T}\right)_p, \qquad V = \left(\frac{\partial G}{\partial p}\right)_T \tag{3-65}$$

式(3-62)～式(3-65)称为对应系数关系式，表达的是四个具有能量单位的状态函数（U、H、A、G）在恒定一个独立变量的条件下随另一个独立变量的变化率。利用对应系数关系式，既可以判断状态函数随独立变量变化的升降情况，又可以对有些状态函数的变化值进行计算。例如，$S = -(\partial A/\partial T)_V$，因 S 恒大于零，故恒容时随着温度 T 的升高，系统的亥姆霍兹函数 A 一定降低。又如，根据 $V = (\partial G/\partial p)_T$，可以计算恒温下改变压力时系统的吉布斯函数变化值 ΔG 等。

应用热力学函数对应系数关系式，可以推导出如下两个重要的关系式：

$$\left[\frac{\partial(G/T)}{\partial T}\right]_p = \frac{T(\partial G/\partial T)_p - G}{T^2} = \frac{T(-S) - G}{T^2} = -\frac{H}{T^2}$$

即

$$\left[\frac{\partial(G/T)}{\partial T}\right]_p = -\frac{H}{T^2} \tag{3-66}$$

同理可以得

$$\left[\frac{\partial(A/T)}{\partial T}\right]_V = -\frac{U}{T^2} \tag{3-67}$$

式(3-66)和式(3-67)称为吉布斯-亥姆霍兹方程，它们是讨论温度对化学平衡影响的理论基础。

对于 U、H、S、A 和 G 等热力学函数，只要其独立变量选择合适，利用热力学函数对

应系数关系式，就可以由一个已知的热力学函数表述出所有其他热力学函数，从而可以把一个热力学体系的平衡性质完全确定下来。这个已知的热力学函数就称为特性函数，所选择的独立变量就称为该特性函数的特征变量。常用的特性函数所对应的特征变量见表 3-1。

表 3-1　特性函数及其特征变量

特性函数	U	H	S	A	G
特征变量	S, V	S, p	H, p	T, V	T, p

例如，G 是以 T，p 为独立变量的特性函数，T，p 就是特征变量，如果给出了特性函数 $G=G(T, p)$ 的具体函数表达式，可以导出都是以 T 和 p 为变量的其他热力学函数。由式（3-65）得

$$S = -\left(\frac{\partial G}{\partial T}\right)_p, \quad V = \left(\frac{\partial G}{\partial p}\right)_T$$

根据吉布斯函数的定义式，可以得出焓

$$H = G + TS = G - T\left(\frac{\partial G}{\partial T}\right)_p$$

同样，由焓的定义式得出热力学能

$$U = H - pV = G - T\left(\frac{\partial G}{\partial T}\right)_p - p\left(\frac{\partial G}{\partial p}\right)_T$$

根据亥姆霍兹函数与吉布斯函数的关系式，得

$$A = G - pV = G - p\left(\frac{\partial G}{\partial p}\right)_T$$

可见，其他热力学函数都表示成了只与 T 和 p 有关的函数关系。

3.8.3　麦克斯韦关系式

根据热力学基本方程 $dU = TdS - pdV$，联系本节开始时的数学知识，得

$$\left(\frac{\partial T}{\partial V}\right)_S = -\left(\frac{\partial p}{\partial S}\right)_V \tag{3-68}$$

由热力学基本方程 $dH = TdS + Vdp$，得

$$\left(\frac{\partial T}{\partial p}\right)_S = \left(\frac{\partial V}{\partial S}\right)_p \tag{3-69}$$

由热力学基本方程 $dA = -SdT - pdV$，得

$$\left(\frac{\partial S}{\partial V}\right)_T = \left(\frac{\partial p}{\partial T}\right)_V \tag{3-70}$$

由热力学基本方程 $dG = -SdT + Vdp$，得

$$-\left(\frac{\partial S}{\partial p}\right)_T = \left(\frac{\partial V}{\partial T}\right)_p \tag{3-71}$$

式（3-68）～式（3-71）称为麦克斯韦关系式，它们表示了组成不变的封闭系统在平衡时的一些偏微分商之间的关系。根据麦克斯韦关系式，可以用易于实验直接测定的量，如 p、V、T 将不能用实验直接测定的量表示出来。例如，式（3-70）中左侧恒温时熵随体积的变化率

无法直接测量，但公式右侧恒容时压力随温度的变化率极容易由实验直接测定。

　　麦克斯韦（J. C. Maxwell，1831—1879）　英国物理学家，经典电磁理论的创始人，统计物理学的奠基人之一。麦克斯韦 1831 年生于苏格兰的爱丁堡，1854 年以优异成绩毕业于剑桥大学并留校工作两年，1856 年任苏格兰阿伯丁的马里沙耳学院的自然哲学教授，1859 年他用统计方法导出了处于热平衡态中的气体分子的"麦克斯韦速率分布"。1860 年经法拉第举荐，麦克斯韦任伦敦国王学院自然哲学和天文学教授，1861 年选为英国皇家学会会员。1871 年，麦克斯韦受聘剑桥大学新设立的卡文迪什试验物理学教授，负责筹建著名的卡文迪什实验室，1873 年出版经典名著《论电和磁》（被尊为继牛顿《自然哲学的数学原理》之后的最重要的物理学著作）。1874 年卡文迪什实验室建成，麦克斯韦被任命为该实验室第一任主任，直到 1879 年 11 月 5 日在剑桥逝世。麦克斯韦被普遍认为是对 20 世纪最有影响力的 19 世纪物理学家。

　　【例 3-15】　某实际气体状态方程为 $p(V-nb)=nRT$，b 为与气体本性有关的常数。试证明：恒温变化时，系统的热力学能与体积变化无关。

　　证明　根据热力学基本方程，得

$$dU = TdS - pdV$$

等式两边在恒温条件下同时除以 dV，则

$$\left(\frac{\partial U}{\partial V}\right)_T = T\left(\frac{\partial S}{\partial V}\right)_T - p$$

将麦克斯韦关系式 $(\partial S/\partial V)_T = (\partial p/\partial T)_V$ 代入上式，有

$$\left(\frac{\partial U}{\partial V}\right)_T = T\left(\frac{\partial p}{\partial T}\right)_V - p \tag{3-72}$$

上式为实际气体恒温变化时热力学能的计算公式。

　　因为 $p(V-nb)=nRT$，即 $p=\dfrac{nRT}{V-nb}$ 代入上式，得

$$\begin{aligned}
\left(\frac{\partial U}{\partial V}\right)_T &= T\left[\partial\left(\frac{nRT}{V-nb}\right)/\partial T\right]_V - \frac{nRT}{V-nb}\\
&= T\frac{nR}{V-nb} - \frac{nRT}{V-nb}\\
&= 0
\end{aligned}$$

　　系统的热力学能包括动能与位能两部分，温度恒定，动能不变。而位能与分子间作用力大小和分子距离远近有关，题中所给状态方程表明，该实际气体没有分子间作用力，因此尽管系统体积发生变化，即分子间距离有变化，但是，位能保持不变。所以，恒温变化时系统的热力学能与体积变化无关。

　　【例 3-16】　某实际气体状态方程为 $pV(1-ap)=nRT$，a 为与气体本性有关的常数。试证明：恒温变化时，系统的焓与压力变化无关。

　　证明　根据热力学基本方程，得

$$dH = TdS + Vdp$$

等式两边在恒温条件下同时除以 dp，则

$$\left(\frac{\partial H}{\partial p}\right)_T = T\left(\frac{\partial S}{\partial p}\right)_T + V$$

将麦克斯韦关系式 $(\partial S/\partial p)_T = -(\partial V/\partial T)_p$ 代入上式，有

$$\left(\frac{\partial H}{\partial p}\right)_T = -T\left(\frac{\partial V}{\partial T}\right)_p + V \tag{3-73}$$

上式为实际气体恒温变化时焓的计算公式。

因为 $pV(1-ap) = nRT$，即 $V = \dfrac{nRT}{p(1-ap)}$ 代入上式，得

$$\left(\frac{\partial H}{\partial p}\right)_T = -T\left[\partial\left(\frac{nRT}{p(1-ap)}\right)/\partial T\right]_p + \frac{nRT}{p(1-ap)}$$

$$= -T\frac{nR}{p(1-ap)} + \frac{nRT}{p(1-ap)}$$

$$= 0$$

因此，可以通过热力学基本方程，利用麦克斯韦关系式，把实验不能直接测量的参数转换为实验可以直接测量的参数，对实际气体的热力学能、焓的变化值进行计算。而实际气体恒温变化过程的熵变，可以通过麦克斯韦关系式(3-70) 和式(3-71) 直接计算，即

$$\Delta S = \int_{V_1}^{V_2}\left(\frac{\partial p}{\partial T}\right)_V dV \tag{3-74}$$

或

$$\Delta S = -\int_{p_1}^{p_2}\left(\frac{\partial V}{\partial T}\right)_p dp \tag{3-75}$$

【例 3-17】 若例 3-15 中有 1mol 该实际气体在恒定温度 T 下，压力由 p_1 变化到 p_2，求过程的熵变 ΔS。

解 由实际气体的状态方程得

$$p = \frac{nRT}{V-nb} = \frac{RT}{V-b}$$

代入式(3-74)，有

$$\Delta S = \int_{V_1}^{V_2}\left[\partial\left(\frac{RT}{V-b}\right)/\partial T\right]_V dV = \int_{V_1}^{V_2}\frac{R}{V-b}dV = R\ln\frac{V_2-b}{V_1-b}$$

因为

$$\frac{p_2}{p_1} = \frac{RT}{V_2-b}\bigg/\frac{RT}{V_1-b} = \frac{V_1-b}{V_2-b}$$

所以

$$\Delta S = -R\ln\frac{p_2}{p_1}$$

另外，该题也可以通过式(3-75) 计算，过程如下：

由实际气体的状态方程得

$$V = \frac{nRT}{p} + nb = \frac{RT}{p} + b$$

代入式(3-75)，有

$$\Delta S = -\int_{p_1}^{p_2}\Big[\partial\Big(\frac{RT}{p}+b\Big)/\partial T\Big]_p\mathrm{d}p = -\int_{p_1}^{p_2}\frac{R}{p}\mathrm{d}p = -R\ln\frac{p_2}{p_1}$$

可见，两个公式计算的结果是相同的。而例 3-16 只能用式（3-75）计算，因为该题所给的状态方程，V 用 p、T 很方便就能表示出函数关系，而 p 关于 V、T 的函数关系不易表示。

【例 3-18】 在一定压力范围内，O_2 的 pVT 行为遵循 $pV_m(1-ap)=RT$，其中常数 $a=-9.28\times10^{-9}\mathrm{Pa}^{-1}$。试计算在 298K、101.325kPa 下按理想气体处理的规定熵 $S_m(\mathrm{pg})$ 与在相同的温度、压力下按实际气体处理的规定熵 $S_m(\mathrm{rg})$ 之间的差值 ΔS_m。

解 因为实际气体在 $p\to0$ 时的行为与相同条件下的理想气体是一样的，因此，可以设计下列途径。

过程（1）是实际气体在 298K 时，压力由 $p=101.325\mathrm{kPa}$ 变到 $p\to0$，$V_m=\dfrac{RT}{p(1-ap)}$，由式（3-75）过程熵变为

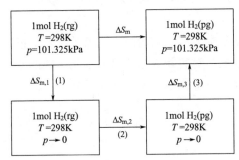

$$\Delta S_{m,1} = -\int_p^0\Big(\frac{\partial V_m}{\partial T}\Big)_p\mathrm{d}p = -\int_p^0\frac{R}{p(1-ap)}\mathrm{d}p = -R\int_p^0\Big(\frac{1}{p}+\frac{a}{1-ap}\Big)\mathrm{d}p$$

过程（2）是实际气体在 298K、$p\to0$ 时变为相同条件下的理想气体，熵变为

$$\Delta S_{m,2}=0$$

过程（3）是理想气体在 298K 时，压力由 $p\to0$ 变到 $p=101.325\mathrm{kPa}$，$V_m=\dfrac{RT}{p}$，过程熵变为

$$\Delta S_{m,3} = -\int_0^p\frac{R}{p}\mathrm{d}p = \int_p^0\frac{R}{p}\mathrm{d}p$$

$$\Delta S_m = S_m(\mathrm{pg}) - S_m(\mathrm{rg}) = \Delta S_{m,1} + \Delta S_{m,2} + \Delta S_{m,3}$$

$$= -R\int_p^0\Big(\frac{1}{p}+\frac{a}{1-ap}\Big)\mathrm{d}p + 0 + \int_p^0\frac{R}{p}\mathrm{d}p$$

$$= -R\int_p^0\frac{a}{1-ap}\mathrm{d}p$$

$$= R\ln\frac{1}{1-ap}$$

$$= \Big(8.314\times\ln\frac{1}{1+9.28\times10^{-9}\times101.325\times10^3}\Big)\mathrm{J\cdot K^{-1}\cdot mol^{-1}}$$

$$= -7.814\times10^{-3}\mathrm{J\cdot K^{-1}\cdot mol^{-1}}$$

计算结果表明，在相同的温度和压力下实际气体变为理想气体过程中的熵变很小，这一过程的熵变可以忽略不计。

3.9 热力学第二定律在单组分系统相平衡中的应用

热力学基本方程充分反映了热力学状态函数之间的内在联系，本节以吉布斯函数判据和吉布斯函数变量的热力学基本方程为基础，导出单组分系统两相平衡时系统的温度与其平衡压力之间的函数关系。

3.9.1 克拉佩龙方程

设在恒定温度 T 及其平衡压力 p 下，纯物质 B 的 α 相与 β 相处于平衡状态，即

$$B(\alpha, T, p) \rightleftharpoons B(\beta, T, p)$$

根据吉布斯函数判据，恒温、恒压下 α 相与 β 相处于平衡状态时，相变过程的 $\Delta G = 0$，也就是

$$G(\alpha) = G(\beta)$$

若将平衡温度 T 增加 dT，则对应的平衡压力 p 必然相应增加 dp，以维持系统仍然处于新的平衡状态。这样，系统两相的吉布斯函数相应也要发生微小的改变，还是依据吉布斯函数判据，微小的变化值仍然相等，即

$$dG(\alpha) = dG(\beta)$$

在 α 相与 β 相中分别应用吉布斯函数的热力学基本方程式，得

$$-S(\alpha)dT + V(\alpha)dp = -S(\beta)dT + V(\beta)dp$$

则

$$\frac{dp}{dT} = \frac{S(\beta) - S(\alpha)}{V(\beta) - V(\alpha)} = \frac{\Delta_\alpha^\beta S}{\Delta_\alpha^\beta V} = \frac{\Delta_\alpha^\beta S_m}{\Delta_\alpha^\beta V_m}$$

由于相平衡时

$$\Delta_\alpha^\beta S_m = \frac{\Delta_\alpha^\beta H_m}{T}$$

所以

$$\frac{dp}{dT} = \frac{\Delta_\alpha^\beta H_m}{T\Delta_\alpha^\beta V_m} \tag{3-76}$$

上式称为克拉佩龙方程，是克拉佩龙于 1839 年利用一个无穷小的卡诺循环方法推导得到的。克拉佩龙方程表示，单组分系统两相平衡时的压力随温度的变化率，与此时的摩尔相变焓成正比，而与温度和相变过程的摩尔体积变化量的乘积成反比。克拉佩龙方程在导出过程中未作任何假设，它对任何纯物质的两相平衡都适用，如固-气间的升华，液-气间的蒸发，固-液间的熔化及不同晶型间的转变等。

dp/dT 的大小及正负与各种物质自身的性质、相变的类型有关。升华、蒸发过程中，平衡压力 p 分别指的是温度 T 时固体的饱和蒸气压和液体的饱和蒸气压，所有物质的这两种相变过程的 $\Delta_s^g H_m > 0$，$\Delta_s^g V_m > 0$，故 $dp/dT > 0$，即固-气、液-气两相平衡时的饱和蒸气压 p 随温度 T 的升高一定升高。大多数物质，固体熔化为液体时的熔点温度同样随着压力的增加而升高，但是对于 101.325kPa、273.15K 时的冰-水平衡系统，由于 $\Delta_s^l H_m > 0$，而 $\Delta_s^l V_m < 0$，故 $dp/dT < 0$，即冰-水平衡时的蒸气压随温度升高而降低。

对于固-液相变和晶型转变过程，在压力变化不大时，$\Delta_\alpha^\beta H_m$ 和 $\Delta_\alpha^\beta V_m$ 可以视为常数，由式(3-76) 得

$$\frac{\mathrm{d}T}{T} = \frac{\Delta_\alpha^\beta V_m}{\Delta_\alpha^\beta H_m}\mathrm{d}p$$

积分上式，则

$$\int_{T_1}^{T_2} \frac{\mathrm{d}T}{T} = \int_{p_1}^{p_2} \frac{\Delta_\alpha^\beta V_m}{\Delta_\alpha^\beta H_m}\mathrm{d}p$$

所以

$$\ln\frac{T_2}{T_1} = \frac{\Delta_\alpha^\beta V_m}{\Delta_\alpha^\beta H_m}(p_2 - p_1) \tag{3-77}$$

【例 3-19】 101.325kPa 时水的凝固点温度为 0℃，此时水和冰的密度分别为 $\rho_l = 999.8\mathrm{kg \cdot m^{-3}}$、$\rho_s = 916.8\mathrm{kg \cdot m^{-3}}$，冰的摩尔熔化焓 $\Delta_{fus}H_m = 6\,003\mathrm{J \cdot mol^{-1}}$。试求外压为 10MPa 时水的凝固点。

解 由式(3-77) 得

$$\ln\frac{T_2}{T_1} = \frac{\Delta_{fus}V_m}{\Delta_{fus}H_m}(p_2 - p_1)$$

冰融化为水时的摩尔体积变化为

$$\begin{aligned}
\Delta_{fus}V_m &= V_{m,l} - V_{m,s} \\
&= \left(\frac{18.0153 \times 10^{-3}}{999.8} - \frac{18.0153 \times 10^{-3}}{916.8}\right)\mathrm{m^3 \cdot mol^{-1}} \\
&= -1.6313 \times 10^{-6}\ \mathrm{m^3 \cdot mol^{-1}}
\end{aligned}$$

将数据代入公式，得

$$\ln\frac{T_2}{273.15} = \frac{-1.6313 \times 10^{-6}}{6003} \times (10 \times 10^6 - 101.325 \times 10^3)$$

解得

$$T_2 = 272.42\mathrm{K}$$

即外压为 10MPa 时水的凝固点为

$$\begin{aligned}
t_2 &= (272.42 - 273.15)\ ℃ \\
&= -0.74\ ℃
\end{aligned}$$

3.9.2 克劳修斯-克拉佩龙方程

将克拉佩龙方程应用于气-液平衡和气-固平衡，经过合理的近似处理后，可以得到气-液、气-固平衡时饱和蒸气压与温度的定量关系式，即克劳修斯-克拉佩龙方程。现以气-液平衡为例，即 $B(l) \rightleftharpoons B(g)$，其克拉佩龙方程为

$$\frac{\mathrm{d}p}{\mathrm{d}T} = \frac{\Delta_{vap}H_m}{T\Delta_{vap}V_m} \tag{3-78}$$

在温度远低于临界温度时，蒸气的摩尔体积 $V_m(g)$ 远远大于液体的摩尔体积 $V_m(l)$，故 $\Delta_{vap}V_m = V_m(g) - V_m(l) \approx V_m(g)$。假设蒸气为理想气体，则 $\Delta_{vap}V_m = V_m(g) = RT/p$，代入式(3-78)，整理得

$$\frac{\mathrm{d}\ln p}{\mathrm{d}T} = \frac{\Delta_{vap}H_m}{RT^2} \tag{3-79}$$

上式为气-液平衡时克劳修斯-克拉佩龙方程（简称克-克方程）的微分式。

在温度变化不大时，假设摩尔蒸发焓 $\Delta_{vap}H_m$ 不随温度变化，积分上式，得

$$\ln p = -\frac{\Delta_{vap}H_m}{R} \times \frac{1}{T} + C \tag{3-80}$$

上式为气-液平衡时克劳修斯-克拉佩龙方程的不定积分形式，其定积分形式为

$$\ln \frac{p_2}{p_1} = -\frac{\Delta_{vap}H_m}{R}\left(\frac{1}{T_2} - \frac{1}{T_1}\right) \tag{3-81}$$

式中，$\Delta_{vap}H_m$ 为液体蒸发时的摩尔蒸发焓，推导积分公式时对它作了不随温度变化假设，实际上它与温度有关。当温度趋近于临界温度时，$\Delta_{vap}H_m$ 将趋近于零，即 $\Delta_{vap}H_m$ 随温度升高而下降。但是，在远离临界温度且温度变化不大时，克劳修斯-克拉佩龙方程能较为满意地符合饱和蒸气压与温度的定量关系。

运用同样的方法，可以得到形式与式(3-79)～式（3-81）相同的、固-气平衡时的克劳修斯-克拉佩龙方程，只要将气-液平衡方程式中的摩尔蒸发焓 $\Delta_{vap}H_m$ 换成气-固平衡时的摩尔升华焓 $\Delta_{sub}H_m$ 就可以。

通过实验，可以测定某液体或固体一组不同温度下的饱和蒸气压数据，根据式(3-80)，用 $\ln p$ 对 $\frac{1}{T}$ 作图，由所得直线的斜率及截距可以求出液体的摩尔蒸发焓 $\Delta_{vap}H_m$ 或固体的摩尔升华焓 $\Delta_{sub}H_m$ 和积分常数 C。

式(3-81)是克劳修斯-克拉佩龙方程的定积分形式，它是由摩尔蒸发焓、两个温度和温度所对应的两个平衡压力所构成的一个五参数方程，已知其中四个参数，就能计算最后一个物理量。

3.9.3 外压与液体饱和蒸气压的关系

液体具有饱和蒸气压，是液体的本性。在1.4节中已经定义了液体置于真空容器时的饱和蒸气压，真空容器中液体上方除了液体自身的蒸气外别无他物，此时气-液平衡时蒸气的压力对液体而言就是外压。但是，若把液体置于盛有气体（不溶于该液体）的容器中而不是真空容器中，例如最常见的气体为空气（不溶于该液体），则大气的压力是构成气-液平衡时液体上方外压的一部分，此时液体的蒸气压相应会有所改变，即液体的蒸气压与它所处的环境压力有关。

液体的饱和蒸气压是液体与其自身蒸气达成两相平衡时蒸气的压力。设在温度 T 时，将液体B置于真空容器中，气-液达到平衡时，液体的饱和蒸气压为 p_B^*，液体上方气体对液体的压力也为 p_B^*，此时相当于外压 $p_{amb} = p_B^*$。若在相同的温度时，将该液体置于已盛有气体C（不溶于液体B）的容器中，当液体B与其蒸气达到气-液平衡时，液体的饱和蒸气压为 p_B，液体上方对液体的压力为自身的蒸气压 p_B 与气体C的分压 p_C 之和，即外压为 $p_{amb} = p_B + p_C$。

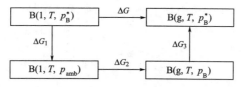

因为吉布斯函数是状态函数，所以

$$\Delta G = \Delta G_1 + \Delta G_2 + \Delta G_3$$

真空容器中，液体 B 在温度 T 及其平衡压力 p_B^* 下达成气-液两相平衡，由吉布斯函数判据得到 $\Delta G = 0$。途径设计中的状态 B (l, T, p_{amb})，p_{amb} 代表的是液体上方气体的总压，而 B 的分压为此时的饱和蒸气压 p_B，B $(l, T, p_{amb}) \rightarrow$ B (g, T, p_B) 实际上是在温度 T 和外压 p_{amb} 下，液体 B 在温度 T 及其平衡压力 p_B 下与气体 B 达成气-液平衡，根据吉布斯函数判据，故 $\Delta G_2 = 0$。

B $(l, T, p_B^*) \rightarrow$ B (l, T, p_{amb}) 是液体恒温变压过程，吉布斯函数变化值为

$$\Delta G_1 = \int_{p_B^*}^{p_{amb}} V(l)\mathrm{d}p$$

B $(g, T, p_B) \rightarrow$ B (g, T, p_B^*) 是气体恒温变压过程，吉布斯函数变化值为

$$\Delta G_3 = \int_{p_B}^{p_B^*} V(g)\mathrm{d}p$$

所以

$$\int_{p_B^*}^{p_{amb}} V(l)\mathrm{d}p + \int_{p_B}^{p_B^*} V(g)\mathrm{d}p = 0$$

若压力变化不大时，$V(l)$ 视为常数，蒸气视为理想气体，则

$$V(l)(p_{amb} - p_B^*) + nRT\ln\frac{p_B^*}{p_B} = 0$$

所以

$$\ln\frac{p_B}{p_B^*} = \frac{V_m(l)}{RT}(p_{amb} - p_B^*) \tag{3-82}$$

这是液体的蒸气压随外压变化的关系式。式中，p_B^* 是指液体 B 在温度 T 时，在没有其他气体存在的真空容器中的蒸气压，是液体的特性常数；p_B 是在容器中有其他气体存在，即液体上方的外压为 p_{amb} 时的蒸气压，它随着外压的改变而改变。当 $p_{amb} = p_B^*$ 时，意味着是没有其他气体存在的真空容器，由式(3-82)可知此时 $p_B = p_B^*$；当容器中存在其他气体，则 $p_{amb} > p_B^*$，必然有 $p_B > p_B^*$，即有外压存在时液体的蒸气压总是大于真空条件下定义的蒸气压 p_B^*。

在恒定温度 T 下，对式(3-82)两边求导，得

$$\frac{\mathrm{d}p_B}{p_B} = \frac{V_m(l)}{RT}\mathrm{d}p_{amb}$$

则

$$\frac{\mathrm{d}p_B}{\mathrm{d}p_{amb}} = \frac{V_m(l)}{RT/p_B} = \frac{V_m(l)}{V_m(g)} \tag{3-83}$$

此式表明，液体的蒸气压 p_B 随着外压 p_{amb} 的升高而增加，但这种增加极为有限，因为当远离临界状态时，$V_m(g) \gg V_m(l)$。所以，通常情况下，在实际测量或计算中可以忽略外压对液体饱和蒸气压的影响，但这种热力学上的概念和本质区别是不可忽视的。

【例 3-20】 液体的蒸气压随外压的变化在生产中常能遇到，合成氨过程中的冷凝工艺就是典型例子。设进入温度为 303.2K 冷凝器时，分析发现合成氨产物混合气体中氨气的物质的量分数为 $y_{NH_3} = 0.12$，混合气体的压力为 25.33MPa。已知 303.2K 时液氨的密度

$\rho_{\mathrm{NH_3},1} = 595\mathrm{kg \cdot m^{-3}}$，饱和蒸气压 $p^*_{\mathrm{NH_3}} = 1.16\mathrm{MPa}$。试求冷凝器出口压力和合成氨冷凝为液体的百分数。假设气体为理想气体。

解 合成氨混合气体由 $N_2(g)$、$H_2(g)$ 和 $NH_3(g)$ 组成，经过冷凝器后 $NH_3(g)$ 部分液化，但是 $N_2(g)$、$H_2(g)$ 不会液化。因此，冷凝器出口压力由原先的 $N_2(g)$、$H_2(g)$ 和未液化的 $NH_3(g)$ 构成，这部分压力也就是已液化的液氨的外压。

$$p_{\mathrm{amb}} = [25.33 \times 10^6 \times (1 - 0.12) + p_{\mathrm{NH_3}}]\mathrm{Pa}$$
$$= (22.29 \times 10^6 + p_{\mathrm{NH_3}})\mathrm{Pa}$$

由式(3-83) 得

$$\ln \frac{p_{\mathrm{NH_3}}}{p^*_{\mathrm{NH_3}}} = \frac{V_{\mathrm{m}}(\mathrm{l})}{RT}(p_{\mathrm{amb}} - p^*_{\mathrm{NH_3}})$$

即

$$\ln \frac{p_{\mathrm{NH_3}}}{1.16 \times 10^6} = \frac{\frac{17.03 \times 10^{-3}}{595}}{8.314 \times 303.2}(22.29 \times 10^6 + p_{\mathrm{NH_3}} - 1.16 \times 10^6)$$

用尝试法解得

$$p_{\mathrm{NH_3}} = 1.50\mathrm{MPa}$$

冷凝器出口压力为

$$p_{\mathrm{amb}} = (22.29 \times 10^6 + 1.5 \times 10^6)\mathrm{Pa} = 23.79\mathrm{MPa}$$

设冷凝器进口混合气体物质的量为 1mol，冷凝器出口处未液化 $NH_3(g)$ 的物质的量为

$$n_{\mathrm{NH_3}} = \left[\frac{1.50}{22.29} \times (1 - 0.12)\right]\mathrm{mol} = 0.053\mathrm{mol}$$

液化氨的百分数为

$$\frac{0.12 - 0.053}{0.12} \times 100\% = 55.8\%$$

学习基本要求

1. 掌握自发过程的概念，掌握热力学第二定律的克劳修斯叙述和开尔文叙述，了解热功转换关系和热机效率的定义。

2. 熟悉卡诺循环过程和卡诺定理，掌握卡诺循环的热温商之和为零这一基本结论。

3. 了解熵的导出过程，掌握熵的定义式，掌握克劳修斯不等式和熵增原理，了解熵的物理意义。

4. 掌握单纯 pVT 变化过程中理想气体恒温变化、恒容变化、恒压变化、pVT 都变化、理想气体混合过程以及凝聚态物质变温过程熵变的计算，掌握可逆相变和不可逆相变过程熵变的计算，能够运用隔离系统的熵变判断过程的方向与限度。

5. 掌握热力学第三定律的各种说法，了解规定熵和统计熵的区别，掌握计算化学反应在 298K 和非 298K 时熵变的方法。

6. 掌握亥姆霍兹函数和吉布斯函数的定义，掌握亥姆霍兹函数判据和吉布斯函数判据的使用条件，掌握单纯 pVT 变化过程、相变过程和化学反应过程 ΔA 与 ΔG 的计算。

7. 掌握热力学基本方程、对应系数关系式和麦克斯韦关系式，能综合运用相关知识求

解实际气体的热力学能变化值、焓变和熵变等。

8. 了解克拉佩龙方程的导出过程和克劳修斯-克拉佩龙方程导出时的假设，能运用克劳修斯-克拉佩龙方程进行计算，了解外压与液体饱和蒸气压的关系。

习　题

3-1　卡诺热机在 $T_1 = 500K$ 的高温热源和 $T_2 = 300K$ 的低温热源间工作。试求：

(1) 热机效率 η；

(2) 当向环境做功 $W = -100kJ$ 时，系统从高温热源吸收的热 Q_1 及向低温热源放出的热 Q_2。

3-2　卡诺热机在 $T_1 = 800K$ 的高温热源和 $T_2 = 300K$ 的低温热源间工作。试求：

(1) 热机效率 η；

(2) 当向低温热源放热 1000kJ 时，系统从高温热源吸热 Q_1 及对环境所做的功 W。

3-3　工作于高温热源 $T_1 = 500K$ 和低温热源 $T_2 = 300K$ 之间的三台不同热机，其热机效率如下。试求三台热机分别从高温热源吸热 300kJ 时，两热源的总熵变 ΔS。

(1) 可逆热机效率 $\eta = 0.50$；

(2) 不可逆热机效率 $\eta = 0.45$；

(3) 不可逆热机效率 $\eta = 0.35$。

3-4　现有一温度为 800K 的大热源，缓慢地向温度为 300K 的大气散热 120kJ，试求过程的总熵变。

3-5　在一带活塞、传热良好的容器中有 1mol、300K、100kPa 的 $CO(g)$，活塞外对容器的压力始终为 100kPa，现将该容器置于 800K 的大热源中。试求系统到达平衡时的 Q，ΔS 及 ΔS_{iso}。已知 $CO(g)$ 的摩尔定压热容与温度的关系为

$$C_{p,m} = [26.54 + 7.68 \times 10^{-3}(T/K) - 1.17 \times 10^{-6}(T/K)^2] J \cdot mol^{-1} \cdot K^{-1}$$

3-6　2mol 双原子理想气体在 300K 下，由 $10dm^3$ 分别经下列各途径恒温膨胀到终态体积为 $20dm^3$。试求各过程的 Q、W、ΔS 及 ΔS_{iso}。

(1) 可逆膨胀到终态；

(2) 反抗恒定外压膨胀到终态；

(3) 向真空自由膨胀到终态。

3-7　1mol 单原子理想气体从始态 300K、100kPa，先恒温可逆膨胀至压力为 50kPa，再恒容加热使压力升至 75kPa。求过程的 Q、W、ΔU、ΔH 及 ΔS。

3-8　4mol 双原子理想气体从始态 200kPa、$50\,dm^3$，先恒压加热至 $75\,dm^3$，再恒温对抗恒外压膨胀到平衡态，终态压力为 100kPa。求过程的 Q、W、ΔU、ΔH 及 ΔS。

3-9　5mol 单原子理想气体从始态 400K、100kPa，先恒压膨胀使体积加倍，再恒容冷却使压力降至 75kPa。求过程的 Q、W、ΔU、ΔH 及 ΔS。

3-10　2mol 双原子理想气体从始态 300K、75kPa，先恒容加热至压力为 150kPa，再绝热可逆膨胀到终态压力为 100kPa。求过程的 Q、W、ΔU、ΔH 及 ΔS。

3-11　1mol 双原子理想气体从始态 500K、200kPa，先绝热对抗恒外压膨胀到平衡压力为 100kPa，再恒温真空膨胀到终态压力为 50kPa。求过程的 Q、W、ΔU、ΔH 及 ΔS。

3-12　在 300K 时，将 1mol 体积为 $5dm^3$ 的 A 气体和 1mol 体积为 $5dm^3$ 的 B 气体在体积为 $10dm^3$ 的容器中进行混合，试求过程的熵变 ΔS_1；若将 B 气体换成相同条件下的 A 气体，再求混合过程的熵变 ΔS_2。

3-13　在 300K 时，将 1mol 体积为 $5dm^3$ 的 A 气体和 1mol 体积为 $5dm^3$ 的 B 气体在体积为 $5dm^3$ 的容器中进行混合，试求过程的熵变 ΔS_1；若将 B 气体换成相同条件下的 A 气体，再求混合过程的熵变 ΔS_2。

3-14　体积为 $50dm^3$ 的绝热容器中有一绝热耐压挡板，将容器分为 $20dm^3$ 和 $30dm^3$ 的左、右两室。左侧放置的是 2mol、300K 的单原子理想气体 A，右侧放置的是 1mol、500K 的双原子理想气体 B。现将挡板

抽去，气体 A 和气体 B 混合达到平衡。试求过程的 ΔH 及 ΔS。

3-15 在一带活塞的绝热容器中有一绝热隔板，隔板的两侧分别为 1mol、200K 的单原子理想气体 A 及 3mol、400K 的双原子理想气体 B，两气体的压力均为 100kPa。活塞外的压力维持 100kPa 不变。今将容器内的绝热隔板撤去，使两种气体混合达到平衡态。试求过程的 W、ΔU 及 ΔS。

3-16 100kPa 下，将 2mol 25℃的液体水与 3mol 75℃的液体水在绝热容器中混合。试求过程的熵变，并判断过程的方向。已知液体水的 $C_{p,m} = 75.75\text{J}\cdot\text{mol}^{-1}\cdot\text{K}^{-1}$。

3-17 容器中有 2mol 500K 的 $N_2(g)$，在 101.325kPa 下向 300K 的大气散热。求过程的熵变，并判断过程的方向。假设 $N_2(g)$ 为理想气体。

3-18 已知液体苯在 101.325kPa 下的沸点为 80.2℃，该温度下的摩尔蒸发焓为 30.878 kJ·mol^{-1}。试求在此温度、压力条件下，1mol 液体苯按下列两种途径全部蒸发为气体时的 ΔS、ΔS_{amb}、ΔS_{iso} 和 ΔG，并判断过程的方向。

(1) 正常沸点下蒸发；

(2) 真空条件下蒸发。

3-19 已知乙醚 $(C_2H_5)_2O(l)$ 的正常沸点为 308.66K，此条件下乙醚的摩尔蒸发焓 $\Delta_{vap}H_m = 25.104\text{kJ}\cdot\text{mol}^{-1}$。将装有 0.1mol 乙醚（l）的小玻泡放入容积为 5dm³ 的恒容密封的真空容器中，并在 308.66K 的恒温槽中恒温。今将小玻泡打破，乙醚蒸发至平衡态。试求：

(1) 乙醚蒸气的压力；

(2) 过程的 Q、ΔU、ΔH、ΔS 和 ΔG。

3-20 将 1mol、−10℃的过冷水结为 −10℃的冰。试求过程的 ΔS、ΔS_{iso} 和 ΔG，并判断自发性。已知题中温度区间内冰与水的平均摩尔定压热容分别为 $C_{p,m,s} = 37.2\text{J}\cdot\text{mol}^{-1}\cdot\text{K}^{-1}$ 和 $C_{p,m,l} = 75.3\text{J}\cdot\text{mol}^{-1}\cdot\text{K}^{-1}$，冰在 101.325kPa 下的熔点温度为 0℃，此时其摩尔熔化焓 $\Delta_{fus}H_m = 6.012\text{kJ}\cdot\text{mol}^{-1}$。

3-21 已知 $H_2(g)$ 的摩尔定压热容与温度的关系为

$$C_{p,m} = [26.88 + 4.35 \times 10^{-3}(T/\text{K}) - 0.33 \times 10^{-6}(T/\text{K})^2]\text{J}\cdot\text{mol}^{-1}\cdot\text{K}^{-1}$$

25℃时 $H_2(g)$ 的标准摩尔熵 $S_m^{\ominus} = 130.68\text{J}\cdot\text{mol}^{-1}\cdot\text{K}^{-1}$。试求 $H_2(g)$ 在 50℃、200kPa 时的规定熵 S_m。

3-22 已知化学反应

$$CO(g) + 2H_2(g) \longrightarrow CH_3OH(g)$$

(1) 利用书后附录中各物质 298K 时的 $S_m^{\ominus}$ 和 $\Delta_f H_m^{\ominus}$ 数据，计算反应 298K 时的 $\Delta_r S_m^{\ominus}$ 和 $\Delta_r G_m^{\ominus}$；

(2) 利用书后附录中各物质 298K 时的 $\Delta_f G_m^{\ominus}$ 数据，计算反应 298K 时的 $\Delta_r G_m^{\ominus}$；

(3) 在上述基础上，再利用书后附录中各物质的 $C_{p,m}$ 数据，计算反应 500K 时的 $\Delta_r S_m^{\ominus}$ 和 $\Delta_r G_m^{\ominus}$。

3-23 已知硫的两种晶型为单斜硫和斜方硫，298K 时它们的标准摩尔熵分别为 32.55J·mol^{-1}·K^{-1} 和 31.90J·mol^{-1}·K^{-1}、标准摩尔燃烧焓分别为 −297.20kJ·mol^{-1} 和 −296.90kJ·mol^{-1}。试通过计算说明，在 298K，标准压力下，单斜硫和斜方硫何者更为稳定。

3-24 已知 298K 时水的饱和蒸气压为 3.167kPa，气体水的标准摩尔生成吉布斯函数 $\Delta_f G_m^{\ominus}(H_2O,g) = -228.57\text{kJ}\cdot\text{mol}^{-1}$。试求 298K 时液体水的标准摩尔生成吉布斯函数。

3-25 已知 101.325kPa、268K 时液体苯凝固时的 $\Delta S_m = -35.46\text{J}\cdot\text{mol}^{-1}\cdot\text{K}^{-1}$、放热 9860J·mol^{-1}，固体苯在 268K 时的饱和蒸气压为 2.28kPa。试求该温度下液体苯的饱和蒸气压。

3-26 试求 101.325kPa 下，将 2mol −5℃的过冷水凝固为同温、同压条件下的冰的 ΔS 和 ΔG。已知 101.325kPa 下水的凝固点为 0℃，−5℃时过冷水的摩尔凝固焓 $\Delta H_m = -5.80\text{kJ}\cdot\text{mol}^{-1}$，过冷水和冰在此温度下的饱和蒸气压分别为 0.422kPa 和 0.414kPa。

3-27 2mol 双原子理想气体从始态 400K，100kPa，先恒压膨胀使体积加倍，再恒容降压至 50kPa。试求过程的 Q、W、ΔU、ΔH、ΔS、ΔA 及 ΔG。

3-28 假设 $N_2(g)$ 为理想气体，其 $S_m^{\ominus}(298K) = 191.6 J \cdot mol^{-1} \cdot K^{-1}$。现有 5mol $N_2(g)$ 由 298K、100kPa 的始态出发，沿着 $p/V =$ 常数的途径可逆地膨胀到 150kPa 的终态。试求过程的 Q、W、ΔU、ΔH、ΔS、ΔA 及 ΔG。

3-29 对于理想气体，试证明：$\dfrac{\left(\dfrac{\partial U}{\partial V}\right)_S \left(\dfrac{\partial H}{\partial p}\right)_S}{\left(\dfrac{\partial U}{\partial S}\right)_V} = -nR$。

3-30 若 $U_m = U_m(T, V_m)$，试证明：

(1) $dU_m = C_{V,m} dT + \left[T\left(\dfrac{\partial p}{\partial T}\right)_{V_m} - p \right] dV_m$；

(2) 对于范德华气体，$\left(\dfrac{\partial U_m}{\partial V_m}\right)_T = \dfrac{a}{V_m^2}$。

3-31 若 $H_m = H_m(T, p)$，试证明：

(1) $dH_m = C_{p,m} dT + \left[V_m - T\left(\dfrac{\partial V_m}{\partial T}\right)_p \right] dp$；

(2) 对理想气体，$\left(\dfrac{\partial H_m}{\partial p}\right)_T = 0$。

3-32 若 $S = S(T, V)$，试证明：

(1) $dS = \dfrac{C_V}{T} dT + \left(\dfrac{\partial p}{\partial T}\right)_V dV$；

(2) 对于理想气体，$dS = C_V d\ln p + C_p d\ln V$；

(3) 对于范德华气体，$\left(\dfrac{\partial S}{\partial V}\right)_T = \dfrac{R}{V_m - b}$。

3-33 证明：焦耳-汤姆逊系数 $\mu_{\text{J-T}} = \dfrac{1}{C_{p,m}} \left[T\left(\dfrac{\partial V_m}{\partial T}\right)_p - V_m \right]$。

3-34 已知单原子理想气体的摩尔亥姆霍兹函数为

$A_m = RT\left[\ln\left(\dfrac{p}{T^{3/2}}\right) - (a+1) \right]$，其中 a 为常数，试导出 S_m、U_m、H_m、G_m、$C_{p,m}$ 和 $C_{V,m}$ 的表达式。

3-35 实际气体符合方程 $\left(p + \dfrac{a}{V_m^2} \right) V_m = RT$，其中 $a = 0.42 Pa \cdot m^6 \cdot mol^{-2}$。试求，1mol 该气体在恒温下体积由 $V_{m,1}$ 变化到 $V_{m,2}$ 时的 ΔS。

3-36 汞的正常熔点为 $-38.87℃$，此时的摩尔熔化焓为 $\Delta_{fus} H_m = 1.956 kJ \cdot mol^{-1}$，汞的摩尔质量为 $200.6 \times 10^{-3} kg \cdot mol^{-1}$，液体汞和固体汞的密度分别为 $13.690 \times 10^3 kg \cdot m^{-3}$ 和 $14.193 \times 10^3 kg \cdot m^{-3}$。试求：

(1) 压力为 202.65MPa 时的熔点；

(2) 熔点若为 $-36.5℃$，所需要的压力。

3-37 水的正常沸点为 100℃，其摩尔蒸发焓 $\Delta_{vap} H_m = 40.67 kJ \cdot mol^{-1}$，并假定它不随温度变化而改变。若某锅炉设计的出口压力为 607.95kPa。试求锅炉中水蒸气的温度。

3-38 313K 时某液体的摩尔蒸发焓为 $\Delta_{vap} H_m = 30.10 kJ \cdot mol^{-1}$，其蒸气的摩尔体积 $V_m = 25.7 \times 10^{-3}$ $m^3 \cdot mol^{-1}$、摩尔定压热容 $C_{p,m} = 150 J \cdot mol^{-1} \cdot K^{-1}$，蒸气视为理想气体。试求：

(1) 313K 时此液体的饱和蒸气压随温度的变化率；

(2) 313K 时该蒸气在绝热可逆膨胀条件下能否冷凝为液体。

第4章

多组分系统热力学

▶▶▶

第2、第3章介绍了简单组分系统在发生 pVT 变化、相变和化学变化时的热力学函数计算问题，这里的简单组分系统是指只有一种物质构成的系统，或者即使有多种物质但其组成始终保持不变的系统，如由 2mol A 理想气体和 3mol B 理想气体构成的系统在进行 pVT 变化时，系统组成不变，可以把此时的混合物看成一个整体，按一种物质进行处理。

但是，最常见的系统是多组分系统（multi-component system）和相组成发生变化的系统。在一个封闭的多组分系统内部，当外界条件改变时，往往会发生化学反应或相变，致使该系统的相和相组成发生变化。因此，在总结简单组分系统热力学的基础上，本章将对多组分系统的热力学问题展开讨论。

多组分系统既可以是单相的，又可以是多相的。对多组分单相系统热力学的研究是最重要和最根本的，它的结果可以适用于多组分多相系统，因为多组分多相系统可以拆分为若干个多组分单相系统处理。

多组分单相系统是指两种或两种以上组分以分子大小的粒子相互分散的均匀系统（homogeneous system）。研究多组分单相系统时，热力学上按照处理问题的方法不同，把多组分单相系统分为混合物（mixture）和溶液（solution）。

热力学上，对于混合物中的任意组分可以按相同的方法加以处理，因此，只要任选其中的一种组分进行研究，所得出的结论适用于其他任何一个组分。按照混合物聚集状态的不同，混合物可以分为气态混合物、液态混合物和固态混合物。另外，若按照混合物的性质不同，可以分为理想混合物和非理想混合物。不作特殊说明时，本章讨论的是液态混合物的热力学性质。

与混合物不同，溶液只有液态溶液和固态溶液两类，没有气态溶液。溶液将组分划分为溶剂与溶质，习惯上将含量多的称为溶剂，含量少的称为溶质，通常用 A 表示溶剂，用 B、C、…等表示溶质。热力学上处理溶剂和溶质的方法是不同的，必须分开研究。例如，在讨论溶剂与溶质的化学势时，它们选用的标准态是不同的。溶质有电解质和非电解质之分，对应地，溶液分为电解质溶液和非电解质溶液。与混合物相似，溶液还可分为理想稀溶液和实际溶液。本章只探讨非电解质稀溶液的热力学性质。

4.1　多组分系统组成的表示法

要描述多组分系统所处的状态，除了温度、压力等两个独立变化的热力学函数外，还需要明确多组分系统中各组分的组成（即浓度或相对含量）。组分的组成表示方法有多种，第 1 章已经介绍了用物质的量分数 x_B（或 y_B）、体积分数 φ_B 和质量分数 w_B 来表示混合物中组分 B 的组成。现在，再讨论组成的另外几种表示方法。

(1) 质量浓度

B 的质量浓度（mass concentration of B）用 ρ_B 表示。对于任意组分 B，其质量浓度定义为

$$\rho_B = \frac{m_B}{V} \tag{4-1}$$

式中，m_B 为组分 B 的质量，kg；V 为混合物体积，m^3；ρ_B 为质量浓度，$kg \cdot m^{-3}$。组分 B 的质量浓度等于组分 B 的质量与混合物的体积之比。

(2) 物质的量浓度

B 的物质的量浓度（amount of substance concentration of B），也称体积摩尔浓度，用 c_B 表示。对于任意组分 B，其物质的量浓度定义为

$$c_B = \frac{n_B}{V} \tag{4-2}$$

式中，n_B 为组分 B 的物质的量，mol；V 为混合物体积，m^3；c_B 为物质的量浓度，$mol \cdot m^{-3}$，常用 $mol \cdot dm^{-3}$。组分 B 的物质的量浓度等于组分 B 的物质的量与混合物的体积之比。

(3) 质量摩尔浓度

B 的质量摩尔浓度（molality of solute B），用 b_B 表示。对于任意组分 B，其质量摩尔浓度定义为

$$b_B = \frac{n_B}{m_A} \tag{4-3}$$

式中，n_B 为组分 B 的物质的量，mol；m_A 为溶剂 A 的质量，kg；b_B 为质量摩尔浓度，$mol \cdot kg^{-1}$。组分 B 的质量摩尔浓度等于组分 B 的物质的量与溶剂 A 的质量之比。

4.2　偏摩尔量

先看一个实验。在 25℃、101.325kPa 时，纯水（以 B 表示）的摩尔体积为 18.07 $cm^3 \cdot mol^{-1}$，乙醇（以 C 表示）的摩尔体积为 58.28 $cm^3 \cdot mol^{-1}$。现将 50g 水和 50g 乙醇相混合，混合前系统的总体积为

$$V = V_B^* + V_C^* = n_B V_{m,B}^* + n_C V_{m,C}^*$$
$$= \left(\frac{50}{18} \times 18.07 + \frac{50}{46} \times 58.28\right)cm^3 = 113.55cm^3$$

混合后实验测得系统总体积为 109.43cm³，混合前后总体积显然不相等，相差 4.12cm³。产生这一结果微观上的原因是，水分子和乙醇分子在分子大小、分子间作用力等方面存在差异，混合过程中分子间可能会发生"错位"，使得混合后分子间的距离发生改变，影响混合后总体积。同时也说明，混合后系统的总体积 V' 与系统中各组分物质的量及该纯组分的摩尔体积的乘积之间不再具有简单的加和关系，即

$$V' \neq n_B V_{m,B}^* + n_C V_{m,C}^*$$

这种现象不只是表现在体积这个广度性质上，在其他热力学广度性质上同样存在着，只不过体积是可以通过实验测定，是最直观的。这个实验事实表明，每一种组分在形成混合物后，对混合系统的广度性质贡献与它单独存在（纯物质）时是不同的。因此，在研究多组分系统热力学性质时，不能再用纯物质时所用的摩尔量，要引入一个与混合物系统相适应的新概念——偏摩尔量（partial molar quantity）。

4.2.1 偏摩尔量的定义

对于一个由 B、C、D、… 组成的多组分单相系统，各组分的物质的量分别为 n_B、n_C、n_D、… 。系统任意一个广度性质 Z，除了与温度、压力有关以外，还与各组分的物质的量有关，即

$$Z = Z(T, p, n_B, n_C, n_D, \cdots) \tag{4-4}$$

式中，Z 代表任一广度性质（例如 V、U、H、S、A、G 等）。

上式在恒温、恒压下全微分，得

$$\mathrm{d}Z = \left(\frac{\partial Z}{\partial n_B}\right)_{T,p,n_C,n_D,\cdots} \mathrm{d}n_B + \left(\frac{\partial Z}{\partial n_C}\right)_{T,p,n_B,n_D,\cdots} \mathrm{d}n_C + \left(\frac{\partial Z}{\partial n_D}\right)_{T,p,n_B,n_C,\cdots} \mathrm{d}n_D + \cdots \tag{4-5}$$

令

$$Z_B = \left(\frac{\partial Z}{\partial n_B}\right)_{T,p,n_C \neq n_B} \tag{4-6}$$

式中，$n_C \neq n_B$ 表示在系统中除了组分 B 以外其他组分的物质的量都不变。将式(4-6)代入(4-5)，得

$$\mathrm{d}Z = \sum_B Z_B \mathrm{d}n_B \tag{4-7}$$

式中，Z_B 称为组分 B 的偏摩尔量。它的物理意义是在恒温、恒压和混合系统中除组分 B 以外其他组分的物质的量都不变的条件下，系统广度性质 Z 随组分 B 的物质的量的变化率。也可以理解为，在恒温、恒压和混合系统中除组分 B 以外其他组分的物质的量都不变的条件下，在有限量的系统中，加入 $\mathrm{d}n_B$ 后引起系统的广度性质 Z 的改变量为 $\mathrm{d}Z$，$\mathrm{d}Z$ 与 $\mathrm{d}n_B$ 的比值就是 Z_B。

常见的偏摩尔量有：偏摩尔体积 V_B、偏摩尔热力学能 U_B、偏摩尔焓 H_B、偏摩尔熵 S_B、偏摩尔亥姆霍兹函数 A_B 以及偏摩尔吉布斯函数 G_B 等，它们相应的定义式为

偏摩尔体积

$$V_B = \left(\frac{\partial V}{\partial n_B}\right)_{T,p,n_C \neq n_B}$$

偏摩尔热力学能

$$U_B = \left(\frac{\partial U}{\partial n_B}\right)_{T,p,n_C \neq n_B}$$

偏摩尔焓

$$H_B = \left(\frac{\partial H}{\partial n_B}\right)_{T,p,n_C \neq n_B}$$

偏摩尔熵 $\qquad$ $S_B = \left(\dfrac{\partial S}{\partial n_B}\right)_{T,p,n_C \neq n_B}$

偏摩尔亥姆霍兹函数 $\qquad$ $A_B = \left(\dfrac{\partial A}{\partial n_B}\right)_{T,p,n_C \neq n_B}$

偏摩尔吉布斯函数 $\qquad$ $G_B = \left(\dfrac{\partial G}{\partial n_B}\right)_{T,p,n_C \neq n_B}$

值得指出的是，只有广度性质才有偏摩尔量，强度性质没有偏摩尔量。和摩尔量一样，偏摩尔量本身是强度性质，不具有加和性。偏摩尔量定义中的偏微商的下角标都是 $T,p,n_C \neq n_B$，即只有在恒温、恒压和混合系统中除组分 B 以外其他组分的物质的量都不变的条件下，系统广度性质 Z 对组分 B 的物质的量的偏导数才称为偏摩尔量。在所有偏摩尔量中，偏摩尔吉布斯函数 G_B 最为重要。若系统中只有一种物质，即纯组分时，偏摩尔量 Z_B 就是纯物质的摩尔量 $Z_{m,B}^*$。

4.2.2 偏摩尔量的加和公式

偏摩尔量是强度性质，与系统的组成有关，但与系统的总量无关。在组成不变（即按照原始系统中各物质的比例加入物质，系统的总量在变，但系统的组成，如物质的量分数没变）的条件下，各物质的 Z_B 数值不变，是常数。对式（4-7）积分

$$\int_0^Z \mathrm{d}Z = \int_0^{n_B} \sum_B Z_B \mathrm{d}n_B = \sum_B Z_B \int_0^{n_B} \mathrm{d}n_B$$

得

$$Z = \sum_B n_B Z_B \tag{4-8}$$

此式称为偏摩尔量的加和公式，也称集合公式。若系统中只有两种物质，如本节开始时的水（B）与乙醇（C）混合系统，混合后系统的总体积为

$$V = n_B V_B + n_C V_C \tag{4-9}$$

式中，V_B 为水的偏摩尔体积；V_C 为乙醇的偏摩尔体积，$m^3 \cdot mol^{-1}$。运用偏摩尔体积进行计算，其结果和实验测得的值能很好地相符。

Z 代表任意广度性质，因此有

$$V = \sum_B n_B V_B \qquad\qquad U = \sum_B n_B U_B$$

$$H = \sum_B n_B H_B \qquad\qquad S = \sum_B n_B S_B$$

$$A = \sum_B n_B A_B \qquad\qquad G = \sum_B n_B G_B \tag{4-10}$$

4.2.3 Gibbs-Duhem 公式

根据多组分单相系统的偏摩尔量加和公式(4-8)，对其微分，得

$$\mathrm{d}Z = \sum_B Z_B \mathrm{d}n_B + \sum_B n_B \mathrm{d}Z_B \tag{4-11}$$

比较式（4-7）和式（4-11），有

$$\sum_B n_B \mathrm{d}Z_B = 0 \tag{4-12}$$

两边除以系统总的物质的量 $\sum\limits_B n_B$ ，得

$$\sum\limits_B x_B dZ_B = 0 \tag{4-13}$$

式(4-12) 和式(4-13) 都称为吉布斯-杜亥姆（Gibbs-Duhem）方程。Gibbs-Duhem 方程表明，在恒温、恒压下，多组分单相系统的组成发生变化时，各组分偏摩尔量的变化不是彼此独立的，而是相互关联和制约的。

对于只有 B 和 C 二个组分的系统，则有

$$n_B dZ_B + n_C dZ_C = 0 \quad 或 \quad x_B dZ_B + x_C dZ_C = 0$$

即

$$\frac{dZ_B}{dZ_C} = -\frac{n_C}{n_B} \quad 或 \quad \frac{dZ_B}{dZ_C} = -\frac{x_C}{x_B} \tag{4-14}$$

所以，在恒温、恒压下，二组分混合系统中一个组分的偏摩尔量增大，则另一个组分的偏摩尔量必定减小，而且增大与减小的比例与混合物中两组分的物质的量（或物质的量分数）成反比。

4.2.4 偏摩尔量的测定方法

用实验方法测定偏摩尔量的理论基础主要是偏摩尔量的定义和偏摩尔量的集合公式。以测定由物质 B 和 C 构成的二组分系统的偏摩尔体积为例，介绍几种方法。

(1) 解析法

在一定的温度和压力下，恒定物质 C 的物质的量 n_C ，不断改变物质 B 的物质的量 n_B ，实验测定混合系统相对应的体积 V ，根据所得的不同 n_B 时的 V 数据，拟合出体积 V 关于物质的量 n_B 的解析式 $V = V(n_B)$ ，然后应用偏摩尔体积的定义，就可以计算出偏摩尔体积 V_B 和 V_C 。

【**例 4-1**】 25℃、101.325kPa 时，在 1000cm³（55.344mol）水（A）中不断加入物质的量为 n_B 的溶质 NaCl(B)，测定溶液的体积 V ，由实验数据拟合得到 V 关于 n_B 的方程式为

$$V = \left[1001.38 + 16.6253 \times \frac{n_B}{mol} + 1.7738 \times \left(\frac{n_B}{mol}\right)^{\frac{3}{2}} + 0.1194 \times \left(\frac{n_B}{mol}\right)^2 \right] cm^3$$

计算当 $n_B = 0.25mol$ 和 $n_B = 0.50mol$ 时，溶液中水（A）和 NaCl(B) 的偏摩尔体积。

解 由偏摩尔体积的定义，得

$$V_B = \left(\frac{\partial V}{\partial n_B}\right)_{T,p,n_A} = \left[16.6253 + 2.6607 \times \left(\frac{n_B}{mol}\right)^{\frac{1}{2}} + 0.2388 \times \frac{n_B}{mol} \right] cm^3 \cdot mol^{-1}$$

由偏摩尔体积的集合公式，得

$$V_A = \frac{V - n_B V_B}{n_A}$$

$$= \left[18.0937 - 1.6025 \times 10^{-2} \times \left(\frac{n_B}{mol}\right)^{\frac{3}{2}} - 2.1574 \times 10^{-3} \times \left(\frac{n_B}{mol}\right)^2 \right] cm^3 \cdot mol^{-1}$$

当 $n_{B,1} = 0.25mol$ 时，水和 NaCl 的偏摩尔体积分别为

$$V_{A,1} = 18.0916 cm^3 \cdot mol^{-1} \ ; \quad V_{B,1} = 18.0154 cm^3 \cdot mol^{-1}$$

当 $n_{B,2} = 0.50mol$ 时，水和 NaCl 的偏摩尔体积分别为

$$V_{A,2} = 18.0875 \text{cm}^3 \cdot \text{mol}^{-1} ; \quad V_{B,2} = 18.6261 \text{cm}^3 \cdot \text{mol}^{-1}$$

这个例子有力地说明了在不同的浓度中，系统中同一种物质的偏摩尔体积是不相同的。通过大量准确的实验数据，拟合出体积 V 关于物质的量 n_B 的方程式，是解析法解决问题的关键。

（2）图解法

用与解析法相同的实验方法，获得不同 n_B 时的 V 数据。然后作 V-n_B 图，得到一条实验曲线，曲线上某点（V，n_B）处切线的斜率便是 $\left(\dfrac{\partial V}{\partial n_B}\right)_{T,p,n_A}$ 值，即浓度为 n_B 时的 V_B 值。

例如，在上例中（以 $n_{B,1}=0.25\text{mol}$ 时说明），实验得到一组（V，n_B）数据后，作出 V-n_B 曲线图，找出 $n_{B,1}=0.25\text{mol}$ 时在曲线上所对应的点，这点所对应的体积为混合系统在 $n_{B,1}=0.25\text{mol}$ 时的体积，记为 V_1；过这点作曲线的切线，切线的斜率就是 $n_{B,1}=0.25\text{mol}$ 时 NaCl 的偏摩尔体积 $V_{B,1}$。进一步应用偏摩尔体积的集合公式，求出水在此时的偏摩尔体积，即

$$V_{A,1} = \frac{V_1 - n_{B,1}V_{B,1}}{n_A}$$

（3）截距法

在一定温度和压力下，B 和 C 二组分混合物系统的摩尔体积定义为

$$V_m = \frac{V}{n_B + n_C} \tag{4-15}$$

物质 B 的物质的量分数 $x_B = \dfrac{n_B}{n_B + n_C}$。显然，$n_B$ 或 n_C 改变，x_B 的值都会变化。为使问题简化，假定 n_B 保持不变，x_B 的改变完全因 n_C 的变化引起，则

$$\mathrm{d}x_B = \frac{-n_B \mathrm{d}n_C}{(n_B + n_C)^2} = -x_B \frac{\mathrm{d}n_C}{n_B + n_C}$$

所以

$$\frac{\mathrm{d}n_C}{n_B + n_C} = -\frac{\mathrm{d}x_B}{x_B} \tag{4-16}$$

或

$$\frac{x_B}{n_B + n_C} = -\frac{\mathrm{d}x_B}{\mathrm{d}n_C} \tag{4-17}$$

在温度、压力和 n_B 恒定下对式（4-15）两边微分，得

$$\begin{aligned} \mathrm{d}V_m &= \frac{\mathrm{d}V}{n_B + n_C} - \frac{V \mathrm{d}n_C}{(n_B + n_C)^2} \\ &= \frac{\mathrm{d}V}{n_B + n_C} - V_m \frac{\mathrm{d}n_C}{n_B + n_C} \end{aligned}$$

将式（4-16）代入上式，得

$$\mathrm{d}V_m = \frac{\mathrm{d}V}{n_B + n_C} + V_m \frac{\mathrm{d}x_B}{x_B}$$

上式两边同时除以 $\dfrac{\mathrm{d}x_B}{x_B}$，然后代入式（4-17）得

$$x_B \frac{dV_m}{dx_B} = \frac{x_B}{n_B + n_C} \times \frac{dV}{dx_B} + V_m = -\frac{dx_B}{dn_C} \times \frac{dV}{dx_B} + V_m = -\frac{dV}{dn_C} + V_m$$

上式是在恒温、恒压和 n_B 恒定下得到的，所以

$$x_B \left(\frac{\partial V_m}{\partial x_B}\right)_{T,p,n_B} = -\left(\frac{\partial V}{\partial n_C}\right)_{T,p,n_B} + V_m$$

因为 $\left(\frac{\partial V}{\partial n_C}\right)_{T,p,n_B} = V_C$ ，所以

$$V_C = V_m - x_B \left(\frac{\partial V_m}{\partial x_B}\right)_{T,p,n_B} \tag{4-18}$$

同样的方法可以证明

$$V_B = V_m - x_C \left(\frac{\partial V_m}{\partial x_C}\right)_{T,p,n_C} \tag{4-19}$$

式（4-18）和式（4-19）是截距法测定和计算偏摩尔体积的理论依据。通过实验测定和计算，可以获得一系列不同 x_C 时系统的摩尔体积 V_m ，然后以 V_m 对 x_C 作图，得到如图 4-1 中的实线曲线。

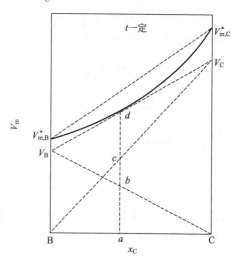

在曲线上任取一点，如图中的 d 点，作曲线的切线与两纵轴交于点 V_B 和 V_C 。可以证明点 V_B 和 V_C 所对应的数值，就是 B 和 C 二组分混合系统在 $x_C = a$ 时的偏摩尔体积，可见这种方法求算偏摩尔体积的突出优点是，一次作图可同时得到两个组分的偏摩尔体积。从图中可以看出，混合物的组成改变时，B 和 C 的偏摩尔体积也随之改变，当 V_B 点变高时，V_C 点必然降低，反之亦然，很好地验证了 Gibbs-Duhem 方程。

图 4-1 二组分液态混合物摩尔
体积与组成关系曲线

4.2.5 偏摩尔量之间的关系

在第 2、第 3 章中介绍过简单组分系统，即单一组分或组成不变的系统中热力学函数之间的内在联系，如 $H=U+pV$ 、$A=U-TS$ 、$G=A+pV$ ，以及 $(\partial A/\partial T)_V = -S$ 等。在多组分系统中，对于任一组分 B，在恒温、恒压和其他组分组成不变的情况下，上述等式对 B 的物质的量 n_B 求偏导数后，可以发现各偏摩尔量之间存在着同样的关系。例如

$$\left(\frac{\partial H}{\partial n_B}\right)_{T,p,n_C \neq n_B} = \left(\frac{\partial (U+pV)}{\partial n_B}\right)_{T,p,n_B}$$

$$= \left(\frac{\partial U}{\partial n_B}\right)_{T,p,n_C \neq n_B} + p\left(\frac{\partial V}{\partial n_B}\right)_{T,p,n_C \neq n_B}$$

所以

$$H_B = U_B + pV_B \tag{4-20}$$

又如

$$\left(\frac{\partial A_B}{\partial T}\right)_{V,n_B} = \left[\frac{\partial}{\partial T}\left(\frac{\partial A}{\partial n_B}\right)_{T,p,n_C \neq n_B}\right]_{V,n_B}$$

$$= \left[\frac{\partial}{\partial n_B}\left(\frac{\partial A}{\partial T}\right)_{V,n_B}\right]_{T,p,n_C \neq n_B}$$

$$= \left[\frac{\partial(-S)}{\partial n_B} \right]_{T,p,n_C \neq n_B}$$

所以

$$\left(\frac{\partial A_B}{\partial T} \right)_{V,n_B} = -S_B \tag{4-21}$$

同样 $A_B = U_B - TS_B$、$G_B = A_B + pV_B$ 等关系读者可以自行推导证明。

4.3 化学势

事实上，我们遇到的系统往往不是各组分的相对含量有变化，就是各物质的质量有增减的情况，例如正在进行化学反应的封闭系统、系统与环境有物质交换的敞开系统等等。为了解决这类多组分系统的热力学函数关系，进一步判断它们所进行的过程与方向，Gibbs 和 Lewis 提出了一个重要的热力学概念——化学势（chemical potential）。

4.3.1 化学势的定义

正如前面所述，对于一个多组分单相系统，它所处的状态除了取决于 p、V、T、U 和 S 等热力学函数中任意两个独立变化的函数外（通常选取 T 和 p 这两个函数），还取决于系统中各组分的物质的量。吉布斯函数也不例外，它的状态由温度、压力以及系统中各组分物质的量所决定

$$G = G(T, p, n_B, n_C, n_D, \cdots)$$

$$dG = \left(\frac{\partial G}{\partial T} \right)_{p,n_B} dT + \left(\frac{\partial G}{\partial p} \right)_{T,n_B} dp + \sum_B \left(\frac{\partial G}{\partial n_B} \right)_{T,p,n_C \neq n_B} dn_B \tag{4-22}$$

令

$$\left(\frac{\partial G}{\partial n_B} \right)_{T,p,n_C \neq n_B} = \mu_B \tag{4-23}$$

式中，μ_B 称为物质 B 的化学势。化学势的物理意义是，当温度、压力和除组分 B 以外其他组分的物质的量都不变化时，系统吉布斯函数随物质 B 的物质的量改变的变化率。在数值上，化学势等于偏摩尔吉布斯函数。纯物质的化学势等于它自身的摩尔吉布斯函数，即

$$\mu^* = G_m^* \tag{4-24}$$

组成不变的多组分系统可以作为简单组分系统处理，因此有

$$\left(\frac{\partial G}{\partial T} \right)_{p,n_B} = -S , \left(\frac{\partial G}{\partial p} \right)_{T,n_B} = V$$

将上两等式及式(4-23)代入式(4-22)，得

$$dG = -SdT + Vdp + \sum_B \mu_B dn_B \tag{4-25}$$

因为 $dA = d(G - pV)$ ，所以

$$dA = dG - Vdp - pdV$$

将式(4-25)代入上式，得

$$dA = -SdT - pdV + \sum_B \mu_B dn_B \tag{4-26}$$

同样，可以根据 $dH = d(G + TS)$ 和 $dU = d(A + TS)$ 的展开式和式(4-25)、式(4-26)，得

到

$$dH = TdS + Vdp + \sum_{B} \mu_B dn_B \tag{4-27}$$

$$dU = TdS - pdV + \sum_{B} \mu_B dn_B \tag{4-28}$$

式(4-25)～式(4-28)是多组分单相系统最为普遍的热力学基本方程式。只要在非体积功为零的条件下，这些方程式不仅适用于组成发生变化的封闭系统，还适用于敞开系统。

确定多组分单相系统吉布斯函数的状态时，选取了温度和压力两个独立变量及系统中各组分的物质的量。同样，为了确定多组分单相系统焓函数的状态，通常可以选取熵和压力两个独立变量及系统中各组分的物质的量，即

$$H = H(S, p, n_B, n_C, n_D, \cdots)$$

则

$$dH = \left(\frac{\partial H}{\partial S}\right)_{p,n_B} dS + \left(\frac{\partial H}{\partial p}\right)_{S,n_B} dp + \sum_{B} \left(\frac{\partial H}{\partial n_B}\right)_{S,p,n_C \neq n_B} dn_B$$

$$= TdS + Vdp + \sum_{B} \left(\frac{\partial H}{\partial n_B}\right)_{S,p,n_C \neq n_B} dn_B$$

上式与式(4-27)比较，由对应项系数相等原则，得

$$\mu_B = \left(\frac{\partial H}{\partial n_B}\right)_{S,p,n_C \neq n_B} \tag{4-29}$$

采用同样的方法，可以得到

$$\mu_B = \left(\frac{\partial U}{\partial n_B}\right)_{S,V,n_C \neq n_B} \tag{4-30}$$

$$\mu_B = \left(\frac{\partial A}{\partial n_B}\right)_{T,V,n_C \neq n_B} \tag{4-31}$$

因此，除了式(4-23)是化学势的定义外，式(4-29)～式(4-31)都是化学势的定义式，即

$$\mu_B = \left(\frac{\partial U}{\partial n_B}\right)_{S,V,n_C \neq n_B} = \left(\frac{\partial H}{\partial n_B}\right)_{S,p,n_C \neq n_B} = \left(\frac{\partial A}{\partial n_B}\right)_{T,V,n_C \neq n_B} = \left(\frac{\partial G}{\partial n_B}\right)_{T,p,n_C \neq n_B}$$

这四个定义式形式相似，但每个偏导数的下角标不同。其中，只有用吉布斯函数定义的化学势又是偏摩尔吉布斯函数，其余三个都不是对应的偏摩尔量，因为偏摩尔量的定义都要求是恒温、恒压及 $n_C \neq n_B$。

4.3.2 多组分多相系统热力学

一方面，多组分多相系统可以拆分为若干个多组分单相系统，上面研究的多组分单相系统的热力学方程式对拆分后的每一个相都适用。因此，多组分多相系统的热力学函数等于各相热力学函数之和。

另一方面，多组分多相系统处于热平衡和力平衡状态，各相的温度和压力都相同。在忽略相与相之间存在的界面现象因素后，得到多组分多相系统的热力学基本方程式为

$$dU = TdS - pdV + \sum_{\alpha} \sum_{B} \mu_{B(\alpha)} dn_{B(\alpha)} \tag{4-32}$$

$$dH = TdS + Vdp + \sum_{\alpha} \sum_{B} \mu_{B(\alpha)} dn_{B(\alpha)} \tag{4-33}$$

$$dA = -SdT - pdV + \sum_{\alpha} \sum_{B} \mu_{B(\alpha)} dn_{B(\alpha)} \tag{4-34}$$

$$dG = -SdT + Vdp + \sum_\alpha \sum_B \mu_{B(\alpha)} dn_{B(\alpha)} \tag{4-35}$$

式(4-32)～（4-35）中凡涉及广度性质的都是系统总的广度性质，它等于各相中该广度性质之和。例如，$dU = \sum_\alpha dU(\alpha)$，$S = \sum_\alpha S(\alpha)$ 等。同样，式(4-32)～式（4-35）适用于非体积功为零条件下，封闭的多组分多相系统的 pVT 变化、相变和化学反应以及敞开系统。

4.3.3　化学势判据

非体积功为零时，封闭系统中任意的恒温、恒容过程，可以用 $dA_{T,V} \leqslant 0$ 作为过程的自发性和是否达到平衡的判据；同样，非体积功为零时，封闭系统中任意的恒温、恒压过程，可以用 $dG_{T,p} \leqslant 0$ 作为过程的自发性和是否达到平衡的判据。由式(4-34) 和式(4-35) 分别得到

$$dA_{T,V} = \sum_\alpha \sum_B \mu_{B(\alpha)} dn_{B(\alpha)}$$

$$dG_{T,p} = \sum_\alpha \sum_B \mu_{B(\alpha)} dn_{B(\alpha)}$$

因此，对于非体积功为零的情况，无论是恒温、恒容还是恒温、恒压条件下进行的过程，判断过程的自发性和是否达到平衡时，都可以归结为

$$\sum_\alpha \sum_B \mu_{B(\alpha)} dn_{B(\alpha)} \leqslant 0 \tag{4-36}$$

式(4-36) 常称为过程的自发性和平衡性的化学势判据。它表明，一个系统在非体积功为零时，其过程的自发性及是否达到平衡只与 $\sum_\alpha \sum_B \mu_{B(\alpha)} dn_{B(\alpha)}$ 大小有关，而与具体进行的方式（如恒温、恒容过程或恒温、恒压过程等）无关。

4.3.4　化学势在相平衡中的应用

化学势判据可以应用于判断物质平衡方向。物质平衡是指系统中各相的物质组成不随时间而变化，包括相平衡和化学平衡。这里先讨论相平衡问题。

设某多组分系统有 α 和 β 两个相。在 $W'=0$、恒温、恒压及两个相中其他组分的物质的量不变的条件下，有微量的 B 物质从 α 相转移到 β 相，即

$$\begin{array}{ccc} B(\alpha) & \longrightarrow & B(\beta) \\ dn_{B(\alpha)} & & dn_{B(\beta)} \end{array}$$

显然有 $-dn_{B(\alpha)} = dn_{B(\beta)} > 0$。应用式(4-36)，得

$$\mu_{B(\alpha)} dn_{B(\alpha)} + \mu_{B(\beta)} dn_{B(\beta)} = \mu_{B(\alpha)} [-dn_{B(\beta)}] + \mu_{B(\beta)} dn_{B(\beta)} \leqslant 0$$

所以

$$\mu_{B(\beta)} \leqslant \mu_{B(\alpha)} \tag{4-37}$$

式(4-37) 表明，物质 B 总是从化学势高的相自发地流向化学势低的相，直到物质 B 在两相中的化学势相等为止。因此，多组分多相系统相平衡的条件是，每一种组分在各相中的化学势相等，即

$$\mu_{B(\alpha)} = \mu_{B(\beta)} = \mu_{B(\gamma)} = \cdots \tag{4-38}$$

例如，在100℃、101.325kPa 条件下，$\mu_{H_2O(g)} = \mu_{H_2O(l)}$，因为此时液体水与气体水处于气-液平衡状态；而在100℃、90kPa 条件下，$\mu_{H_2O(g)} < \mu_{H_2O(l)}$，因为100℃时水的饱和蒸

气压为 101.325kPa，而现在气相压力只有 90kPa，液体水汽化成气体水是一个自发过程，直到气相的压力达到 101.325kPa 为止。再如，饱和 NaCl 水溶液已达到溶解平衡，所以饱和 NaCl 水溶液中 NaCl 的化学势与相同条件下固体 NaCl 的化学势相等，自然就容易联想到，固体 NaCl 的化学势大于相同条件下不饱和 NaCl 水溶液中 NaCl 的化学势，以及过饱和 NaCl 水溶液中 NaCl 的化学势大于相同条件下固体 NaCl 的化学势。

4.3.5 化学势与温度、压力的关系

(1) 化学势与温度的关系

$$\left(\frac{\partial \mu_B}{\partial T}\right)_{p,n_B} = \left[\frac{\partial}{\partial T}\left(\frac{\partial G}{\partial n_B}\right)_{T,p,n_C \neq n_B}\right]_{p,n_B}$$

$$= \left[\frac{\partial}{\partial n_B}\left(\frac{\partial G}{\partial T}\right)_{p,n_B}\right]_{T,p,n_C \neq n_B}$$

$$= \left[\frac{\partial}{\partial n_B}(-S)\right]_{T,p,n_C \neq n_B} = -S_B$$

即

$$\left(\frac{\partial \mu_B}{\partial T}\right)_{p,n_B} = -S_B \tag{4-39}$$

S_B 是组分 B 的偏摩尔熵。温度升高，化学势降低。

(2) 化学势与压力的关系

$$\left(\frac{\partial \mu_B}{\partial p}\right)_{T,n_B} = \left[\frac{\partial}{\partial p}\left(\frac{\partial G}{\partial n_B}\right)_{T,p,n_C \neq n_B}\right]_{T,n_B}$$

$$= \left[\frac{\partial}{\partial n_B}\left(\frac{\partial G}{\partial p}\right)_{T,n_B}\right]_{T,p,n_C \neq n_B}$$

$$= \left(\frac{\partial V}{\partial n_B}\right)_{T,p,n_C \neq n_B} = V_B$$

即

$$\left(\frac{\partial \mu_B}{\partial p}\right)_{T,n_B} = V_B \tag{4-40}$$

V_B 是组分 B 的偏摩尔体积。压力升高，化学势也升高。

4.4 气体的化学势

化学势是极其重要的热力学函数，但正如热力学能、吉布斯函数等热力学函数一样，化学势没有绝对值。为了定量计算的方便，化学势应选择一个标准态作为计算的基准。对于气体，选定的标准态是压力为 100kPa($p^{\ominus}$) 下具有理想气体性质的纯气体，没有温度限制。在这一状态下的化学势称为标准化学势，用 $\mu_{B(g)}^{\ominus}$ 表示，对于纯气体则省略下角标 B。显然，气体的标准化学势只与温度有关。

4.4.1 纯理想气体的化学势

根据式(4-24)，纯理想气体有

$$\mu^* = G_m^*$$

上式在恒温下对压力 p 微分，得

$$\left(\frac{\partial \mu^*}{\partial p}\right)_T = \left(\frac{\partial G_m^*}{\partial p}\right)_T = V_m^*$$

对于纯理想气体，$V_m^* = \dfrac{RT}{p}$，代入上式得

$$d\mu^* = RT d\ln p$$

积分

$$\int_{\mu_{(g)}^{\ominus}}^{\mu_{(pg)}} d\mu^* = RT \int_{p^{\ominus}}^{p} d\ln p$$

得

$$\mu_{(pg)} = \mu_{(g)}^{\ominus} + RT \ln \frac{p}{p^{\ominus}} \tag{4-41}$$

式中，$\mu_{(pg)}$ 是纯理想气体在温度为 T、压力为 p 时的化学势；$\mu_{(g)}^{\ominus}$ 是温度为 T、压力为 $p^{\ominus}$ 时理想气体的标准化学势；$\mu_{(g)}^{\ominus}$ 随温度 T 的改变而改变，是温度的函数。

4.4.2 理想气体混合物中任一组分的化学势

根据多组分系统化学势与压力的关系式(4-40)，一定温度下理想气体混合物中组分 B 有
$$d\mu_{B(pg)} = V_B dp$$
由于理想气体不仅分子间无相互作用力，而且分子本身体积为零，所以理想气体混合物中组分 B 的偏摩尔体积就是它的摩尔体积，即 $V_B = \dfrac{RT}{p}$，代入上式

$$d\mu_{B(pg)} = RT d\ln p \tag{4-42}$$

标准态对压力的规定是 100kPa（$p^{\ominus}$），理想气体混合物中组分 B 的标准态是指其分压为 $p^{\ominus}$，此时理想气体混合系统的总压对应为 $\dfrac{p^{\ominus}}{y_B}$，相应地组分 B 的标准化学势为 $\mu_{(g)}^{\ominus}$。式 (4-42) 中，右边的压力 p 是指理想气体混合系统在温度为 T 时的总压，左边的化学势 $\mu_{B(pg)}$ 是组分 B 在系统总压为 p 时所对应的化学势。也就是说，理想气体混合物中组分 B 的化学势计算是以混合系统总压而不是以其分压为参照的。搞清了这一基本问题后，对式(4-42)积分为

$$\int_{\mu_{B(g)}^{\ominus}}^{\mu_{B(pg)}} d\mu_{B(pg)} = RT \int_{\frac{p^{\ominus}}{y_B}}^{p} d\ln p$$

所以

$$\mu_{B(pg)} = \mu_{B(g)}^{\ominus} + RT \ln \frac{y_B p}{p^{\ominus}} = \mu_{B(g)}^{\ominus} + RT \ln \frac{p_B}{p^{\ominus}} \tag{4-43}$$

由式(4-43) 得

$$\mu_{B(pg)} = \mu_{B(g)}^{\ominus} + RT \ln \frac{p_B}{p^{\ominus}} \tag{4-44}$$

由式(4-43)同样可以得

$$\mu_{B(pg)} = \mu_{B(g)}^{\ominus} + RT\ln\frac{p}{p^{\ominus}} + RT\ln y_B = \mu_{B(g)}^{*} + RT\ln y_B$$

即

$$\mu_{B(pg)} = \mu_{B(g)}^{*} + RT\ln y_B \tag{4-45}$$

式(4-44)和式(4-45)都是理想气体混合物中任一组分 B 的化学势计算公式。

由式(4-44)可进一步发现，标准化学势 $\mu_{B(g)}^{\ominus}$ 是理想气体混合物中组分 B 的分压为 $p^{\ominus}$ 时的化学势，$\mu_{B(pg)}$ 是理想气体混合物中组分 B 的分压为 p_B 时的化学势。

式(4-45)中，$\mu_{B(g)}^{*} = \mu_{B(g)}^{\ominus} + RT\ln\frac{p}{p^{\ominus}}$ 相当于温度为 T 时组分 B 单独存在于混合气体总压 p 时的化学势，因 p 不一定等于 $p^{\ominus}$，所以 $\mu_{B(g)}^{*}$ 所处的未必是标准态。但是，可以肯定的是，因理想气体混合物中组分 B 相当于在同等条件下纯 B 理想气体系统中，B 物质的分子部分地被其他理想气体分子所取代，由于理想气体分子既没相互间的作用力又没自身的体积，因此混合后 $\mu_{B(g)}^{*}$ 的值没变，而式中的 $RT\ln y_B$ 小于零，所以混合后 $\mu_{B(pg)}$ 减小。可见，气体的混合过程是化学势降低的过程，是自发过程。

4.4.3　纯实际气体的化学势

理想气体本身就不存在，遇到的情况往往是实际气体。实际气体的标准态同样不存在，是假想的，规定一定温度和标准压力 $p^{\ominus}$ 下假想的纯态理想气体为实际气体的标准态。为导出纯实际气体在压力 p 下的化学势 $\mu_{(g)}^{*}$ 与标准态下该气体的化学势 $\mu_{(g)}^{\ominus}$ 之间的关系，在恒定温度 T 的条件下构筑以下途径：

$$
\begin{array}{ccc}
B(pg, p^{\ominus}) & \xrightarrow{\Delta G_m} & B(g, p) \\
\downarrow \mu_{(g)}^{\ominus} & & \uparrow \mu_{(g)}^{*} \\
\Delta G_{m,1} & & \Delta G_{m,3} \\
B(pg, p) & \xrightarrow{\Delta G_{m,2}} & B(g, p \to 0)
\end{array}
$$

由标准态的假想理想气体变化到压力为 p 的实际气体状态分三步完成：先由标准态的假想理想气体变化到压力为 p 的埋想气体，再让该气体变化到压力 $p \to 0$ 的实际气体（实际气体在 $p \to 0$ 可按理想气体处理），最后将压力 $p \to 0$ 的实际气体变化到压力为 p 的实际气体。

根据状态函数的性质

$$\Delta G_m = \Delta G_{m,1} + \Delta G_{m,2} + \Delta G_{m,3} = \mu_{(g)}^{*} - \mu_{(g)}^{\ominus}$$

因为

$$\Delta G_{m,1} = \int_{p^{\ominus}}^{p} V_{m(pg)}^{*}\,\mathrm{d}p = \int_{p^{\ominus}}^{p} \frac{RT}{p}\,\mathrm{d}p = RT\ln\frac{p}{p^{\ominus}}$$

$$\Delta G_{m,2} = \int_{p}^{0} V_{m(pg)}^{*}\,\mathrm{d}p = -\int_{0}^{p} \frac{RT}{p}\,\mathrm{d}p$$

$$\Delta G_{m,3} = \int_{0}^{p} V_{m(g)}^{*}\,\mathrm{d}p$$

所以

$$\mu_{(g)}^{*} = \mu_{(g)}^{\ominus} + RT\ln\frac{p}{p^{\ominus}} + \int_{0}^{p}[V_{m(g)}^{*} - \frac{RT}{p}]\mathrm{d}p \tag{4-46}$$

式(4-46)是纯实际气体化学势的计算公式。与纯理想气体的化学势公式(4-41)相比较,在相同温度与压力下,纯实际气体的摩尔体积 $V_{m(g)}^*$ 与纯理想气体的摩尔体积 $V_{m(pg)}^*$ $\left(\text{即} \dfrac{RT}{p}\right)$ 的差值,决定了纯实际气体与纯理想气体化学势的差别。

4.4.4 实际气体混合物中任一组分的化学势

在温度 T 时,实际气体混合物中组分 B 的化学势 $\mu_{B(g)}$ 与其标准化学势 $\mu_{B(g)}^\ominus$ 之间的差值导出,与纯实际气体的相类似,其途径设计如下:

$$B(pg, p^\ominus) \xrightarrow[\Delta G_B]{} B(g, mix, p_B = y_B p)$$

等同于 $B(pg, mix, y_B, p_B = p^\ominus)$

$$\mu_{B(g)}^\ominus \qquad\qquad\qquad \mu_{B(g)}$$
$$\Big\downarrow \Delta G_{B,1} \qquad\qquad\qquad \Big\uparrow \Delta G_{B,3}$$
$$B(pg, mix, p_B = y_B p) \xrightarrow[\Delta G_{B,2}]{} B(g, mix, p \rightarrow 0)$$

等同于 $B(pg, mix, p \rightarrow 0)$

理想气体混合物与实际气体混合物组成相等,即 B 气体在两种混合物中的物质的量分数 y_B 相等。

标准态是在温度为 T、压力为 $p^\ominus$ 时假想的纯 B 理想气体,它相当于在理想气体混合物中 B 气体的分压为 $p^\ominus$。从 B 气体的分压为 $p^\ominus$ 的理想气体混合物出发,变化到 B 气体的分压为 p_B 的实际气体混合物,分三步完成:先改变理想气体混合物的压力,使其中 B 气体的分压由 $p^\ominus$ 变化到 p_B 值;然后,将 B 气体的分压为 p_B 的理想气体混合物减压至总压 $p \rightarrow 0$ (当然,此时 p_B 同样趋于零,即 $p_B \rightarrow 0$),这时理想气体混合物的状态与 $p \rightarrow 0$ 的实际气体混合物的状态完全相同;最后将 B 气体的分压 $p_B \rightarrow 0$ 时的实际气体混合物升压到 B 气体的分压为 p_B 的实际气体混合物。

在恒温时,由式(4-40)可知,$\mathrm{d}\mu_B = \mathrm{d}G_B = V_B \mathrm{d}p$,$V_B$ 为偏摩尔体积。理想气体混合物中组分 B 的偏摩尔体积,与其在同样温度及混合物总压下纯气体的摩尔体积 $V_{m(g)}^*$ 是相同的。实际气体混合物中任一组分 B 的化学势推导如下:

$$\Delta G_B = \Delta G_{B,1} + \Delta G_{B,2} + \Delta G_{B,3} = \mu_{B(g)} - \mu_{B(g)}^\ominus$$

因为

$$\Delta G_{B,1} = \int_{p^\ominus}^{p_B} V_{m,B(pg)}^* \mathrm{d}p = \int_{p^\ominus}^{p_B} \frac{RT}{p} \mathrm{d}p = RT \ln \frac{p_B}{p^\ominus}$$

$$\Delta G_{B,2} = \int_{p_B}^{0} V_{m,B(pg)}^* \mathrm{d}p = -\int_0^{p_B} \frac{RT}{p} \mathrm{d}p$$

$$\Delta G_{B,3} = \int_0^{p_B} V_{B(g)} \mathrm{d}p$$

式中,$V_{B(g)}$ 为实际气体混合物中组分 B 的偏摩尔体积。将后面三式代入最上面式中,得

$$\mu_{B(g)} = \mu_{B(g)}^\ominus + RT \ln \frac{p_B}{p^\ominus} + \int_0^{p_B} \left[V_{B(g)} - \frac{RT}{p} \right] \mathrm{d}p \tag{4-47}$$

4.4.5 逸度及逸度因子

为使实际气体及实际气体混合物中任一组分 B 的化学势表达式，与理想气体的在形式上一样简单和相对应，1908 年 Lewis 提出了逸度和逸度因子的概念。实际气体混合物中组分 B 在温度为 T、压力为 p 的条件下，其化学势可表示为

$$\mu_{B(g)} = \mu_{B(g)}^{\ominus} + RT\ln\frac{f_B}{p^{\ominus}} \tag{4-48}$$

上式是用化学势定义的实际气体混合物中组分 B 的逸度 f_B，其量纲与压力相同。在此基础上，进一步引入逸度因子的概念：

$$\varphi_B = \frac{f_B}{p_B} \tag{4-49}$$

逸度因子的量纲为一，将其代入式(4-48)，得

$$\mu_{B(g)} = \mu_{B(g)}^{\ominus} + RT\ln\frac{\varphi_B p_B}{p^{\ominus}} \tag{4-50}$$

此式是逸度因子 φ_B 的化学势定义式。φ_B 的意义在于，在压力上起到修正实际气体对理想气体偏差的作用。

将式(4-47) 分别与式(4-48) 和式(4-50) 比较得到

$$f_B = p_B \exp\int_0^{p_B}\left(\frac{V_{m(g)}^*}{RT} - \frac{1}{p}\right)dp \tag{4-51}$$

$$\varphi_B = \exp\int_0^{p_B}\left(\frac{V_{m(g)}^*}{RT} - \frac{1}{p}\right)dp \tag{4-52}$$

4.5 稀溶液的两个经验定律

稀溶液中有两条重要的经验定律——拉乌尔（Raoult）定律和亨利（Henry）定律，它们揭示了液态多组分系统所遵循的一般规律，是建立诸如理想液态混合物、理想稀溶液等液体模型的理论基础，对溶液热力学的发展起着极其重要的作用。

4.5.1 Raoult 定律

1887 年法国化学家拉乌尔（F. M. Raoult，1830—1901）通过对许多次实验结果的归纳和总结，得出结论：一定温度下，稀溶液中溶剂的蒸气压等于该温度下纯溶剂的饱和蒸气压与溶液中溶剂的物质的量分数的乘积。这便是 Raoult 定律（Raoult's law），用公式表示为

$$p_A = p_A^* x_A \tag{4-53}$$

式中，p_A^* 为一定温度下纯溶剂的饱和蒸气压，单位为 Pa；x_A 为溶液中溶剂的物质的量分数，p_A 为稀溶液平衡气相中溶剂 A 的分压，单位为 Pa。

若溶液中只有溶剂 A 和溶质 B 两个组分，因 $x_A + x_B = 1$，式(4-53) 改写为

$$p_A = p_A^* (1 - x_B)$$

若令 $\Delta p_A = p_A^* - p_A$，称为溶剂蒸气压下降，代入上式得

$$\Delta p_A = p_A^* x_B \qquad (4\text{-}54)$$

即一定温度下，溶剂的蒸气压下降值与溶液中溶质的物质的量分数成正比，而比例系数为该温度下纯溶剂的饱和蒸气压。这是 Raoult 定律的另一种表示形式。

Raoult 定律最初是在研究不挥发性非电解质的稀溶液时总结出来的，后来发现，它对于其他稀薄溶液中的溶剂也是适用的，进而推广到双液系溶液。

Raoult 定律是稀溶液最基本的经验定律之一，应用它能解释稀溶液一些性质，如凝固点下降、沸点升高等。Raoult 定律广泛应用于蒸馏等化工单元操作过程中的计算。

4.5.2　Henry 定律

实验表明，气体物质在液体中的溶解度随气体的平衡压力增大而增加，随温度升高而减小。1803 年英国化学家亨利（W. Henry，1775—1836）在研究气体溶解度的实验中发现，一定温度下气体在液态溶剂中的溶解度与该气体在气相中的平衡分压成正比。这是 Henry 定律（Henry's law）。若溶解度（或溶液组成）以气体 B 在溶液中的物质的量分数表示，Henry 定律用公式表示为

$$p_B = k_{x_B} x_B \qquad (4\text{-}55)$$

式中，p_B 是溶解达到平衡时挥发性溶质 B 在气相中的分压，Pa；x_B 是挥发性溶质在溶液中的物质的量分数；k_{x_B} 是以 x_B 表示溶液组成时的 Henry 常数，Pa。

气体在液态溶剂 A 中的溶解度很小，所形成的溶液属于稀溶液范围。溶液可以使用不同的组成标度表示，如 x_B、b_B、c_B、w_B 等。对于同一系统的稀溶液，溶质的量远远小于溶剂的量，使得这些不同的组成标度之间存在近似的线性关系。因为 $x_B = \dfrac{n_B}{n_A + n_B} \approx \dfrac{n_B}{n_A}$，所以

$$b_B = \frac{n_B}{m_A} = \frac{n_B}{n_A M_A} \approx \frac{1}{M_A} x_B$$

$$c_B = \frac{n_B}{V} \approx \frac{n_B}{V_A} = \frac{n_B}{m_A / \rho_A} = \rho_A \frac{n_B}{m_A} = \frac{\rho_A}{M_A} x_B$$

$$w_B = \frac{m_B}{m_A + m_B} \approx \frac{m_B}{m_A} = \frac{n_B M_B}{n_A M_A} = \frac{M_B}{M_A} x_B$$

因此，将 $x_B = M_A b_B$、$x_B = \dfrac{M_A}{\rho_A} c_B$、$x_B = \dfrac{M_A}{M_B} w_B$ 分别代入式(4-55)，得到溶液不同组成标度时的 Henry 定律表达式

$$p_B = k_{x_B} M_A b_B = k_{b_B} b_B \qquad (4\text{-}56)$$

$$p_B = k_{x_B} \frac{M_A}{\rho_A} c_B = k_{c_B} c_B \qquad (4\text{-}57)$$

$$p_B = k_{x_B} \frac{M_A}{M_B} w_B = k_{w_B} w_B \qquad (4\text{-}58)$$

式中，k_{b_B}、k_{c_B}、k_{w_B} 均为 Henry 常数，它们对应的单位分别为 Pa·kg·mol^{-1}、Pa·m^3·mol^{-1} 和 Pa，不同组成标度所对应的 Henry 常数不仅单位不同，而且数值大小也不一样，但它们之间可以换算。Henry 常数的数值取决于温度、溶质和溶剂的性质以及浓度标度。表 4-1 列

出了几种气体在水中和苯中的 Henry 常数（k_{x_B}）。

表 4-1　298K 下若干气体在水中和苯中的亨利系数

气体		H₂	N₂	O₂	CO	CO₂	CH₄	C₂H₂	C₂H₄	C₂H₆
k_{x_B}/GPa	水溶剂	7.2	8.68	4.40	5.79	0.166	4.18	0.135	1.16	3.07
	苯溶剂	0.367	0.239		0.163	0.114	0.0569			

【例 4-2】　当潜水员由深水急速上升到水面，氮气的溶解度降低，在血液中形成气泡，阻塞血液流通，这就是"潜涵病"，又称"减压症"。在 20℃、101.325kPa 大气中，1kg 水中溶解 1.39×10^{-5} kg 的 N₂，人身体中的血液量为 3kg。试求人从 60m 深水处急速上升到水面时血液中形成的氮气泡半径。假设 N₂ 在血液中的溶解度与水中的相同，空气中 N₂ 的体积分数始终为 0.79，N₂ 为理想气体，水的密度为 1000 kg·m⁻³。

解　因为 $p_{N_2} = k_{c_{N_2}} c_{N_2}$，所以

$$k_{c_{N_2}} = \frac{p_{N_2}}{c_{N_2}} = \frac{101.325 \times 10^3 \times 0.79}{1.39 \times 10^{-5}} \text{Pa·kg}(H_2O)/\text{kg}(N_2)$$
$$= 5.76 \times 10^9 \text{Pa·kg}(H_2O)/\text{kg}(N_2)$$

60m 深水处人体内空气的压力 p' 和血液中 N₂ 的浓度 c'_{N_2}

$$p' = p_0 + \rho g h = 1.01325 \times 10^5 + 1000 \times 9.81 \times 60 \text{Pa} = 6.90 \times 10^5 \text{Pa}$$

$$c'_{N_2} = \frac{p'_{N_2}}{k_{c_{N_2}}} = \frac{6.90 \times 10^5 \times 0.80}{5.76 \times 10^9} \text{kg}(N_2)/\text{kg}(H_2O)$$
$$= 9.58 \times 10^{-5} \text{kg}(N_2)/\text{kg}(H_2O)$$

人升到水面时压力恢复到 101.325kPa，这一过程血液中 N₂ 浓度的变化为 $c'_{N_2} - c_{N_2}$，也就是减压过程所释放的 N₂ 浓度，转化为 20℃、101.325kPa 下气泡的体积为

$$V = \frac{n_{N_2} RT}{p} = \frac{\dfrac{(9.58 \times 10^{-5} - 1.39 \times 10^{-5}) \times 3}{28 \times 10^{-3}} \times 8.314 \times 293}{101.325 \times 10^3} \text{m}^3$$
$$= 2.11 \times 10^{-4} \text{m}^3$$

因为

$$V = \frac{4}{3}\pi r^3 = 2.11 \times 10^{-4} \text{m}^3$$

所以

$$r = 0.037 \text{m} = 3.7 \text{cm}$$

计算结果表明，这样大的气泡足以堵塞人体血管，阻滞血液流动，致人死亡。

结合式（4-55）～式（4-58），Henry 定律也可表述为：一定温度下，稀溶液中挥发性溶质在气相中的平衡分压与其在溶液中的物质的量分数（或质量摩尔浓度或物质的量浓度或质量分数等）成正比。使用 Henry 定律时有以下几点值得注意：

① 气体混合物同时溶于同一溶剂形成稀溶液时，在总压力不太高的情况下，每种气体在气相中的平衡分压与其溶解度的关系都分别适用 Henry 定律，可以近似地认为其他气体的存在对该气体没影响。例如，空气中的 O₂ 和 N₂ 在水中的溶解。

② 溶质在溶液中的分子形态和在气相中的一样时 Henry 定律才适用，若溶质分子在溶液中发生聚合、解离或与溶剂形成化合物时，就不能用 Henry 定律。例如，氯化氢溶解在

苯或 $CHCl_3$ 中，在气相和液相中都是以 HCl 的分子状态出现，系统遵循 Henry 定律。但是，将氯化氢溶于水时，在气相中是 HCl 分子，在溶液中则是 H^+ 和 Cl^-，没有 HCl 分子，这时 Henry 定律就不能适用。

③ 溶液浓度越稀，就能更好地服从于 Henry 定律，大多数气体在水中的溶解度随温度的升高而降低。因此，升温或降低气体在气相中的分压都可以使溶液变稀，使系统更加遵循 Henry 定律。

4.5.3 Raoult 定律与 Henry 定律的比较

溶剂服从 Raoult 定律和溶质遵循 Henry 定律，只有对无限稀的溶液即理想溶液才完全准确，当溶质的物质的量分数接近于零时，即在稀溶液的极小组成范围内，两个定律依然近似适用。以 A、B 两种液体在温度 t 时形成的混合系统为例，来说明两个定律的联系与差别，见图 4-2。

p_A^*、p_B^* 分别代表纯液体 A 和 B 在温度 t 时的饱和蒸气压。k_{x_A}、k_{x_B} 分别代表 A 溶于 B 形成溶液时和 B 溶于 A 形成溶液时溶质的 Henry 常数。图中两条实线分别为 A 和 B 在气相中的蒸气分压 p_A 和 p_B 随液相组成变化的关系曲线，实线下面的两条虚线是按 Raoult 定律计算的 A 和 B 在气相中的蒸气分压。图中左、右两边各有一稀溶液区。对于组分 B，在右侧稀溶液区它是溶剂，服

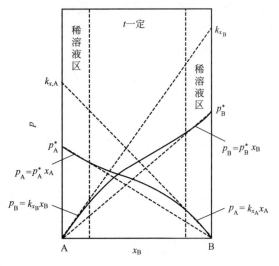

图 4-2 蒸气压与组成的关系

从 Raoult 定律，$p_B = p_B^* x_B$，p_B 与 x_B 呈线性关系，比例系数为 p_B^*。在左侧稀溶液区，组分 B 成了溶质，遵循 Henry 定律，$p_B = k_{x_B} x_B$，p_B 与 x_B 还是线性关系，但比例系数为 k_{x_B}。在两个稀溶液区的中间，p_B 的实际值与按 Raoult 定律计算的值存在明显偏差。

4.6 理想液态混合物

4.6.1 理想液态混合物的概念

液态混合物中的任一个组分在全部浓度范围内都遵循 Raoult 定律的，称为理想液态混合物，简称理想混合物。这是宏观上对理想液态混合物的定义。微观上讲，构成液态混合物的各组分应满足：相同组分分子之间的作用力（A、B 二组分系统时的 A-A、B-B）与不同组分分子之间作用力（A、B 二组分系统时的 A-B）基本相等；同时，不同组分的分子具有相似的结构和相近的体积。这样，在混合过程中不同组分的分子相互取代时，不会引起系统能量和空间距离的变化，便能形成理想液态混合物。

如同气体中的理想气体分子模型一样，理想液态混合物为液态混合物的研究提供了一种简约化的理论模型，是研究液态混合物性质的基础。正如不存在理想气体一样，严格的理想

液态混合物客观上也是不存在的。但是，有些混合物，如光学异构体的混合物、立体异构体的混合物、同位素化合物的混合物可以近似认为是理想液态混合物。同时，紧紧相邻的同系物混合物，如苯和甲苯、甲醇和乙醇等也可以近似看作理想液态混合物。

4.6.2 理想液态混合物中任一组分的化学势

一定温度下，当理想液态混合物与其蒸气达到平衡时，理想液态混合物中任一组分 B 在气、液两相中的化学势相等，即

$$\mu_{B(l)} = \mu_{B(g)}$$

与理想液态混合物成平衡的气相压力一般不大，气相可近似认为是理想气体的混合物，按照式(4-44)得

$$\mu_{B(l)} = \mu_{B(g)} = \mu_{B(g)}^{\ominus} + RT\ln\frac{p_B}{p^{\ominus}}$$

液相是理想液态混合物，任一组分 B 都遵循 Raoult 定律，$p_B = p_B^* x_B$，代入上式，得

$$\mu_{B(l)} = \mu_{B(g)}^{\ominus} + RT\ln\frac{p_B^*}{p^{\ominus}} + RT\ln x_B \tag{4-59}$$

令

$$\mu_{B(l)}^* = \mu_{B(g)}^{\ominus} + RT\ln\frac{p_B^*}{p^{\ominus}} \tag{4-60}$$

代入上式，得

$$\mu_{B(l)} = \mu_{B(l)}^* + RT\ln x_B \tag{4-61}$$

上式是理想液态混合物中任一组分 B 的化学势表达式。式中，$\mu_{B(l)}^*$ 实际上是温度为 T、压力为 p_B^* 时纯液体 B 的化学势，但常常把 $\mu_{B(l)}^*$ 作为温度为 T、系统压力为 p 时纯液体 B 的化学势，其原因与下文关于 $\mu_{B(l)}^* = \mu_{B(l)}^{\ominus}$ 的解释是相同的。

理想液态混合物中任一组分 B 的标准态规定为，温度为 T、压力为 $p^{\ominus}$ 时的纯液体，这时的化学势为标准化学势，以 $\mu_{B(l)}^{\ominus}$ 表示。因此，式(4-61) 中的 $\mu_{B(l)}^*$ 并不是此处的标准化学势 $\mu_{B(l)}^{\ominus}$。

对于纯液体 B，在温度恒定为 T 时，

$$d\mu_{B(l)} = dG_{m,B(l)} = V_{m,B(l)}^* dp$$

式中，$V_{m,B(l)}^*$ 为纯液体 B 的摩尔体积。在此温度下，压力由 $p^{\ominus}$ 变化到 p_B^*，纯液体 B 的化学势相应地由 $\mu_{B(l)}^{\ominus}$ 变至 $\mu_{B(l)}^*$，有

$$\mu_{B(l)}^* = \mu_{B(l)}^{\ominus} + \int_{p^{\ominus}}^{p_B^*} V_{m,B(l)}^* dp \tag{4-62}$$

代入式(4-61)

$$\mu_{B(l)} = \mu_{B(l)}^{\ominus} + RT\ln x_B + \int_{p^{\ominus}}^{p_B^*} V_{m,B(l)}^* dp \tag{4-63}$$

一般情况下，液体的摩尔体积 $V_{m,B(l)}^*$ 值较小，而且 p_B^* 与 $p^{\ominus}$ 相差不大，上式中的积分项可以忽略，故 $\mu_{B(l)}^* = \mu_{B(l)}^{\ominus}$。式(4-63) 可近似为

$$\mu_{B(l)} = \mu_{B(l)}^{\ominus} + RT\ln x_B \tag{4-64}$$

这是理想液态混合物中任一组分 B 最常用的化学势公式。

4.6.3　理想液态混合物的混合性质

一定温度和压力下，将物质的量分别为 n_B、n_C、n_D、… 的纯液体 B、C、D 混合，形成物质的量分数为 x_B、x_C、x_D、… 的理想液态混合物，混合前后系统广度性质的变化，称为理想液态混合物的混合性质。

混合前，系统中各种液体都以纯态单独存在，系统总的吉布斯函数（记为 G_1）等于各种纯物质的摩尔吉布斯函数与其物质的量乘积之和，再根据式(4-24) 得

$$G_1 = \sum_B n_B G_{m,B}^* = \sum_B n_B \mu_{B(l)}^*$$

在恒温、恒压下，将系统中各种纯液体混合在一起，形成理想液态混合物后系统总的吉布斯函数记为 G_2，根据式(4-25) 和式(4-61) 得

$$G_2 = \sum_B n_B \mu_{B(l)} = \sum_B n_B (\mu_{B(l)}^* + RT\ln x_B)$$

所以混合前后的吉布斯函数变化为

$$\Delta_{mix}G = G_2 - G_1 = \sum_B n_B (\mu_{B(l)}^* + RT\ln x_B) - \sum_B n_B \mu_{B(l)}^*$$

即

$$\Delta_{mix}G = RT \sum_B n_B \ln x_B \tag{4-65}$$

因为 $0 < x_B < 1$，所以 $\Delta_{mix}G < 0$。混合过程是在恒温、恒压下进行的，表明混合为自发过程。

根据式 (4-25)，结合式(4-65)，形成理想液态混合物过程的熵变及体积变化为

$$\Delta_{mix}S = -\left(\frac{\partial \Delta_{mix}G}{\partial T}\right)_{p,n_B} = -R \sum_B n_B \ln x_B \tag{4-66}$$

$$\Delta_{mix}V = \left(\frac{\partial \Delta_{mix}G}{\partial p}\right)_{T,n_B} = 0 \tag{4-67}$$

根据热力学函数之间的关系，得

$$\Delta_{mix}H = \Delta_{mix}G + T\Delta_{mix}S = 0 \tag{4-68}$$

$$\Delta_{mix}U = \Delta_{mix}H - p\Delta_{mix}V = 0 \tag{4-69}$$

$$\Delta_{mix}A = \Delta_{mix}G - p\Delta_{mix}V = \Delta_{mix}G = RT \sum_B n_B \ln x_B \tag{4-70}$$

【例 4-3】　液体 A 和液体 B 可形成理想液态混合物。300K、101.325kPa 时，从 A、B 各 2mol 所形成的理想液态混合物中，分出 1mol 纯 A，求此过程的 ΔG。

解　分出纯 A 前，系统是组成为 $x_{A(l),1} = x_{B(l),1} = 0.5$、总的物质的量为 4mol 的理想液态混合物，此时系统的吉布斯函数记为 G_1，则

$$G_1 = n_{A(l),1}\mu_{A(l),1} + n_{B(l),1}\mu_{B(l),1}$$
$$= n_{A(l),1}[\mu_{A(l)}^* + RT\ln x_{A(l),1}] + n_{B(l),1}[\mu_{B(l)}^* + RT\ln x_{B(l),1}]$$

即　　$G_1 = 2[\mu_{A(l)}^* + RT\ln 0.5] + 2[\mu_{B(l)}^* + RT\ln 0.5] = 2\mu_{A(l)}^* + 2\mu_{B(l)}^* + 4RT\ln 0.5$

分出 1mol 纯 A 后，系统由两部分构成：一部分是由 1mol A 和 2mol B 构成的理想液态混合物，其组成为 $x_{A(l),2} = \frac{1}{3}$，$x_{B(l),2} = \frac{2}{3}$；另一部分是 1mol 纯 A。此时系统总的吉布斯

函数记为 G_2，则

$$
\begin{aligned}
G_2 &= [n_{A(l),2}\mu_{A(l),2} + n_{B(l),2}\mu_{B(l),2}] + [n_{A(l),1} - n_{A(l),2}]\mu^*_{A(l)} \\
&= n_{A(l),2}[\mu^*_{A(l)} + RT\ln x_{A(l),2}] + n_{B(l),2}[\mu^*_{B(l)} + RT\ln x_{B(l),2}] + [n_{A(l),1} - n_{A(l),2}]\mu^*_{A(l)} \\
&= 1 \times \left[\mu^*_{A(l)} + RT\ln\frac{1}{3}\right] + 2\left[\mu^*_{B(l)} + RT\ln\frac{2}{3}\right] + (2-1)\mu^*_{A(l)} \\
&= 2\mu^*_{A(l)} + 2\mu^*_{B(l)} + RT\ln\frac{1}{3} + 2RT\ln\frac{2}{3}
\end{aligned}
$$

所以

$$
\begin{aligned}
\Delta G = G_2 - G_1 &= \left(RT\ln\frac{1}{3} + 2RT\ln\frac{2}{3}\right) - 4RT\ln 0.5 \\
&= 8.314 \times 300 \times \left(\ln\frac{1}{3} + 2\ln\frac{2}{3} - 4\ln 0.5\right)\text{J} \\
&= 2153\text{J}
\end{aligned}
$$

恒温、恒压下形成理想液态混合物是自发过程，但从理想液态混合物中分出纯物质，却是非自发的，要借助外界帮助才能完成这一过程。

理想液态混合物的形成过程是在恒温、恒压下进行的，过程的热 $Q = \Delta_{\text{mix}}H = 0$，说明该过程系统与环境间没有热交换。$\Delta_{\text{mix}}U = 0$ 及 $\Delta_{\text{mix}}V = 0$，体现了混合过程没有能量和体积变化，这与理想液态混合物微观上的两个基本要求是相吻合的。混合过程 $\Delta_{\text{mix}}S > 0$，加之系统与环境间没有热交换说明环境熵变为零，因此，隔离系统的熵变是增加的，从另一个方面验证了理想液态混合物的混合过程是自发过程。

4.7　理想稀溶液

本章开始时提出了混合物与溶液之间的界定，即在液态混合物中，对其任何一个组分在热力学上的处理是等价的，如上一节的理想液态混合物化学势中，只要任意选取其中一个组分，应用 Raoult 定律、用同样的标准态，导出的化学势公式，对理想液态混合物中所有组分都适用。但是，在溶液中，如本节将讨论的溶液的理想化模型——理想稀溶液，将对其组分分为溶剂 A 和溶质 B，溶剂 A 用 Raoult 定律、溶质 B 用 Henry 定律才能导出它们各自的化学势公式，且两者在选取标准态时是不同的。

溶液中当溶质的含量无限小（即 $x_B \rightarrow 0$）时，称为理想稀溶液，也称为无限稀薄溶液。理想稀溶液中的溶剂遵循 Raoult 定律，溶质遵循 Henry 定律。为研究问题的方便，与理想稀溶液液相成平衡关系的气相近似按理想气体混合物处理，且系统的压力 p 与标准压力 $p^\ominus$ 相差不大。现以二组分溶液（溶剂为 A 和溶质为 B）为例，加以讨论。

4.7.1　溶剂 A 的化学势

理想稀溶液中的溶剂 A 遵守 Raoult 定律，其化学势的推导过程及最后的表达式与理想液态混合物中任一组分 B 的完全相同，即

$$
\mu_{A(l)} = \mu^*_{A(l)} + RT\ln x_A \tag{4-71}
$$

$$
\mu_{A(l)} = \mu^\ominus_{A(l)} + RT\ln x_A \tag{4-72}
$$

式中，$\mu_{A(l)}^*$ 是温度为 T、压力为 p 时纯溶剂 A 的化学势；$\mu_{A(l)}^{\ominus}$ 是纯溶剂 A 的标准化学势，两者近似相等，即 $\mu_{A(l)}^* = \mu_{A(l)}^{\ominus}$。溶液中溶剂 A 的标准态规定为温度为 T、压力为 $p^{\ominus}$ 时的纯液态 A，这与理想液态混合物中任一组分 B 的标准态是一样的。

与理想液态混合物任一组分 B 的化学势公式相比，理想稀溶液溶剂 A 的化学势公式在适用溶液组成范围上存在差别：前者在所有组成范围内适用，即 $0 \leqslant x_B \leqslant 1$；后者只有在特定的组成范围内适用，即 $x_A \to 1$ 或 $x_B \to 0$ 时。

对于溶液，组成往往用溶质的质量摩尔浓度 b_B 表示，它与溶剂 A 的物质的量分数 x_A 之间存在着一定的关系：

$$x_A = \frac{n_A}{n_A + n_B} = \frac{1}{1 + \dfrac{n_B}{n_A}}$$

因为 $\dfrac{n_B}{n_A} = \dfrac{n_B}{m_A / M_A} = M_A \dfrac{n_B}{m_A} = M_A b_B$，代入上式，得

$$x_A = \frac{1}{1 + M_A b_B} \tag{4-73}$$

代入式(4-72)，得

$$\mu_{A(l)} = \mu_{A(l)}^{\ominus} - RT \ln(1 + M_A b_B) \tag{4-74}$$

对于理想稀溶液，因为 $b_B \to 0$，所以 $\ln\limits_{b_B \to 0}(1 + M_A b_B) = M_A b_B$，代入上式，得到温度为 T、压力为 p 时溶剂 A 的化学势与溶液组成 b_B 之间的表达式为

$$\mu_{A(l)} = \mu_{A(l)}^{\ominus} - RT M_A b_B \tag{4-75}$$

为了研究问题的方便，上式中的 $\mu_{A(l)}^{\ominus}$ 常常也可以用 $\mu_{A(l)}^*$ 替换。

4.7.2 溶质 B 的化学势

在温度为 T、压力为 p 的理想稀溶液平衡系统中，根据相平衡原理，溶质 B 在液相中的化学势 $\mu_{B(溶质)}$ 与溶质 B 在气相中的化学势 $\mu_{B(g)}$ 相等。现以挥发性溶质 B 为例，导出溶质的化学势 $\mu_{B(溶质)}$ 与溶液组成的关系式。同时，理想稀溶液的溶质遵循 Henry 定律，以 c_B 为组成标度时 $p_B = k_{c_B} c_B$，因此

$$\mu_{B(溶质)} = \mu_{B(g)} = \mu_{B(g)}^{\ominus} + RT \ln \frac{p_B}{p^{\ominus}}$$

$$= \mu_{B(g)}^{\ominus} + RT \ln \frac{k_{c_B} c_B}{p^{\ominus}}$$

所以

$$\mu_{B(溶质)} = \mu_{B(g)}^{\ominus} + RT \ln \frac{k_{c_B} c^{\ominus}}{p^{\ominus}} + RT \ln \frac{c_B}{c^{\ominus}} \tag{4-76}$$

$c^{\ominus} = 1 \text{mol} \cdot \text{dm}^{-3}$ 称为溶质的标准物质的量浓度。在标准压力 $p^{\ominus}$ 及 $c_B = c^{\ominus}$ 时，$\mu_{B(溶质)} = \mu_{B(g)}^{\ominus} + RT \ln \dfrac{k_{c_B} c^{\ominus}}{p^{\ominus}}$，此时的化学势定义为溶质的标准化学势，以 $\mu_{c,B(溶质)}^{\ominus}$ 表示，代入式(4-76)，则

$$\mu_{B(溶质)} = \mu_{c,B(溶质)}^{\ominus} + RT \ln \frac{c_B}{c^{\ominus}} \tag{4-77}$$

因此，组成标度以 c_B 表示时，溶质的标准态规定为在温度为 T、标准压力 $p^{\ominus}$ 和标准物

质的量浓度 $c^\ominus = 1\text{mol·dm}^{-3}$ 下具有理想稀溶液性质（$p_B = k_{c_B} c_B$）的状态，相应的标准化学势为 $\mu_{c,B(溶质)}^\ominus$。

溶液组成可以用不同的组成标度如 c_B、b_B、x_B 等表示，但 Henry 定律都有相同的形式。因此，可以用组成标度为 c_B 时推导溶质化学势的方法，导出组成标度为 b_B 和 x_B 时理想稀溶液中溶质 B 的化学势表达式。

组成标度为 b_B 时，Henry 定律为 $p_B = k_{b_B} b_B$，理想稀溶液中溶质 B 的化学势表达式为

$$\mu_{B(溶质)} = \mu_{b,B(溶质)}^\ominus + RT\ln\frac{b_B}{b^\ominus} \tag{4-78}$$

其中，$\mu_{b,B(溶质)}^\ominus = \mu_{B(g)}^\ominus + RT\ln\dfrac{k_{b_B} b^\ominus}{p^\ominus}$。因此，组成标度以 b_B 表示时，溶质的标准态规定为在温度为 T、标准压力 $p^\ominus$ 和标准质量摩尔浓度 $b^\ominus = 1\text{mol·kg}^{-1}$ 下具有理想稀溶液性质（$p_B = k_{b_B} b_B$）的状态，相应的标准化学势为 $\mu_{b,B(溶质)}^\ominus$。

同样，组成标度为 x_B 时，Henry 定律为 $p_B = k_{x_B} x_B$，理想稀溶液中溶质 B 的化学势表达式为

$$\mu_{B(溶质)} = \mu_{x,B(溶质)}^\ominus + RT\ln x_B \tag{4-79}$$

其中 $\mu_{x,B(溶质)}^\ominus = \mu_{B(g)}^\ominus + RT\ln\dfrac{k_{x_B}}{p^\ominus}$。可见，组成标度以 x_B 表示时，溶质的标准态规定为在温度为 T、标准压力 $p^\ominus$ 和 $x_B = 1$ 下具有理想稀溶液性质（$p_B = k_{x_B} x_B$）的状态，相应的标准化学势为 $\mu_{x,B(溶质)}^\ominus$。

需要说明的是，虽然溶液组成可以用 c_B、b_B、x_B 等标度表示，但是溶液浓度只有在 $c_B = 1\text{mol·dm}^{-3}$、$b_B = 1\text{mol·kg}^{-1}$ 或 $x_B = 1$ 时才能规定溶质 B 的标准态。显然，此时在这些浓度下的溶液都已不属于稀溶液浓度范围，根本上已不是理想稀溶液，也就不遵循 Henry 定律。所以，理想稀溶液中溶质 B 的标准态都只是一种假想状态。

同时，尽管溶液组成标度不同时，溶质 B 规定的标准态、相应的标准化学势以及化学势表达式都不相同，但是对于给定的同一种理想稀溶液，在相同的条件下其溶质 B 的化学势的数值是唯一的。

混合物和溶液两者尽管本质上没有根本区别，都是多种组分的物质以分子水平混合形成的均相系统。但是，通过上一节理想液态混合物化学势和本节理想稀溶液中溶剂和溶质化学势的讨论，对混合物和溶液这两个热力学上的概念，应该有一个深刻的认识，不能混淆不清。

4.7.3 溶质化学势的应用——分配定律

实验表明，在一定的温度和压力下，在两个互不相溶的液体所形成的系统中，能同时溶解某种溶质且均形成理想稀溶液，系统达到平衡后，该溶质在两液相中的浓度之比为常数，称为能斯特分配定律（Nernst's distribution law）。例如，一定温度和压力下，氨气在水和三氯甲烷系统中的溶解平衡，单质碘在水和四氯化碳系统中的溶解平衡，都遵循能斯特分配定律。

一定温度和压力下，溶质 B 在两个互不相溶的液相 α、β 中达到溶解平衡时，溶质在两个相中的化学势相等，为方便起见省去"（溶质）"即

$$\mu_{B,\alpha} = \mu_{B,\beta}$$

因为

$$\mu_{B,\alpha} = \mu_{b,B,\alpha}^{\ominus} + RT\ln\frac{b_{B,\alpha}}{b^{\ominus}}$$

$$\mu_{B,\beta} = \mu_{b,B,\beta}^{\ominus} + RT\ln\frac{b_{B,\beta}}{b^{\ominus}}$$

所以

$$\mu_{b,B,\alpha}^{\ominus} + RT\ln\frac{b_{B,\alpha}}{b^{\ominus}} = \mu_{b,B,\beta}^{\ominus} + RT\ln\frac{b_{B,\beta}}{b^{\ominus}}$$

即

$$\ln\frac{b_{B,\alpha}}{b_{B,\beta}} = \frac{\mu_{b,B,\beta}^{\ominus} - \mu_{b,B,\alpha}^{\ominus}}{RT}$$

因为在一定温度和压力下，$\mu_{b,B,\alpha}^{\ominus}$、$\mu_{b,B,\beta}^{\ominus}$ 均有确定的值，所以 $\dfrac{\mu_{b,B,\beta}^{\ominus} - \mu_{b,B,\alpha}^{\ominus}}{RT}$ 为定值，因此

$$\frac{b_{B,\alpha}}{b_{B,\beta}} = K_b \tag{4-80}$$

运用相同的方法可以得出，用 c_B 和 x_B 为浓度标度表示溶质 B 的化学势时，所对应的公式为

$$\frac{c_{B,\alpha}}{c_{B,\beta}} = K_c \tag{4-81}$$

$$\frac{x_{B,\alpha}}{x_{B,\beta}} = K_x \tag{4-82}$$

式(4-80)、式(4-81) 和式(4-82) 是在不同浓度标度下，能斯特分配定律的数学表达式。式中，K_b、K_c 和 K_x 是不同浓度标度下的分配系数（distribution coefficient），它与系统的温度、压力、溶质的性质和两种溶剂的性质等因素有关。

分配定律是化工生产中萃取单元操作的理论基础。应用分配定律时要求溶质在两种溶剂中具有相同的分子形式，如果溶质在某一种溶剂中存在缔合或解离等现象时，不能直接应用分配定律。例如，若溶质 B 在 α 相中以溶质分子 B 的形式存在，而在 β 相中溶质 B 发生二聚（缔合）后完全以 B₂ 的形式存在，相当于

$$B(\beta) \longrightarrow \frac{1}{2}B_2(\beta)$$

$$\mu_{B,\beta} \qquad\qquad \mu_{B_2,\beta}$$

显然

$$\mu_{B,\beta} = \frac{1}{2}\mu_{B_2,\beta}$$

而 β 相中若溶质 B 仍以分子 B 的形式存在，就会遵循分配定律，即

$$\mu_{B,\alpha} = \mu_{B,\beta}$$

即

$$2\mu_{B,\alpha} = \mu_{B_2,\beta}$$

因此有

$$K'_b = \frac{b_{B,\alpha}^2}{b^{\ominus} b_{B,\beta}} \tag{4-83}$$

上式是溶质分子在其中一种溶剂中发生二聚缔合时，以质量摩尔浓度为标度时两相中溶质浓度的关系表达式。若溶质在其中一种溶剂中存在解离现象时，情况就更复杂，在此不再赘述。

4.8 实际液态混合物和实际溶液——活度的概念

在讨论实际气体化学势时，Lewis 引入了逸度和逸度因子的概念，修正了实际气体对理想气体的压力偏差。对于实际液态混合物和实际溶液，同样是 Lewis 提出了相应的活度和活度因子概念，以修正实际液态混合物对理想液态混合物和实际溶液对理想稀溶液在浓度上的偏差。

4.8.1 实际液态混合物

对于实际液态混合物中任意组分 B，其活度（activity）a_B、活度因子（activity factor，又称活度系数，activity coefficient）γ_B 的定义为

$$\mu_{B(l)} = \mu_{B(l)}^* + RT\ln a_B \tag{4-84}$$

$$\mu_{B(l)} = \mu_{B(l)}^* + RT\ln(x_B \gamma_B) \tag{4-85}$$

$$\gamma_B = \frac{a_B}{x_B} \tag{4-86}$$

式中，$\mu_{B(l)}^*$ 为纯液体 B 在温度为 T、压力为 p 时的化学势，它不是标准化学势，但数值上近似等于纯液体 B 在温度为 T、压力为 $p^{\ominus}$ 时的标准化学势 $\mu_{B(l)}^{\ominus}$，其原因与前面所述理想液态混合物时的情况一样。因此，式(4-84) 和式(4-85) 可改写为

$$\mu_{B(l)} = \mu_{B(l)}^{\ominus} + RT\ln a_B \tag{4-87}$$

$$\mu_{B(l)} = \mu_{B(l)}^{\ominus} + RT\ln(x_B \gamma_B) \tag{4-88}$$

可见，实际液态混合物中组分 B 的标准态同样规定为温度为 T、压力为 $p^{\ominus}$ 时的纯液体 B。

在实际液态混合物中，当 $x_B \to 1$ 时，系统接近于纯液体 B 的情况，此时组分 B 的化学势 $\mu_{B(l)}$ 基本与纯液体 B 的化学势 $\mu_{B(l)}^*$ 相等，根据式(4-84) 可知，在这种条件下 $a_B \to 1$。因此，由式(4-86) 得

$$\lim_{x_B \to 1} \gamma_B = \lim_{x_B \to 1} \frac{a_B}{x_B} = 1 \tag{4-89}$$

若将与实际液态混合物液相成平衡的气相部分按理想气体混合物处理，组分 B 在气相中的分压为 p_B，则

$$\mu_{B(g)} = \mu_{B(g)}^{\ominus} + RT\ln\frac{p_B}{p^{\ominus}}$$

$$= \mu_{B(g)}^{\ominus} + RT\ln\frac{p_B^*}{p^{\ominus}} + RT\ln\frac{p_B}{p_B^*}$$

$$= \mu_{B(l)}^* + RT\ln\frac{p_B}{p_B^*}$$

系统达到平衡时，$\mu_{B(g)} = \mu_{B(l)} = \mu_{B(l)}^* + RT\ln a_B$，即

$$\mu_{B(l)}^* + RT\ln\frac{p_B}{p_B^*} = \mu_{B(l)}^* + RT\ln a_B$$

所以

$$a_B = \frac{p_B}{p_B^*} \tag{4-90}$$

或者

$$\gamma_B = \frac{a_B}{x_B} = \frac{p_B}{p_B^* x_B} \tag{4-91}$$

式中，p_B^* 为纯液体 B 在 T 温度时的饱和蒸气压；p_B 为实际液态混合物平衡系统中组分 B 在气相中的平衡分压；x_B 为液相中组分 B 的物质的量分数。根据式(4-90) 和式(4-91)，可计算实际液态混合物组分 B 在液相中的活度和活度因子。

4.8.2　实际溶液

与理想稀溶液相似，实际溶液也要将溶剂 A 和溶质 B 区分开，分别讨论它们各自的活度和活度系数。

(1) 溶剂 A 的渗透因子

参照实际液态混合物组分 B 的定义，在温度为 T、压力为 p 时，实际溶液中溶剂 A 的活度与活度系数可以定义为

$$\mu_{A(l)} = \mu_{A(l)}^{\ominus} + RT\ln a_A \tag{4-92}$$

$$\mu_{A(l)} = \mu_{A(l)}^{\ominus} + RT\ln(x_A\gamma_A) \tag{4-93}$$

但是，稀溶液中溶剂的活度接近于 1，用活度因子 γ_A 不能显著地反映实际溶液与理想溶液之间的偏差。例如，25℃时溶剂为水（A）的 KCl 溶液，水的物质的量分数 $x_A = 0.9328$ 时，水的活度 $a_A = 0.9364$，因而水的活度因子 $\gamma_A = 1.004$。为此，贝耶伦（Bjerrum）提出用渗透因子（osmotic factor）φ 表示实际溶液中溶剂的非理想程度，φ 的定义为

$$\mu_{A(l)} = \mu_{A(l)}^{\ominus} + \varphi RT\ln x_A \tag{4-94}$$

式中，当 $x_A \to 1$ 时，$\varphi \to 1$。

比较式(4-93) 和式(4-94)，得

$$\ln(x_A\gamma_A) = \varphi\ln x_A$$

所以

$$\varphi = \frac{\ln\gamma_A}{\ln x_A} + 1 \tag{4-95}$$

上例的 KCl 溶液，水的活度因子 $\gamma_A = 1.004$，而水的渗透因子 $\varphi = 0.994$。可见，用渗透因子 φ 表示实际溶液中溶剂对理想溶液中溶剂的偏差，要比用活度因子 γ_A 表示效果明显。

(2) 溶质 B 的活度因子

溶液中溶质 B 的组成用不同浓度标度表示时，不仅溶质 B 的标准态和标准化学势不相同，而且化学势的表达式也不同，那么用化学势表达式定义的活度和活度系数必然也不一样。因此，本教材只对用质量摩尔浓度为标度时溶质的活度因子作介绍。

在温度为 T、压力为 p 且 p 与 $p^{\ominus}$ 相差不大时，实际溶液中的溶质 B 的活度和活度系数为

$$\mu_{溶质} = \mu_{溶质}^{\ominus} + RT\ln a_B \tag{4-96}$$

$$\mu_{溶质} = \mu_{溶质}^{\ominus} + RT\ln\left(\frac{\gamma_B b_B}{b^{\ominus}}\right) \tag{4-97}$$

$$\gamma_B = \frac{a_B}{b_B/b^{\ominus}} \tag{4-98}$$

且

$$\lim_{x_B \to 0} \gamma_B = \lim_{x_B \to 0}\left(\frac{a_B}{b_B/b^{\ominus}}\right) = 1 \tag{4-99}$$

4.9 稀溶液的依数性

稀溶液中溶剂的蒸气压下降、凝固点下降、沸点升高以及渗透压的大小等，只与溶液中溶质分子的数目多少有关，而与溶质的本性无关，称为稀溶液的依数性（colligative properties）。在推导依数性公式的过程中，依赖的是理想稀溶液化学势公式，所以，严格说来，所得到的依数性公式只适用于理想稀溶液，对一般意义上的稀溶液只能近似适用。

4.9.1 溶液中溶剂蒸气压下降

一定温度下，溶液中溶剂的蒸气压低于同温度下纯溶剂的饱和蒸气压，这一现象称为溶剂的蒸气压下降。对于稀溶液，如前所述遵循 Raoult 定律：溶液中溶剂蒸气压的下降值与溶质的物质的量分数成正比，与溶质的本性无关，即 $\Delta p_A = p_A^* x_B$。应用这一性质，可以测定非挥发性溶质的摩尔质量等。

【例 4-4】 一定温度下，将一未知碳氢化合物 0.5455g 溶解在 25.00g CCl_4 中，测得溶液的蒸气压为 $p_{CCl_4} = 11189$Pa。经元素分析，化合物中碳、氢的质量分数分别为 0.9434 和 0.0566。已知该温度下 $p_{CCl_4}^* = 11401$Pa，试确定化合物的分子式。

解 由 Raoult 定律，得

$$\frac{\Delta p_{CCl_4}}{p_{CCl_4}^*} = x_B = \frac{n_B}{n_A + n_B} \approx \frac{n_B}{n_A} = \frac{m_B/M_B}{m_A/M_A}$$

$$M_B = M_A \times \frac{m_B}{m_A} \times \frac{p_{CCl_4}^*}{p_{CCl_4}^* - p_{CCl_4}}$$

$$= 153.81 \times \frac{0.5455}{25.00} \times \frac{11401}{11401 - 11189} g \cdot mol^{-1}$$

$$= 180.5 g \cdot mol^{-1}$$

$$\frac{180.5 \times 0.9434}{12} = 14, \quad \frac{180.5 \times 0.0566}{1} = 10$$

所以未知化合物的分子式为 $C_{14}H_{10}$。

4.9.2 溶液的凝固点下降

一定外压下，冷却纯液体至析出固体时的平衡温度称为液体的凝固点（freezing point），而加热纯固体（晶体）到出现液体时的平衡温度称为熔点（fusing point），纯物质的凝固点和熔点是一致的。外压对凝固点的影响遵循克拉佩龙方程，但是，由于外压改变不大时对液体物质的凝固点影响甚微，所以一般不予考虑。

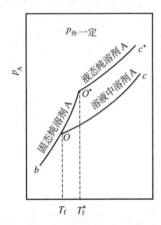

图 4-3 稀溶液凝固点降低

然而，若为溶液或混合物系统，其凝固点和熔点常常并不相同。一定外压下，溶液的凝固点不仅与溶液的组成有关，还与所析出固相的形态及组成有关：若析出的是纯溶剂固体，溶液凝固点一定下降；但如果析出固体的过程中生成固溶体，溶液的凝固点可能降低，也可能升高。这里所讨论的是前一种情况，溶液凝固点下降是由于溶液中溶剂蒸气压下降引起的，见图 4-3。

事实上，溶液的凝固点比纯溶剂的低，这种现象早已被人们认识并应用于实践，如生活中常见的雪后马路上撒盐化雪，机动车水箱加防冻液防冻等。在大量实验的基础上，人们提出了溶液凝固点下降定律：在恒定外压（通常为大气压）下，只要溶质与溶剂不形成固溶体，稀溶液的凝固点与纯溶剂相比必然下降，而且下降的数值与稀溶液中溶质的质量摩尔浓度成正比。

在一定外压 p 下，溶质 B 溶于溶剂 A 中所形成的稀溶液（假定为理想稀溶液），其质量摩尔浓度为 b_B，降低溶液温度到 T_f 时，开始析出纯溶剂固体 A（s）。此时，固、液两相处于平衡状态，纯溶剂固体 A（s）的化学势与溶液中溶剂的化学势 A（l）相等，即

$$\mu_{A(s)}^* = \mu_{A(l)}$$

恒压下，若溶液的浓度由 b_B 变到 $b_B + db_B$，溶液的凝固点相应地由 T_f 变到 $T_f + dT$，则在新的条件下两相达平衡时，溶剂 A 在固、液两相中的化学势的改变值相等，即

$$d\mu_{A(s)}^* = d\mu_{A(l)} \tag{4-100}$$

纯溶剂固体 A(s) 的化学势 $\mu_{A(s)}^*$ 只与温度 T、压力 p 有关，即

$$\mu_{A(s)}^* = \mu_{A(s)}^*(T, p)$$

所以

$$d\mu_{A(s)}^* = \left[\frac{\partial \mu_{A(s)}^*}{\partial T}\right]_p dT + \left[\frac{\partial \mu_{A(s)}^*}{\partial p}\right]_T dp \tag{4-101}$$

对于由溶剂 A 和溶质 B 形成的二组分理想稀溶液，其溶剂的化学势 $\mu_{A(l)}$ 与系统温度 T、压力 p 及其中一个组分的组成（这里以 b_B 浓度标度表示）有关，即

$$\mu_{A(l)} = \mu_{A(l)}(T, p, b_B)$$

所以

$$d\mu_{A(l)} = \left[\frac{\partial \mu_{A(l)}}{\partial T}\right]_{p, b_B} dT + \left[\frac{\partial \mu_{A(l)}}{\partial p}\right]_{T, b_B} dp + \left[\frac{\partial \mu_{A(l)}}{\partial b_B}\right]_{T, p} db_B$$

因为理想稀溶液溶剂的化学势 $\mu_{A(l)} = \mu_{A(l)}^* - RTM_A b_B$，代入上式，得

$$d\mu_{A(l)} = \left[\frac{\partial \mu_{A(l)}^*}{\partial T}\right]_{p, b_B} dT - RM_A b_B dT + \left[\frac{\partial \mu_{A(l)}^*}{\partial p}\right]_{T, b_B} dp - RTM_A db_B \tag{4-102}$$

所以，结合式(4-100)～式(4-102)，在恒压（即 $dp = 0$）条件下，有

$$\left[\frac{\partial \mu_{A(s)}^*}{\partial T}\right]_p dT = \left[\frac{\partial \mu_{A(l)}^*}{\partial T}\right]_{p, b_B} dT - RM_A b_B dT - RTM_A db_B$$

因为 $\left[\dfrac{\partial \mu_{A(s)}^*}{\partial T}\right]_p = -S_{m,A(s)}^*$，$\left[\dfrac{\partial \mu_{A(l)}^*}{\partial T}\right]_{p,b_B} = -S_{m,A(l)}^*$，且稀溶液意味着 b_B 很小，上式右边第二项近似为零，忽略不计，所以

$$\mathrm{d}b_B = \frac{S_{m,A(s)}^* - S_{m,A(l)}^*}{RTM_A}\mathrm{d}T$$

式中，$S_{m,A(s)}^*$、$S_{m,A(l)}^*$ 分别为 A 的纯固体和纯液体的摩尔熵，它们的差值是温度为 T、压力为 p 时，纯液体可逆凝固为纯固体时的摩尔凝固熵，数值上等于摩尔熔化熵的相反数，即

$$S_{m,A(s)}^* - S_{m,A(l)}^* = \Delta S_{m,A(l)\to A(s)}^* = -\Delta_{fus}S_{m,A(s)\to A(l)}^* = -\frac{\Delta_{fus}H_{m,A}^*}{T}$$

式中，$\Delta_{fus}H_{m,A}^*$ 为纯固体 A 的摩尔熔化焓，在温度变化不大时可视为常数。因此，

$$\mathrm{d}b_B = -\frac{\Delta_{fus}H_{m,A}^*}{RM_A T^2}\mathrm{d}T$$

对上式作定积分得

$$\int_0^{b_B} \mathrm{d}b_B = -\frac{\Delta_{fus}H_{m,A}^*}{RM_A}\int_{T_f^*}^{T_f}\frac{\mathrm{d}T}{T^2}$$

所以

$$b_B = \frac{\Delta_{fus}H_{m,A}^*}{RM_A} \times \frac{T_f^* - T_f}{T_f^* T_f}$$

式中，T_f^*、T_f 分别为外压为 p 时纯溶剂 A 和溶液中溶剂的凝固点，一般凝固点下降值 $\Delta T_f = T_f^* - T_f$ 很小，可以认为 $T_f^* T_f \approx (T_f^*)^2$；常压下 $\Delta_{fus}H_{m,A}^* \approx \Delta_{fus}H_{m,A}^\ominus$。代入上式得

$$\Delta T_f = \frac{RM_A(T_f^*)^2}{\Delta_{fus}H_{m,A}^\ominus}b_B \tag{4-103}$$

令

$$K_f = \frac{RM_A(T_f^*)^2}{\Delta_{fus}H_{m,A}^\ominus} \tag{4-104}$$

将式(4-104)代入式(4-103)，得

$$\Delta T_f = K_f b_B \tag{4-105}$$

上式为凝固点下降公式，表明在给定溶剂的稀溶液中，其凝固点下降值与溶质的质量摩尔浓度成正比，但与溶质是何种物质没有关系。式中 K_f 称为凝固点下降常数（freezing point depression constant），单位为 K·kg·mol^{-1}，由式(4-104) K_f 计算公式可以看出，K_f 的值只与纯溶剂性质有关而与溶质性质无关。表 4-2 列出了几种常见溶剂的 K_f 值。

表 4-2　几种常见溶剂的 K_f 值

溶剂	水	醋酸	苯	萘	环己烷	樟脑
K_f/K·kg·mol^{-1}	1.86	3.90	5.12	6.94	20.8	37.8

利用凝固点下降原理，实验室常通过测定未知物（非电解质）水溶液的凝固点，来确定

未知物的摩尔质量。

【**例 4-5**】 在 25℃、101.325kPa 的实验室，50.00g 水中溶解 0.2420g 某非电解质溶质，测得该溶液的凝固点为 —0.15℃。试求该溶质的摩尔质量。

解

$$\Delta T_f = K_f b_B = K_f \frac{n_B}{m_A} = K_f \frac{m_B/M_B}{m_A}$$

$$
\begin{aligned}
M_B &= K_f \frac{m_B}{m_A} \times \frac{1}{\Delta T_f} \\
&= 1.86 \times \frac{0.2420}{50.00} \times \frac{1}{0.15} \text{kg} \cdot \text{mol}^{-1} \\
&= 6.0 \times 10^{-2} \text{kg} \cdot \text{mol}^{-1}
\end{aligned}
$$

用水作溶剂时，由于水的 K_f 值较小，稀溶液凝固点下降值很有限，实验测定温度时对仪器的精度要求就高。所以，为提高实验测量的精确度，保证实验结果的准确性，尽可能选用 K_f 值大些的溶剂。

凝固点下降除了前面已提及的应用外，在工业生产和科学研究上也有着极其广泛的用途。如保险丝是由锡、铅、铋、镉四种金属制备而成的易熔合金，其熔点仅为 343K，比熔点最低的金属锡（505K）还低 162K。又如，冶金时除去硫、磷等杂质的造渣过程中，由于 SiO_2 熔点很高，可通过调节造渣材料降低熔点，实现节能。熔化后的液态金属若作溶剂其 K_f 值很大，金属中稍有杂质，熔点将大幅下降，据此可检验金属的纯度。

4.9.3 溶液的沸点升高

液体饱和蒸气压等于外压时的温度，称为该外压下液体的沸点（boiling point）。通常情

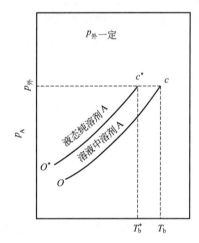

图 4-4 稀溶液的沸点升高

况下，纯溶剂中加入不挥发性溶质形成溶液后，其蒸气压要低于同温度下纯溶剂的蒸气压。图 4-4 是稀溶液的沸点升高示意图，纯溶剂的饱和蒸气压曲线位于溶液中溶剂的蒸气压之上。在温度为 T_b^* 时，纯溶剂曲线上的 c^* 点所对应的压力刚好与外压相等，依据沸点定义，T_b^* 为纯溶剂在该外压下的沸点温度。而温度为 T_b^* 时溶液中溶剂的蒸气压显然低于外压，只有通过升高温度，使溶液中溶剂的蒸气压增大到图中 c 点时，所对应的压力恰好等于外压，此时溶液开始沸腾，所以 c 点所对应的温度 T_b 就是溶液在此外压下的沸点。可见，溶液的沸点 T_b 要高于纯溶剂的沸点 T_b^*，这种现象称为溶液的沸点升高，两者之间的差值 $T_b - T_b^* = \Delta T_b$ 称为沸点升高值。

溶液组成以 b_B 为浓度标度时，可用与凝固点下降完全相同的方法推导出 ΔT_b 与 b_B 的关系式。这里只简单介绍，溶液组成以 x_B 为浓度标度时推导 ΔT_b 与 b_B 关系式的过程，方法与以 b_B 为浓度标度时类似，稍有区别的是数学处理上的差异。

在一定外压 p 下，溶剂 A 和不挥发性溶质 B 形成组成为 x_B 的稀溶液，在温度 T 时达到气-液平衡。因溶质不挥发，所以气相中只有纯溶剂气体 A(g)，它的化学势与温度 T 和压力 p 有关，即 $\mu_{A(g)}^*(T, p)$。溶液中溶剂 A(l) 的化学势除与温度 T 和压力 p 有关外，还与溶

液组成 x_B 有关，即 $\mu_{A(l)}(T, p, x_B)$。气-液达到平衡时

$$\mu_{A(g)}^*(T, p) = \mu_{A(l)}(T, p, x_B)$$

恒压下，

$$\left[\frac{\partial \mu_{A(g)}^*}{\partial T}\right]_p dT = \left[\frac{\partial \mu_{A(l)}}{\partial T}\right]_{p, x_B} dT + \left[\frac{\partial \mu_{A(l)}}{\partial x_B}\right]_{T, p} dx_B$$

溶剂的化学势 $\mu_{A(l)} = \mu_{A(l)}^* + RT\ln x_A = \mu_{A(l)}^* + RT\ln(1 - x_B)$，且 $\left[\frac{\partial \mu_{A(g)}^*}{\partial T}\right]_p = -S_{m, A(g)}^*$，

$\left[\frac{\partial \mu_{A(l)}^*}{\partial T}\right]_{p, x_B} = -S_{m, A(l)}^*$，代入上式后得

$$-S_{m, A(g)}^* dT = \left[-S_{m, A(l)}^* dT + R\ln(1 - x_B)\right] + \left[-\frac{RT}{1 - x_B} dx_B\right]$$

因为是稀溶液，$x_B \to 0$，式中右边第二项近似为零，忽略不计。$S_{m, A(g)}^*$、$S_{m, A(l)}^*$ 分别为纯气体 A 和纯液体 A 的摩尔熵，它们的差值是温度为 T、压力为 p 时，纯液体 A 可逆蒸发为纯气体 A 过程中的摩尔蒸发熵，即

$$S_{m, A(g)}^* - S_{m, A(l)}^* = \Delta_{vap} S_{m, A(l) \to A(g)}^* = \frac{\Delta_{vap} H_{m, A}^*}{T}$$

式中，$\Delta_{vap} H_{m, A}^*$ 为纯液体 A 的摩尔蒸发焓，在温度变化不大时可视为常数。因此，

$$\frac{dx_B}{1 - x_B} = \frac{\Delta_{vap} H_{m, A}^*}{RT^2} dT$$

对上式作定积分得

$$\int_0^{x_B} \frac{dx_B}{1 - x_B} = \int_{T_b^*}^{T_b} \frac{\Delta_{vap} H_{m, A}^*}{RT^2} dT$$

所以

$$-\ln(1 - x_B) = -\frac{\Delta_{vap} H_{m, A}^*}{R} \times \frac{T_b^* - T_b}{T_b^* T_b}$$

式中，因为稀溶液的 $x_B \to 0$，所以 $\ln(1 - x_B) = -x_B \approx -\frac{n_B}{n_A} = -\frac{n_B}{m_A / M_A} = -M_A b_B$；一般沸点升高值 $\Delta T_b = T_b - T_b^*$ 不大，可以认为 $T_b^* T_b \approx (T_b^*)^2$；常压下 $\Delta_{vap} H_{m, A}^* \approx \Delta_{vap} H_{m, A}^{\ominus}$。代入上式得

$$\Delta T_b = \frac{RM_A (T_b^*)^2}{\Delta_{vap} H_{m, A}^{\ominus}} b_B$$

令

$$K_b = \frac{RM_A (T_b^*)^2}{\Delta_{vap} H_{m, A}^{\ominus}} \tag{4-106}$$

则

$$\Delta T_b = K_b b_B \tag{4-107}$$

上式为沸点升高公式，表明在给定溶剂的稀溶液中，其沸点升高值与溶质的质量摩尔浓度成正比，而与溶质是什么具体物质没有关系。式中 K_b 称为沸点升高常数（boiling point elevation constant），单位为 $K \cdot kg \cdot mol^{-1}$。由式(4-106) K_b 计算公式可以看出，K_b 的值取决于纯溶剂性质，与溶质性质无关。表 4-3 列出了几种常见溶剂的 K_b 值。

表 4-3　几种溶剂的 K_b 值

溶剂	水	乙醇	丙酮	苯	醋酸	氯仿	四氯化碳
$K_b/\mathrm{K \cdot kg \cdot mol^{-1}}$	0.51	1.23	1.80	2.64	3.07	3.80	5.26

【例 4-6】 将 12.2g 某有机物溶于 100g 乙醇中形成稀溶液，乙醇的沸点升高了 1.23K，计算该有机物的摩尔质量。

解 乙醇的 $K_b = 1.23\,\mathrm{K \cdot kg \cdot mol^{-1}}$，因为

$$\Delta T_b = K_b b_B = K_b \frac{n_B}{m_A} = K_b \frac{m_B/M_B}{m_A}$$

所以

$$M_B = K_b \frac{m_B}{m_A} \times \frac{1}{\Delta T_b} = 1.23 \times \frac{12.2}{100} \times \frac{1}{1.23} \mathrm{kg \cdot mol^{-1}}$$
$$= 0.122 \mathrm{kg \cdot mol^{-1}} = 122 \mathrm{g \cdot mol^{-1}}$$

沸点升高公式和凝固点下降公式都只适用于稀溶液，若溶液中有多种溶质共存时，公式中的质量摩尔浓度应等于各溶质的质量摩尔浓度加和。沸点升高只对非挥发性溶质形成的稀溶液适用；凝固点下降不仅适用于非挥发性溶质的稀溶液，而且对挥发性溶质如 O_2、N_2 等形成的稀溶液同样适用。

水作溶剂时，沸点升高常数 K_b 值只有其凝固点下降常数 K_f 值的三分之一不到，同一种水溶液的沸点升高值还不到其凝固点下降值的三分之一。从前面凝固点下降的例题可以看出，稀的水溶液凝固点下降值已经很小，它的沸点升高值必然更小。因此，实验室常用凝固点下降法而不用沸点升高法测定溶质的摩尔质量，以保证实验测定的准确度和精确度，更为科学合理。

4.9.4 渗透压

渗透是自然界最普遍的现象，渗透压是溶液的重要性质之一。渗透压的产生源自于半透膜，如细胞膜、羊皮纸、动物膀胱等，这类膜具有允许溶剂（如水）分子透过却不允许溶质分子透过的特性。

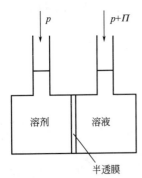

图 4-5　渗透平衡示意图

在温度 T 下用某种半透膜把纯溶剂与溶液（溶剂 A 和溶质 B 构成）隔开，如图 4-5。在未发生渗透之前，液体纯溶剂的化学势为 $\mu_{A(l)}^*$，溶液中溶剂的化学势为 $\mu_{A(l)}$

$$\mu_{A(l)}^* = \mu_{A(g)}^* = \mu_{A(g)}^\ominus + RT \ln \frac{p_A^*}{p^\ominus} \tag{4-108}$$

$$\mu_{A(l)} = \mu_{A(g)} = \mu_{A(g)}^\ominus + RT \ln \frac{p_A}{p^\ominus}$$

式中，p_A^*、p_A 分别为纯溶剂 A 在温度 T 时的饱和蒸气压和溶液中溶剂 A 的蒸气压，由于溶液的蒸气压下降，即：$p_A^* > p_A$，则 $\mu_{A(l)}^* > \mu_{A(l)}$。因此，纯溶剂分子有自溶剂一侧通过半透膜进入溶液一侧的倾向。为了阻止这种倾向的发生，必须在溶液上方施加额外的压力，以增加溶液一侧气相的压力，使半透膜两侧溶剂的化学势相等而达到渗透平衡。这个额外的压力称为渗透压（osmotic pressure），以 Π 表示。

在一定温度下，纯溶剂的饱和蒸气压为一定值，由（4-108）可知，$\mu_{A(l)}^*$ 为常数。达到渗透平衡时，溶液一侧溶剂 A 的化学势 $\mu_{A(l)}$ 与溶剂一侧纯溶剂 A 的化学势 $\mu_{A(l)}^*$ 相等，即

$$\mu_{A(l)} = \mu_{A(l)}^* = 常数$$

所以

$$d\mu_{A(l)} = 0$$

$\mu_{A(l)}$ 与系统所处的温度 T、压力 p 和溶液组成 x_B 有关，即

$$\mu_{A(l)} = \mu_{A(l)}(T, p, x_B)$$

恒温下，上式全微分，得

$$d\mu_{A(l)} = \left[\frac{\partial \mu_{A(l)}}{\partial p}\right]_{T,x_B} dp + \left[\frac{\partial \mu_{A(l)}}{\partial x_B}\right]_{T,p} dx_B = 0$$

溶液中溶剂的化学势 $\mu_{A(l)} = \mu_{A(l)}^* + RT\ln x_A = \mu_{A(l)}^* + RT\ln(1-x_B)$，则

$$\left[\frac{\partial \mu_{A(l)}^*}{\partial p}\right]_{T,x_B} dp - \frac{RT}{1-x_B} dx_B = 0$$

因为

$$\left[\frac{\partial \mu_{A(l)}^*}{\partial p}\right]_{T,x_B} = \left[\frac{\partial G_{m,A(l)}^*}{\partial p}\right]_{T,x_B} = V_{m,A(l)}^*$$

所以

$$\frac{RT}{1-x_B} dx_B = V_{m,A(l)}^* dp$$

液体的可压缩性小，恒温下，压力由 p 变化到 $p+\Pi$ 时，纯液体 A 的摩尔体积 $V_{m,A(l)}^*$ 可视为常数，对上式作定积分

$$\int_0^{x_B} \frac{RT}{1-x_B} dx_B = V_{m,A(l)}^* \int_p^{p+\Pi} dp$$

$$-RT\ln(1-x_B) = V_{m,A(l)}^* \left[(p+\Pi)-p\right]$$

式中，因为稀溶液的 $x_B \to 0$，所以 $\ln(1-x_B) = -x_B \approx -\frac{n_B}{n_A}$，则

$$n_B RT = n_A V_{m,A(l)}^* \Pi = V_{A(l)}\Pi \approx V\Pi \tag{4-109}$$

式中，V 为稀溶液体积，$\frac{n_B}{V} = c_B$，代入上式

$$\Pi = c_B RT \tag{4-110}$$

式（4-109）和式（4-110）都称为范特霍夫渗透压公式，表明溶液的渗透压只与溶液的物质的量浓度有关，而与溶质的本性无关。

【例 4-7】 300K 时，将葡萄糖（$C_6H_{12}O_6$）溶于水，得葡萄糖的质量分数为 0.044、密度为 $1.015 \, \text{kg·dm}^{-3}$ 的溶液。求该溶液的渗透压。

解 假设溶液质量为 1kg，溶液物质的量浓度为

$$c_B = \frac{n_B}{V} = \frac{m_B/M_B}{m/\rho} = \frac{\dfrac{1 \times 0.044}{180 \times 10^{-3}}}{\dfrac{1}{1.015 \times 10^3}} \text{mol·m}^{-3} = 2.48 \times 10^2 \, \text{mol·m}^{-3}$$

$$\Pi = c_B RT = 2.48 \times 10^2 \times 8.314 \times 300 \text{Pa} = 618.6 \text{kPa}$$

通过测定溶液渗透压，可以求出纯天然物、人工合成的高聚物及蛋白质等大分子的摩尔

质量。渗透压在生物学尤其是医学上有着极其重要的应用价值，范特霍夫正是因为在渗透压和化学反应动力学等方面的卓越研究成果而荣获首届诺贝尔化学奖。

如果在溶液一侧施加的压力比渗透压更大，溶液中的溶剂分子会从溶液一侧通过半透膜渗透到纯溶剂一侧，这种现象称为反渗透或逆向渗透（reverse osmosis）。人体的肾功能便是反渗透作用的典型例子，血液中的糖分远高于尿液中的，肾的反渗透功能能阻止血液中的糖分进入尿液，而一旦肾功能出现问题，血液中的糖分将进入尿液造成尿液中血糖过高，形成"糖尿病"。反渗透在工业上有着广泛的应用前景，利用反渗透原理不仅可以实现海水淡化、废水处理等，还可以代替一般的离心分离和加热浓缩等，既保证了产品不至于受热分解，又降低了生产过程的能耗。反渗透技术的核心是制备性能优良、能适用于特殊需要的半透膜，而无机和高分子材料化学的发展为制备这种半透膜打开了空间。

4.9.5 依数性小结

通过讨论稀溶液的蒸气压下降、凝固点降低、沸点升高及渗透压，可以得出以下几点共同规律：

① 导致稀溶液的凝固点降低、沸点升高及渗透压的根本原因，是稀溶液中的溶剂蒸气压低于同温度下纯溶剂的饱和蒸气压；

② 依数性公式的导出都是以纯溶剂相如纯固相 $A^*(s)$（凝固点下降）、纯气相 $A^*(g)$（沸点升高）、纯液相 $A^*(l)$（渗透压）与溶液中溶剂 $A(l)$ 达成相平衡为依据的；

③ 溶剂的蒸气压下降、凝固点降低、沸点升高及渗透压都只与溶液中溶质的分子数目成正比关系，而与溶质是什么具体物质无关，这就是依数性；

④ 依数性公式适用于非电解质的稀溶液，浓度越低，公式使用时准确性越高。

对于由溶剂 A 和溶质 B 形成的稀溶液，运用相平衡的化学势判据导出了依数性公式，再经过合理的近似处理，可以得到四种依数性之间的关系，即

$$-\ln x_A = x_B = \frac{\Delta_{fus}H_{m,A}^{\ominus}}{R(T_f^*)^2} \cdot \Delta T_f = \frac{\Delta_{vap}H_{m,A}^{\ominus}}{R(T_b^*)^2} \cdot \Delta T_b = \frac{\Pi V_{A(l)}^*}{RT} = \frac{\Delta p_A}{p_A^*} \quad (4\text{-}111)$$

依数性提供了通过测定容易测定性质如温度 T、压力 p 等，求解难以测定性质如摩尔相变焓和摩尔质量等的方法，其中，精确度最高的当属渗透压法。例如，298K 时，浓度为 $0.001\ mol \cdot kg^{-1}$ 的非电解质水溶液，各依数性数值如下：蒸气压下降 $\Delta p_A = 5.7 \times 10^{-2} Pa$、凝固点降低 $\Delta T_f = 1.9 \times 10^{-3} K$、沸点升高 $\Delta T_b = 5.1 \times 10^{-4} K$、渗透压 $\Pi = 2.5 kPa$。显然，除了渗透压外，其他依数性数值太小，对测试仪器的精度要求必然增加。

需要指出的是，依数性公式适用于非电解质的稀溶液，并不是说电解质溶液不存在蒸气压下降、凝固点降低、沸点升高及渗透压，只是电解质溶液的这些变化值与其溶质的分子数之间不存在正比例关系而已。同时，浓度相同的电解质稀溶液比非电解质稀溶液在蒸气压下降、凝固点降低、沸点升高及渗透压四个方面表现得更加显著。

学习基本要求

1. 掌握多组分系统组成的表示方法及其内在联系，掌握偏摩尔量的定义和偏摩尔量的测定方法，能应用偏摩尔量加和公式进行与偏摩尔体积有关的计算，了解 Gibbs-Duhem 公式和各偏摩尔量之间的关系。

2. 掌握化学势的定义和多组分系统热力学基本方程式，能熟练运用化学势判据判断相变过程的方向性和平衡性，了解化学势与温度及压力之间的关系。

3. 掌握理想气体及理想气体混合物化学势的计算公式，了解实际气体及实际气体混合物化学势公式，掌握逸度与逸度因子的定义。

4. 掌握 Raoult 定律、Henry 定律及它们应用的条件，能对稀溶液采用不同浓度标度时的 Henry 常数进行换算。

5. 掌握理想液态混合物的定义及微观上的基本特征，掌握理想液态混合物化学势的计算公式和混合性质。

6. 了解理想稀溶液的概念，掌握溶剂化学势的计算公式，掌握不同浓度标度下溶质的标准态选定、标准化学势、化学势之间的关系，掌握分配定律，了解实际溶液化学势的计算公式及活度、活度因子的概念。

7. 掌握稀溶液的依数性，能熟练运用蒸气压下降、凝固点降低、沸点升高和渗透压公式进行相关的计算，了解它们之间的内在联系及在生产和科研中的应用。

习　题

4-1　在 298K 、101.325kPa 时，将 0.50mol 乙醇溶于 0.50kg 水中形成溶液，溶液的密度为 0.992kg·dm^{-3} 。试求乙醇的摩尔分数、质量分数、物质的量浓度及质量摩尔浓度。

4-2　在 298K 、101.325kPa 时，将葡萄糖（$C_6H_{12}O_6$）溶于水制得溶液，溶液中葡萄糖的质量分数为 0.035，溶液密度为 1.012kg·dm^{-3} 。求此溶液中葡萄糖的摩尔分数、物质的量浓度及质量摩尔浓度。

4-3　一定温度下，乙醇和水形成的混合液，其密度为 0.8494kg·dm^{-3} ，$x_{H_2O} = 0.40$ ，乙醇的偏摩尔体积为 57.5cm^3·mol^{-1} 。试求此混合液中水的偏摩尔体积。

4-4　在 298K 、101.325kPa 下，水（A）和甲醇（B）的摩尔体积分别为：$V_{m,A}^* = 18.068$cm^3·mol^{-1} ，$V_{m,B}^* = 40.722$cm^3·mol^{-1} 。甲醇与水形成 $x_B = 0.30$ 的溶液时，水和甲醇的偏摩尔体积分别为：$V_A = 17.765$cm^3·mol^{-1} ，$V_B = 38.632$cm^3·mol^{-1} 。现要配制上述组成的溶液 1dm^3 ，试求：

（1）所需纯水和纯甲醇的体积；

（2）混合前后的体积变化值。

4-5　在 298K 、101.325kPa 下，1kg 水（A）中溶有醋酸（B），当醋酸的质量摩尔浓度 b_D 介于 0.16mol·kg^{-1} 和 2.5mol·kg^{-1} 之间时，溶液的总体积为 $V/$cm$^3 = 1002.935 + 51.832[b_B/(\text{mol·kg}^{-1})] + 0.1394 [b_B/(\text{mol·kg}^{-1})]^2$ 。

（1）试用 b_B 的函数式表示水（A）和醋酸（B）的偏摩尔体积；

（2）试求当 $b_B = 1.5$mol·kg^{-1} 时水和醋酸的偏摩尔体积。

4-6　298K 时，将 1mol 纯理想气体，压力由 150kPa 变化到 250kPa 。试求这一过程化学势的变化值。

4-7　373K 时，己烷和辛烷的饱和蒸气压分别为 244.78kPa 和 47.196kPa 。这两种液体形成的理想液态混合物若在 373K 、101.325kPa 下沸腾，试求平衡时气、液两相的组成。

4-8　苯和甲苯可形成理想液态混合物。一定温度下，当气相压力为 47.42kPa 时，苯在液相中的组成为 0.1423，而在气相中的组成为 0.3000。试求该温度下苯和甲苯的饱和蒸气压。

4-9　410K 时，氯苯和溴苯的饱和蒸气压分别为 115.06kPa 和 60.39kPa 。在该温度下，将等质量的氯苯和溴苯混合形成理想液体混合物，试求与该液相组成达成平衡时的系统总压和气相组成。

4-10　273K 时，101.325kPa 的 O_2 在 1kg 水中能溶解 6.4×10^{-5}kg 。试求 273K 时 O_2 溶解于水的亨利系数 k_b 和 k_x 。

4-11　291K 时，O_2 和 N_2 的压力都为 101.325kPa ，它们在 1kg 水中的溶解度分别为 0.045g 和 0.02g。

现将 1kg 被 202.65kPa 的空气饱和的水溶液加热至沸腾，赶出其中溶解的 O_2 和 N_2 并干燥之。试求此干燥混合气体在标准状态下的体积及其组成。假定空气为理想气体，其以体积分数表示的组成为：$\varphi_{O_2} = 0.21$，$\varphi_{N_2} = 0.79$。

4-12 293K 时，HCl(g) 溶于苯的亨利系数 $k_{b,\text{HCl}} = 186.0\text{kPa} \cdot \text{kg} \cdot \text{mol}^{-1}$，苯的饱和蒸气为 10.0kPa。在 293K、101.325kPa 时，HCl(g) 溶于苯形成稀溶液，气、液两相达到平衡后，试求：

(1) 液相的组成 x_{HCl}；

(2) 1kg 苯中能溶解 HCl 的质量。

4-13 298K、101.325kPa 时，将 1mol 的甲苯和 2mol 乙苯混合，形成理想液态混合物。试求此混合过程的 ΔG、ΔV、ΔH 及 ΔS。

4-14 液体 B 和液体 C 能形成理想液态混合物。298K、101.325kPa 时，向 3mol 液体 B 和 5mol 液体 C 所形成的液态混合物中加入 2mol 的液体 B，形成新的混合物。求此过程的 ΔG 和 ΔS。

4-15 液体 B 和液体 C 能形成理想液态混合物。298K、101.325kPa 时，向组成为 $x_B = 0.3$ 的大量液态混合物中加入 2mol 的纯液体 B。求此过程的 ΔG 和 ΔS。

4-16 液体 B 和液体 C 能形成理想液态混合物。298K、101.325kPa 时，从 5mol 液体 B 和 5mol 液体 C 所形成的液态混合物中分出 2mol 的纯液体 B。求此过程的 ΔG。

4-17 298K 时，1dm^3 水中溶有某有机物 100g，在此溶液中加入乙醚 1dm^3 进行萃取，实验结果得 66.7g 该有机物。试求该有机物在水与乙醚之间的分配系数。设有机物在两种溶剂中的存在形态一致。

4-18 298K 时，将 0.284g 碘溶于 $25\text{cm}^3 \text{CCl}_4$ 中，所得溶液与 250cm^3 水经长时间摇动，然后测得水层含有 0.167mmol 的碘。设碘在水和 CCl_4 的存在形态均为 I_2。试求，碘在水与 CCl_4 间的分配系数。

4-19 298K 时，水的饱和蒸气压为 3.167kPa，在 100g 水中加入 10g 甘油（$C_3H_8O_3$）形成溶液。试求气-液平衡时溶液的蒸气压。假设甘油为不挥发性物质。

4-20 293K 时，乙醚的饱和蒸气压为 58.95kPa。今在 0.1kg 的乙醚中加入 0.01kg 某非挥发性有机物，使乙醚的蒸气压下降到 56.79kPa。求该有机物质的摩尔质量。

4-21 为了防止水在仪器中冻结，常将防冻剂甘油（$C_3H_8O_3$）加到水中。在 101.325kPa 时，若要使水溶液的凝固点下降到 -5℃，求 1kg 水中应加入甘油的质量。

4-22 在 101.325kPa 时，溶剂 A 的凝固点为 318.15K。在 0.1kg 的溶剂 A 中，加入 0.555g 溶质 B，溶剂 A 的凝固点下降 0.382K。若在溶液中继续加入 0.4372g 另一溶质 C，溶液的凝固点又下降 0.467K。试求：

(1) 溶剂 A 的凝固点降低系数 K_f；

(2) 溶质 C 的摩尔质量 M_C；

(3) 溶剂 A 的摩尔熔化焓 $\Delta_{\text{fus}} H_m$。

已知，溶剂 A、B 的摩尔质量分别为 $M_A = 94.10\text{g} \cdot \text{mol}^{-1}$ 和 $M_B = 110.1\text{g} \cdot \text{mol}^{-1}$。

4-23 已知苯的正常沸点为 353.25K。在 101.325kPa 时，100g 苯中溶有 13.76g 的联苯（$C_6H_5C_6H_5$），所形成溶液的沸点为 355.55K。试求：

(1) 苯的沸点升高系数 K_b；

(2) 苯的摩尔蒸发焓 $\Delta_{\text{vap}} H_m$。

4-24 在 101.325kPa 时，0.0337kg 的 CCl_4 中溶解 6×10^{-4} kg 某不挥发性溶质，测得该稀溶液的沸点为 78.26℃。已知 CCl_4 的沸点升高系数为 $5.02\text{K} \cdot \text{kg} \cdot \text{mol}^{-1}$，正常沸点为 76.75℃。求该溶质的摩尔质量。

4-25 在 101.325kPa 时，10g 葡萄糖（$C_6H_{12}O_6$）溶于 400g 乙醇形成溶液，其沸点较纯乙醇的上升 0.1428℃。另外，有 2g 某有机物质溶于 100g 乙醇中，此溶液的沸点则上升 0.1250℃。试求乙醇的沸点升高系数 K_b 及有机溶质的摩尔质量 M。

4-26 300K 时，将 0.01kg 的 B 物质溶于溶剂 A 中，形成 $V = 7.0\text{dm}^3$ 的稀溶液，实验测得溶液的渗透压为 0.40kPa。试求溶质 B 的摩尔质量 M_B。

4-27 100℃时，葡萄糖（$C_6H_{12}O_6$）溶于水形成的稀溶液的蒸气压下降了 0.4539kPa。试求此水溶液的正常沸点。

4-28 293K 时，水的饱和蒸气压为 2.339kPa。将 68.4g 蔗糖（$C_{12}H_{22}O_{11}$）溶于 1kg 的水中，所形成溶液的密度为 1.024g·cm^{-3}。试求溶液的蒸气压和渗透压。

4-29 在 101.325kPa 时，人的血液（视为水溶液）的凝固点为 -0.56℃。试求：37℃时血液的渗透压。

4-30 298K 时，测定异丙醇（A）和苯（B）的液态混合物，当 $x_A=0.70$ 时，测得 $p_A=4852.9$Pa，蒸气总压力 $p=13305.6$Pa，试计算异丙醇（A）和苯（B）的活度和活度因子（均以纯液体 A 或 B 为标准态）。已知 298K 时纯异丙醇 $p_A^*=5\,866.2$Pa，纯苯 $p_B^*=12585.6$Pa。

4-31 在 330.3K，丙酮（A）和甲醇（B）的液态混合物在 101325Pa 下平衡，平衡组成为液相 $x_A=0.400$，气相 $y_A=0.519$。已知 330.3K 纯组分的蒸气压：$p_A^*=104791$Pa，$p_B^*=73460$Pa。通过计算说明该液态混合物是否为理想液态混合物。若不是理想液态混合物，计算各组分的活度和活度因子（均以纯液态为标准态）。

第5章

化学平衡

应用热力学基本原理研究化学反应系统，其目的是掌握化学反应自发方向和限度的规律，进而了解各种因素对化学反应平衡（chemical equilibrium）的影响，以便创造条件使反应向着需要的方向进行。本章将用热力学方法推导化学平衡时温度、压力、组成以及它们与其他热力学函数之间的定量关系和各种状态反应的平衡常数（chemical equilibrium constant）表示式，并进而进行平衡组成的计算。

5.1 化学反应的方向和平衡条件

所有的化学反应既可以正向进行亦可以逆向进行。有些情况下，逆向反应的程度是如此之小，以至于可以略去不计，这种反应通常称为"单向反应"。但是，在通常条件下，有不少反应正向进行和逆向进行均有一定的程度，这种反应通常称为"对峙反应"。所有的对峙反应在进行一定时间以后均会达到平衡状态，若温度和压力保持不变，则混合物的组成亦不随时间而改变，这就是化学反应的限度。总体看来，达到平衡时的化学反应好像已经停止，但实际上是动态平衡，即反应正向进行和逆向进行的速率相等。

化学平衡是应用热力学基本原理研究化学反应的方向和限度，即研究一个化学反应在给定的条件下，如反应系统的温度、压力和组成等，反应向什么方向进行？反应的最大限度是什么？如何控制反应条件，使反应向需要的方向进行，并能预知此条件下的最高反应限度，这些问题都是科学实验和化工生产中需要研究解决的问题。

5.1.1 化学反应的平衡条件与反应进度的关系

在非体积功为零的恒温、恒压条件下发生的均相化学反应

$$a\mathrm{A} + d\mathrm{D} + \cdots \longrightarrow e\mathrm{E} + f\mathrm{F} + \cdots$$

反应过程吉布斯函数的微小变化，可以由多组分组成可变的均相系统的热力学基本方程得出，即

$$\mathrm{d}G = \sum_{\mathrm{B}} \mu_{\mathrm{B}} \mathrm{d}n_{\mathrm{B}}$$

由反应进度的定义可知，$\mathrm{d}n_{\mathrm{B}} = \nu_{\mathrm{B}} \mathrm{d}\xi$，代入上式后得

$$dG = \sum_B \mu_B \nu_B d\xi$$

式中，ν_B 为系统中组分 B 的化学计量数；μ_B 为组分 B 的化学势；ξ 为反应进度。

化学势 μ_B 除与温度、压力有关，还与系统组成或反应进度 ξ 有关。恒温、恒压下，反应进度由 ξ 变到 $\xi + d\xi$，由于 $d\xi$ 很微小，故可认为系统组成不变，则系统中各物质的化学势 μ_B 视为不变。或者说在恒温、恒压的条件下，在反应进度 ξ 为无限大的系统中，发生了 $\Delta\xi = 1\text{mol}$ 的反应，系统组成及各物质化学势 μ_B 不变。因此，反应进度为 ξ 时，反应系统的吉布斯函数随反应进度 ξ 的变化率为

$$\left(\frac{\partial G}{\partial \xi}\right)_{T,p} = \sum_B \nu_B \mu_B = \Delta_r G_m \tag{5-1}$$

这表明，系统吉布斯函数的变化 $\Delta_r G_m$（molar Gibbs function of chemical reaction）可以理解为反应进度为 ξ 时，反应系统的吉布斯函数随反应进度 ξ 的变化率。

根据吉布斯函数判据，在 $W' = 0$、恒温、恒压条件下，过程总是自发地向着吉布斯函数减少的方向进行，直到达到该条件下的极小值，系统才能处于平衡。因此，对于化学反应有

当 $\Delta_r G_m = \left(\frac{\partial G}{\partial \xi}\right)_{T,p} = \sum_B \nu_B \mu_B < 0$ 时，表明化学反应自发地自左向右进行；

当 $\Delta_r G_m = \left(\frac{\partial G}{\partial \xi}\right)_{T,p} = \sum_B \nu_B \mu_B > 0$ 时，表明化学反应不能自发地自左向右进行，但能自发地从右向左进行；

当 $\Delta_r G_m = \left(\frac{\partial G}{\partial \xi}\right)_{T,p} = \sum_B \nu_B \mu_B = 0$ 时，此时系统的 G 不再变化，即化学反应系统达到平衡态。

由于 $\left(\frac{\partial G}{\partial \xi}\right)_{T,p}$ 随着反应进度 ξ 的变化而改变，因此，化学平衡条件是指 $W' = 0$、恒温、恒压条件下，当化学反应进行到进度 ξ 时，化学反应的 $\Delta_r G_m = 0$，则化学反应处于热力学的平衡态。

5.1.2 化学反应的亲和势与反应方向

化学反应亲和势（affinity of chemical reaction）定义为

$$A = -\left(\frac{\partial G}{\partial \xi}\right)_{T,p} = -\sum_B \nu_B \mu_B = -\Delta_r G_m \tag{5-2}$$

化学反应亲和势的定义表明，A 是只与反应系统所处状态有关的强度性质。对于恒温、恒压下的化学反应，与反应物组成（或反应进度 ξ）有关。如果 $A > 0$，表示化学反应可以自发发生；$A = 0$，表示化学反应达到平衡状态；$A < 0$，表示化学反应不可能自发进行，而其逆反应会自发进行。这充分表现了 A 作为化学反应"势函数"的特性。

对于恒温、恒压下进行的 1-1 型可逆反应

$$A(T, p) \rightleftharpoons B(T, p)$$

若反应前 A 物质的物质的量 $n_{A,0} = 1\text{mol}$，B 物质的物质的量 $n_{B,0} = 0$，则当反应进度为 ξ 时，$n_A = (1-\xi)\text{mol}$，$n_B = \xi\text{mol}$；或 $x_A = (1-\xi)$，$x_B = \xi$。假定反应以可逆方式进行，这样所有中间状态系统的 G 均有可以用 ξ 表示的确定值。

若化学反应系统中各种物质均处于纯态（彼此不混合）的条件下进行反应，则 A、B 化学势不随反应进度 ξ 变化，始终为纯物质的化学势。反应系统的吉布斯函数随反应进度变化

的关系式为：

$$G = n_A\mu_A^* + n_B\mu_B^* = (1-\xi)\mu_A^* + \xi\mu_B^* = \mu_A^* + \xi(\mu_B^* - \mu_A^*) \tag{5-3}$$

上式表明，当 $\xi=0$ 时，$G=\mu_A^*$，当 $\xi=1\text{mol}$ 时，$G=\mu_B^*$。用 G 对 ξ 作图得一直线（如图 5-1 所示），直线斜率为 $(\mu_B^* - \mu_A^*)<0$。换言之，在此假想的条件下，由于始终有 $\left(\dfrac{\partial G}{\partial \xi}\right)_{T,p} = \mu_B^* - \mu_A^*<0$，则反应直到 A 全部转化为 B 时为止，故不存在化学平衡。

实际反应中的 A 和 B 不可能以纯态形式存在，要形成混合物。以 A、B 均为理想气体的情况为例，则反应系统的吉布斯函数随反应进度的变化关系式为

$$\begin{aligned}
G &= n_A\mu_A + n_B\mu_B = n_A(\mu_A^* + RT\ln x_A) + n_B(\mu_B^* + RT\ln x_B) \\
&= (1-\xi)[\mu_A^* + RT\ln(1-\xi)] + \xi(\mu_B^* + RT\ln\xi) \\
&= (1-\xi)\mu_A^* + \xi\mu_B^* + (1-\xi)RT\ln(1-\xi) + \xi RT\ln\xi
\end{aligned} \tag{5-4}$$

将式(5-3)与式(5-4)进行对比发现，式(5-4)中后两项为 A 和 B 形成理想气体混合物时对系统吉布斯函数的贡献。将式(5-4)展开，有

$$G = \mu_A^* + \xi(\mu_B^* - \mu_A^*) + RT[(1-\xi)\ln(1-\xi) + \xi\ln\xi] \tag{5-5}$$

式(5-5)中，当 $\xi=0$ 时，则 $G=\mu_A^*$，当 $\xi=1\text{mol}$ 时，$G=\mu_B^*$。

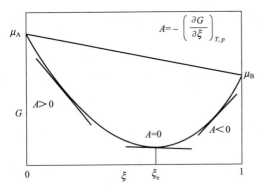

图 5-1　反应过程中吉布斯函数变化示意图

再用 G 对 ξ 作图为一曲线，且最低点不在 $\xi=1\text{mol}$ 处，而是在 $\xi=\xi_e$ 处（如图 5-1 中所示）。将 G 对 ξ 求偏导数，并令其为 0，便可求出曲线上的极值点 ξ_e，$\xi_e = \{1 + \exp[(\mu_B^* - \mu_A^*/(RT)]\}^{-1}$。分析 ξ_e 值可知，其值大于 0 而小于 1。将 G 对 ξ 求二阶偏导数大于零，说明曲线上的极值为一极小值。

综上所述，由于实际的化学反应系统中各物质之间的混合，使化学反应不能进行到底。当 $0<\xi<\xi_e$ 时，化学反应亲和势 $A = -\left(\dfrac{\partial G}{\partial \xi}\right)_{T,p}>0$，即 A 可以自发地生成 B，当

$\xi=\xi_e$ 时，$A = -\left(\dfrac{\partial G}{\partial \xi}\right)_{T,p}=0$，即化学反应达到平衡，产物与反应物处于平衡状态；当 $\xi_e<\xi<1$ 时，$A = -\left(\dfrac{\partial G}{\partial \xi}\right)_{T,p}<0$，即 A 不能自发地生成 B，但 B 可以自发地生成 A，即上述化学反应的逆反应会自发进行。

5.2　气相化学反应的平衡常数

5.2.1　理想气体化学反应的等温方程

对于恒温、恒压下的化学反应

$$a\text{A} + d\text{D} + \cdots \longrightarrow e\text{E} + f\text{F} + \cdots$$

其中任一组分 B 的化学势表达式为

$$\mu_B = \mu_B^\ominus + RT\ln a_B$$

代入式(5-5) 得

$$
\begin{aligned}
\Delta_r G_m &= \sum_B \nu_B \mu_B = \sum_B \nu_B \mu_B^\ominus + \sum_B \nu_B RT\ln a_B \\
&= \Delta_r G_m^\ominus + RT \sum_B \ln a_B^{\nu_B} \\
&= \Delta_r G_m^\ominus + RT\ln \prod_B a_B^{\nu_B}
\end{aligned}
\tag{5-6}
$$

式中，$\Delta_r G_m^\ominus = \sum_B \nu_B \mu_B^\ominus$ ，为化学反应在温度 T 下的标准摩尔吉布斯函数变。在一定的温度和标准压下，任何物质的标准态化学势 $\mu_B^\ominus$ 都有确定值，所以任何化学反应的 $\Delta_r G_m^\ominus$ 都是常数，与所研究状态下系统的组成无关。但必须注意的是，$\Delta_r G_m^\ominus$ 与 ν_B 有关，即与化学方程式的写法有关。

若定义化学反应处于任意指定状态时，化学反应系统中各物质的活度商

$$J_a = \prod_B a_B^{\nu_B}$$

由式(5-6) 得

$$\Delta_r G_m = \Delta_r G_m^\ominus + RT\ln J_a \tag{5-7}$$

若为理想气体反应，定义 J_a 为化学反应处于任意指定状态时，化学反应系统中各种气体的压力商（ratio of partial pressure），常以 J_p 表示，即

$$J_p = \frac{\left(\dfrac{p_E}{p^\ominus}\right)^e \left(\dfrac{p_F}{p^\ominus}\right)^f}{\left(\dfrac{p_A}{p^\ominus}\right)^a \left(\dfrac{p_D}{p^\ominus}\right)^d} = \prod_B \left(\frac{p_B}{p^\ominus}\right)^{\nu_B}$$

式(5-7) 可以写成

$$\Delta_r G_m = \Delta_r G_m^\ominus + RT\ln \frac{\left(\dfrac{p_E}{p^\ominus}\right)^e \left(\dfrac{p_F}{p^\ominus}\right)^f}{\left(\dfrac{p_A}{p^\ominus}\right)^a \left(\dfrac{p_D}{p^\ominus}\right)^d} \tag{5-8}$$

式(5-7) 和式(5-8) 称为理想气体反应的等温方程式。已知反应温度 T 时的 $\Delta_r G_m^\ominus$ 以及各气体分压 p_B，根据理想气体反应的等温方程式，可以求算 $\Delta_r G_m$，从而判断反应进行的方向。

5.2.2 理想气体化学反应的标准平衡常数

如图 5-1 所示，在等温等压条件下，随着化学反应

$$a A + d D + \cdots \longrightarrow e E + f F + \cdots$$

的进行，化学反应亲和势 $A = -\left(\dfrac{\partial G}{\partial \xi}\right)_{T,p} = -\Delta_r G_m$ 越来越小，直至 $A = 0$，系统达到化学平衡为止，以 $K^\ominus$ 表示化学反应达到平衡时的活度商，$K^\ominus$ 也称为化学反应的标准平衡常数（standard equilibrium constant）

$$K^\ominus = \prod_B (a_B^{eq})^{\nu_B} \tag{5-9}$$

当化学反应达到平衡时，化学反应的摩尔吉布斯函数变化 $\Delta_r G_m = 0$，由式(5-7) 和式(5-9) 得，化学反应的标准摩尔吉布斯函数的变化（standard molar Gibbs function of chemical reaction)

$$\Delta_r G_m^{\ominus} = -RT\ln\prod_B (a_B^{eq})^{\nu_B} = -RT\ln K^{\ominus} \tag{5-10}$$

由此可得标准平衡常数 $K^{\ominus}$ 的定义式

$$K^{\ominus} = \exp[-\Delta_r G_m^{\ominus}/(RT)] \tag{5-11}$$

式(5-11) 对任何化学反应都适用，即无论是理想气体反应或真实气体反应，理想液态混合物的反应或实际液态混合物中的反应，理想稀溶液中的反应或实际溶液中的反应，理想气体与凝聚态反应物的反应以及电化学系统中的反应都适用。将上式代入式(5-7) 得

$$\Delta_r G_m = -RT\ln K^{\ominus} + RT\ln J_a \tag{5-12}$$

利用上式可以判断恒温、恒压下化学反应的自发方向和限度：

当 $K^{\ominus} > J_a$ 时，$\Delta_r G_m < 0$，化学反应能自发进行（ξ 增大）；

当 $K^{\ominus} < J_a$ 时，$\Delta_r G_m > 0$，化学反应不能按正方向自发进行（ξ 减小）；

当 $K^{\ominus} = J_a$ 时，$\Delta_r G_m = 0$，化学反应达到平衡状态（$\xi = \xi_{eq}$）。

显然，J_a 与 $K^{\ominus}$ 的相对大小决定了反应的方向和限度。$K^{\ominus}$ 在一定温度下为常数，而 J_a 则可以通过人为改变反应物与产物的配比加以调节，并会随着反应进度的变化而不断变化。

对于理想气体反应

$$a A + d D + \cdots \longrightarrow e E + f F + \cdots$$

理想气体混合物中任一组分 B 的化学势表达式为

$$\mu_B(g) = \mu_B^{\ominus}(g) + RT\ln\frac{p_B}{p^{\ominus}}$$

理想气体反应的摩尔吉布斯函数变化

$$\begin{aligned}
\Delta_r G_m &= \sum_B \nu_B \mu_B = (e\mu_E + f\mu_F + \cdots) - (a\mu_A + d\mu_D + \cdots) \\
&= e(\mu_E^{\ominus} + RT\ln p_E/p^{\ominus}) + f(\mu_F^{\ominus} + RT\ln p_F/p^{\ominus}) + \cdots \\
&\quad - a(\mu_A^{\ominus} + RT\ln p_A/p^{\ominus}) - d(\mu_D^{\ominus} + RT\ln p_D/p^{\ominus}) - \cdots \\
&= \left[(e\mu_E^{\ominus} + f\mu_F^{\ominus} + \cdots) - (a\mu_A^{\ominus} + d\mu_D^{\ominus} + \cdots)\right] + RT\ln\frac{\left(\frac{p_E}{p^{\ominus}}\right)^e \left(\frac{p_F}{p^{\ominus}}\right)^f \cdots}{\left(\frac{p_A}{p^{\ominus}}\right)^a \left(\frac{p_D}{p^{\ominus}}\right)^d \cdots}
\end{aligned}$$

当反应达平衡时

$$\Delta_r G_m = \sum_B \nu_B \mu_B^{\ominus} + RT\ln\prod_B \left(\frac{p_B^{eq}}{p^{\ominus}}\right)^{\nu_B} = 0$$

即

$$\Delta_r G_m^{\ominus} = -RT\ln\prod_B \left(\frac{p_B^{eq}}{p^{\ominus}}\right)^{\nu_B} \tag{5-13}$$

式中，p_B^{eq} 为反应达平衡时各物质的平衡分压。

对比式(5-10) 和式(5-13)，可得理想气体反应的标准平衡常数 $K^{\ominus}$ 的表达式

$$K^{\ominus} = \prod_B \left(\frac{p_B^{eq}}{p^{\ominus}}\right)^{\nu_B} \tag{5-14}$$

尽管参加反应的物质在平衡时的分压，可能由于起始组成的不同而有不同的数值，但平衡时上式中的比例关系在一定温度时却是一定值，不因各气体平衡分压的不同而改变。这是

因为，反应的 $\Delta_r G_m^{\ominus}$ 和 $K^{\ominus}$ 决定于参加反应各组分的标准化学势，而标准化学势是温度的函数，所以 $\Delta_r G_m^{\ominus}$ 和 $K^{\ominus}$ 也只与温度有关。在各组分的标准态已确定的情况下，$K^{\ominus}$ 在一定温度下为常数，与反应系统的压力及起始组成无关。另外，因 $(p_B^{eq}/p^{\ominus})$ 量纲为一，故 $K^{\ominus}$ 也是量纲为一的量。

【例 5-1】 已知石墨与氢气的反应

$$C(s) + 2H_2(g) \Longrightarrow CH_4(g)$$

在 1000K 的 $\Delta_r S_m^{\ominus} = -98.85 J \cdot mol^{-1} \cdot K^{-1}$，$\Delta_f H_m^{\ominus}(CH_4,g) = -74.85 kJ \cdot mol^{-1}$。

（1）若参加与石墨反应的气体由 $y(CH_4) = 0.10$，$y(H_2) = 0.80$，$y(N_2) = 0.10$ 组成的，试问在 1000K 及 100kPa 压力下计算说明甲烷能否生成？

（2）除压力外，其余条件与（1）相同时，为使反应向生成甲烷方向进行，问需加多大的压力？

解　（1）$\Delta_r G_m^{\ominus} = \Delta_r H_m^{\ominus} - T\Delta_r S_m^{\ominus} = \Delta_f H_m^{\ominus} - T\Delta_r S_m^{\ominus} = 24000 J \cdot mol^{-1}$

$$\Delta_r G_m^{\ominus} = -RT\ln K^{\ominus}$$

得

$$K^{\ominus} = 0.056$$

因

$$J_p = [p(CH_4)/p^{\ominus}]/[p(H_2)/p^{\ominus}]^2 = 0.156$$

则

$$K^{\ominus} < J_p$$

所以反应不能向右进行。

（2）$p(CH_4) = 0.1p$，$p(H_2) = 0.8p$

反应的分压商为

$$J_p' = [0.1p/p^{\ominus}]/[0.8p/p^{\ominus}]^2 = 0.156p^{\ominus}/p$$

反应向右进行的条件为

$$K^{\ominus} > J_p'$$

则

$$0.056 > 0.156p^{\ominus}/p$$

故

$$p > 279kPa$$

所以，反应要向右进行，所加压力不得小于 279kPa。

5.2.3　理想气体化学反应平衡常数的不同表示法

按照式(5-11) 所定义的化学反应的平衡常数与参加反应各物质的标准态化学势密切相关，故称为标准平衡常数，以 $K^{\ominus}$ 表示。习惯上，平衡常数还有其他表示形式，统称为"经验平衡常数"，一般简称平衡常数。标准平衡常数量纲为一，而经验平衡常数有时具有一定的量纲。对于指定的反应，其标准平衡常数与各种形式的平衡常数之间存在确定的换算关系。

(1) 用压力表示的平衡常数 K_p

定义：

$$K_p = \prod_{B} (p_B^{eq})^{\nu_B} \tag{5-15}$$

代入 $K^\ominus$ 的表达式得

$$K^\ominus = K_p (p^\ominus)^{-\sum\limits_{B}\nu_B} \tag{5-16}$$

可以看出，若 $\sum\limits_{B}\nu_B \neq 0$，$K_p$ 的量纲为压力单位（Pa）的 $\sum\limits_{B}\nu_B$ 次方。由于气相物质的标准态化学势 $\mu_B^\ominus$ 仅是温度的函数，故气相反应的标准平衡常数 $K^\ominus$ 仅是温度的函数。由上式可见，K_p 亦仅是温度的函数，与系统压力无关。

(2) 用物质的量分数表示的平衡常数 K_y

理想气体混合物中任一组分 B 的平衡分压 $p_B^{eq} = y_B^{eq} p$，将此式代入 $K^\ominus$ 的表达式得

$$K^\ominus = \prod_{B} (y_B^{eq})^{\nu_B} \left(\frac{p}{p^\ominus}\right)^{\nu_B} = K_y \left(\frac{p}{p^\ominus}\right)^{\sum\limits_{B}\nu_B} \tag{5-17}$$

其中

$$K_y = \prod_{B} (y_B^{eq})^{\nu_B} \tag{5-18}$$

式中，y_B^{eq} 为各物质平衡时的物质的量分数。K_y 是用物质的量分数表示的平衡常数。由上式可以看出，K_y 不仅是温度的函数，还是总压力 p 的函数。即 p 改变时，K_y 的数值亦将随之而变。由于 y_B^{eq} 量纲为 1，故 K_y 也是量纲为 1 的量。

(3) 用物质的量表示的平衡常数 K_n

理想气体混合物中任一组分 B 的摩尔分数 $y_B^{eq} = \dfrac{n_B^{eq}}{\sum\limits_{B} n_B^{eq}}$，将此式代入式（5-17）得

$$K^\ominus = \prod_{B} (n_B^{eq})^{\nu_B} \left(\frac{p}{p^\ominus \sum\limits_{B} n_B}\right)^{\nu_B}$$

令

$$K_n = \prod_{B} (n_B^{eq})^{\nu_B} \tag{5-19}$$

则有

$$K^\ominus = K_n \left(\frac{p}{p^\ominus \sum\limits_{B} n_B^{eq}}\right)^{\sum\limits_{B}\nu_B} \tag{5-20}$$

式中，n_B^{eq} 是各物质平衡时的物质的量。由于物质的量 n_B^{eq}，与 p、y_B^{eq} 不同，不具有浓度的内涵，因此，K_n 不是严格意义上的平衡常数，而是 $\prod\limits_{B} (n_B^{eq})^{\nu_B}$ 的代表符号。在进行化学平衡运算时，常常会用到 K_n。由上式可以看出，K_n 亦不仅是温度的函数，还是总压力 p 和系统中总物质的量 $\sum\limits_{B} n_B^{eq}$ 的函数。即 p 改变时，K_n 随之而变；系统中总物质的量 $\sum\limits_{B} n_B^{eq}$ 改变时，K_n 亦随之而变。K_n 是有量纲的量，为 $(mol)^{\sum\limits_{B}\nu_B}$。

5.2.4 有纯凝聚态物质参加的理想气体化学反应的标准平衡常数

以上内容以理想气体反应为例，讨论了均相化学反应的化学平衡，参加反应的各组分都处在同一相中。如果参加反应的各物质不在同一相中，则称为"多相反应"。纯凝聚相与理

想气体间的反应属于多相反应。

以 $CaCO_3(s)$ 分解反应

$$CaCO_3(s) \Longrightarrow CaO(s) + CO_2(g)$$

为例，当反应在一密闭容器中进行时

$$\Delta_r G_m = \sum_B \nu_B \mu_B = \mu_{(CO_2,g)} + \mu_{(CaO,s)} - \mu_{(CaCO_3,s)}$$

$$= \mu_{(CO_2,g)}^\ominus + RT\ln\frac{p_{CO_2}}{p^\ominus} + \mu_{(CaO,s)}^\ominus - \mu_{(CaCO_3,s)}^\ominus$$

$$= \Delta_r G_m^\ominus + RT\ln\frac{p_{CO_2}}{p^\ominus}$$

由于纯固体物质的化学势等于其标准化学势，只是温度的函数，所以复相反应的 $\Delta_r G_m$ 是温度和压力的函数，这与气相反应的 $\Delta_r G_m$ 是类似的，但由于压力对纯固体物质化学势的影响很小，一般可忽略不计。

当反应达平衡时

$$\Delta_r G_m = 0$$

所以

$$\Delta_r G_m^\ominus = -RT\ln\frac{p_{CO_2}}{p^\ominus}$$

定义标准平衡常数

$$K^\ominus = \frac{p_{CO_2}^{eq}}{p^\ominus} \tag{5-21}$$

推广至任意多相化学平衡系统，标准平衡常数的表达式为

$$K^\ominus = \prod_{B(g)} \left(\frac{p_B^{eq}}{p^\ominus}\right)^{\nu_B} \tag{5-22}$$

式中，下标 $B(g)$ 表示只对气体的平衡分压求积。

可见，对于纯凝聚相与理想气体间的反应，虽然 $\Delta_r G_m^\ominus$ 中包含了纯凝聚相和理想气体的标准化学势，但平衡常数 $K^\ominus$ 的表达式中只包含了气体的平衡分压，$K^\ominus$ 仅仅是温度的函数。

5.2.5 固体分解反应的分解压力与标准平衡常数的关系

由于 $K^\ominus$ 只是温度的函数，因此在一定温度下，分解反应达平衡后，产物气体的分压为一定值，与纯凝聚相物质的量无关。在这种情况下，气体的平衡分压称为该化合物的分解压。如果纯凝聚相的分解反应只产生一种气体时，则产物气体的压力就是系统的总压；如果纯凝聚相的分解反应产生多种气体时，则系统的总压称为分解压力（dissociation pressure）。

例如在多相反应

$$CaCO_3(s) \Longrightarrow CaO(s) + CO_2(g)$$

平衡时 p_{CO_2} 称为 $CaCO_3(s)$ 的分解压力。在一定温度下，固体化合物的分解压力为常数。若系统中 CO_2 的分压小于温度 T 时的分解压力，即 $J_p < K^\ominus$，则分解反应可自动进行。反之，则不分解。

当分解产生两种气体时，例如 $NH_4HS(s)$ 的分解反应：

$$NH_4HS(s) \Longrightarrow NH_3(g) + H_2S(g)$$

则分解压力指的是平衡时系统的总压

$$p^{eq} = p^{eq}(NH_3) + p^{eq}(H_2S)$$

分解压力是个重要的概念，常用它来衡量某一化合物的相对稳定性。分解压力越大，说明反应达平衡后产生的气体越多，也就是化合物分解得越多，热稳定性越差。而分解压力越小，说明化合物热稳定性越好，化合物越难分解。因此，在同一温度下，根据分解压力的大小，可以比较同一类型化合物的稳定程度。

当 $CaCO_3$ 受热升温时，p_{CO_2} 逐渐增大，当温度升高到 1170K，CO_2 的压力等于外界压力（101325Pa）时，所生成的 CO_2 可以在大气中扩散开，反应可以连续进行，因此把分解压力等于外压时的温度称为分解温度。分解温度随外压而变，当外压为 22292Pa 时，$CaCO_3$（s）的分解温度则为 1000K。

5.2.6 相关联化学反应标准平衡常数之间的内在联系

因为吉布斯函数是容量性质，所以 $\Delta_r G_m^\ominus$ 与化学反应计量方程书写方法有关。又因为 $\Delta_r G_m^\ominus = -RT\ln K^\ominus$，因此 $K^\ominus$ 一定与化学反应计量方程的写法有关，即 $K^\ominus$ 必须对应指定的化学反应计量式，如

$$SO_2(g) + \frac{1}{2}O_2(g) = SO_3(g) \qquad \Delta_r G_{m,1}^\ominus = -RT\ln K_1^\ominus$$

$$2SO_2(g) + O_2(g) = 2SO_3(g) \qquad \Delta_r G_{m,2}^\ominus = -RT\ln K_2^\ominus$$

而

$$\Delta_r G_{m,1}^\ominus = \frac{1}{2}\Delta_r G_{m,2}^\ominus$$

即

$$-RT\ln K_1^\ominus = -\frac{1}{2}RT\ln K_2^\ominus$$

所以

$$K_1^\ominus = (K_2^\ominus)^{1/2}$$

从平衡常数表示式可以很清楚地看出，上述关系对于各种经验平衡常数亦适用。这说明，如果化学反应方程式的计量数加倍，反应的 $\Delta_r G_m^\ominus$ 亦随之加倍，而各种平衡常数则按指数关系改变。

在同一温度下，若几个不同的化学反应之间能进行代数运算，则这些反应的标准摩尔反应吉布斯函变也具有相应的代数运算，据此可得出相关反应标准平衡常数之间的关系。例如以下三个反应

$$(1)\ C(s) + O_2(g) \longrightarrow CO_2(g) \qquad \Delta_r G_{m,1}^\ominus$$

$$(2)\ CO(g) + \frac{1}{2}O_2(g) \longrightarrow CO_2(g) \qquad \Delta_r G_{m,2}^\ominus$$

$$(3)\ C(s) + \frac{1}{2}O_2(g) \longrightarrow CO(g) \qquad \Delta_r G_{m,3}^\ominus$$

由于反应（3）＝反应（1）－反应（2），所以

$$\Delta_r G_{m,3}^\ominus = \Delta_r G_{m,1}^\ominus - \Delta_r G_{m,2}^\ominus$$

所以

$$K_3^\ominus = K_1^\ominus / K_2^\ominus$$

5.2.7 实际气体化学反应的标准平衡常数

对于实际气体混合物的化学反应，气体混合物中任一组分 B 用逸度表示的化学势表达

式为 $\mu_B(g) = \mu_B^{\ominus}(g) + RT\ln\dfrac{f_B}{p^{\ominus}}$，将其代入式 $\Delta_r G_m = \sum\limits_B \nu_B \mu_B$，得实际气体的等温方程为

$$\Delta_r G_m = \Delta_r G_m^{\ominus} + RT\ln\prod_B \left(\frac{f_B^{eq}}{p^{\ominus}}\right)^{\nu_B}$$

当化学反应达到平衡时，$\Delta_r G_m = 0$，则

$$\Delta_r G_m^{\ominus} = -RT\ln\prod_B \left(\frac{f_B^{eq}}{p^{\ominus}}\right)^{\nu_B} = -RT\ln K^{\ominus}$$

得实际气体的标准平衡常数为

$$K^{\ominus} = \prod_B \left(\frac{f_B^{eq}}{p^{\ominus}}\right)^{\nu_B} \tag{5-23}$$

由于 $f_B = \varphi_B p_B$，所以有

$$K^{\ominus} = \prod_B (\varphi_B^{eq})^{\nu_B} \prod_B \left(\frac{p_B^{eq}}{p^{\ominus}}\right)^{\nu_B} = \prod_B (\varphi_B^{eq})^{\nu_B} K_p^{\ominus}$$

令 $K_{\varphi} = \prod\limits_B (\varphi_B^{eq})^{\nu_B}$，代入上式，有

$$K^{\ominus} = K_{\varphi} K_p^{\ominus} \tag{5-24}$$

式中，$K_p^{\ominus}$ 代表实际气体反应达到平衡时，各组分的平衡分压与标准压力之比的计量数幂次方乘积。由于逸度因子 φ_B 是温度、压力的函数，故 K_{φ} 也取决于温度和压力。因此，尽管标准平衡常数 $K^{\ominus}$ 只与温度有关，但 $K_p^{\ominus}$ 等于 $K^{\ominus}$ 与 K_{φ} 之比，所以 $K_p^{\ominus}$ 必然是温度、压力的函数。对于理想气体或 $p \to 0$ 的实际气体，因 $\varphi_B = 1$，$K_{\varphi} = 1$，故 $K_p^{\ominus}$ 即为理想气体反应的标准平衡常数 $K^{\ominus}$。

5.3 液态混合物与溶液中化学反应的平衡常数

5.3.1 液态混合物中化学反应的平衡常数

恒温、恒压下，对于液态混合物中进行的化学反应，任一组分 B 的化学势表示为

$$\mu_B = \mu_B^{\ominus} + RT\ln a_B$$

将其代入式 $\Delta_r G_m = \sum\limits_B \nu_B \mu_B$，得

$$\Delta_r G_m = \Delta_r G_m^{\ominus} + RT\ln\prod_B a_B^{\nu_B}$$

反应达到平衡时 $\Delta_r G_m = 0$，则

$$\Delta_r G_m^{\ominus} = -RT\ln\prod_B (a_B^{eq})^{\nu_B} = -RT\ln K^{\ominus}$$

所以，反应的标准平衡常数为

$$K^{\ominus} = \prod_B (a_B^{eq})^{\nu_B} \tag{5-25}$$

由于 $a_B = \gamma_B x_B$，则

$$K^{\ominus} = \prod_B \gamma_B^{\nu_B} \cdot \prod_B (x_B^{eq})^{\nu_B}$$

令 $K_{\gamma} = \prod\limits_B \gamma_B^{\nu_B}$，$K_x = \prod\limits_B (x_B^{eq})^{\nu_B}$，上式改写为

$$K^{\ominus} = K_{\gamma} K_x \tag{5-26}$$

若反应系统形成的为理想液态混合物，则各组分的 $\gamma_B = 1$ ，此时的 $K_{\gamma} = 1$ ，故

$$K^{\ominus} = K_x \tag{5-27}$$

5.3.2　液态溶液中化学反应的平衡常数

对于在非电解质溶液（溶剂只有一种）中进行的化学反应

$$0 = \nu_A A + \sum_B \nu_B B$$

式中，A 为溶剂，B 为任一溶质，ν_A、ν_B 为溶剂和溶质在化学反应方程式中的计量数。$\nu_A > 0$，说明溶剂是产物；$\nu_A < 0$，说明溶剂是反应物；$\nu_A = 0$，说明溶剂不参与反应。

溶剂和溶质的化学势分别为

$$\mu_A = \mu_A^{\ominus} + RT\ln a_A$$
$$\mu_B = \mu_B^{\ominus} + RT\ln a_B$$

代入式 $\Delta_r G_m = \nu_A \mu_A + \sum_B \nu_B \mu_B$ ，得

$$\Delta_r G_m = \Delta_r G_m^{\ominus} + RT\ln(a_A^{\nu_A} \cdot \prod_B a_B^{\nu_B})$$

其中

$$\Delta_r G_m^{\ominus} = \nu_A \mu_A^{\ominus} + \sum_B \nu_B \mu_B^{\ominus}$$

反应达到平衡时 $\Delta_r G_m = 0$ ，则

$$\Delta_r G_m^{\ominus} = -RT\ln((a_A^{eq})^{\nu_A} \cdot \prod_B (a_B^{eq})^{\nu_B}) = -RT\ln K^{\ominus}$$

故

$$K^{\ominus} = a_A^{\nu_A} \cdot \prod_B a_B^{\nu_B} \tag{5-28}$$

对于理想的非电解质稀溶液，因为 $a_A \to 1$, $a_B = b_B / b^{\ominus}$ ，上式简化为

$$K^{\ominus} = \prod_B \left(\frac{b_B}{b^{\ominus}}\right)^{\nu_B} = K_b^{\ominus} \tag{5-29}$$

5.4　化学反应的平衡计算

化学反应的标准平衡常数，既可以通过热力学方法来计算，也可以通过实验测定化学反应平衡时的组成来计算。反过来，有了标准平衡常数 $K^{\ominus}$ ，可以对平衡时系统的组成进行计算。下面先讨论通过热力学方法计算 $\Delta_r G_m^{\ominus}$ ，然后求算反应平衡常数 $K^{\ominus}$ 的方法。

5.4.1　反应的 $\Delta_r G_m^{\ominus}$ 与 $K^{\ominus}$ 计算

化学反应的标准摩尔吉布斯函数变化 $\Delta_r G_m^{\ominus}$ 与标准平衡常数 $K^{\ominus}$ 的关系为

$$\Delta_r G_m^{\ominus} = -RT\ln K^{\ominus}$$

这是通过热力学方法计算标准平衡常数的理论依据。通过前面的介绍可以发现，计算化学反应的 $\Delta_r G_m^{\ominus}$ 主要有以下三种方法。

（1）利用反应的 $\Delta_r H_m^{\ominus}$ 和 $\Delta_r S_m^{\ominus}$ 计算 $\Delta_r G_m^{\ominus}$

对于恒温反应

$$\Delta_r G_m^{\ominus} = \Delta_r H_m^{\ominus} - T\Delta_r S_m^{\ominus}$$

式中，$\Delta_r H_m^{\ominus}$ 可以利用热力学数据——物质的标准摩尔生成焓 $\Delta_f H_m^{\ominus}(B)$ 或标准摩尔燃烧焓 $\Delta_c H_m^{\ominus}(B)$ 求得，即

$$\Delta_r H_m^{\ominus} = \sum_B \nu_B \Delta_f H_m^{\ominus}(B) = -\sum_B \nu_B \Delta_c H_m^{\ominus}(B)$$

反应的 $\Delta_r S_m^{\ominus}$ 可以由物质的标准熵 $S_m^{\ominus}(B)$ 求出，即

$$\Delta_r S_m^{\ominus} = \sum_B \nu_B S_m^{\ominus}(B)$$

计算出 $\Delta_r G_m^{\ominus}$ 后，进而可计算出同温度下反应的平衡常数 $K^{\ominus}$。各种物质在 298K 的 $\Delta_f H_m^{\ominus}(B)$ 或 $\Delta_c H_m^{\ominus}(B)$ 及 $S_m^{\ominus}(B)$ 可以从化学手册上查到，因此，很容易求出 298K 温度下反应的平衡常数。

【例 5-2】 已知 $CO(g)$、$CO_2(g)$ 和 $O_2(g)$ 的标准热力学函数数据如下：

物质	$CO(g)$	$CO_2(g)$	$O_2(g)$
$\Delta_f H_m^{\ominus}(298K)/kJ \cdot mol^{-1}$	-110.5	-393.5	0
$S_m^{\ominus}(298K)/J \cdot mol^{-1} \cdot K^{-1}$	197.7	213.7	205.1

利用上述数据，求反应：

$$CO(g) + \frac{1}{2}O_2(g) \longrightarrow CO_2(g)$$

在 298K 时的 $\Delta_r G_m^{\ominus}$ 及 $K^{\ominus}$。

解
$$\begin{aligned}
\Delta_r H_m^{\ominus}(298K) &= \sum_B \nu_B \Delta_f H_m^{\ominus}(B, 298K) \\
&= [-393.5 - (-110.5)]kJ \cdot mol^{-1} \\
&= -283.0 kJ \cdot mol^{-1} \\
\Delta_r S_m^{\ominus}(298K) &= \sum_B \nu_B S_m^{\ominus}(B, 298K) \\
&= (213.7 - 0.5 \times 205.1 - 197.7)J \cdot mol^{-1} \cdot K^{-1} \\
&= -86.6 J \cdot mol^{-1} \cdot K^{-1} \\
\Delta_r G_m^{\ominus}(298K) &= \Delta_r H_m^{\ominus}(298K) - T\Delta_r S_m^{\ominus}(298K) \\
&= [-283.0 \times 10^3 - 298 \times (-86.6)]J \cdot mol^{-1} \\
&= -25.72 \times 10^4 J \cdot mol^{-1} \\
\ln K^{\ominus} &= -\frac{\Delta_r G_m^{\ominus}(298K)}{RT} = -\frac{-25.72 \times 10^4}{8.314 \times 298} = 103.31 \\
K^{\ominus} &= 1.26 \times 10^{45}
\end{aligned}$$

（2）利用物质的 $\Delta_f G_m^{\ominus}(B)$ 计算 $\Delta_r G_m^{\ominus}$

在第 3 章定义了物质的标准摩尔生成吉布斯函数，据此可以计算化学反应的标准摩尔吉布斯函数的变化值

$$\Delta_r G_m^{\ominus} = \sum_B \nu_B \Delta_f G_m^{\ominus}(B)$$

【例 5-3】 已知 $\Delta_f G_m^{\ominus}(NH_3, 298K) = -16.45 kJ \cdot mol^{-1}$，计算化学反应

$$N_2(g) + 3H_2(g) \Longrightarrow 2NH_3(g)$$

在 298K 时的 $\Delta_r G_m^{\ominus}$ 及 $K^{\ominus}$。

解 298K 时反应的 $\Delta_r G_m^{\ominus}$ 为

$$\begin{aligned}
\Delta_r G_m^{\ominus}(298K) &= \sum_B \nu_B \Delta_f G_m^{\ominus}(B, 298K) \\
&= [2 \times (-16.45) \times 10^3] J \cdot mol^{-1} \\
&= -3.29 \times 10^4 J \cdot mol^{-1}
\end{aligned}$$

$$\ln K^{\ominus} = -\frac{\Delta_r G_m^{\ominus}(298K)}{RT} = -\frac{-3.29 \times 10^4}{8.314 \times 298} = 13.27$$

$$K^{\ominus} = 5.85 \times 10^5$$

(3) 利用相关的反应组合计算

这种方法已在本章 5.2 节 5.2.6 部分作了叙述，在此不再重复。

除了上面几种计算反应 $K^{\ominus}$ 的方法外，还可采取电化学方法，通过测量可逆电池的标准电动势，计算电池反应的 $K^{\ominus}$。这将在后面第 10 章原电池中作进一步讨论。

5.4.2 平衡组成与转化率的计算

由平衡常数可以计算平衡混合物的组成，其目的是为了弄清反应系统达到平衡时的组成情况，即预计反应能够进行的程度；同时，通过计算也可以设法调节或控制反应所能进行的程度。平衡转化率是指在给定条件下反应系统达到平衡时，反应物之一（如 A 物质）转化为产物（包括主产物及副产物）的百分率，即

$$\alpha = \frac{n_{A,0} - n_A}{n_{A,0}} = \frac{c_{A,0} - c_A}{c_{A,0}} \tag{5-30}$$

对于给定反应的计量方程所对应的标准平衡常数 $K^{\ominus}$，把它与平衡常数表达式联系起来，就可以由 $K^{\ominus}$ 计算出转化率 α，进而可以计算反应系统的平衡组成。平衡常数在这方面的应用十分广泛，以下举几个例子加以说明。

【例 5-4】 375K 时，真空容器中放入 $SO_2(g)$ -B 物质 与 $Cl_2(g)$ -C 物质。若它们之间不发生反应时，则压力分别为 44786Pa 与 47836Pa。反应达平衡时，系统的总压力为 86100Pa。

(1) 试求反应 $SO_2Cl_2(g) \Longrightarrow SO_2(g) + Cl_2(g)$ 在 375K 下的 $\Delta_r G_m^{\ominus}$ 及 $K^{\ominus}$；

(2) 在 375K 下，将纯 $SO_2Cl_2(g)$ -A 物质放入一真空容器中，反应达平衡时，系统的总压为 101325Pa。求 $SO_2Cl_2(g)$ 的解离度 α。

解 (1)

$$SO_2Cl_2(g) \Longrightarrow SO_2(g) + Cl_2(g)$$

$$\begin{array}{cccc}
t=0, p/Pa & 0 & p_{B,0} & p_{C,0} \\
t=t_e, p/Pa & p_A & p_{B,0} - p_A & p_{C,0} - p_A
\end{array}$$

平衡时系统总压为

$$p = p_A + (p_{B,0} - p_A) + (p_{C,0} - p_A)$$

$$p_A = p_{B,0} + p_{C,0} - p = (44786 + 47836 - 86100)Pa = 6522Pa$$

反应在 375K 时的标准平衡常数

$$K^{\ominus} = \frac{p_{B,0} - p_A}{p^{\ominus}} \times \frac{p_{C,0} - p_A}{p^{\ominus}} \bigg/ \frac{p_A}{p^{\ominus}}$$

$$K^{\ominus} = \frac{44786-6522}{100000} \times \frac{47836-6522}{100000} / \frac{6522}{100000} = 2.42$$

$$\Delta_r G_m^{\ominus} = -RT\ln K^{\ominus}$$

$$= (-8.314 \times 375 \times \ln2.42)J \cdot mol^{-1}$$

$$= -2.76 \times 10^3 J \cdot mol^{-1}$$

(2) 设反应起始时 $SO_2Cl_2(g)$ 的物质的量为 1mol，平衡时解离度为 α。

$$SO_2Cl_2(g) \Longrightarrow SO_2(g) + Cl_2(g)$$

$$t = t_e, n/mol \qquad 1-\alpha \qquad\qquad \alpha \qquad\quad \alpha$$

$$\sum_B n_B = (1+\alpha) \ mol$$

$$K^{\ominus} = \frac{\alpha^2}{1-\alpha^2} \times \frac{p}{p^{\ominus}}$$

$$2.42 = \frac{\alpha^2}{1-\alpha^2} \times \frac{101325}{100000}$$

$$\alpha = 0.852 = 85.2\%$$

【**例 5-5**】 298K 时，在真空容器中通入 $N_2O_4(g)$，发生反应

$$N_2O_4(g) \Longrightarrow 2NO_2(g)$$

试求容器压力保持为 100kPa 和 200kPa 时 $N_2O_4(g)$ 的转化率。已知 298K 时 $NO_2(g)$、$N_2O_4(g)$ 的 $\Delta_f G_m^{\ominus}$ 分别为 51.3 kJ·mol^{-1} 和 97.9 kJ·mol^{-1}。

解 298K 时反应的 $\Delta_r G_m^{\ominus}$ 为

$$\Delta_r G_m^{\ominus}(298K) = 2\Delta_f G_m^{\ominus}(NO_2, 298K) - \Delta_f G_m^{\ominus}(N_2O_4, 298K)$$

$$= (2 \times 51.3 - 97.9) \times 10^3 J \cdot mol^{-1}$$

$$= 4.7 \times 10^3 J \cdot mol^{-1}$$

298K 时反应的标准平衡常数为

$$\ln K^{\ominus} = -\frac{\Delta_r G_m^{\ominus}(298K)}{RT} = -\frac{4.7 \times 10^3}{8.314 \times 298} = -1.90$$

即

$$K^{\ominus} = 0.15$$

假设通入容器中 $N_2O_4(g)$ 的物质的量为 1mol

$$N_2O_4(g) \Longrightarrow 2NO_2(g)$$

$$t = 0, n/mol \qquad 1 \qquad\qquad 0$$

$$t = t_e, n/mol \qquad 1-\alpha \qquad\qquad 2\alpha$$

$$\sum_B n_B = (1+\alpha) \ mol$$

$$K^{\ominus} = \frac{4\alpha^2}{1-\alpha^2} \times \frac{p}{p^{\ominus}}$$

当 $p = 100$kPa 时

$$0.15 = \frac{4\alpha^2}{1-\alpha^2} \times \frac{100}{100}$$

解得

$$\alpha = 0.190 = 19.0\%$$

同理，当 $p = 200$kPa 时，$\alpha = 0.136 = 13.6\%$。说明这是一个增加压力、转化率降低的

平衡反应。

5.5 影响化学反应平衡的因素

化学平衡是建立在诸如温度、压力或浓度等特定条件基础上的，当这些条件之一或几个发生变化时，旧的平衡被打破，系统将重新建立新的平衡，这个过程称为平衡移动。早在一个多世纪前，勒·夏特列（Le Chatelier）在总结了外界因素对平衡移动影响的各种实例后，得出了平衡移动的 Le Chatelier 原理：平衡总是向着减弱改变因素的方向移动。下面从影响平衡移动的温度、压力、惰性组分等因素进行讨论。

5.5.1 温度对化学反应平衡的影响

在 3.8 节中由热力学基本方程导出了吉布斯-亥姆霍兹方程，即

$$\left[\frac{\partial (G/T)}{\partial T}\right]_p = -\frac{H}{T^2}$$

将其应用于标准态下进行的化学反应，得到

$$\frac{d(\Delta_r G_m^\ominus/T)}{dT} = -\frac{\Delta_r H_m^\ominus}{T^2}$$

因为 $\Delta_r G_m^\ominus = -RT\ln K^\ominus$，代入上式，有

$$\frac{d(-R\ln K^\ominus)}{dT} = -\frac{\Delta_r H_m^\ominus}{T^2}$$

即

$$\frac{d\ln K^\ominus}{dT} = \frac{\Delta_r H_m^\ominus}{RT^2} \tag{5-31}$$

上式称为范特霍夫方程（van't Hoff's equation）。它表示，恒压条件下的化学反应标准平衡常数不仅受温度的影响，而且还与反应本身的标准摩尔反应焓变有关。$\Delta_r H_m^\ominus > 0$ 时，为吸热反应，标准平衡常数 $K^\ominus$ 随温度升高而增大，升高温度平衡将向正方向移动。$\Delta_r H_m^\ominus < 0$ 时，为放热反应，标准平衡常数 $K^\ominus$ 随温度升高而减小，升高温度平衡将向逆方向移动。$\Delta_r H_m^\ominus = 0$ 时，改变反应系统温度，标准平衡常数不变，系统维持原平衡。

化学反应的标准摩尔反应焓变与温度的关系遵循基尔霍夫公式，即

$$\Delta_r H_m^\ominus(T) = \Delta_r H_m^\ominus(298K) + \int_{298}^{T} \Delta_r C_{p,m} dT$$

显然，只有当 $\Delta_r C_{p,m} = 0$ 时，化学反应的标准摩尔焓变 $\Delta_r H_m^\ominus$ 才是不随温度变化的常数；当温度变化范围较小时，可近似地把 $\Delta_r H_m^\ominus$ 看作常数。这时，对式(5-31) 分别作不定积分和定积分得

$$\ln K^\ominus = -\frac{\Delta_r H_m^\ominus}{R} \times \frac{1}{T} + C \tag{5-32}$$

$$\ln \frac{K_2^\ominus}{K_1^\ominus} = -\frac{\Delta_r H_m^\ominus}{R}\left(\frac{1}{T_2} - \frac{1}{T_1}\right) \tag{5-33}$$

式(5-32) 中 C 为积分常数。若由实验测得多个不同温度下的标准平衡常数 $K^\ominus$ 数据，可以通过 $\ln K^\ominus$-$1/T$ 作图，由所得直线的斜率求出化学反应的标准摩尔焓变 $\Delta_r H_m^\ominus$。

式(5-33)是范特霍夫方程的定积分，式中有两个温度 T_1 和 T_2、两个对应的平衡常数 $K_1^\ominus$ 和 $K_2^\ominus$ 以及 $\Delta_r H_m^\ominus$ 五个参数，已知其中四个就可以求出最后一个参数。

【**例 5-6**】 已知反应 $CO(g) + H_2O(g) \Longrightarrow H_2(g) + CO_2(g)$ 在 500K 时的标准平衡常数为 $K^\ominus(500K) = 126$。试求反应在 800K 时的标准平衡常数为 $K^\ominus(800K)$。已知在该温度区间反应的标准摩尔焓变 $\Delta_r H_m^\ominus = -41.2 \text{kJ} \cdot \text{mol}^{-1}$。

解　$\ln \dfrac{K_2^\ominus}{K_1^\ominus} = -\dfrac{\Delta_r H_m^\ominus}{R} \left(\dfrac{1}{T_2} - \dfrac{1}{T_1} \right)$

将题中数据代入，得

$$\ln \frac{K^\ominus(800K)}{126} = -\frac{-41.2 \times 10^3}{8.314} \left(\frac{1}{800} - \frac{1}{500} \right)$$

所以

$$K^\ominus(800K) = 3.06$$

这是一个 $\Delta_r H_m^\ominus < 0$ 的放热反应，故升高温度标准平衡常数 $K^\ominus$ 减小。

若化学反应的标准摩尔焓变 $\Delta_r H_m^\ominus$ 是温度的函数，即 $\Delta_r H_m^\ominus = f(T)$，只要将函数关系先代入式(5-31)，然后分离变量积分，就能得到标准平衡常数 $K^\ominus$ 与温度的关系式。

范特霍夫（J. H. van't Hoff, 1852—1911）　荷兰物理化学家。1852 年 8 月 30 日，范特霍夫出生于荷兰的鹿特丹市。1872 年，范特霍夫在莱顿大学毕业后，到柏林拜德国著名有机化学家凯库勒为师，次年到巴黎医学院的武兹实验室深造，得到著名化学家武兹的指导。1874 年，范特霍夫与法国好友勒贝尔分别提出了关于碳的正四面体构型假说，标志着立体化学学科的建立，1875 年在《空间化学》一文中首次提出"不对称碳原子"概念。1878 年，范特霍夫成为阿姆斯特丹大学教授，1878～1896 年间致力于化学热力学与化学亲和力、化学动力学和稀溶液渗透压方面的研究，1884 年出版《化学动力学研究》一书，1885 年以后一直被选为荷兰皇家科学院成员，1887 年与奥斯特瓦尔德共同创办《物理化学杂志》，1901 年获首届诺贝尔化学奖。

5.5.2　压力对化学反应平衡的影响

一个处于平衡时的反应系统，尽管温度不变时标准平衡常数 $K^\ominus$ 保持恒定，但是在改变其他条件时，若引起分压商 J_p 发生改变，则原先的平衡将会发生移动。对于有气体（视为理想气体）参加的化学反应，其标准平衡常数 $K^\ominus$ 与用摩尔分数表述的平衡常数 K_y 之间的关系为

$$K_y = K^\ominus \left(\frac{p}{p^\ominus} \right)^{-\sum_B \nu_B}$$

可见，在温度恒定时，$K^\ominus$ 不变，但在改变压力时，K_y 会发生变化。

对于气体分子数增加的化学反应，即 $\sum_B \nu_B > 0$，增加反应系统压力，K_y 将减小，平衡逆方向移动，对生成产物不利，而降压有利于正方向反应。

对于气体分子数减少的化学反应，即 $\sum_B \nu_B < 0$，增加反应系统压力，K_y 将增大，平衡正方向移动，对生成产物有利，而降压不利于正方向反应。

对于气体分子数不变的气相化学反应或凝聚态反应，$\sum\limits_{B}\nu_B = 0$，改变压力，K_y 和 $K^{\ominus}$ 都不变，平衡维持原状，不因压力改变而改变。

5.5.3 惰性组分对化学反应平衡的影响

这里的惰性组分是指不参加化学反应的组分，并不是仅指惰性气体。惰性组分虽然不参与反应，但却影响平衡组成，引起化学平衡的移动。当然，惰性组分对化学反应平衡的影响，只对有气体分子增加或减少的化学反应才有效。在实际生产中，往往由于原料不纯，导致平衡的移动而影响转化率；有时，为了生产的需要，在反应系统中加入一些惰性组分，人为使平衡发生移动，以提高反应物的转化率。

标准平衡常数 $K^{\ominus}$ 与用物质的量表述的平衡常数 K_n 之间的关系为

$$K_n = K^{\ominus}\left(\frac{p}{p^{\ominus}\sum\limits_{B}n_B}\right)^{-\sum\limits_{B}\nu_B}$$

可见，在温度和系统压力 p 恒定时，$K^{\ominus}$ 不变，但在加入惰性组分后，$\sum\limits_{B}n_B$ 增加，K_n 会发生变化。

对于气体分子数增加的化学反应，即 $\sum\limits_{B}\nu_B > 0$，在反应系统中加入惰性组分后，K_n 将变大，平衡朝着正方向移动，对生成产物有利，可以提高原料转化率。例如，工业上乙苯脱氢制苯乙烯的反应

$$C_6H_5C_2H_5(g) \longrightarrow C_6H_5C_2H_3(g) + H_2(g)$$

这是一个 $\sum\limits_{B}\nu_B > 0$ 的反应，故生产上为了提高原料的转化率，要向反应系统中通入大量水蒸气。

对于气体分子数减少的化学反应，即 $\sum\limits_{B}\nu_B < 0$，在反应系统中加入惰性组分后，K_n 将变小，平衡朝着逆方向移动，对生成产物不利。

5.5.4 原料配比对化学反应平衡的影响

对于至少有两种理想气体参加的化学反应

$$aA + dD + \cdots \longrightarrow eE + fF + \cdots$$

恒温、恒容条件下增加反应物的量与恒温、恒压条件下增加反应物的量，对化学反应平衡移动的影响效果是不同的。

在恒温、恒容的条件下，向已达到平衡的反应系统中加入一定量的 A 或 D 或其他反应物，都会使得所加入的反应物的分压增加，导致此时的 J_p 减小，出现 $J_p < K^{\ominus}$，使得平衡向生成产物的正方向移动。工业上利用这一原理，可以通过增加反应物中价格便宜原料的用量，使得价格贵重的反应物尽可能多地生成产物，提高经济效益。

但是，在恒温、恒压条件下，增加反应物的量未必总能使平衡向产物方向移动，反应物的初始原料配比对平衡移动有影响。在系统总压保持不变的情况下，研究原料配比对平衡移动的影响发现，随着原料配比由小到大增加的过程中，产物的平衡含量会出现一个极大值。而出现这个极大值时的原料配比，恰恰等于反应方程式中各反应物的计量系数之比，

即 $a:d:(\cdots)$。例如，对于工业上合成氨时，依据反应 $N_2(g)+3H_2(g)=\!=\!=2NH_3(g)$，总是使原料配比 $n_{N_2}:n_{H_2}=1:3$，以保证产物氨的含量最高。

5.6　多个化学反应平衡共存系统的组成计算

系统中同时进行多个化学反应，若各反应方程式彼此之间不存在代数运算关系，那么这些化学反应便是独立反应，系统中独立的化学反应数目之和称为独立反应数。例如系统中同时进行着下面三个化学反应：

$$C(s)+O_2(g)=\!=\!=CO_2(g) \tag{1}$$

$$CO(g)+\frac{1}{2}O_2(g)=\!=\!=CO_2(g) \tag{2}$$

$$C(s)+\frac{1}{2}O_2(g)=\!=\!=CO(g) \tag{3}$$

在这三个反应中，只有两个反应是独立反应，另一个反应可以由两个独立的反应代数运算得到。若反应（1）和反应（2）是独立反应，则反应（3）等于反应（1）－反应（2）。因此，该系统中独立反应数为 2。

若某组分同时参加两个以上的独立反应，系统到达平衡时，该组分在组成上必须同时满足这几个独立反应的平衡关系式，且该组分在平衡时的分压或组成只有一个数值。例如，上面例子中，反应（1）和反应（2）是独立反应，$O_2(g)$、$CO_2(g)$ 的分压既要满足反应（1）的平衡常数表达式，也要满足反应（2）的平衡常数表达式，而且这两个表达式中 $O_2(g)$ 的分压相同、$CO_2(g)$ 的分压也相同。

【例 5-7】　在 323K 时，$NaHCO_3(s)$ 分解为 $Na_2CO_3(s)$ 的分解压力为 4.0kPa。今在一真空容器中加入足够量的 $NaHCO_3(s)$ 和 $CuSO_4\cdot5H_2O(s)$，在 323K 时发生如下反应：

（1）$2NaHCO_3(s)=\!=\!=Na_2CO_3(s)+H_2O(g)+CO_2(g)$

（2）$CuSO_4\cdot5H_2O(s)=\!=\!=CuSO_4\cdot3H_2O(s)+2H_2O(g)$

分解达到平衡后，测得系统中水蒸气的分压为 6.05kPa。试求分解平衡时系统中的总压和 323K 时 $CuSO_4\cdot5H_2O(s)$ 的分解压力。

解　根据分解压力的概念可知，323K 时，$NaHCO_3(s)$ 分解反应，即反应方程式(1) 的平衡常数为

$$K^{\ominus}=\frac{p_{H_2O}}{p^{\ominus}}\cdot\frac{p_{CO_2}}{p^{\ominus}}=\frac{2.0}{100}\times\frac{2.0}{100}=4.0\times10^{-4}$$

$$2NaHCO_3(s)=\!=\!=Na_2CO_3(s)+H_2O(g)+CO_2(g)$$

$$t=t_e,p/Pa \qquad\qquad\qquad\qquad 6.05 \qquad p_{CO_2}$$

则

$$K^{\ominus}=\frac{p_{H_2O}}{p^{\ominus}}\times\frac{p_{CO_2}}{p^{\ominus}}=\frac{6.05}{100}\times\frac{p_{CO_2}}{100}=4.0\times10^{-4}$$

解得

$$p_{CO_2}=0.66kPa$$

系统总压为

$$p = (6.05 + 0.66)kPa = 6.71kPa$$

$CuSO_4 \cdot 5H_2O(s)$ 的分解压力为

$$p' = (6.05 - 0.66)kPa = 5.39kPa$$

5.7 耦合反应的化学平衡

若系统中同时存在两个化学反应,其中一个反应的产物是另一个反应的反应物,则这两个反应互为耦合反应 (coupled reaction)。耦合反应不仅可以通过一个反应改变另一个反应的平衡位置,而且可以使一个热力学上原本不能进行的反应得以进行。

例如,298K 时的两个反应

(1) $C_2H_5OH(g) == CH_3CHO(g) + H_2(g)$ $\Delta_r G_{m,1}^{\ominus} = 39.63 kJ \cdot mol^{-1} > 0$

(2) $H_2(g) + \frac{1}{2}O_2(g) == H_2O(g)$ $\Delta_r G_{m,2}^{\ominus} = -228.57 kJ \cdot mol^{-1} < 0$

明显的,在 298K 的标准压力下,反应 (1) 不能自动地向正方向进行。而反应 (2) 能自动地向正方向进行,而且反应 (2) 的 $\Delta_r G_{m,2}^{\ominus}$ 负值比反应 (1) $\Delta_r G_{m,1}^{\ominus}$ 的正值负得更多。

反应 (1) 中 $CH_3CHO(g)$ 是目标产物,而另一个产物 $H_2(g)$ 恰好是反应 (2) 的反应物。因此,若将反应 (1) 和反应 (2) 进行耦合,将原先两个单独进行的反应放到一个系统中进行,相当于反应 (1) +反应 (2) 得到反应 (3),即

(3) $C_2H_5OH(g) + \frac{1}{2}O_2(g) == CH_3CHO(g) + H_2O(g)$

反应 (3) 在 298K 的标准压力下的标准摩尔吉布斯函数变化值为

$$\begin{aligned}\Delta_r G_{m,3}^{\ominus} &= \Delta_r G_{m,1}^{\ominus} + \Delta_r G_{m,2}^{\ominus} \\ &= (39.63 - 228.57)kJ \cdot mol^{-1} \\ &= -188.94 kJ \cdot mol^{-1} < 0\end{aligned}$$

反应 (3) 能自动地向右进行。因此,耦合的结果使得原先不能单独进行的反应 (1) 得以实现。

耦合反应的理念在尝试设计新的合成方法和路线时,是极为有用的。生物体内的反应是在恒温、恒压下进行的,不能采用改变温度和压力的方法来完成,生物体选择了耦合反应这一途径。例如,生物体内糖类化合物分解生成 $CO_2(g)$ 和 $H_2O(l)$,放出能量的代谢过程,就是典型的耦合反应。

学习基本要求

1. 了解化学反应平衡条件与反应进度的关系,掌握化学反应亲和势与反应方向的关系。

2. 掌握理想气体化学反应的等温方程和标准平衡常数的表达式,了解理想气体化学反应其他平衡常数的表达式和它们之间的内在联系,掌握有纯凝聚态物质参加的理想气体化学反应的标准平衡常数表示方法,掌握固体的分解压力和分解温度及标准平衡常数之间的关系,掌握相关联化学反应标准平衡常数之间的联系,了解实际气体反应的标准平衡常数表示方法。

3. 了解液态混合物和液态溶液中化学反应的平衡常数表示方法。

4. 掌握化学反应 $\Delta_r G_m^\ominus$ 的计算方法，掌握由 $\Delta_r G_m^\ominus$ 计算 $K^\ominus$ 的方法，掌握平衡组成和转化率的计算。

5. 掌握温度对化学平衡影响的范特霍夫方程，掌握压力和惰性组分对化学平衡移动的原理，了解原料配比对化学平衡移动的影响。

6. 掌握系统多个化学平衡共存时的组成计算，了解耦合反应的原理及其在科学研究和生产实践中的作用和意义。

习　题

5-1　已知理想气体反应 $SO_3(g) \rightleftharpoons SO_2(g) + 1/2O_2(g)$，在 900K 时的标准平衡常数 $K^\ominus = 0.153$。试求在 900K、101.325kPa 时，反应 $2SO_2(g) + O_2(g) \longrightarrow 2SO_3(g)$ 的平衡常数 $K^\ominus$、K_c、K_p 和 K_y。

5-2　已知理想气体反应 $H_2O(g) + CO(g) \longrightarrow CO_2(g) + H_2(g)$ 在 1000K 时的标准平衡常数为 $K^\ominus = 1.43$。各物质的分压为 $p(H_2O) = 0.20\,MPa$、$p(CO) = 0.50\,MPa$、$p(CO_2) = 0.30\,MPa$ 和 $p(H_2) = 30\,MP$。试求：此时反应的 $\Delta_r G_m$，并判断反应的方向。

5-3　已知理想气体反应 $SO_2(g) + 1/2O_2(g) \longrightarrow SO_3(g)$ 在 1000K 时的标准平衡常数 $K^\ominus = 1.86$。试计算：

（1）当 $p(SO_2) = 200\,kPa$、$p(O_2) = 100\,kPa$ 和 $p(SO_3) = 1000\,kPa$ 时，上述反应的 $\Delta_r G_m$，并判断反应的方向；

（2）若 $p(SO_2) = 200\,kPa$、$p(O_2) = 100\,kPa$，欲使反应正方向进行，$SO_3(g)$ 的压力应如何控制？

5-4　在一真空容器中，通入 $PCl_5(g)$ 气体，分解反应为

$$PCl_5(g) \longrightarrow PCl_3(g) + Cl_2(g)$$

在 523K、101.325kPa 下反应达到平衡后，测得平衡混合物的密度为 $2.695 \times 10^3\,kg \cdot m^{-3}$，假设气体均为理想气体。试计算：

（1）$PCl_5(g)$ 的离解度；

（2）反应的 $\Delta_r G_m^\ominus$。

5-5　298K 时，在体积一定的真空容器中通入气体 A，使 $p_A = 153.33\,kPa$，此温度下 A 不发生反应。今将系统温度升高到 573K，A 分解：

$$A(g) \longrightarrow B(g) + C(g)$$

平衡时系统压力为 186.7kPa。试计算反应在 573K 时的 $\Delta_r G_m^\ominus$ 及 $K^\ominus$。

5-6　298K 时，在一定体积的真空容器中，通入 $N_2O_4(g)$ 气体，未分解前系统压力为 85.53kPa，分解反应 $N_2O_4(g) \longrightarrow 2NO_2(g)$ 达到平衡时压力为 101.325kPa。试求分解反应的 $K^\ominus$ 和离解度为 0.1 时的平衡压力。

5-7　固体化合物 A(s) 放入抽空的容器中发生分解反应，生成两种气体 Y(g) 和 Z(g)

$$A(s) \longrightarrow Y(g) + Z(g)$$

298K 时测得平衡压力为 66.7kPa，假设 Y(g) 和 Z(g) 为理想气体，求反应的标准平衡常数 $K^\ominus$。

如果在该温度下容器中只有 Y(g) 和 Z(g)，Y(g) 的压力为 13.3kPa，为保证不生成固体，问 Z(g) 的压力应如何控制。

5-8　298K 时在真空的容器中放入固态的 $NH_4HS(s)$，发生下列分解反应

$$NH_4HS(s) \longrightarrow NH_3(g) + H_2S(g)$$

平衡时容器内的压力为 66.66kPa。试求：

（1）标准平衡常数 $K^\ominus$；

（2）若容器中加入 $NH_4HS(s)$ 前，已有 $H_2S(g)$，其压力为 40kPa，计算分解平衡时容器的总压。

5-9 利用书后附录中物质在298K时的 $\Delta_f H_m^\ominus$ 和 $S_m^\ominus$ 数据，计算化学反应

$$CO_2(g) + 4H_2(g) \longrightarrow CH_4(g) + 2H_2O(g)$$

在298K时的 $\Delta_r G_m^\ominus$ 及 $K^\ominus$ 。

5-10 已知298K时的下列数据：

	$Mg(OH)_2(s)$	$MgO(s)$	$H_2O(g)$
$\Delta_f H_m^\ominus/kJ \cdot mol^{-1}$	−924.54	−601.70	−241.82
$S_m^\ominus/J \cdot mol^{-1} \cdot K^{-1}$	63.18	26.94	188.83

若 $\Delta_r C_{p,m} \approx 0$ ，试求在101.325kPa下，$Mg(OH)_2(s)$ 的分解温度。

5-11 已知298K时反应

$$2AgCl(s) \longrightarrow 2Ag(s) + Cl_2(g)$$

的 $\Delta_r H_m^\ominus = 252kJ \cdot mol^{-1}$ ，$AgCl(s)$ 的标准摩尔生成吉布斯函数为 $\Delta_f G_m^\ominus = -109kJ \cdot mol^{-1}$ 。试求：

(1) 298K时反应的 $\Delta_r G_m^\ominus$ 和 $\Delta_r S_m^\ominus$ ；

(2) 298K时的 $K^\ominus$ 和 $AgCl(s)$ 的分解压力。

5-12 若反应 $CaF_2(s) + H_2O(g) = CaO(s) + 2HF(g)$ 在900K的 $K^\ominus = 1.834 \times 10^{-11}$ ，在1000K的 $K^\ominus = 7.495 \times 10^{-10}$ 。若反应的 $\Delta_r H_m^\ominus$ 在900～1000K之间可视为常数。

(1) 求此温度区间 $\Delta_r G_m^\ominus$ 与 T 的关系式；

(2) 求 $\Delta_r H_m^\ominus$ 与 $\Delta_r S_m^\ominus$ 。

5-13 固态HgO在298K的标准生成焓为 $-90.21 kJ \cdot mol^{-1}$ ，固态HgO、液态Hg和气态 O_2 在298K的标准熵分别为 $73.22J \cdot mol^{-1} \cdot K^{-1}$ 、$77.41J \cdot mol^{-1} \cdot K^{-1}$ 、$205.03 J \cdot mol^{-1} \cdot K^{-1}$ 。假设 $\Delta_r H_m^\ominus$ 与 $\Delta_r S_m^\ominus$ 不随温度而变化，求固态HgO在标准压力下分解为液态Hg和气态 O_2 的温度。

5-14 某反应的标准平衡常数与温度的关系为

$$\ln K^\ominus = -\frac{3026}{T/K} + 5.283$$

试计算该反应在500K时的 $\Delta_r H_m^\ominus$ 与 $\Delta_r S_m^\ominus$ 。

5-15 反应 $3CuCl(g) = Cu_3Cl_3(g)$ 的 $\Delta_r G_m^\ominus$ 与 T 的关系式为：

$$\Delta_r G_m^\ominus = [-528858 - 52.34(T/K)\lg(T/K) + 438.2(T/K)] J \cdot mol^{-1}$$

试求：

(1) 在2000K时此反应的 $\Delta_r H_m^\ominus$ 与 $\Delta_r S_m^\ominus$ ；

(2) 在2000K、101.325kPa反应平衡混合物中 Cu_3Cl_3 的摩尔分数。

5-16 反应：$CO(g) + 2H_2(g) = CH_3OH(l)$ ，$\Delta_r G_m^\ominus = (-90642 + 221.3T) J \cdot mol^{-1}$ ，同时存在副反应：$CH_3OH(l) + H_2(g) = CH_4(g) + H_2O(g)$ ，$\Delta_r G_m^\ominus = (-115508 - 6.7T) J \cdot mol^{-1}$ 。在700K进行上述反应，此系统平衡时产物是什么？提高反应系统的压力，对此系统有何影响？

5-17 600K时，由 $CH_3Cl(g)$ 和 $H_2O(g)$ 作用生成 $CH_3OH(g)$ ，但 $CH_3OH(g)$ 可继续分解为 $(CH_3)_2O$ ，即下列平衡同时存在：

$$CH_3Cl(g) + H_2O(g) = CH_3OH(g) + HCl(g) \quad (1)$$

$$2CH_3OH(g) \longrightarrow (CH_3)_2O(g) + H_2O(g) \quad (2)$$

已知600K时 $K_1^\ominus = 0.00154$ ，$K_2^\ominus = 10.6$ ，现以等物质的量的 $CH_3Cl(g)$ 和 $H_2O(g)$ 开始反应，求 $CH_3Cl(g)$ 的转化率。

第6章

量子力学概论

　　热力学以经验总结的四条定律为基础，利用生成焓、热容、规定熵等热力学数据，研究平衡系统各宏观性质之间的关系，进而预示过程自动进行的方向和限度。这一研究方法着眼于系统的宏观状态，而本章将运用量子力学（quantum mechanics）研究电子、原子、分子等微观粒子组成的微观系统的运动状态和变化规律。量子力学是研究原子、分子、凝聚态物质，以及原子核和基本粒子的结构、性质、运动和变化规律的基础理论。它与相对论一起构成了现代物理学的理论基础。量子力学不仅是近代物理学的基础理论之一，而且在化学、材料学、生物学、医药等几乎所有学科领域和许多现代技术中也得到了广泛的应用。量子力学及其相关理论的创立和发展不仅使人们对微观世界的认识更加深入，而且彻底改变了世界面貌，是 20 世纪最为深刻的影响人类社会的事件之一。

6.1　量子力学的研究内容与方法

　　科学理论的产生总是以科学实验为基础的，经典的牛顿力学对宏观、常速情况下的物质系统完全适用。但在 19 世纪末期实验上发现了一些新的物理现象，经典的牛顿力学理论已无法解释，如黑体辐射、光电效应、氢原子光谱、电子波性等。量子力学就是在解决经典物理学与实验事实间的矛盾过程中逐步建立和发展起来的。1900 年普朗克（Planck）首先提出了"能量量子化"的假设，很好地描述了黑体辐射问题；爱因斯坦（Einstein）将普朗克能量量子化的概念应用于电磁辐射，于 1905 年提出光子学说成功地解释了光电效应，使人们第一次认识到光具有波粒二象性的本性；1913 年玻尔（Bohr）提出了关于原子结构的 Bohr 模型，成功地说明了氢原子光谱的规律性，开创了原子物理学的新时代。海森堡（Heisenberg）、玻恩（Born）、薛定谔（Schrödinger）和狄拉克（Dirac）等人在 1925～1928 年之间提出了测不准原理和薛定谔（Schrödinger）方程，标志着量子力学的诞生。量子力学及其相关理论的创立和发展是 20 世纪初自然科学发展的集中体现，它揭示了微观体系的基本规律。

　　在量子力学中，用函数 $\Psi(x, y, z, t)$ 来描述微观体系的运动状态，Ψ 称为状态函数（state function）或波函数（wave function）。Ψ 须满足如下的薛定谔方程（Schrödinger equation）

$$-\frac{h^2}{8\pi^2 m}\left(\frac{\partial^2 \Psi}{\partial x^2}+\frac{\partial^2 \Psi}{\partial y^2}+\frac{\partial^2 \Psi}{\partial z^2}\right)+V\Psi = \mathrm{i}\frac{h}{2\pi}\times\frac{\partial \Psi}{\partial t} \tag{6-1}$$

式中，$h=6.63\times10^{-34}$J·s 为普朗克常数；m 为粒子的质量；V 为系统的势能；$i=\sqrt{-1}$ 是虚数。

用 Schrödinger 方程处理微观粒子的运动状态，从而了解不同时刻、不同空间区域内粒子出现的概率以及它们的运动能级，这种方法即为量子力学方法。量子力学的方法是微观的方法。把量子力学方法应用于解决化学问题即构成量子化学。量子化学的主要内容是通过求解原子、分子系统的 Schrödinger 方程得到原子、分子中电子运动、核运动及它们相互作用的微观图像，即波函数和相应的能量值，以阐明光谱（light spectrum）、波谱（wave spectrum）及电子能谱（energy spectrum of electron）等的原理，揭示化学键（chemical bond）的本质；根据结构决定性能、性能反映结构的基本原则，总结物质的宏观性质与微观结构的关系。量子力学的一些结论还可用于统计热力学。

目前，Schrödinger 方程的精确求解一般只对简单的双粒子系统可行，而对多粒子系统，量子化学采用近似方法求解。20 世纪 60 年代以来，由于计算机技术的应用，大大加速了量子化学的发展。一方面，量子化学利用现代技术，不断武装自己，丰富自己的内容，现在每年都积累大量的结构数据，为了解物质的微观结构奠定基础；另一方面，根据所总结的规律和原理，指导化学实践，将结构和性能联系起来，在分子的尺度上设计新产品，改进产品质量，开拓产品用途。现在量子化学已由研究静态结构进入动态结构（化学反应过程），并逐渐渗透到无机、有机、生化、催化、固体化学等各个学科领域。

普朗克（M. Planck, 1858—1947）　德国物理学家，量子力学的创始人。普朗克早期的研究领域主要是热力学，他的博士论文是《论热力学的第二定律》。1896 年将研究对象转为热辐射。1900 年 12 月 14 日，在德国物理学会的例会上，普朗克作了《论正常光谱中的能量分布》的报告，在这个报告中，他提出了最小的能量单位为 $\varepsilon=h\gamma$，h 叫做普朗克常数，用"能量量子化"的假设描述了黑体辐射问题。普朗克常数是现代物理学中最重要的物理常数，它标志着物理学从"经典幼虫"变成"现代蝴蝶"。1918 年，普朗克得到了物理学的最高荣誉奖——诺贝尔物理学奖。1926 年，普朗克被推举为英国皇家学会的最高级名誉会员，美国选他为物理学会的名誉会长。1930 年，普朗克被德国科学研究的最高机构威廉皇家促进科学协会选为会长。普朗克的墓在哥廷根市公墓内，他的墓志铭就是一行字：$h=6.63\times10^{-34}$J·s，这是对他毕生最大贡献——提出量子假说的肯定。

阿尔伯特·爱因斯坦（Albert Einstein, 1879—1955）　德裔美国物理学家、思想家及哲学家。1900 年毕业于苏黎世联邦理工学院，1905 年获苏黎世大学哲学博士学位，在苏黎世工业大学担任过大学教授。1913 年返德国，任柏林威廉皇帝物理研究所所长和柏林洪堡大学教授，并当选为普鲁士皇家科学院院士。1933 年爱因斯坦在英国期间，被格拉斯哥大学授予荣誉法学博士学位。后因纳粹政权迫害，逃亡美国，担任普林斯顿高等研究所教授，从事理论物理研究工作，直至 1945 年退休。1955 年 4 月 18 日爱因斯坦在普林斯顿逝世。

爱因斯坦一生中开创了物理学的四个领域：狭义相对论、广义相对论、宇宙学和统一场论。他还是量子理论的主要创建者之一，在分子运动论和量子统计理论等方面也做出了重大贡献。被公认为是自伽利略、牛顿以来最伟大的科学家、物理学家。因对理论物理的贡献，特别是发现了光电效应规律，获 1921 年诺贝尔物理奖。

薛定谔（E. Schrödinger，1887—1961） 奥地利物理学家，概率波动力学的创始人。毕业于维也纳大学，先后在德国斯图加特大学、苏黎世大学和柏林大学任教。1927 年接替普朗克职务，成为爱因斯坦和劳厄的同事。1936 年任格拉茨大学教授，1957 年回到家乡，任维也纳大学教授。

1926 年 1~6 月，以《作为本征值问题的量子化》为题，连续发表了四篇论文，建立了描述物质波的运动方程——薛定谔方程。他还在同年证明了自己的波动力学与海森堡和玻恩的矩阵力学在数学上是等价的。因而与狄拉克共获 1933 年诺贝尔物理学奖。1937 年被授予马克斯•普朗克奖章。

6.2 量子力学的基本假定

量子力学是自然界的基本规律之一，是从大量实践中总结出来的研究微观体系的科学理论，经过长期的实践证明了这一理论是研究微观体系的有力工具。量子力学包含若干基本假定（postulate），从这些基本假定出发，可推导一些重要的结论，用以解释和预测许多实验事实。通过以下基本假定的讨论，可以掌握量子力学的基本原理和基本方法。

6.2.1 微观粒子的状态和波函数

假定 I：在量子力学中对于一个微观体系，它的状态和由该状态所决定的各种物理性质用波函数 $\Psi(x,y,z,t)$ 来描述。Ψ 是体系的状态函数，是体系中所有微粒的坐标 (x,y,z) 和时间 t 的函数。

例如对一个含有两微粒的体系，其波函数为 $\Psi=\Psi(x_1,y_1,z_1,x_2,y_2,z_2,t)$，其中 (x_1,y_1,z_1) 是微粒 1 的坐标，(x_2,y_2,z_2) 是微粒 2 的坐标，t 是时间。波函数的名称源于这一函数采用了经典物理学中波动的数学函数形式，但其物理意义却完全不同。

对波函数物理意义的理解最早是由玻恩于 1926 年在《量子力学和碰撞过程》中提出的关于实物粒子波的概率解释：波函数所描写的是处于相同条件下的大量粒子的一次行为或者是一个粒子的多次重复行为，微观粒子的波动性是与其统计性密切联系着的，而波函数所表示的就是概率波（probability wave）。这与电磁波、机械波等有根本区别。进一步，描写单粒子体系状态的波函数 $\Psi(x,y,z,t)$ 可被解释为：波函数 $\Psi(x,y,z,t)$ 模的平方 $|\Psi(x,y,z,t)|^2$ 表示某时刻 t 在空间 (x,y,z) 位置单位体积内找到粒子的概率；或者说等于时刻 t 在 (x,y,z) 位置粒子出现的概率密度 P，$P(x,y,z,t)=|\Psi(x,y,z,t)|^2$。这就是波函数的物理意义或者说是对波函数的统计解释。

在经典物理学中所谓波动总是指某种物理量的分布在时空中作周期性变化，与此不同，量子力学中的波函数 $\Psi(x,y,z,t)$ 是概率波振幅，$|\Psi(x,y,z,t)|^2$ 代表粒子在时空里的概率密度分布，可见物质波是一种概率波，微观粒子的波动性就是粒子在空间各处的概率性，所以微观粒子的波动性反映了微观粒子的运动服从一种统计规律性。一般地说，不能根据描写粒子状态的波函数，预言一个粒子在某一时刻一定在什么地方出现，但只要给出了 $\Psi(x,y,z,t)$ 的具体形式，粒子在各处的概率分布就完全确定了。例如，在电子衍射实验中，某个电子究竟落在何处虽不能唯一确定，但实验结果是唯一的。可见在量子力学中存在决定论，不

过它不同于经典力学中的决定论，这是一种统计意义上的决定论。

波函数本身是不可观测的量，粒子的概率分布才是可观测的物理量。从数学的角度看，用形式为 $e^{i\delta}$（δ 为实常数）的因子乘以波函数，并不影响其相应的概率分布

$$|e^{i\delta} \cdot \Psi(x,y,z,t)|^2 = |\Psi(x,y,z,t)|^2 = P \qquad (6-2)$$

在量子力学中把 $e^{i\delta}$ 称为位相因子，δ 称为相角或位相。也就是说，同一波函数可以含有任意的位相因子。

对于原子、分子等微观体系，往往处于静势场（势能 V 中不显含时间 t）中，描述其运动状态的波函数的含时部分具有位相因子的特征

$$\Psi(x,y,z,t) = \psi(x,y,z) f(t) = \psi(x,y,z) e^{-i2\pi Et/h} \qquad (6-3)$$

由于概率密度与位相因子无关，因此，此时波函数虽与时间有关，概率密度却与时间无关

$$P = |\Psi(x,y,z,t)|^2 = |\psi(x,y,z)|^2 \qquad (6-4)$$

量子力学中把由式(6-3) 描述的状态称为定态（time-independent），其特点是在空间各点的概率密度分布不随时间而改变。在不影响计算结果的前提下，一般把式(6-3) 中与空间位置部分有关的函数 $\psi(x,y,z)$ 称为定态波函数。需要说明的是，总的定态波函数 $\Psi(x,y,z,t)$ 必须包含时间有关部分，只是由于含时部分 $f(t)$ 对概率的计算不产生影响，所以往往不明显写出。本章中只讨论定态，后面的波函数 ψ（或其他表示波函数的符号）都代表定态波函数 $\psi(x,y,z)$。

波函数模的平方 $|\Psi(x,y,z,t)|^2$ 代表粒子的概率分布，其实重要的是空间各处的相对概率分布。设 $\Phi = C\psi$（其中 C 为一任意非零常数），对于空间任意两点 (x_1, y_1, z_1) 与 (x_2, y_2, z_2)，有

$$\frac{|\Phi(x_1,y_1,z_1)|^2}{|\Phi(x_2,y_2,z_2)|^2} = \frac{|C\psi(x_1,y_1,z_1)|^2}{|C\psi(x_2,y_2,z_2)|^2} = \frac{|\psi(x_1,y_1,z_1)|^2}{|\psi(x_2,y_2,z_2)|^2} \qquad (6-5)$$

此式表明，波函数 $\Phi = C\psi$ 与 ψ 所代表的粒子的相对概率分布式是相同的。可见，波函数有一个常数不确定性，$C\psi$ 与 ψ 代表同一状态。这也显示了量子力学中的概率波与经典波（如声波、水波等）有着本质的区别。对经典波来说，状态与振幅的大小有关，若其振幅增加到 C 倍，则波的强度增加到 C^2 倍，于是 ψ 与 $C\psi$ 是完全不同的两个波动状态。

ψ 一般是复数形式，$\psi = p + iq$，p 和 q 是坐标的实函数。ψ 的共轭复数为 ψ^*，其定义为 $\psi^* = p - iq$。为了求 ψ^*，只需在 ψ 中出现 i 的地方都用 $-i$ 代替就可。由于

$$\psi^* \psi = (p - iq)(p + iq) = p^2 + q^2 \qquad (6-6)$$

因此 $\psi^* \psi$ 是实数，而且是正值，为了书写简便，ψ^2 常用来代替 $\psi^* \psi$。

在原子或分子体系中，一般将波函数 ψ 称为原子轨道（atomic orbital，AO）或分子轨道（molecular orbital，MO）；将 $\psi^* \psi$ 称为概率密度，就是通常所说的电子云（electron cloud）；$\psi^* \psi d\tau$ 为空间某点附近体积元 $d\tau$ 中电子出现的概率。

用量子力学处理原子、分子等微观体系时，要设法求出波函数 ψ 的具体形式。虽然不能把 ψ 看成是经典物理波，但 ψ 是状态的一种数学表示，能给出关于体系状态和各状态函数的取值及其变化信息，对了解体系的各种性质极为重要。例如将氢原子核放在球极坐标系的原点时，氢原子 1s 态的波函数为

$$\psi_{1s} = \sqrt{\frac{1}{\pi a_0^3}} \, e^{-r/a_0} \qquad (6-7)$$

式中，r 表示电子离核的距离；a_0 是玻尔半径。氢原子处在 1s 态的各种物理性质，如能量、

动量、角动量等状态函数可由 ψ 求得（见假设Ⅲ）。氢原子 1s 态的概率密度，即电子云的分布为

$$P = |\psi_{1s}|^2 = \frac{1}{\pi a_0^3} \, e^{-2r/a_0} \tag{6-8}$$

由此可见，描述微观体系运动状态的波函数 ψ，对了解该体系的性质和运动规律是十分重要的。薛定谔（Schrödinger）在 1926 年建立了波函数应该满足的方程，即前面式(6-1)的薛定谔方程。对定态波函数 ψ 而言，其相应的定态薛定谔方程的形式为

$$-\frac{h^2}{8\pi^2 m} \nabla^2 \psi + V\psi = E\psi \tag{6-9}$$

式中，粒子的势能 V 一般是空间坐标的函数，$V = V(x, y, z)$；E 为粒子的总能量，∇^2 是拉普拉斯算符（Laplace operator）：

$$\nabla^2 = \frac{\partial^2}{\partial x^2} + \frac{\partial^2}{\partial y^2} + \frac{\partial^2}{\partial z^2} \tag{6-10}$$

薛定谔方程也称为波动方程，它是量子力学的一个基本方程，其地位类似于牛顿方程在经典力学中的地位。

波函数 ψ 描述的概率波，它必须满足下列三个标准化条件（standard condition）。

① 单值性（single-valued） 在空间每一点 $|\psi|^2$ 只能有一个值，因为粒子在空间某点出现的概率是唯一确定的。

② 连续性（continuous） ψ 对坐标及对坐标的一阶微商必须是连续的。由于粒子在空间各处出现的概率密度不能在某处发生突变，因此波函数 ψ 必须连续变化。另外，ψ 满足的薛定谔方程式(6-9)是对坐标的二阶偏微分方程，它要求 ψ 对坐标的二阶微商存在，所以 ψ 对坐标的一阶微商 ψ' 也要连续。

③ 有限性——平方可积（quadratically integrable） 概率不能无限大，$|\psi|^2$ 表示概率密度，所以 ψ 必须平方可积。根据概率的物理意义可知，粒子在空间各点出现的概率总和应等于 1，也就是 $|\psi|^2$ 对全部空间的积分应等于 1

$$\int \mathrm{d}P = \int \psi^* \psi \mathrm{d}\tau = \int |\psi|^2 \mathrm{d}\tau = 1 \tag{6-11}$$

满足该式的波函数称为归一化波函数，式(6-11)称做波函数的归一化条件（normalization condition）。

若所给的波函数 Φ 没有归一化，即

$$\int \Phi^* \Phi \mathrm{d}\tau = K \tag{6-12}$$

K 是不等于 1 的正数。为得到归一化的波函数，可令

$$\psi = \frac{1}{\sqrt{K}} \Phi \tag{6-13}$$

显然

$$\int |\psi|^2 \mathrm{d}\tau = \frac{1}{K} \int |\Phi|^2 \mathrm{d}\tau = 1 \tag{6-14}$$

这表明式(6-14)中的 ψ 是归一化的波函数。$\frac{1}{\sqrt{K}}$ 称为归一化常数或归一化因子。需要注意的是，归一化的波函数仍不是唯一确定的，因为用任何相因子 $e^{i\delta}$ 乘以归一化波函数，所得的波函数仍是归一化的，由它给出的概率分布显然也是不变的。因此归一化波函数还可以含有

任意位相因子。

满足上述条件的波函数称为合格波函数或品优波函数（well-behaved function）。

 马克斯·玻恩（Max Born，1882—1970） 德国犹太裔理论物理学家，量子力学奠基人之一。1901 年起在布雷斯劳、海德堡、苏黎世和哥廷根等各所大学学习，1907 年在哥廷根大学获得博士学位，1912 年与西尔多·冯·卡门合作发表了《关于空间点阵的振动》的著名论文。1915 年玻恩去柏林大学任理论物理学教授，并在那里与普朗克、爱因斯坦和能斯特并肩工作，同年发表《晶体点阵动力学》。1926 年玻恩和海森堡、约尔丹等创立了矩阵力学，解决了有关原子理论问题。后来证明矩阵力学和波动力学是同一理论的不同形式，统称为量子力学。因对量子力学的基础性研究尤其是对波函数的统计学诠释，与瓦尔特·博特共同获得1954 年的诺贝尔物理学奖。1954 年他和我国著名物理学家黄昆合著的《晶格动力学》一书，被国际学术界誉为有关晶体理论的经典著作。1959 年，与沃耳夫合著了《光学原理》，成为光的电磁理论方面的一部经典著作。

6.2.2 物理量和算符

假定Ⅱ： 对微观体系每个可观测的物理量（physical observable），都对应着一个线性自轭算符。

对某一函数进行一定的运算操作，规定该运算操作性质的符号称为算符（operator）。例如 $\dfrac{\mathrm{d}}{\mathrm{d}x}$、sin、log 分别表示对函数进行微分、正弦、对数运算，表 6-1 给出了部分常用算符的形式及其运算法则。

表 6-1 算符及其对应的运算

算符	运算	对 $\sin x$ 的作用结果
$\sqrt{}$	取平方根	$\sqrt{\sin x}$
$\dfrac{\mathrm{d}}{\mathrm{d}x}$	对 x 求导数	$\cos x$
$\int()\mathrm{d}x$	对 x 求 积分	$-\cos x$
x	乘以 x	$x\sin x$
$x+$	加 x	$x+\sin x$

若物理量为 F，则该物理量对应的算符写作 $\hat{F}$。设 u_1、u_2 为任意函数，当 $\hat{F}$ 满足：

$$\hat{F}(u_1+u_2)=\hat{F}u_1+\hat{F}u_2 \tag{6-15}$$

则称 $\hat{F}$ 为线性算符（linear operator）。若 $\hat{F}$ 满足：

$$\int u_1^*\,\hat{F}\cdot u_2\,\mathrm{d}\tau=\int u_2(\hat{F}u_1)^*\,\mathrm{d}\tau \tag{6-16}$$

则称 $\hat{F}$ 为自轭算符，又称厄米算符（hermitian operator）。

【例 6-1】 求证动量算符：$\hat{p}_x=-\mathrm{i}\dfrac{h}{2\pi}\times\dfrac{\mathrm{d}}{\mathrm{d}x}$ 为线性自轭算符。

证明：对任意波函数 u_1、u_2，有

$$\hat{p}_x(u_1+u_2)=-\mathrm{i}\frac{h}{2\pi}\times\frac{\mathrm{d}}{\mathrm{d}x}(u_1+u_2)=-\mathrm{i}\frac{h}{2\pi}\times\frac{\mathrm{d}u_1}{\mathrm{d}x}+\left(-\mathrm{i}\frac{h}{2\pi}\times\frac{\mathrm{d}u_2}{\mathrm{d}x}\right)=\hat{p}_xu_1+\hat{p}_xu_2$$

所以动量算符 $\hat{p}_x$ 是线性算符。而

$$\int u_1^*\,\hat{p}_x\cdot u_2\,\mathrm{d}x=\int u_1^*\left(-\mathrm{i}\frac{h}{2\pi}\times\frac{\mathrm{d}u_2}{\mathrm{d}x}\right)\mathrm{d}x=-\mathrm{i}\frac{h}{2\pi}\int u_1^*\,\mathrm{d}u_2=-\mathrm{i}\frac{h}{2\pi}\left(u_1^*\cdot u_2\Big|_{-\infty}^{\infty}-\int u_2\,\mathrm{d}u_1^*\right)$$

根据波函数的标准化条件，当 $x\to\pm\infty$ 时，只有 u_1、$u_2\to0$ 才能具有平方可积的特性，即有 $u_1^*\cdot u_2\Big|_{-\infty}^{\infty}=0$，故上式

$$\int u_1^*\,\hat{p}_x\cdot u_2\,\mathrm{d}x=\mathrm{i}\frac{h}{2\pi}\int u_2\,\mathrm{d}u_1^*=\int u_2\left(-\mathrm{i}\frac{h}{2\pi}\right)^*\cdot\frac{\mathrm{d}u_1^*}{\mathrm{d}x}\mathrm{d}x=\int u_2\left(-\mathrm{i}\frac{h}{2\pi}\frac{\mathrm{d}u_1}{\mathrm{d}x}\right)^*\mathrm{d}x$$

$$=\int u_2(\hat{p}_xu_1)^*\,\mathrm{d}x$$

可见动量算符 $\hat{p}_x$ 同时满足式(6-15)和式(6-16)，为线性自轭算符。

常见的可观测物理量和其对应的线性自轭算符见表 6-2。

表 6-2 中，位置算符就是它本身，运算法则就是乘以相应的坐标。那些只与坐标有关的物理量的算符表达式也具有类似的运算。比如势能 V 只是坐标的函数，所以势能算符 $\hat{V}$ 的形式和势能 V 相同。需要说明的是，角动量平方算符给出的是球极坐标系中的表达式。另外，体系总能量一般用符号 E 表示，而其对应的算符是 $\hat{H}$，称为哈密顿（Hamilton）算符，其中 $\nabla^2=\dfrac{\partial^2}{\partial x^2}+\dfrac{\partial^2}{\partial y^2}+\dfrac{\partial^2}{\partial z^2}$ 为 Laplace 算符，即前面的式(6-10)。

算符和波函数的关系是一种数学关系，通过算符的运算可以获得有关微观体系的各种信息。

表 6-2 物理量及其对应的算符

物理量名称	物理量 F	算符 $\hat{F}$
动量	$p_x=mv_x$	$\hat{p}_x=-\mathrm{i}\dfrac{h}{2\pi}\times\dfrac{\partial}{\partial x}$
	$p_y=mv_y$	$\hat{p}_y=-\mathrm{i}\dfrac{h}{2\pi}\times\dfrac{\partial}{\partial y}$
	$p_z=mv_z$	$\hat{p}_z=-\mathrm{i}\dfrac{h}{2\pi}\times\dfrac{\partial}{\partial z}$
动量平方	$p^2=p_x^2+p_y^2+p_z^2$	$\hat{p}^2=-\dfrac{h^2}{4\pi^2}\left(\dfrac{\partial^2}{\partial x^2}+\dfrac{\partial^2}{\partial y^2}+\dfrac{\partial^2}{\partial z^2}\right)$
角动量平方	M^2	$\hat{M}^2=-\dfrac{h^2}{4\pi^2}\left[\dfrac{1}{\sin\theta}\times\dfrac{\partial}{\partial\theta}\left(\dfrac{1}{\sin\theta}\times\dfrac{\partial}{\partial\theta}\right)+\dfrac{1}{\sin^2\theta}\times\dfrac{\partial^2}{\partial\varphi^2}\right]$
位置	r	$\hat{r}=r$
	x、y、z	$\hat{x}=x,\ \hat{y}=y,\ \hat{z}=z$
势能	$V(x,\ y,\ z)$	$\hat{V}=V(x,y,z)$
动能	$T=\dfrac{1}{2}mv^2=\dfrac{p^2}{2m}$	$\hat{T}=-\dfrac{h^2}{8\pi^2m}\nabla^2$
总能量	$E=T+V$	$\hat{H}=\hat{T}+\hat{V}=-\dfrac{h^2}{8\pi^2m}\nabla^2+V$

6.2.3 本征函数、本征值和本征方程

假定Ⅲ：某一物理量 A 的算符 $\hat{A}$ 作用于某一状态的波函数 ψ 后，若等于某一常数 a 乘以 ψ，即：

$$\hat{A}\psi = a\psi \tag{6-17}$$

那么对 ψ 所描述的微观体系状态，物理量 A 具有确定的数值 a。a 称为算符 $\hat{A}$ 的本征值（eigen value），ψ 称为 $\hat{A}$ 的本征态或本征函数（eigen-function），式(6-17) 称为算符 $\hat{A}$ 的本征方程（eigen-equation）。

这一假定把量子力学数学表达式的计算值和实验测量值联系起来。当 ψ 是 $\hat{A}$ 的本征函数时，即微观粒子的运动状态是 $\hat{A}$ 的本征态，物理量 A 的实验测定值将对应于 $\hat{A}$ 的本征值 a。例如氢原子 1s 态的波函数为哈密顿算符 $\hat{H}$ 的本征函数，将 $\hat{H}$ 作用于 ψ_{1s} 可计算出其本征值即能量为 -13.6eV，这一数值与实验测量值是一致的。

对哈密顿算符 $\hat{H}$，寻找其本征函数 ψ 的本征方程为：

$$\hat{H}\psi = E\psi \tag{6-18}$$

式中，本征值 E 即为体系的总能量。将表 6-2 中 $\hat{H}$ 的表达式代入，可以看出，与式(6-9) 给出的定态薛定谔方程的表达式完全相同，也就是说，薛定谔方程实质就是哈密顿算符 $\hat{H}$ 的本征方程，式(6-18) 是薛定谔方程的量子力学算符表达式。

量子力学的物理量对应的算符都是自轭算符，自轭算符有两个重要的性质：自轭算符的本征值是实数；一个微观体系的自轭算符的全体本征函数构成一个完备的、正交归一化函数系。

自轭算符的本征值是实数，这和本征值的物理意义是相适应的，因为算符所代表的物理量的测量值一定为实数。

本征方程的解是一系列本征函数，本征函数的相互正交是指两不同本征函数的乘积在全空间内的积分为 0：

$$\int \psi_i^* \psi_j \mathrm{d}\tau = 0 (i \neq j) \tag{6-19}$$

归一性是指每一个本征函数在全空间内的积分为 1：

$$\int \psi_i^* \psi_i \mathrm{d}\tau = 1 \tag{6-20}$$

这和假定Ⅰ中波函数的标准化条件式(6-11) 是相符的。波函数的正交归一性（orthogonality）表示任意两个本征函数都相互正交，而每个函数本身是归一化的，在文献中常概括为克罗内克（Kronecker）函数 δ_{ij}：

$$\int \psi_i^* \psi_j \mathrm{d}\tau = \delta_{ij} = \begin{cases} 1(i = j) \\ 0(i \neq j) \end{cases} \tag{6-21}$$

6.2.4 态叠加原理

假设Ⅳ：若 ψ_1、ψ_2、$\cdots$、ψ_n，为某一微观体系的可能状态，则由它们线性组合所得的函数

也是该体系可能存在的状态

$$\Phi = c_1\psi_1 + c_2\psi_2 + \cdots + c_n\psi_n = \sum_{i=1}^{n} c_i\psi_i \tag{6-22}$$

式中，c_1、c_2、$\cdots$、c_n 为任意常数，称为线性组合系数。式（6-22）称为态叠加原理（the principle of superposition states）。

在化学中，态叠加原理可用于原子轨道的杂化、分子轨道的形成以及共振结构理论等。例如原子中的电子可能以 s 轨道状态存在，也可能以 p 轨道状态存在，将 s 和 p 轨道的波函数进行线性组合，所得的各种 s-p 杂化轨道（sp、sp^2、sp^3 等）也是该电子可能存在的状态。当原子周围的势场发生变化时，这种 s 轨道和 p 轨道的杂化生成新的 s-p 杂化轨道的过程就有可能发生。

组合系数 c_i 的大小，决定了 Φ 中 ψ_i 的贡献大小。$|c_i|$ 越大，ψ_i 在 Φ 中的贡献就越大，$|c_i|^2$ 表示 ψ_i 在 Φ 中贡献所占的百分比。

电子在 $\mathrm{d}\tau$ 内的概率为 $\Phi^*\Phi\mathrm{d}\tau$，则分布在 $\mathrm{d}\tau$ 内的电子对物理量 A 的平均值 $\langle a \rangle$（average values）的贡献为 $\Phi^*\hat{A}\Phi\mathrm{d}\tau$，因此，整个空间内物理量 A 的平均值 $\langle a \rangle$ 为

$$\langle a \rangle = \overline{A} = \int \Phi^*\hat{A}\Phi\mathrm{d}\tau \tag{6-23}$$

若 Φ 未归一化，则

$$\langle a \rangle = \overline{A} = \frac{\int \Phi^*\hat{A}\Phi\mathrm{d}\tau}{\int \Phi^*\Phi\mathrm{d}\tau} \tag{6-24}$$

微观体系处于状态 Φ 时，平均值 $\langle a \rangle$ 对应着相应物理量 A 的测量值，因此，式（6-23）或式（6-24）将量子力学数学表达与实验测量值联系起来。

如果微观体系的运动状态 Φ 可用物理量 A 对应的算符的本征函数的线性组合来表示，即式（6-22）中的 ψ_i 是算符 $\hat{A}$ 的本征函数，相应的本征值为 a_i，那么平均值 $\langle a \rangle$ 还可以表示为：

$$\langle a \rangle = \overline{A} = \int \Phi^*\hat{A}\Phi\mathrm{d}\tau = \int \left(\sum_{i=1}^{n} c_i^*\psi_i^*\right)\hat{A}\left(\sum_{i=1}^{n} c_i\psi_i\right)\mathrm{d}\tau$$

$$= \int \left(\sum_{i=1}^{n} c_i^*\psi_i^*\right) \cdot \left(\sum_{i=1}^{n} c_i\psi_i\right)a_i\mathrm{d}\tau = \sum_{i=1}^{n} |c_i|^2 a_i \tag{6-25}$$

6.2.5 Pauli（泡利）原理

假设Ⅴ：在同一原子轨道或分子轨道上，至多只能容纳两个电子，这两个电子的自旋状态必须相反。或者说，两个自旋相同的电子不能占据同一轨道。

这一假定在量子力学中表述为：描述多电子体系轨道运动和自旋运动的全波函数，对任意两粒子的全部坐标进行交换，一定得反对称的波函数。这一说法又称为反对称原理。

许多实验现象都证实了电子除了空间坐标变化的轨道运动外，还存在着空间坐标（x，y，z）不变的本征运动。1925 年乌伦贝克（Uhlenbleck）和哥希密特（Goudsmit）提出了电子自旋（spin）的假设，认为电子具有固有的自旋角动量和相应的自旋磁矩，这种不依赖于空间坐标的运动为自旋运动，可用自旋坐标 ω 来表示。对于一个有 n 个粒子的体系来说，

其完全波函数为

$$\psi = \psi(x_1, y_1, z_1, \omega_1, \cdots, x_n, y_n, z_n, \omega_n) = \psi(q_1, \cdots, q_n) \tag{6-26}$$

式中，q_i 代表第 i 个粒子的四个坐标，即三个空间坐标和一个自旋坐标（x_i，y_i，z_i，ω_i）。

由于电子的不可区分性，当交换体系中第 i 个粒子和第 j 个粒子的全部坐标时，交换前后状态的概率应该是相同的，即

$$|\psi(q_1, q_2, \cdots, q_i, \cdots, q_j, \cdots, q_n)|^2 = |\psi(q_1, q_2, \cdots, q_j, \cdots, q_i, \cdots, q_n)|^2 \tag{6-27}$$

由此可得

$$\psi(q_1, q_2, \cdots, q_i, \cdots, q_j, \cdots, q_n) = \pm \psi(q_1, q_2, \cdots, q_j, \cdots, q_i, \cdots, q_n) \tag{6-28}$$

对电子、质子、中子等自旋量子数为半整数的粒子，反对称原理要求其全波函数为反对称的，即

$$\psi(q_1, q_2, \cdots, q_i, \cdots, q_j, \cdots, q_n) = -\psi(q_1, q_2, \cdots, q_j, \cdots, q_i, \cdots, q_n) \tag{6-29}$$

若体系中有两个电子（i 和 j）的四个坐标完全相同，$q_i = q_j$，表示这两个电子处于同一个轨道，而且具有相同的自旋状态，即

$$\psi(q_1, q_2, \cdots, q_i, \cdots, q_i, \cdots, q_n) = -\psi(q_1, q_2, \cdots, q_i, \cdots, q_i, \cdots, q_n) \tag{6-30}$$

移项并除以 2 可得

$$\psi(q_1, q_2, \cdots, q_i, \cdots, q_i, \cdots, q_n) = 0 \tag{6-31}$$

这个结论说明，处在三维空间同一坐标位置上、两个自旋相同的电子，其存在的概率密度为 0。这就是 Pauli 原理。由 Pauli 原理可引申出两个常用的规则：Pauli 不相容原理——两自旋相同的电子不能占据同一轨道；Pauli 排斥原理——多电子体系中，自旋相同的电子尽可能分开、远离，分占不同的轨道。

对于光子、π 介子以及一些原子核，它们的自旋量子数为整数，这些粒子遵循对称原理：对任意两粒子的全部坐标进行交换，其完全波函数是对称的。这就意味着式 (6-28) 中将取 "+" 号。

量子力学的这些基本假定以及由这些假定引出的推论，已经过大量实验的检验，证明它们是完全正确的，实际上它们是由大量实验结果归纳总结得出的。这些基本原理和方法将作为解决微观体系实际问题的手段。

6.3 势箱中自由平动子的量子态和能级

本节以势箱（potential box）中的自由平动子为例，说明如何用量子力学的原理、方法和步骤来处理微观体系的运动状态和有关的物理量。

6.3.1 一维势箱中的自由平动子

在解决实际问题时，常遇到粒子被限制在一个很小的范围内运动的情况，如原子中的电子、原子核中的质子与中子等粒子的运动。为了便于研究束缚粒子的共同特征，人们提出了一种很简单的理想模型，即设想粒子被关在无外力作用的箱子内，粒子可在箱内自由运动而不能穿过箱壁，由于不受外力束缚，势能为 0，因此称为自由平动子。为了计算简便，先讨论一维的情况。对于金属中的自由电子、直链共轭烯烃中的 π 电子，都可以使用这种模型。

一维势箱（one-dimensional box）中的平动子是指一个质量为 m、在长度为 l 的一维方

向上运动的粒子，它受到如图 6-1 所示的势能的限制，图中横坐标为 x 轴，纵坐标为势能。在箱内（Ⅱ区）粒子的势能为 0，由于粒子不能越出势箱，所以势箱外粒子的势能为无限大

$$V(x) = \begin{cases} 0 & (0 < x < l) \\ \infty & (x \leqslant 0 \text{ 或 } x \geqslant l) \end{cases} \tag{6-32}$$

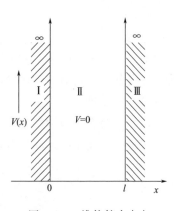

图 6-1 一维势箱中自由
平动子模型

由假定Ⅰ可知，要描述这个一维势箱中自由平动子的运动状态，可用一维波函数 $\psi(x)$ 表示。式（6-32）的势能把平动子限制在 x 轴上 $0 \sim l$ 的范围内运动，因而在Ⅰ、Ⅲ这两个区域内粒子出现的概率为 0，$\psi = 0$。

在势箱内的Ⅱ区，$V = 0$，Schrödinger 方程为

$$-\frac{h^2}{8\pi^2 m} \times \frac{\mathrm{d}^2 \psi}{\mathrm{d}x^2} = E\psi \tag{6-33}$$

即

$$\frac{\mathrm{d}^2 \psi}{\mathrm{d}x^2} + \frac{8\pi^2 mE}{h^2}\psi = 0 \tag{6-34}$$

这是一个常系数二阶齐次线性微分方程，其通解可表示为三角函数的形式

$$\psi = c_1 \sin \frac{\sqrt{8\pi^2 mE}}{h}x + c_2 \cos \frac{\sqrt{8\pi^2 mE}}{h}x \tag{6-35}$$

式中，c_1、c_2 为积分常数。根据波函数的连续性和单值条件，在 $x = 0$ 和 l 的位置，都有 $\psi = 0$。当 $x = 0$ 时，$\psi(x = 0) = c_1 \sin(0) + c_2 \cos(0) = 0$，所以 $c_2 = 0$。当 $x = l$ 时

$$\psi(x = l) = c_1 \sin \frac{\sqrt{8\pi^2 mE}}{h}l = 0 \tag{6-36}$$

由于 c_1 不能为 0（否则势箱内处处 $\psi = 0$），因而必须是 $\sin \frac{\sqrt{8\pi^2 mE}}{h}l = 0$，即

$$\frac{\sqrt{8\pi^2 mE}}{h}l = n\pi, \quad n = 1, 2, 3, \cdots \tag{6-37}$$

式中，n 称为量子数（quantum number）。n 不能为 0，因为若 $n = 0$ 也会使势箱内处处 $\psi = 0$，失去意义。由式（6-37）可得

$$E_n = \frac{n^2 h^2}{8ml^2}, \quad n = 1, 2, 3, \cdots \tag{6-38}$$

将能量 E 的表达式（6-38）和 $c_2 = 0$ 代入式（6-35），波函数可化简为

$$\psi = c_1 \sin \frac{n\pi}{l}x \tag{6-39}$$

c_1 的值可由归一化条件求得。由于势箱外 $\psi = 0$，因而 $\int_0^l \psi^* \psi \mathrm{d}x = 1$。把式（6-39）代入

$$\int_0^l \psi^* \psi \mathrm{d}x = c_1^2 \int_0^l \left(\sin \frac{n\pi}{l}x\right)^2 \mathrm{d}x = c_1^2 \frac{l}{2} = 1 \tag{6-40}$$

得到 $c_1 = \sqrt{\dfrac{2}{l}}$（取 +、- 一对波函数的物理意义无影响，只是位相因子不同而已）。所以在势箱中平动子的波函数为

$$\psi_n = \sqrt{\frac{2}{l}} \sin \frac{n\pi}{l} x, \quad n=1, 2, 3\cdots \tag{6-41}$$

上面通过解 Schrödinger 方程得到了描述一维势箱中自由平动子运动状态的波函数的具体形式，以及各状态所对应的能量值。下面通过对解方程结果的讨论，来进一步了解量子力学的基本概念和处理方法。

（1）具有多种运动状态

势箱中平动子的运动具有多种运动状态，它们的波函数和相应的能量分别为

$$\psi_1 = \sqrt{\frac{2}{l}} \sin \frac{\pi}{l} x, \qquad E_1 = \frac{h^2}{8ml^2} \tag{6-42}$$

$$\psi_2 = \sqrt{\frac{2}{l}} \sin \frac{2\pi}{l} x, \qquad E_2 = \frac{4h^2}{8ml^2} = 4E_1 \tag{6-43}$$

$$\psi_3 = \sqrt{\frac{2}{l}} \sin \frac{3\pi}{l} x, \qquad E_3 = \frac{9h^2}{8ml^2} = 9E_1 \tag{6-44}$$

$$\vdots \qquad \qquad \vdots$$

各状态具有不同的概率密度分布情况，如图 6-2 所示。能量最低的状态称为基态（ground state），然后是第一、二……激发态（excited state）。

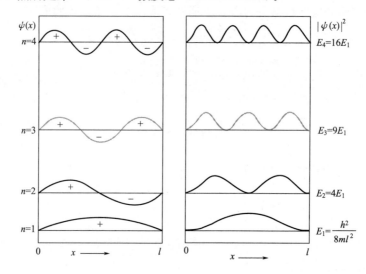

图 6-2　一维势箱中平动子的能级、波函数及概率密度示意图

（2）能量量子化

由于能级的表达式(6-38)中量子数 n 取值的整数性，决定了体系能量的不连续性，这就是能量的量子化。平动子的势能为 0，动能是非负值的，所以能量是大于 0 的。

（3）零点能效应

势箱中平动子不能处于动能为零的静止状态，其能量至少为 E_1，如式(6-42) 所示，这个基态能称为零点能（zero point energy）。

（4）具有波性

平动子在一维势箱中不是被固定在箱内的某一确定的位置，也不是以一定的轨道运动，而是以不同的概率密度出现在箱内各点，并且在势箱中各点出现的概率密度分布呈波动性，这是微观粒子波动性的表现。

(5) 存在节点

由于波性的存在，波函数 ψ 可以为正值，可以为负值，也可以为 0，见图 6-2。$\psi=0$ 的位置称为节点（nodal point），其数目为 $(n-1)$。基态没有节点，各状态随着能量的增加，节点数增加。

上述特点是经典物理学所不能解释的，统称为量子效应。量子效应是微观粒子受一定势能场束缚时的共同特征。当质量 m 不断增大，粒子受束缚范围不断增大时，量子效应也会消失，体系变为宏观体系，其运动规律又可用经典力学描述。

得到粒子的波函数 ψ 后，那么 ψ 描述的状态便被确定。根据量子力学假定 6.2 节中的讨论，可以进一步确定各个状态的各种物理量。

【例 6-2】 一个金属小球 $m=1\mathrm{g}$，限制在一维势箱中运动（$l=10\mathrm{cm}$）。球珠速度 $v=1\mathrm{cm/s}$。估算其量子数和相邻能级差 ΔE。

解 由式(6-42)，基态能级：

$$E_1 = \frac{h^2}{8ml^2} = \frac{(6.63 \times 10^{-34})^2}{8 \times 10^{-3} \times (10 \times 10^{-2})^2}\mathrm{J} = 5.5 \times 10^{-63}\mathrm{J}$$

$$E_n = n^2 E_1 = \frac{1}{2}mv^2 = \frac{1}{2} \times 10^{-3} \times (1 \times 10^{-2})^2\mathrm{J} = 5.0 \times 10^{-8}\mathrm{J}$$

$$n = \sqrt{\frac{E_n}{E_1}} = 3.0 \times 10^{27}$$

$$\Delta E = E_{n+1} - E_n = (2n+1)E_1 = 3.3 \times 10^{-35}\mathrm{J}$$

可见，$\Delta E \ll E_n$，这样的能级差别是观察不到的。所以球珠能量的量子化观察不到，其运动规律可用经典力学描述。

【例 6-3】 一维势箱中自由平动子的运动状态为：$\psi = \psi_1 = \sqrt{\dfrac{2}{l}}\sin\dfrac{\pi}{l}x$。

试计算：(1) 平动子坐标和动量的平均值 $\langle x \rangle$、$\langle p_x \rangle$；
(2) 平动子在箱中 0~0.5 l 范围内出现的概率。

解 (1) 由式(6-23)

$$\langle x \rangle = \int \psi_1^* \hat{x} \psi_1 \,\mathrm{d}x = \frac{2}{l}\int_0^l x \cdot \left(\sin\frac{\pi}{l}x\right)^2 \mathrm{d}x = \frac{l}{2}$$

$$\langle p_x \rangle = \int \psi_1^* \hat{p}_x \psi \,\mathrm{d}x$$

查表 6-2，把 $\hat{p}_x$ 的表达式代入

$$\langle p_x \rangle = -\mathrm{i}\frac{h}{2\pi}\int_0^l \frac{2}{l}\sin\frac{\pi}{l}x \cdot \frac{\mathrm{d}\left(\sin\dfrac{\pi}{l}x\right)}{\mathrm{d}x}\mathrm{d}x = -\mathrm{i}\frac{h}{l^2}\int_0^l \sin\frac{\pi}{l}x \cdot \cos\frac{\pi}{l}x\,\mathrm{d}x = 0$$

(2)　$P = \displaystyle\int_0^{0.5l} |\psi_1|^2 \,\mathrm{d}x = \frac{2}{l}\int_0^{0.5l}\left(\sin\frac{\pi}{l}x\right)^2 \mathrm{d}x = \frac{1}{2}$

从图 6-2 概率密度的示意图来看，基态波函数 ψ_1 的概率密度在势箱中呈现出左右对称分布的特点，那么平动子在箱中左半部分 0~0.5 l 范围内出现的概率为 1/2、平动子的平均位置在势箱的中央也就不难理解了，这与量子力学的计算结果完全吻合。由于势箱中平动子正向运动和逆向运动应当相等，平均动量为 0 也是合理的。

【例 6-4】 2,4,6-辛三烯中的 6 个 π 电子可看成是一维势箱中运动的平动子，势箱长度 $l=0.93\text{nm}$。则辛三烯分子从基态跃迁到第一激发态时所吸收的光的波长是多少纳米？该光能否使 He 原子（$I_1=24.59\text{eV}$）电离？

解 根据 Pauli 不相容原理，一个轨道最多容纳 2 个电子。基态时，辛三烯分子的 6 个 π 电子占据能级低的前 3 个轨道，$E_{基}=2E_1+2E_2+2E_3$。当分子吸收了一定波长的光时，最高占据轨道（$n=3$）上的一个电子跃迁到最低空轨道（$n=4$），对应吸收的能量最低，即第一激发态的能量 $E_{第一激发}=2E_1+2E_2+E_3+E_4$。故

$$\Delta E = E_{第一激发} - E_{基} = E_4 - E_3 = \frac{(4^2-3^2)h^2}{8ml^2}$$

$$= \frac{7 \times (6.63 \times 10^{-34})^2}{8 \times 9.1 \times 10^{-31} \times (0.93 \times 10^{-9})^2}\text{J} = 4.89 \times 10^{-19}\text{J}$$

$$\lambda = \frac{hc}{\Delta E} = \frac{6.63 \times 10^{-34} \times 3 \times 10^8}{4.89 \times 10^{-19}}\text{m} = 4.07 \times 10^{-7}\text{m} = 407\text{nm}$$

$$I_1 = 24.59 \text{ eV} = 24.59 \times 1.6 \times 10^{-19}\text{J} = 3.93 \times 10^{-18}\text{J}$$

可见 $\Delta E < I_1$，不能使 He 原子电离

6.3.2 三维势箱中的自由平动子

三维势箱（three-dimensional box）中的平动子（见图 6-3）是指在边长为 a（x 方向）、b（y 方向）、c（z 方向）的方箱中自由运动的粒子。其势能为

$$V(x) = \begin{cases} 0 & \begin{cases} 0 < x < a \\ 0 < y < b \\ 0 < z < c \end{cases} \\ \infty & \text{其他} \end{cases} \qquad (6\text{-}45)$$

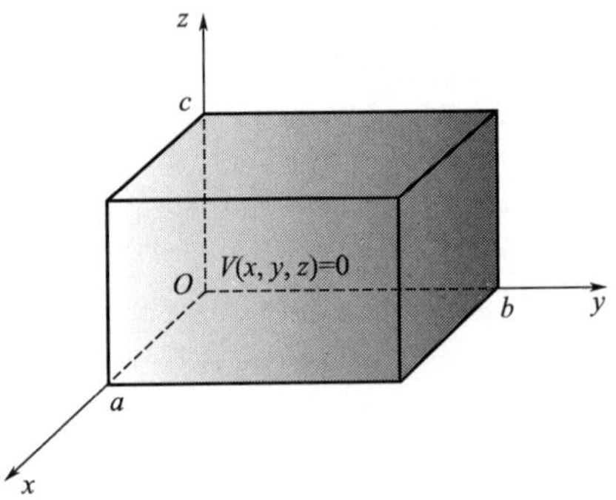

对三维势箱中平动子运动的讨论方法与一维势箱的类似。从其势能的数学表达式来看，显然在势箱外粒子出现的概率为 0，$\phi=0$。在势箱内，$V=0$，Schrödinger 方程为

$$-\frac{h^2}{8\pi^2 m}\left(\frac{\partial^2}{\partial x^2} + \frac{\partial^2}{\partial y^2} + \frac{\partial^2}{\partial z^2}\right)\psi = E\psi \qquad (6\text{-}46)$$

方程的解为：

$$\psi(x,y,z) = \sqrt{\frac{8}{abc}}\sin\frac{n_x\pi}{a}x \cdot \sin\frac{n_y\pi}{b}y \cdot \sin\frac{n_z\pi}{c}z \qquad (6\text{-}47)$$

图 6-3 三维势箱中自由平动子模型

$$E = \frac{h^2}{8m}\left(\frac{n_x^2}{a^2} + \frac{n_y^2}{b^2} + \frac{n_z^2}{c^2}\right) \quad n_x,\ n_y,\ n_z = 1,\ 2,\ 3\cdots \qquad (6\text{-}48)$$

波函数和能级的表达式中出现了三个独立的量子数 n_x、n_y 和 n_z，系统的状态由它们完全确定。如对于 $n_x=1$，$n_y=2$，$n_z=3$ 的系统，波函数 $\psi(x,y,z)=\sqrt{\dfrac{8}{abc}}\sin\dfrac{\pi}{a}x \cdot \sin\dfrac{2\pi}{b}y \cdot \sin\dfrac{\pi}{c}z$，简记为 $\psi_{1,2,1}$，因此系统的状态通常用量子数加以标记，也称为量子态。一组量子数表示平动子的一种运动状态。

若势箱的边长相等，$a=b=c$，即三维立方势箱，则式(6-47)和式(6-48)变为

$$\psi_{n_x,n_y,n_z}(x,y,z) = \sqrt{\frac{8}{a^3}}\sin\frac{n_x\pi}{a}x \cdot \sin\frac{n_y\pi}{a}y \cdot \sin\frac{n_z\pi}{a}z \tag{6-49}$$

$$E_{n_x,n_y,n_z} = \frac{h^2}{8ma^2}(n_x^2 + n_y^2 + n_z^2) \tag{6-50}$$

从式(6-50)的能级公式可以看出，量子态 $\psi_{1,2,1}$、$\psi_{2,1,1}$ 和 $\psi_{1,1,2}$ 具有相同的能量值

$$E_{2,1,1} = E_{1,2,1} = E_{1,1,2} = \frac{6h^2}{8ma^2} \tag{6-51}$$

这种多个量子态均有相同能量值的现象称为能级的简并（degeneracy）。对应于某一能级，线性无关本征函数（量子态）的数目称为该能级的简并度（degeneration），用 g 表示，或称该能级为 g 重简并的。

图 6-4 给出了三维平动子前面能量值最低的几个能级。可以看到，体系最低能级 $\varepsilon_0 = E_{1,1,1} = \frac{3h^2}{8ma^2}$ 只有一种状态，即 $n_x=n_y=n_z=1$，$g=1$；次低能级 $\varepsilon_1 = \frac{6h^2}{8ma^2}$ 有三种状态，即式(6-51)，这个能级是 3 重简并的，其余类推。

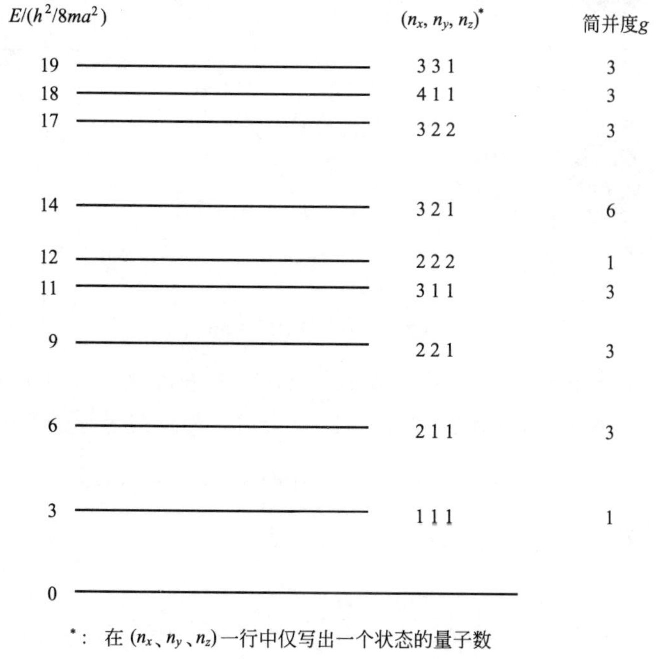

$E/(h^2/8ma^2)$	$(n_x, n_y, n_z)^*$	简并度g
19	3 3 1	3
18	4 1 1	3
17	3 2 2	3
14	3 2 1	6
12	2 2 2	1
11	3 1 1	3
9	2 2 1	3
6	2 1 1	3
3	1 1 1	1
0		

*：在 $(n_x、n_y、n_z)$ 一行中仅写出一个状态的量子数

图 6-4 在立方势箱中自由平动子的平动能级及其简并度

【例 6-5】 计算 CO 分子在体积 $V=10^{-3}$ m^3 中运动时，基态与第一激发态间的平动能级间隔。

解 由式(6-50)，基态能级 $\varepsilon_0 = E_{1,1,1} = \frac{3h^2}{8ma^2} = \frac{3h^2}{8mV^{2/3}}$

第一激发态能级 $\varepsilon_1 = E_{2,1,1} = \frac{6h^2}{8mV^{2/3}}$

CO 的质量 $m = \frac{M}{L} = \frac{28\times10^{-3}}{6.02\times10^{23}}\text{kg} = 4.65\times10^{-26}\text{kg}$

$$\Delta E = \varepsilon_1 - \varepsilon_0 = \frac{3h^2}{8mV^{2/3}} = \frac{3 \times (6.63 \times 10^{-34})^2}{8 \times 4.65 \times 10^{-26} \times (10^{-3})^{2/3}} J = 3.54 \times 10^{-40} J$$

6.4 双粒子刚性转子的量子态和能级

转动也是粒子的一种运动形式，双粒子刚性转子（rigid rotor）的转动是最简单的理想的转动模型。它由两个质量分别为 m_A、m_B 的微粒 A、B 相联结组成，如图 6-5 所示。O 点是两粒子的质心，r_a、r_b 分别为粒子 A、B 与质心的距离，$R = r_a + r_b$，对刚性转子 R 为常数，整个转子围绕质心 O 转动，这样的转子也叫线型刚性转子。

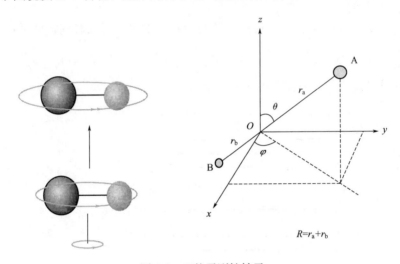

图 6-5 双粒子刚性转子

对刚性转子，在球极坐标系（ball coordinates）中进行讨论比在直角坐标系中更为简便，图 6-5 中的 (r, θ, φ) 是球极坐标系中的自变量，与直角坐标的变换关系为

$$x = r\sin\theta\cos\varphi , \quad y = r\sin\theta\sin\varphi , \quad z = r\cos\theta \tag{6-52}$$

根据质心的定义，$m_A r_a = m_B r_b$ 及 $R = r_a + r_b$ 有

$$r_a = \frac{m_B}{m_A + m_B}R , \quad r_b = \frac{m_A}{m_A + m_B}R \tag{6-53}$$

对双粒子系统，常用到折合质量（reduced mass）μ 的概念：

$$\mu = \frac{m_A m_B}{m_A + m_B} \tag{6-54}$$

μ 也称为约化质量。这样，式(6-53) 可以表示为

$$r_a = \frac{\mu}{m_A}R , \qquad r_b = \frac{\mu}{m_B}R \tag{6-55}$$

刚性转子转动时，两微粒的角速度 ω 相等，线速度分别为

$$v_A = r_a\omega, \quad v_B = r_b\omega \tag{6-56}$$

整个转子转动的动能

$$T = \frac{1}{2}m_A v_A^2 + \frac{1}{2}m_B v_B^2 = \frac{1}{2}\mu R^2 \omega^2 \tag{6-57}$$

定义转动惯量 I（moment of inertia）

$$I = \mu R^2 \tag{6-58}$$

则 $$T = \frac{1}{2}I\omega^2 \tag{6-59}$$

可见，线性转子的转动可等效地看成是一个质量为 m 的质点在半径 R 处绕圆心作圆周运动。若用角动量（angular moment）$M = I\omega$ 来表示动能，有

$$T = \frac{1}{2I}M^2 \tag{6-60}$$

刚性转子势能为 0，其总能量等于动能，因此体系的哈密顿算符为

$$\hat{H} = \frac{1}{2I}\hat{M}^2 \tag{6-61}$$

将表 6-2 中球极坐标系中角动量平方算符的表达式代入，可得到哈密顿算符的表达式，进一步得到双粒子刚性转子的 Schrödinger 方程：

$$-\frac{h^2}{8\pi^2 I}\left[\frac{1}{\sin\theta}\times\frac{\partial}{\partial\theta}\left(\frac{1}{\sin\theta}\times\frac{\partial\psi}{\partial\theta}\right)+\frac{1}{\sin^2\theta}\times\frac{\partial^2\psi}{\partial\varphi^2}\right] = E\psi \tag{6-62}$$

该方程的求解过程十分复杂，此处只给出波函数和能量的计算结果。得到的波函数的具体形式为一欧拉多项式，一般以球谐函数 Y（ball harmonic function）来表示

$$\psi_{J,m} = Y_{J,m}(\theta,\varphi) \tag{6-63}$$

$$E_J = \frac{J(J+1)h^2}{8\pi^2 I} \quad J = 0,1,2,3,\cdots J \geqslant |m| \tag{6-64}$$

球谐函数 $Y_{l,m}(\theta,\varphi)$ 被两个量子数 J 和 m 所标志，分别称为转动量子数和磁量子数。显然，刚性转子的能量也是量子化的。

基于以上讨论，对于双粒子刚性转子，可以得到以下结论：

① 不同于势箱中的自由粒子，刚性转子的零点能为 0；

② 能量量子化，刚性转子的能级只与转动量子数 J 有关，即能级可由量子数 J 标记；

③ 能级简并度 $g = 2J+1$。虽然能级只与量子数 J 有关，但波函数由 $Y_{J,m}(\theta,\varphi)$ 给出，由量子数 J 和 m 共同确定。受到条件 $J \geqslant |m|$ 的限制，对于给定的转动量子数 J，磁量子数 m 的值可以取 $-J$、$(-J+1)$、$\cdots$、0、$\cdots$、$(J-1)$、J，可见能级 J 的简并度 $g = 2J+1$。

在分子结构的讨论中，一般把双原子分子的转动看成是双粒子线性刚性转子，其物理模型是：①原子本身的体积忽略不计，看成质点；②原子间的平衡核间距看成是固定不变的，相当于 R。

【**例 6-6**】 已知 CO 分子的平衡核间距为 1.14×10^{-10} m，折合质量 1.14×10^{-26} kg。试计算 CO 分子相邻转动能级差及 CO 由基态激发到第一激发态时所需的转动能。

解 根据式(6-64)，相邻转动能级差

$$\Delta E_J = E_{J+1} - E_J = \frac{(J+1)(J+2)h^2}{8\pi^2 I} - \frac{J(J+1)h^2}{8\pi^2 I} = \frac{(J+1)h^2}{4\pi^2 I}$$

CO 分子从基态激发到第一激发态时所需的转动能就是两者的能级差

$$\Delta E_0 = \frac{h^2}{4\pi^2 I} = \frac{h^2}{4\pi^2 \mu R^2}$$

$$= \frac{(6.63 \times 10^{-34})^2}{4\pi^2 \times 1.14 \times 10^{-26} \times (1.13 \times 10^{-10})^2} \text{J} = 7.65 \times 10^{-23} \text{J}$$

6.5　谐振子的量子态和能级

6.5.1　一维谐振子

振动是粒子运动的另一种形式，谐振子（harmonic oscillator）的振动，也是最简单的理想振动模型。一维谐振子模型如图 6-6 所示，一个质量为 m 的物体连接在力常数为 k 的无质量弹簧上作振动，其平衡位置为 x_0，x 为振子与平衡位置间的距离。

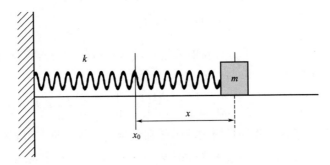

图 6-6　一维谐振子模型

根据虎克定律，一维谐振子的势能为

$$V(x) = \frac{1}{2}kx^2 \tag{6-65}$$

其定态 Schrödinger 方程为：

$$-\frac{h^2}{8\pi^2 m} \times \frac{\mathrm{d}^2\psi}{\mathrm{d}x^2} + \frac{1}{2}kx^2 = E\psi \tag{6-66}$$

由此解得本征函数和本征值

$$\psi_v = \left(\frac{4\pi m\gamma_0}{h}\right)^{\frac{1}{4}} \cdot \left(\frac{1}{2^v v!}\right)^{\frac{1}{2}} \mathrm{e}^{-\frac{2\pi^2 m\gamma_0}{h}x^2} H_v(\xi) \tag{6-67}$$

$$E_v = \left(v + \frac{1}{2}\right)h\gamma_0 \quad v = 0,1,2,3,\cdots \tag{6-68}$$

式中，v 为振动量子数；γ_0 为谐振子的基本振动频率，只与 k 和 m 有关；ξ 是为数学表达简便而引入的与 x 成正比的中间变量；$H_v(\xi)$ 是以 ξ 为变量的 v 阶厄米多项式。γ_0、ξ、$H_v(\xi)$ 的表达式分别由式(6-69)～式（6-71）给出

$$\gamma_0 = \frac{1}{2\pi}\sqrt{\frac{k}{m}} \tag{6-69}$$

$$\xi = 2\pi\sqrt{\frac{m\gamma_0}{h}}x \tag{6-70}$$

$$H_v(\xi) = (-1)^v \mathrm{e}^{\xi^2} \frac{\mathrm{d}^v}{\mathrm{d}\xi^v}(\mathrm{e}^{-\xi^2}) \tag{6-71}$$

v＝0，1，2，3 的前面几个厄米多项式为

$$H_0 = 1 \tag{6-72}$$

$$H_1 = 2\xi = 4\pi\sqrt{\frac{m\gamma_0}{h}} \cdot x \tag{6-73}$$

$$H_2 = 4\xi^2 - 2 = \frac{8\pi^2 m\gamma_0}{h} \cdot x^2 - 2 \tag{6-74}$$

$$H_3 = 8\xi^3 - 12\xi = 64\pi^3\left(\frac{m\gamma_0}{h}\right)^{\frac{3}{2}} \cdot x^3 - 24\pi\left(\frac{m\gamma_0}{h}\right)^{\frac{1}{2}} \cdot x \tag{6-75}$$

把式(6-72)～式（6-75）代入式(6-71)，可得到这几个波函数的数学表达式，波函数及相应概率密度分布见图 6-7。

在图 6-7 中，水平虚线为不同振动状态对应的总能量，抛物线为势能曲线。当振子处于状态 ψ_v 时，E_v 能级与势能曲线的交点为 $x = \pm\frac{1}{2\pi}\sqrt{\frac{h(2v+1)}{m\gamma_0}}$，这表明在经典情况下，如果振子总能量为 E_v，则振子将被限制在 $-\frac{1}{2\pi}\sqrt{\frac{h(2v+1)}{m\gamma_0}} \leqslant x \leqslant \frac{1}{2\pi}\sqrt{\frac{h(2v+1)}{m\gamma_0}}$ 的范围内运动。然而在量子力学中，虽然波函数以指数形式衰减，但在上述范围之外 $\psi_v(x)$ 并不为 0。这种现象被称为隧道效应（tunneling effect）。

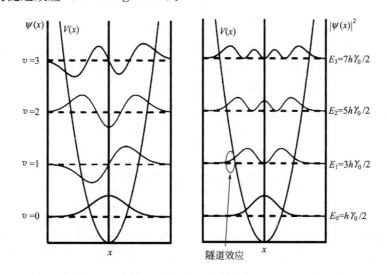

图 6-7　一维谐振子的波函数、概率密度、能级及隧道效应

从以上谐振子的讨论可以得到以下结论：

① 波函数有 v 个节点；

② 一维谐振子具有零点能；

③ 一维谐振子相邻能级间隔相同；

④ 能级简并度 g＝1。由于波函数和能级都由振动量子数标定，不同的振动状态具有不同的能级，因此一维谐振子的振动是非简并的。

6.5.2　三维谐振子

三维谐振子是指质量为 m 的物体在三维空间作谐振动，其势能为：

$$V(x) = \frac{1}{2}k_x x^2 + \frac{1}{2}k_y y^2 + \frac{1}{2}k_z z^2 \tag{6-76}$$

式中，k_x、k_y、k_z是与三个坐标方向有关的力常数。体系的定态 Schrödinger 方程为：

$$-\frac{h^2}{8\pi^2 m}\left(\frac{\partial^2 \psi}{\partial x^2} + \frac{\partial^2 \psi}{\partial y^2} + \frac{\partial^2 \psi}{\partial z^2}\right) + \left(\frac{1}{2}k_x x^2 + \frac{1}{2}k_y y^2 + \frac{1}{2}k_z z^2\right)\psi = E\psi \tag{6-77}$$

采用分离变量法，令 $\psi(x,y,z) = X(x)Y(y)Z(z)$，可将 Schrödinger 方程式(6-77) 分解为三个形式相同、形如式(6-68) 的单变量振动方程。分别求解三个方程，最终可得到三维谐振子的波函数和能量为

$$\psi_{v_x,v_y,v_z}(x,y,z) = X(x)Y(y)Z(z) \quad v_x, v_y, v_z = 0,1,2,3,\cdots \tag{6-78}$$

$$E_{v_x,v_y,v_z} = E_{v_x} + E_{v_y} + E_{v_z}$$

$$= \left(v_x + \frac{1}{2}\right)h\gamma_{0,x} + \left(v_y + \frac{1}{2}\right)h\gamma_{0,y} + \left(v_z + \frac{1}{2}\right)h\gamma_{0,z} \tag{6-79}$$

式中，三个振动量子数 v_x、v_y、v_z 各自独立取值；$\gamma_{0,x}$、$\gamma_{0,y}$、$\gamma_{0,z}$是相应于三个方向的基本振动频率；$X(x)$、$Y(y)$、$Z(z)$ 是形式相同的单变量振动函数。例如，当 $v_x = v_y = v_z = 0$ 时，对应于三维谐振子的基态，因此基态波函数和能级分别为

$$\psi_{0,0,0}(x,y,z) = \left(\frac{64\pi^3 m_3 \gamma_{0,x}\gamma_{0,y}\gamma_{0,z}}{h^3}\right)^{\frac{1}{4}} e^{-\frac{2\pi^2 m\gamma_0}{h}(\gamma_{0,x}x^2 + \gamma_{0,y}y^2 + \gamma_{0,z}z^2)} \tag{6-80}$$

$$E_{0,0,0} = \frac{1}{2}h(\gamma_{0,x} + \gamma_{0,y} + \gamma_{0,z}) \tag{6-81}$$

【例 6-7】 已知 CO 分子的基本振动频率为 6.5×10^{13} Hz，试计算其振动能级的能级间隔。并结合例 6-5、例 6-6 比较平动、转动、振动能级间隔数量级的大小。

解 根据式(6-68)，振动能级间隔为

$$\Delta E_v = E_{v+1} - E_v = h\gamma_0 = 6.63 \times 10^{-34} \times 6.5 \times 10^{13} J = 4.3 \times 10^{-20} J$$

比较例 6-5、例 6-6 的结果可知 $\Delta E_{平动} < \Delta E_{转动} < \Delta E_{振动}$。

6.6 单电子原子的结构

量子力学的创立，为人们了解原子、分子等微观体系提供了有力的工具。原子是由一个带正电荷的原子核和若干个带负电荷的电子组成，原子核与各电子之间存在吸引力，各电子间存在相互排斥力。单电子原子中只有核与电子间的吸引力，这是最简单的原子体系。对该系统薛定谔方程的求解所得到的概念和结论，是研究更复杂的原子和分子体系的基础。

6.6.1 单电子原子薛定谔方程及其解

核电荷数为 Z，核外只有一个电子的原子称为单电子原子，如 H 原子和 He^+、Li^{2+} 等类氢离子都属于单电子原子体系。由于原子核的质量远大于电子的质量，而其运动速度又远小于电子的速度，可把该体系看成是原子核不动、电子围绕原子核作相对运动的状况，这就是玻恩－奥本海默（Born-Oppenheimer）定核假定。根据库仑定律，电子绕核运动的势能为

$$V = -\frac{Ze^2}{4\pi\varepsilon_0 r} \tag{6-82}$$

式中，ε_0 为真空介电常数；r 为电子离核的距离。将式（6-82）代入式（6-9），得到单电子原子体系的薛定谔方程

$$-\frac{h^2}{8\pi^2 m}\nabla^2\Psi-\frac{Ze^2}{4\pi\varepsilon_0 r}\Psi=E\Psi \tag{6-83}$$

这是个偏微分方程，势能项中的 r 是球极坐标形式，为了便于分离变量求解，须将式（6-10）给出的拉普拉斯算符的直角坐标形式统一到球极坐标系中。利用式（6-52）所示的两种坐标系的变换关系，可推导球极坐标系中单电子原子体系的薛定谔方程为

$$\frac{1}{r^2}\times\frac{\partial}{\partial r}\Big(r^2\frac{\partial\Psi}{\partial r}\Big)+\frac{1}{r^2\sin\theta}\times\frac{\partial}{\partial\theta}\Big(\sin\theta\frac{\partial\Psi}{\partial\theta}\Big)+\frac{1}{r^2\sin^2\theta}\times\frac{\partial^2\Psi}{\partial\varphi^2}+\frac{8\pi^2 m}{h^2}\Big(E+\frac{Ze^2}{4\pi\varepsilon_0 r}\Big)\Psi=0 \tag{6-84}$$

此时波函数 Ψ 的自变量已变换为球极坐标变量 r、θ、φ，方程还是三变量方程。用分离变量法求解时，令 $\Psi(r,\theta,\varphi)=R(r)\Theta(\theta)\Phi(\varphi)$，可先将薛定谔方程分离成三个单变量方程，即 R 方程、Θ 方程和 Φ 方程，再分别求解。为了得到归一化的波函数 Ψ，量子力学约定三个单变量的函数 $R(r)$、$\Theta(\theta)$、$\Phi(\varphi)$ 也须满足归一化条件，在球极坐标系中体积元 $d\tau$ 的表达式和各函数归一化条件分别为

$$d\tau=dxdydz=r^2\sin\theta drd\theta d\varphi \tag{6-85}$$

$$\int|\Psi|^2 d\tau=\int_0^\infty\int_0^\pi\int_0^{2\pi}|\Psi|^2 r^2\sin\theta\ drd\theta d\varphi=1 \tag{6-86}$$

$$\int_0^\infty|R|^2 r^2 dr=\int_0^\pi|\Theta|^2\sin\theta\ d\theta=\int_0^{2\pi}|\Phi|^2 d\varphi=1 \tag{6-87}$$

方程式（6-84）最终的解为

$$\Psi_{n,l,m}=R_{n,l}Y_{l,m}=R_{n,l}\Theta_{l,m}\Phi_m \tag{6-88}$$

$$E_n=-\frac{me^4}{8h^2\varepsilon_0^2}\times\frac{Z^2}{n^2}=-\frac{Z^2}{n^2}\times 13.6(eV) \tag{6-89}$$

式中，n 为主量子数（principal quantum number）；l 为角量子数（angular quantum number）；m 为磁量子数（magnetic quantum number）。它们之间存在下面的关系

$$n=1,2,3,\cdots \tag{6-90}$$

$$l=0,1,2,3,\cdots,n-1 \quad l<n \tag{6-91}$$

$$m=0,\pm 1,\pm 2,\cdots,\pm l \quad |m|\leqslant l \tag{6-92}$$

式（6-88）中，波函数 Ψ 由量子数 n、l、m 标定，也称原子轨道；$R_{n,l}(r)$ 为波函数的径向（radial）部分，由量子数 n、l 标定，形式为拉盖尔（Laguerre）多项式；$Y_{l,m}(\theta,\varphi)$ 为波函数的角度部分，由量子数 l、m 标定，它是球谐函数；角度部分中的 Θ 函数为勒让得（legendre）函数；Φ 函数形式最简单，只与磁量子数 m 有关

$$\Phi_m=\frac{1}{\sqrt{2\pi}}e^{im\varphi} \quad m=0,\pm 1,\pm 2,\cdots, \tag{6-93}$$

由于复函数不便于作图，无法用图形了解原子轨道或概率密度的分布，常将之变换为实数形式。根据态的叠加原理（量子力学基本假定Ⅳ），两个独立特解的线性组合仍是 Φ 方程的解，比如将 $\Phi_1=\frac{1}{\sqrt{2\pi}}e^{i\varphi}$ 与 $\Phi_{-1}=\frac{1}{\sqrt{2\pi}}e^{-i\varphi}$ 线性组合，可得两个实函数 $\Phi_{\pm 1}^{\cos}=C(\Phi_1+\Phi_{-1})=\frac{2C}{\sqrt{2\pi}}\cos\varphi$ 和 $\Phi_{\pm 1}^{\sin}=D(\Phi_1-\Phi_{-1})=\frac{2iD}{\sqrt{2\pi}}\sin\varphi$，再根据归一化条件，求出归一化的实

函数为

$$\Phi_{\pm1}^{\cos} = \frac{1}{\sqrt{\pi}}\cos\varphi \tag{6-94}$$

$$\Phi_{\pm1}^{\sin} = \frac{1}{\sqrt{\pi}}\sin\varphi \tag{6-95}$$

需要注意的是，Φ 的复函数和实函数是线性组合的关系，它们彼此之间不是一一对应的关系，因此，$\Phi_{\pm1}^{\cos}$ 对应的磁量子数 m 既不等于 1 也不等于 -1，下标 ±1 表示由 $m=1$ 与 $m=-1$ 的函数组合而成，即有 50% 的概率处于 $m=1$ 的状态，有 50% 的概率处于 $m=-1$ 的状态。

对于用角量子数 l 标定的波函数，通常用光谱符号 s，p，d，f…依次代表 $l=0$，1，2，3，…的状态。例如 $n=1$，$l=0$ 的状态可表示为 Ψ_{1s}；$n=3$，$l=2$ 的状态可表示为 Ψ_{3d}，等等。表 6-3 给出了 $n=1$，2，3 的单电子原子波函数的具体表达式，表中 a_0 是玻尔半径

$$a_0 = \frac{h^2\varepsilon_0}{\pi m e^2} = 0.529\text{Å} = 0.0529\text{nm} \tag{6-96}$$

表 6-3 单电子原子的波函数

n	l	m	ψ
1	0	0	$\Psi_{1s} = \sqrt{\frac{1}{\pi}}\cdot\left(\frac{Z}{a_0}\right)^{\frac{3}{2}}\cdot e^{-\frac{Z}{a_0}r}$
2	0	0	$\Psi_{2s} = \frac{1}{4\sqrt{2\pi}}\cdot\left(\frac{Z}{a_0}\right)^{\frac{3}{2}}\cdot(2-\frac{Z}{a_0}r)e^{-\frac{Z}{2a_0}r}$
2	1	0	$\Psi_{2p_z} = \frac{1}{4\sqrt{2\pi}}\cdot\left(\frac{Z}{a_0}\right)^{\frac{5}{2}}\cdot r\cdot e^{-\frac{Z}{2a_0}r}\cdot\cos\theta$
2	1	±1	$\Psi_{2p_x} = \frac{1}{4\sqrt{2\pi}}\cdot\left(\frac{Z}{a_0}\right)^{\frac{5}{2}}\cdot r\cdot e^{-\frac{Z}{2a_0}r}\cdot\sin\theta\cos\varphi$
			$\Psi_{2p_y} = \frac{1}{4\sqrt{2\pi}}\cdot\left(\frac{Z}{a_0}\right)^{\frac{5}{2}}\cdot r\cdot e^{-\frac{Z}{2a_0}r}\cdot\sin\theta\sin\varphi$
3	0	0	$\Psi_{3s} = \frac{1}{81\sqrt{3\pi}}\cdot\left(\frac{Z}{a_0}\right)^{\frac{3}{2}}\cdot(27-\frac{18Z}{a_0}r+\frac{2Z^2}{a_0^2}r^2)\cdot e^{-\frac{Z}{3a_0}r}$
3	1	0	$\Psi_{3p_z} = \frac{\sqrt{2}}{81\sqrt{\pi}}\cdot\left(\frac{Z}{a_0}\right)^{\frac{5}{2}}\cdot(6-\frac{Z}{a_0}r)\cdot r\cdot e^{-\frac{Z}{3a_0}r}\cdot\cos\theta$
3	1	±1	$\Psi_{3p_x} = \frac{\sqrt{2}}{81\sqrt{\pi}}\cdot\left(\frac{Z}{a_0}\right)^{\frac{5}{2}}\cdot(6-\frac{Z}{a_0}r)\cdot r\cdot e^{-\frac{Z}{3a_0}r}\cdot\sin\theta\cos\varphi$
			$\Psi_{3p_y} = \frac{\sqrt{2}}{81\sqrt{\pi}}\cdot\left(\frac{Z}{a_0}\right)^{\frac{5}{2}}\cdot(6-\frac{Z}{a_0}r)\cdot r\cdot e^{-\frac{Z}{3a_0}r}\cdot\sin\theta\sin\varphi$
3	2	0	$\Psi_{3d_{z^2}} = \frac{1}{81\sqrt{6\pi}}\cdot\left(\frac{Z}{a_0}\right)^{\frac{7}{2}}\cdot r^2\cdot e^{-\frac{Z}{3a_0}r}\cdot(3\cos^2\theta-1)$
3	2	±1	$\Psi_{3d_{zx}} = \frac{\sqrt{2}}{81\sqrt{\pi}}\cdot\left(\frac{Z}{a_0}\right)^{\frac{7}{2}}\cdot r^2\cdot e^{-\frac{Z}{3a_0}r}\cdot\sin\theta\cos\theta\cos\varphi$
			$\Psi_{3d_{yz}} = \frac{\sqrt{2}}{81\sqrt{\pi}}\cdot\left(\frac{Z}{a_0}\right)^{\frac{7}{2}}\cdot r^2\cdot e^{-\frac{Z}{3a_0}r}\cdot\sin\theta\cos\theta\sin\varphi$
3	2	±2	$\Psi_{3d_{x^2-y^2}} = \frac{1}{81\sqrt{2\pi}}\cdot\left(\frac{Z}{a_0}\right)^{\frac{7}{2}}\cdot r^2\cdot e^{-\frac{Z}{3a_0}r}\cdot\sin^2\theta\cos2\varphi$
			$\Psi_{3d_{xy}} = \frac{1}{81\sqrt{2\pi}}\cdot\left(\frac{Z}{a_0}\right)^{\frac{7}{2}}\cdot r^2\cdot e^{-\frac{Z}{3a_0}r}\cdot\sin^2\theta\sin2\varphi$

从式(6-88)和式(6-89)可知，单电子原子的能级 E_n 只与主量子数 n 有关，而波函数 Ψ 却由量子数 n、l、m 标定，也就是说，n 相同而 l、m 不同的状态具有相同的能级，属于简并态。根据式(6-90)～式(6-92)给出的量子数 l、m 的取值范围，可以计算出同一能级 E_n 的简并度：$g = n^2$。

6.6.2 波函数和电子云图

波函数（Ψ，原子轨道）和概率密度（Ψ^2，电子云）是三维空间坐标的函数，将它们用图形表示出来，使抽象的数学表达式称为具体的图像，对于了解原子的结构和性质、了解共价键的形成，进一步了解原子化合为分子的过程都具有重要的意义。

波函数和电子云的分布，可以用多种图形表示，下面分别加以讨论。

(1) Ψ-r 图和 Ψ^2-r 图

这两种图一般只用来表示 s 态的分布，因为 s 态波函数 Ψ_{ns} 只与 r 有关，和 θ、φ 值无关。Ψ_{ns} 的这一特点使它的分布具有球对称性，即离核为 r 的球面上各点波函数 Ψ 的数值相同，概率密度 Ψ^2 的数值也相同。只需研究 Ψ 及 Ψ^2 随 r 的变化，就可以了解整个空间波函数和电子云的分布了。

对氢原子，核电荷数 $Z=1$，由表 6-3 查得 Ψ_{1s} 和 Ψ_{2s} 的表达式经使用原子单位后为

$$\Psi_{1s} = \sqrt{\frac{1}{\pi}}\, e^{-r} \tag{6-97}$$

$$\Psi_{2s} = \frac{1}{4\sqrt{2\pi}} \cdot (2-r)e^{-\frac{r}{2}} \tag{6-98}$$

它们的图形分别绘于图 6-8、图 6-9 中。

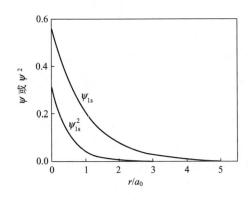
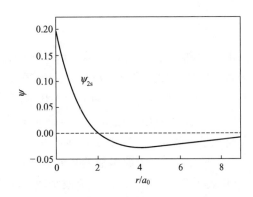

图 6-8　氢原子 1s 态的 Ψ-r 和 Ψ^2-r 图　　　　图 6-9　氢原子 2s 态的 Ψ-r 图

由图可见，对于 1s 态，电子在原子核附近出现的概率密度最大，随 r 的增大单调地下降。对 2s 态，在 $r < 2a_0$ 时，Ψ_{2s} 为正值，电子云分布情况和 1s 态相似，在核附近概率密度较大，随 r 的增加逐渐下降；在 $r = 2a_0$ 处，出现一个 $\Psi_{2s} = 0$ 的球面，称为节面，在这个球节面上发现电子的概率为零；在 $r > 2a_0$ 时，Ψ_{2s} 为负值，随 r 的增加在 $r = 4a_0$ 处到达最低点，此后随 r 的增加 Ψ_{2s} 逐渐接近于 0。在主量子数为 n 的状态中有 $(n-1)$ 个节面，2s 态有一个节面，3s 态有一个节面。

【例 6-8】　利用量子力学原理，给出原子处于 Ψ 态时电子出现在半径为 r 的球面内概

率的表达式。

解 由波函数归一化条件式(6-86)，这是粒子在整个空间出现的概率。电子出现在半径为 r 的球面内概率只需将该式中对 r 的积分上下限由 $0 \to \infty$ 变为 $0 \to r$ 即可

$$P = \int_0^{2\pi} \int_0^{\pi} \int_0^r |\Psi|^2 \mathrm{d}\tau = \int_0^{2\pi} \int_0^{\pi} \int_0^r |\Psi|^2 r^2 \sin\theta \mathrm{d}r \mathrm{d}\theta \mathrm{d}\varphi$$

若把氢原子 2s 态波函数的表达式代入，取 $r = 2a_0$，可计算出 $P = 5.4\%$，这说明 2s 电子出现在 $r = 2a_0$ 的球形节面内的概率为 5.4%，节面之外为 94.6%。

(2) 径向分布图

为了讨论电子云 Ψ^2 随半径 r 的变化情况，引入径向分布函数 D（radical distribution fuction）。

根据波函数的物理意义，Ψ^2 表示电子在位置 (r, θ, φ) 的概率密度，因而在点 (r, θ, φ) 附近的体积元 $\mathrm{d}\tau$ 中，电子出现的概率为 $\Psi^2 \mathrm{d}\tau$。将 $\Psi^2 \mathrm{d}\tau$ 对 θ 和 φ 的全部区域积分，表示离核为 r 处厚度为 $\mathrm{d}r$ 的球壳内电子出现的概率 $\mathrm{d}P$，即

$$\mathrm{d}P = \int_{\theta=0}^{\pi} \int_{\varphi=0}^{2\pi} |\Psi|^2 \mathrm{d}\tau$$

将波函数 Ψ 的表达式(6-88)及 $\Theta(\theta)$ 和 $\Phi(\varphi)$ 的归一化条件式(6-87)代入，有

$$\mathrm{d}P = \int_{\theta=0}^{\pi} \int_{\varphi=0}^{2\pi} |R(r)\Theta(\theta)\Phi(\varphi)|^2 r^2 \sin\theta \mathrm{d}r \mathrm{d}\theta \mathrm{d}\varphi$$
$$= r^2 R^2 \mathrm{d}r \int_0^{\pi} \Theta^2 \sin\theta \mathrm{d}\theta \int_0^{2\pi} \Phi^2 \mathrm{d}\varphi$$
$$= r^2 R^2 \mathrm{d}r$$

定义

$$D \equiv \frac{\mathrm{d}P}{\mathrm{d}r} = r^2 R^2 \tag{6-99}$$

由于 D 等于厚度为 $\mathrm{d}r$ 的球壳内电子的概率 $\mathrm{d}P$ 随 r（径向）的变化率，因而称为径向分布函数。D 的物理意义是，$D\mathrm{d}r$ 代表半径为 r 和半径为 $(r+\mathrm{d}r)$ 的两个球面夹层内电子出现的概率，它反映了电子云随 r 的变化情况。

图 6-10 给出氢原子的 s、p、d 态的径向分布图。由于 $R_{n,l}(r)$ 函数由量子数 n、l 标定，与磁量子数 m 无关，因此 (n, l) 相同、m 不同的状态具有相同的径向分布规律。比如 $2p_x$、$2p_y$、$2p_z$ 三个波函数的径向分布特征完全相同，在图 6-10 中以 2p 表示。同样，图中 3p 代表了 $3p_x$、$3p_y$、$3p_z$ 三个波函数，3d 代表 $3d_{z^2}$、$3d_{xz}$、$3d_{yz}$、$3d_{xz}$、$3d_{x^2-y^2}$ 五个波函数电子云随 r 的变化情况。对氢原子的 1s 态，在核附近，r 趋于 0，夹层的体积趋于 0，因而径向分布函数 D 的数值趋于 0。随 r 的增大，D 增大，在 $r = a_0$ 处出现极大值。这是由于概率密度随 r 的增大单调下降，但夹层的体积却随 r 的增大单调上升，这两个随 r 变化趋势相反的因素乘积的结果就导致在某个半径的球壳内概率出现极大。这说明氢原子的 1s 态，在 $r = a_0$ 处的单位球壳内找到电子的概率比其他位置的要大，a_0 也因此被称为氢原子 1s 态的最可几半径，从这个意义上也可以说玻尔的氢原子模型是氢原子结构的粗略近似。

由图 6-10 还可以看出，主量子数为 n、角量子数为 l 的状态，其径向分布图中存在 $(n-l)$ 个极大值、$(n-l-1)$ 个 D 为 0 的极小值。对 l 相同 n 不同的轨道，n 越大，极大值峰的数目越多，但主峰离核越远。如 1s、2s、3s 态，1s 的径向分布函数 D 只有一个峰，2s

态有两个，3s 态有三个，但 2s 态的主峰在 1s 态外面，3s 态的主峰又在 2s 态外面。这说明主量子数小的轨道更靠近原子核的内层，所以能量低；主量子数大的轨道在离核远的外层，能量高。

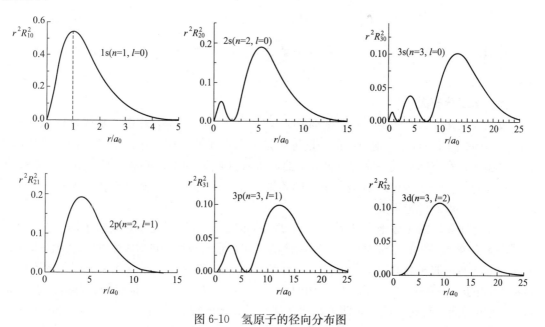

图 6-10　氢原子的径向分布图

【例 6-9】　计算氢原子 2p 态径向分布 D_{2p} 极大值的位置。

解　由径向分布函数的定义式(6-99)，有 $D_{2p} = r^2 R_{2,1}^2$

对氢原子，核电荷数 $Z=1$，查表 6-3 可知

$$R_{2,1} = Cr\,\mathrm{e}^{-\frac{Z}{2a_0}r} \qquad C\ 为常数$$

于是　$D_{2p} = C^2 r^4 \mathrm{e}^{-\frac{1}{a_0}r}$

极大值即　$\dfrac{\mathrm{d}D_{2p}}{\mathrm{d}r} = 0$，解此方程可算出 $r = 4a_0$

可见，$4a_0$ 是氢原子 2p 态的最可几半径，在 $r = 4a_0$ 处的单位球壳内电子出现的概率最大。

【例 6-10】　计算 H 原子处于 1s 态时电子离核的平均距离

解　查表 6-3 可得氢原子 1s 态波函数 $\Psi_{1s} = \sqrt{\dfrac{1}{\pi a_0^3}}\ \mathrm{e}^{-\frac{r}{a_0}}$

根据量子力学基本原理，由式(6-23)计算物理量的平均值

$$\overline{r} = \int \Psi_{1s}{}^* \hat{r} \Psi_{1s} \mathrm{d}\tau = \iiint r\,|\,\Psi_{1s}\,|^2 \mathrm{d}\tau$$

$$= \iiint r \times \frac{1}{\pi a_0^3} \mathrm{e}^{-\frac{2r}{a_0}} \times r^2 \sin\theta \mathrm{d}r \mathrm{d}\theta \mathrm{d}\varphi$$

$$= \frac{1}{\pi a_0^3} \int_0^\infty r^3 \mathrm{e}^{-\frac{2r}{a_0}} \mathrm{d}r \int_0^\pi \sin\theta \mathrm{d}\theta \int_0^{2\pi} \mathrm{d}\varphi$$

$$= \frac{4}{a_0^3} \int_0^\infty r^3 \mathrm{e}^{-\frac{2r}{a_0}} \mathrm{d}r$$

利用积分公式 $\int_0^\infty r^n \mathrm{e}^{-Ar}\,\mathrm{d}r = \dfrac{n!}{A^{n+1}}$ $(A>0)$，有

$$\bar{r} = \frac{4}{a_0^3} \times \frac{3a_0^4}{8} = \frac{3}{2}a_0$$

对 H 原子 1s 态，电子距核的最可几半径为 a_0，平均距离是 $\dfrac{3}{2}a_0$，注意两个概念的区别。

(3) 角度分布图

波函数的角度分布图是指将角度部分 $Y_{l,m}(\theta, \varphi)$ 对 (θ, φ) 作图。从坐标原点在每一 (θ, φ) 方向上引一直线，使直线的长度等于该方向上 $|Y|$ 的大小，把各方向上直线的端点连接起来，在空间构成一曲面，再标出曲面上各区域 Y 的正、负号，就成为角度分布图。如果直线的长度等于 $|Y|^2$ 就是电子云的角度分布。因为 $|Y|^2$ 都是正值，所以电子云的角度分布图一般不标记正负符号。

角度分布图反映了波函数 Ψ 或电子云 Ψ^2 随角度 θ、φ 的变化，它表示了同一个球面上不同方向上 Ψ 或 Ψ^2 的相对大小，一般用该图形在直角坐标系中的某个截面来表示。图 6-11 为 s、p、d 轨道波函数的角度分布图。由于 $Y_{l,m}(\theta, \varphi)$ 和主量子数 n 无关，因此 n 不同、l 和 m 相同的轨道角度分布是相同的。例如 1s、2s 和 3s 角度分布特征相同，都是球形；$2p_z$ 和 $3p_z$ 角度分布特征也相同，是两个相切、球心贯穿于 z 轴的球面（它们波函数的区别在于径向部分）。实际上，从图 6-11 可以看出，p_z、p_x、p_y 三个波函数的角度分布图形形状相同，都是两个相切的球面，只是空间取向不同而已，p_z 的球心在 z 轴上，p_x 与 p_y 的球心分

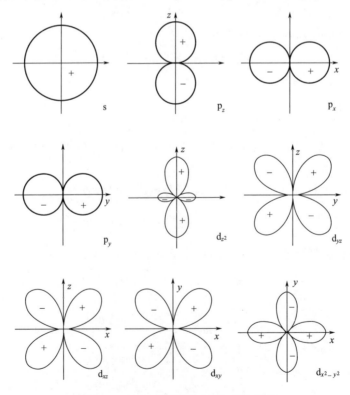

图 6-11 单电子原子波函数角度分布图

别在 x、y 轴上。或者说，将 p_z 的图形沿着 x 轴或 y 轴旋转 $90°$，就可得到 p_x 与 p_y 的角度分布图。这样，只要了解了 p_z 的角度分布特征，p_x 与 p_y 的也掌握了，这也是用光谱符号表示波函数的优点之一。类似的，对 d 轨道，d_{xz}、d_{yz}、d_{xy}、$d_{x^2-y^2}$ 四个轨道的角度分布形状相同，即四个橄榄形的曲面交于原点，也只是空间取向不同而已。于是，仅从外形上来看，s、p、d 态所有轨道角度分布图的形状其实只有 4 种，用 s、p_z、d_{z^2}、d_{xz} 表示即可。因此，图 6-12 所示的电子云的角度分布图只给出了 4 种，实质已囊括了表 6-3 中全部 14 种 s、p、d 轨道函数的电子云角度分布形状。

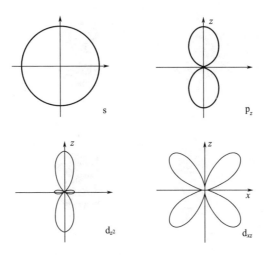

图 6-12   单电子原子电子云角度分布图

比较波函数的角度分布与电子云的角度分布图形，可以发现这两套图形彼此极为相似，不同之处在于，对同一原子轨道，除了 s 态的球形，p、d 状态电子云的角度分布 $|Y|^2$ 比相应的 Y 图更"瘦"一些，但其他的主要特征并没有改变。这是由于 Y 的归一化性质，Y 的绝对值总是小于 1 的，它平方之后不仅数值变小，而且使所得图形和对应的 Y 图形比较还发生了某些变形，例如 p_z 的角度分布是同样大小的双球面，但电子云的角度分布则变成了双蛋壳形。

（4）轨道轮廓图

把波函数 Ψ 的大小轮廓和正负在直角坐标系中表达出来，选用一个合适的等值曲面，以反映 Ψ 在空间分布的图形称为原子轨道轮廓图。由于波函数 Ψ 由量子数 n、l、m 标定，因此每一个原子轨道的轮廓图都是不同的。图 6-13 是 14 种 s、p、d 态的原子轨道轮廓图，相应的数学解析式见表 6-3。

原子轨道轮廓图综合了径向部分 R 和角度部分 Y 的特征。例如 2s 态的角度部分呈现为球形（图 6-11）；径向部分具有一个 $r=2a_0$ 的节面（图 6-9），在节面内 Ψ 为正，节面外 Ψ 为负。综合两者，2s 态的轨道轮廓图为一个 Ψ 为正的球体和半径更大的具有负值 Ψ 的球壳，如图 6-13 中所示。其余轨道的轮廓图可进行类似的综合分析。

原子轨道轮廓图是在三维空间中反映 Ψ 的空间分布情况，具有大小和正负，但它的图线只有定性的意义。尽管如此，它在化学上仍有着重要的意义，这种描述原子轨道空间分布的简化又实用的图形，对于了解分子内部原子之间轨道重叠形成化学键的情况能提供明显的图像信息。

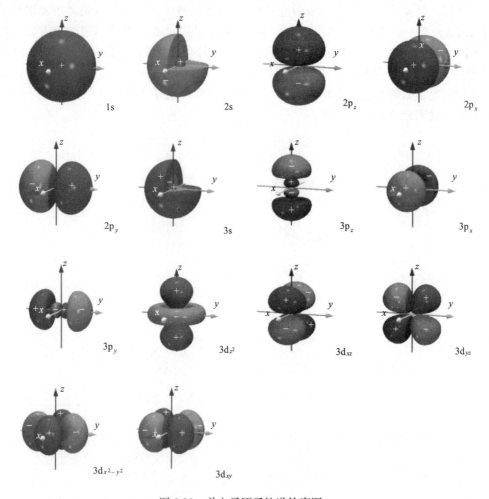

图 6-13 单电子原子轨道轮廓图

【例 6-11】 已知氢原子的 $3d_{z^2}^2$ 原子轨道

$$\Psi_{3d_{z^2}} = \frac{1}{81}\sqrt{\frac{1}{6\pi a_0^3}}\left(\frac{r}{a_0}\right)^2 e^{-\frac{r}{3a_0}}(3\cos^2\theta - 1)$$

式中，a_0 是玻尔半径。求氢原子的轨道能 $E_{3d_z^2}$，并判断轨道节面的个数、位置及其形状。

解 根据能级公式(6-89)

$$E_{3d_{z^2}} = -\frac{Z}{n^2} \times 13.6\text{eV} = -\frac{13.6}{3^2}\text{eV} = -1.51\text{eV}$$

轨道节面即 $\Psi = 0$，把波函数的表达式代入，有

$$(3\cos^2\theta - 1) = 0$$

$$\cos\theta = \pm\frac{\sqrt{3}}{3} = \pm 0.577$$

$$\theta = 54.7° \text{ 或 } 125.3°$$

所以氢原子的 $3d_z^2$ 原子轨道有 2 个节面，是与 z 轴正方向成 54.7° 和 125.3° 的两个圆锥面。从图 6-13 中 $3d_z^2$ 的轨道轮廓图来看，$3d_z^2$ 的轨道图形是两个为 z 轴所贯穿的葫芦形曲面

（符号为正），还有一个类似于救生圈形状的曲面（符号为负）平放于 x 轴上。上下各有一个圆锥形的节面在正负波函数的交界处。

学习基本要求

1. 了解量子力学研究的内容和方法。
2. 理解薛定谔方程各项的含义及波函数的物理意义。
3. 理解量子力学的基本假定。
4. 掌握线性算符、本征函数、本征值、本征方程、简并态、简并度以及节面等概念。
5. 掌握函数正交性的判定、物理量平均值的计算。
6. 了解用量子力学处理势箱中粒子的平动、双粒子刚性转子的转动、谐振子的振动和单电子原子体系的步骤和方法。

习　题

6-1　计算氢原子光谱中，长波方向出现的第一个吸收峰的波长、频率及波数。

6-2　判断下列算符是否为线性算符

(1) x^2　　　　(2) e^{3x}　　　　(3) $\cos$　　　　(4) $\lg$

(5) $-i\dfrac{h}{2\pi}\times\dfrac{d}{dx}$　(6) $\dfrac{d^2}{dx^2}$　　　(7) $\sqrt{\ }$　　　　(8) $e^x+\sin$

6-3　下列函数中，哪些是算符 $\dfrac{d^2}{dx^2}$ 的本征函数？若是，则求出本征值。

(1) $3e^x$　　　　(2) e^{3x}　　　　(3) $\sin x$　　　　(4) $\sin 2x$

(5) $2\cos x$　　　(6) x^3　　　　(7) $\sin x+\cos x$　　(8) $e^x+\sin x$

6-4　试求能使函数 e^{-ax^2} 为算符 $\left(\dfrac{d^2}{dx^2}-9x^2\right)$ 的本征函数 a 的值，并求本征值。

6-5　一维势箱中自由粒子运动的波函数为（ l 是势箱的长度）：

$$\psi_n(x)=\sqrt{\dfrac{2}{l}}\sin\left(\dfrac{n\pi}{l}x\right)$$

(1) Ψ_3 是动量算符 $\hat{p}_x=-i\dfrac{h}{2\pi}\times\dfrac{d}{dx}$ 的本征函数吗？若是，求出本征值；若不是，计算动量的平均值；

(2) 粒子处于 Ψ_2 状态时，计算粒子出现在势箱中 $0\leqslant x\leqslant l/3$ 范围内的概率；

(3) 通过计算说明 Ψ_3 与 Ψ_5 这两个波函数是否相互正交。

6-6　乙烯分子的 C=C 键长为 $l=1.32\text{Å}$，已知其 π 电子运动特征可用一维势箱模型表示。

(1) 求出 π 电子在基态和第一激发态之间跃迁所产生的光谱线的波长；

(2) 计算在基态和第一激发态时，π 电子出现在 C=C 键中点的概率密度。

6-7　原子核的大小约为 10^{-15}m。如将原子核内的中子近似看做是在 10^{-15}m 范围内的一维势箱中运动，试估算：

(1) 零点能；

(2) 1mol 原子核蜕变时放出的能量。

6-8　已知封闭圆环中粒子的能级为：

$$E_n=\dfrac{n^2h^2}{8\pi^2mR^2},\quad n=0,\pm1,\pm2,\pm3,\cdots$$

式中，n 为量子数，R 是圆环的半径。若将这能级公式近似地用于苯分子中的 π_6^6 离域 π 键，取 $R=140\text{pm}$。试求苯分子从基态跃迁到第一激发态所吸收的光的波长。

6-9　计算 O_2 分子在体积 $V=10^{-3}$ m^3 的立方箱中运动时，处于基态时的平动能。

6-10　已知 O_2 的转动惯量 $I=1.935\times10^{-46}\text{kg}\cdot m^2$。试计算 O_2 分子由基态激发到第一激发态所需的转动能。

6-11　已知 O_2 分子的基本振动频率为 $6.5\times10^{13}\text{Hz}$，试计算其在基态时的振动能。

6-12　通过计算说明，用氢原子从第六激发态跃迁到基态所产生的光子，照射长度为 1120pm 的线性分子 $CH_2CHCHCHCHCHCHCH_2$，该分子能否产生吸收光谱。

6-13　比较氢原子 1s 态的概率密度分布图 Ψ_{1s}^2-r 和径向分布图 D_{1s}-r，说明两种图形不同的原因。

6-14　计算 H 原子处于 1s 态时，电子在 $r=a_0$ 与 $r=2a_0$ 处的概率密度之比。

6-15　计算 H 原子 1s 电子出现在半径 $r=a_0$ 球面内的概率与 $r=2a_0$ 球面内的概率之比。

（提示：利用积分公式 $\displaystyle\int_{r_1}^{r_2} r^2 e^{-Ar}\,dr=-\frac{2}{A^3}e^{-Ar}\left(\frac{1}{2}A^2r^2+Ar+1\right)\Big|_{r_1}^{r_2}$ ）

6-16　计算 He^+ 处于 1s 态时径向分布函数 D_{1s} 极大值的位置。

6-17　求证：$\Phi_{\pm2}^{\cos}=\dfrac{1}{\sqrt{\pi}}\cos2\varphi$ 与 $\Phi_{\pm2}^{\sin}=\dfrac{1}{\sqrt{\pi}}\sin2\varphi$ 正交。

6-18　已知氢原子的 $2p_z$ 原子轨道

$$\Psi_{2p_z}==\frac{1}{4}\sqrt{\frac{1}{2\pi a_0^3}}\times\frac{r}{a_0}\cdot e^{-\frac{r}{2a_0}}\cdot\cos\theta$$

式中，a_0 是玻尔半径。试回答下列问题：

（1）计算求氢原子 $2p_z$ 原子轨道能；

（2）波函数角度分布函数极大值位置在何处？

（3）电子云节面的个数、位置和形状怎样？

（4）计算电子离核的平均距离。（提示：利用积分公式 $\displaystyle\int_0^\infty x^n e^{-Ax}\,dx=\frac{n!}{A^{n+1}}$ ）

6-19　对氢原子，$\Psi=\sqrt{\dfrac{1}{3}}\psi_{3,1,0}+\sqrt{\dfrac{2}{3}}\psi_{2,1,-1}$，所有波函数都已归一化。试对 Ψ 所描述的状态计算能量平均值 $\overline{E}$ 及能量为 -3.4eV 出现的概率。

第 7 章

统计热力学初步

　　用量子力学研究分子结构，从组成系统内部粒子的微观性质及分子结构出发，运用力学规律用统计的方法推算大量粒子运动的统计平均结果，从而得到平衡系统的各种宏观性质，这就是统计热力学（statistical thermodynamics）。它是一种从微观到宏观的方法。由于热力学是研究能量转换及相伴随的物质状态变化，是宏观的方法，不涉及物质的微观性质，因此统计热力学是热力学的补充，是联系体系微观性质与宏观性质的桥梁。

　　统计热力学是统计力学（statistical mechanics）中有关热力学宏观性质计算方面的一个分支。统计力学是 19 世纪中叶主要由玻尔兹曼、麦克斯韦和吉布斯发展起来的一门学科，它的前身是气体分子运动论。早期的统计力学是建筑在经典力学的基础上，称为经典统计力学。在经典统计力学里，分子的运动状态是用分子在空间的位置和动量描述的，分子的能量被认为是连续变量。到 20 世纪 20 年代量子力学问世，人们认识到微观粒子的运动服从量子力学。于是，统计力学引用量子力学中波函数、量子态、能级及简并度等概念，修改了原来描述分子运动状态的经典方法，统计方法也有改变。1924 年玻色和爱因斯坦（Bose-Einstein）发现第一种量子统计法（用于光子等自旋为零或整数的粒子）；1926 年费米和狄拉克（Fermi-Dirac）发现第二种统计法（用于电子等自旋为半整数的粒子）。这两种统计方法称为量子统计法，它们都可以在一定的条件下通过适当的近似得到玻尔兹曼统计。所以本章主要介绍修正的玻尔兹曼统计。

　　统计热力学将所研究的对象中的个体，比如聚集在气体、液体、固体中的分子、原子、离子等统称为"粒子"（particle），简称为"子"。按照系统中粒子运动情况的不同可以将统计系统分为离域子系统（system of non-localized particles）和定域子系统（system of localized particles）。若粒子在运动中处于混乱的运动状态、没有固定的平衡位置，则称为离域子系统，气体、液体就属于离域子系统。若粒子在运动中有固定的平衡位置，运动是定域化的，不同位置上的粒子即使质量、大小相同，也具有不同的性质，则称为定域子系统，原子晶体属于定域子系统。

　　微观粒子本身是全同不可区分的，因此离域子系统在统计上属于不可区别的粒子系统，又称为不可辨粒子系统或全同粒子系统（system of identical particles）。而定域子系统可以想象对处于不同位置上的粒子编号加以区分，所以定域子系统在统计上属于可辨粒子系统。

　　按照系统中粒子间的相互作用的情况又可以将统计系统分为独立子系统（system of independent particles）和相依子系统（system of interacting particles）。若粒子间无相互作用或相互作用极弱，除了相互作用的瞬间外，其相互作用可以略去，这种系统称为独立子系统，理想气体属于独立子系统。若粒子间有相互作用或相互作用不能忽略，则称为相依子系统，如真实气体、液体等。

对于独立子系统，热力学能是各粒子能量之和：

$$U = \sum_i n_i \varepsilon_i \tag{7-1}$$

式中，ε_i 为粒子第 i 个能级的能量；n_i 为在能级 ε_i 上的粒子数。相依子系统的热力学能是粒子的能量和相互作用的势能之和，势能是各粒子坐标的函数。在本章中只讨论独立子系统。

7.1 能级分布的微观状态数与系统的总微态数

7.1.1 分布与微态的概念

热力学能 U、体积 V、粒子数 N 确定的独立子系统，粒子的能级也是确定的，用 ε_1，ε_2，$\cdots$，ε_i 表示。N 个粒子分布在这些能级上，能级 ε_1 上有 n_1 个粒子，能级 ε_2 上有 n_2 个粒子，$\cdots$。n_1，n_2，$\cdots$，称为能级分布数，一组各能级上的分布数 n_1，n_2，$\cdots$，n_i 称为一个分布（distribution）。虽然系统的总能量是确定的，但因为粒子不停地运动着，可能通过某种机制彼此交换能量，所以每个粒子的能值并非固定不变，而可以从一个能级跃迁到另一个能级，即各能级上的分布数可以改变，因而系统有许多不同的分布。对于 U、V、N 确定的系统，每一种分布必须满足

$$\sum_i n_i = N \tag{7-2}$$

$$\sum_i n_i \varepsilon_i = U \tag{7-3}$$

对于一个确定的分布，每个能级上还有若干不同的量子态（quantum state），即第 6 章

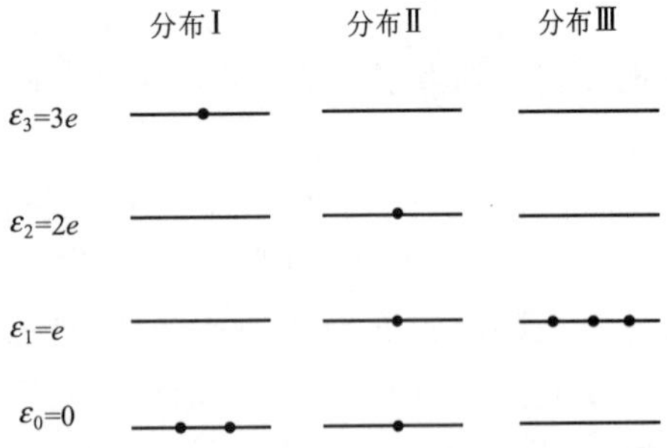

图 7-1 三个粒子在能级上的三种分布方式

所说的简并态，粒子在这些简并的量子态上还有不同的排列方式。若系统的每一个粒子所处的量子态都是确定的，则系统的一个微态（particles state）也就确定了，因此一个分布还可能包含若干微态。微态的数目用 Ω 表示。为了说明分布与微态的关系，举一个简单的例子来说明。

设有一个包含三个粒子的假想系统，粒子的容许能级为 0、e、$2e$、$3e$、$4e$、$\cdots$（e 代表某一能量单位），系统的总能量为 $3e$。可以看出，满足总能量为 $3e$ 的分布有三种方式（图 7-1）。

如果该系统是定域子系统，三个粒子用记号 a、b、c 加以区分，则系统可能出现的各种微态如图 7-2 所示。在分布 I 中，两个粒子在 ε_0 能级上，一个粒子在 ε_3 能级上，有 3 种微态，$\Omega_I = 3$。在分布 II 中，ε_0、ε_1、ε_2 能级上各有一个粒子，有六种微态，$\Omega_{II} = 6$。在分布 III 中，三个粒子均在 ε_1 能级上，只有一种微态，$\Omega_{III} = 1$。系统的总微态数为 10。若系统的粒子数不同，总能量不同，系统的分布数、微态数都不同。

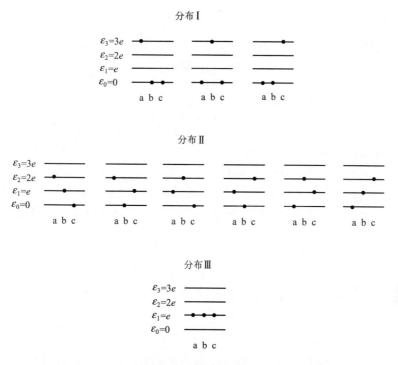

图 7-2 三个粒子总能量为 $3e$ 的三种分布对应的微态数

7.1.2 定域子系统的能级分布微态数

N 个定域子组成的系统，设其中一个分布是 n_1，n_2，$\cdots$，n_i。这个分布有多少种微态呢？首先考虑 N 个粒子在各能级上有多少种分布方法，这个问题相当于把 N 个可区别的粒子分成若干组，每组的粒子数分别为 n_1，n_2，$\cdots$，n_i。根据排列组合的原理可知分组的方法数为

$$\frac{N!}{n_1!\,n_2!\cdots} = \frac{N!}{\prod\limits_i n_i!}$$

式中符号！表示阶乘。进一步考虑粒子在各个量子态上的排列。在能级 ε_i 上有 g_i 个不同的量子态，若每个量子态上容纳的粒子数不受限制，则 n_i 个粒子处在 g_i 个不同的量子态上而使系统产生不同的微态。每一个粒子均能处于该能级的 g_i 个量子态中的任何一个，故 n_i 个粒子在 g_i 个量子态上排列产生的微态数为 $g_i^{n_i}$，其他能级也是如此，由于能级的简并，就能使系统有 $\prod\limits_i g_i^{n_i}$ 个不同的微态数。因此，定域子系统一种分布的微态数为

$$\Omega_{\mathrm{D}} = N! \prod_i \frac{g_i^{n_i}}{n_i!} \tag{7-4}$$

现在用此式来计算图 7-1 中三种分布对应的微态数（$g_i = 1$，$N = 3$）。

分布 I：$n_3 = 1$，$n_0 = 2$，$\Omega_{\mathrm{I}} = 3! \times \dfrac{1^1}{1!} \times \dfrac{1^2}{2!} = 3$

分布 II：$n_0 = n_1 = n_2 = 1$，$\Omega_{\mathrm{II}} = 3! \times \dfrac{1^1}{1!} \times \dfrac{1^1}{1!} \times \dfrac{1^1}{1!} = 6$

$$分布Ⅲ：n_1=3，\Omega_Ⅲ=3!\times\frac{1^3}{3!}=1$$

三种分布的总微态数为 10。三种分布及总的微态数的计算结果与图 7-2 分析的结果是一致的。

7.1.3　离域子系统的能级分布微态数

离域子属于不可区别的粒子，即全同粒子。全同粒子在不同能级或不同的量子态上互换时，不产生新的微态。因此 N 个离域子组成的系统，若其中一个分布是 n_1，n_2，$\cdots$，n_i，则这 N 个粒子在各能级上的排列方法只有一个，即只有一个微态。进一步考虑粒子在 g_i 个量子态上排列产生的微态数，这个问题与一个量子态上可容纳的粒子数有关。若一个量子态上只能容纳一个粒子（即费米－狄拉克统计），则 n_i 个粒子在该能级 g_i 个量子态上排列产生的微态数目为

$$\frac{g_i!}{n_i!\times(g_i-n_i)!}$$

其他能级也是如此，则一种分布的微态数为

$$\Omega_{FD}=\prod_i\frac{g_i!}{n_i!\times(g_i-n_i)!} \tag{7-5}$$

若一个量子态上容纳的粒子数不限（此即玻色－爱因斯坦统计），则 n_i 个粒子在 g_i 个量子态上排列产生的微态数为

$$\frac{(n_i+g_i-1)}{n_i!\times(g_i-1)!}$$

其他能级也是如此，一种分布的微态数为

$$\Omega_{BE}=\prod_i\frac{(n_i+g_i-1)!}{n_i!\times(g_i-1)!} \tag{7-6}$$

当 $g_i\gg n_i$ 时

$$\Omega_{FD}\approx\prod_i\frac{g_i^{n_i}}{n_i!}\approx\Omega_{BE}$$

只要离域子系统温度不太低，通常 g_i 与 n_i 之比约为 10^5，可见一个能级上的量子态数目远大于该能级上的粒子数，因此一个量子态上出现多于一个粒子的概率极小，这时可以不考虑一个量子态上容纳的粒子数。离域子系统一种分布的微态数为

$$\Omega_D=\prod_i\frac{g_i^{n_i}}{n_i!} \tag{7-7}$$

7.1.4　系统的总微态数

在 U、V、N 确定的情况下，系统的总微态数 Ω 是各种可能分布的微态数之和

$$\Omega=\sum_D\Omega_D \tag{7-8}$$

因为 U、V、N 确定的系统能够有哪些分布方式是确定的，各分布的微态数也可按前述

公式计算，所以 Ω 也应有定值，因此 Ω 可以表示为系统 U、V、N 的函数，即

$$\Omega = \Omega(U,V,N)$$

7.2 最概然分布与平衡分布

7.2.1 概率与等概率原理

若某事件的发生有多种可能，这种事件称为复合事件，各种可能出现的情况称为可能事件或偶然事件。例如，一粒骰子有不同点数的六个面，每掷一次就可能有六种不同的结果，那么掷骰子就是包含着六种可能事件的复合事件。

复合事件若只发生一次，其结果是何种情况纯属偶然，就像掷一次骰子，无人能断定结果是几点。但是，复合事件重复多次，某偶然事件 A 出现的次数就会有一定的规律性。当复合事件重复 m 次，偶然事件 A 出现 n 次，则比值 $\dfrac{n}{m}$ 在 m 趋于无穷大时有定值，定义为事件 A 出现的概率 P_A（probability），即

$$P_A = \lim_{m \to \infty} \frac{n}{m}$$

概率是一个数学概念，反映了出现偶然事件 A 的可能性。在 m 趋于无穷大时，P_A 值是完全确定的，这就是偶然事件概率的稳定性。例如，一粒骰子的六个面均匀，质心居中，掷骰子时任何一面出现的概率均为 $1/6$，表明出现任何一面的可能性相同，无论何人于何地重复投掷，结果完全一样。概率的稳定性反映了出现各偶然事件的客观实际规律。

由概率的定义可知，任何偶然事件的概率 P_i 均小于 1，复合事件所包含的所有偶然事件的概率之和应为 1，即

$$\sum_i P_i = 1$$

某复合事件所包含的两偶然事件 A 与 B 的概率分别为 P_A 与 P_B。若这两偶然事件互不相容，即出现了事件 A 就不可能出现事件 B，则该复合事件出现 A 或 B 中任一结果的概率为 $P_A + P_B$。若事件 A 与事件 B 彼此无关，则 A 与 B 同时出现的概率应当是 $P_A \times P_B$。

在统计热力学中，上述概率又称为数学概率，以区别于下面将介绍的热力学概率。

统计热力学研究的对象是由大量粒子构成的宏观系统。正因为宏观系统是由大量（10^{24} 数量级）的粒子组成，此时个别粒子的机械运动规律本质上已不够用，这里出现了新的规律性，就是有关大量粒子集体综合行为和性质的统计规律性，可以用统计的方法从微观性质出发推求系统的宏观性质。

从热力学可知，系统达平衡态后，所有状态函数均有确定的值，只要该平衡态不被破坏，则所有状态函数的值也不随时间变化。但从微观上看，系统却处于不断变化的微态之中，即使在宏观上看来极其短暂的时间内，系统已经历了无数的微态，而且此微态的数目已大得足以反映出各种微态出现概率的稳定性，即在观察系统宏观性质的短暂时间内，出现各个微态的可能性与其数学概率相等。也就是说，若在微态 i，状态函数 F 的取值为 F_i，且该微态出现的概率为 P_i，则实验测得状态函数的值 F 为

$$F = \sum_i P_i F_i$$

各微态出现的概率如何？这个问题目前尚不能由实验来回答。统计热力学假设：在 U、V、N 恒定的条件下，每一种微态出现的概率相等，这个假设称为等概率原理，是统计热力学的基本原理。这个原理目前虽然无法直接证明，但由它导出的结论已被实践证明是正确的。根据等概率原理，U、V、N 确定的系统中各种微态出现的数学概率应当是总微态数的倒数，用公式表示即为

$$P = \frac{1}{\Omega} \tag{7-9}$$

7.2.2 最概然分布与平衡分布

U、V、N 确定的系统有各种不同的分布，每一种分布还包含有许多不同的微态。不同的分布有不同的微态数，根据等概率原理，各微态出现的概率相等，所以各种分布出现的数学概率并不相同。若系统总微态数为 Ω，其中分布 D 包含的微态数为 Ω_D，则分布 D 出现的数学概率为

$$P_D = \frac{\Omega_D}{\Omega} \tag{7-10}$$

上式中，Ω 为定值，所以各分布出现的数学概率正比于该分布所包含的微态数，其中包含微态数最多的分布出现的数学概率最大，称为最概然分布（most probable distribution）。

式(7-10) 说明，任意一种分布 D 出现的数学概率 P_D 与微态数 Ω_D 仅差一常数项 $\frac{1}{\Omega}$，所以直接用分布 D 的微态数 Ω_D 也能说明该分布出现的概率大小，统计热力学把 Ω_D 称为分布 D 的热力学概率（thermodynamic probability），以示与数学概率的区别。Ω 称为 U、V、N 条件下系统的总热力学概率，也就是指宏观状态的总热力学概率。

在系统处于平衡态情况下，最概然分布的概率实际上是随着粒子数目的增大而减小的。由于统计热力学研究的系统约有 10^{24} 个粒子，因而最概然分布的概率其实是非常小的。对下面将提到的一个具体系统来说，最概然分布的概率仅为 10^{-14} 左右。但是，对于含有数量级为 10^{24} 个粒子的系统处于平衡时，最概然分布以及偏离最概然分布一个宏观上根本无法觉察的极小范围内，各种分布的概率之和已十分接近于 1，这说明紧靠最概然分布的一个极小范围内，各种分布的微态数之和已十分接近系统的总微态数 Ω。因此，尽管系统在 U、V、N 确定的情况下，粒子的分布方式仍然千变万化，但几乎没有超出紧靠最概然分布的一个极小范围。所以，U、V、N 确定的系统在达到平衡时，粒子的分布方式几乎不随时间而变化，这种分布称为平衡分布（equilibrium distribution）。显然，平衡分布就是最概然分布所代表的那些分布。

上述概念可以用一个具体的例子来说明。设某独立定域子系统中有 N 个粒子分布在同一能级的两个量子态 i、j 上。当量子态 i 上的粒子数为 M 时，量子态 j 上的粒子数为 $N-M$。因为粒子可以区别，故上述分布方式的微态数 Ω_D 应为

$$\Omega_D = \frac{N!}{M!\,(N-M)!}$$

不同的 M 值对应着不同的分布方式，所以系统的总微态数 Ω 应为

$$\Omega = \sum_{M=0}^{N} \Omega_D = \sum_{M=0}^{N} \frac{N!}{M!\,(N-M)!}$$

等式右端的求和项可以用代数中的二项式定理来计算。由二项式定理可得

$$(x+y)^N = \sum_{M=0}^{N} \frac{N!}{M!\,(N-M)!} x^M y^{N-M}$$

令 $x=y=1$，即

$$2^N = \sum_{M=0}^{N} \frac{N!}{M!\,(N-M)!} = \Omega$$

此式表明所研究的含有 N 个粒子的独立定域子系统的总微态数目为 2^N，而且各种分布的微态数可以由 $(x+y)^N$ 的展开式中的系数来表示。当 $M=\frac{1}{2}N$ 时，展开式中系数最大（即求和项中贡献最多的部分），这相当于最概然分布的情况。所以最概然分布的微态数 Ω_m 可表示为

$$\Omega_m = \frac{N!}{\left(\frac{N}{2}\right)!\left(\frac{N}{2}\right)!} \tag{7-11}$$

当 N 值很大时，$N!$ 可由数学中的斯特林（Stirling）公式进行计算，即

$$\lim_{N\to\infty} \frac{N!}{\sqrt{2\pi N}\left(\frac{N}{e}\right)^N} = 1$$

将 $N! = \sqrt{2\pi N}\left(\frac{N}{e}\right)^N$ 代入式(7-11)，经整理可得

$$\Omega_m = \frac{1}{\sqrt{2\pi N}} 2^{N+1} = \sqrt{\frac{2}{\pi N}} \times 2^N$$

因此，最概然分布的数学概率 P_m 为

$$P_m = \frac{\Omega_m}{\Omega} = \sqrt{\frac{2}{\pi N}}$$

这就说明，最概然分布的数学概率将随着粒子数的增大而减小。当 $N=10^{24}$ 时，$P_m = 7.98\times10^{-13}$，是一个远小于 1 的数值，这是针对在 i、j 两个量子态上各有 0.5×10^{24} 个粒子的情形。

然而，在含有如此巨大数目粒子的系统中，如果在量子态 i 和量子态 j 上的粒子数并不正好是 0.5×10^{24} 个，而是少一些或是多些的分布，实际上与最概然分布相差甚微。假设另一种分布与最概然分布有一微小偏离 m，即量子态 i 上的粒子数为 $\left(\frac{N}{2}-m\right)$，量子态 j 上的粒子数为 $\left(\frac{N}{2}+m\right)$，这种情况下的分布方式对应的概率 P_D 可表示为

$$P_D = \frac{N!}{\left(\frac{N}{2}+m\right)!\left(\frac{N}{2}-m\right)!} \times \frac{1}{\Omega}$$

令 m 值由 $-2\sqrt{N}$ 变化至 $2\sqrt{N}$，对应的各种分布中偏离最概然分布的最大程度（即 $m=\pm2\sqrt{N}$）将随着 N 的增大而减小。例如当 $N=10^{24}$ 时，在最概然分布情况下，量子态 i 上的粒子数是 $\frac{N}{2}=0.5\times10^{24}$，在所讨论的最大偏离情况下（$m=\pm2\sqrt{N}=\pm2\times10^{12}$）量子态 i 上的粒子数值在 $(0.5\times10^{24}-2\times10^{12})$～$(0.5\times10^{24}+2\times10^{12})$ 范围内，显然该量子态上粒子数的变化在宏观上是难以察觉的，表明这个间隔是极其狭小的。在此间隔中，各种

分布的概率和为

$$\sum_{m=-2\sqrt{N}}^{2\sqrt{N}} \frac{N!}{\left(\dfrac{N}{2}+m\right)!\left(\dfrac{N}{2}-m\right)!} \times \frac{1}{2^N}$$

当 $N=10^{24}$ 时，计算得该求和值等于 0.99993，非常接近于 1。这说明此狭小范围内各种分布微态的概率总和非常接近于系统的全部分布微态总和的概率。

由此可见，一方面，由于偏离（$\pm 2\sqrt{N}$）和 $\left(\dfrac{N}{2}\right)$ 相比是如此之小，所以在这狭小区域的分布与最概然分布 $\left(\dfrac{N}{2}\right)$ 在实质上并无区别；另一方面，在这狭小间隔区间内分布微态的总和又非常接近全部分布的微态总和。因此，当 N 足够大时，最概然分布实际上包括了其附近的极微小偏离的情况，也足以代表系统的一切分布。一个热力学系统，尽管它们微观状态瞬息万变，但系统都在能用最概然分布代表的那些分布上渡过几乎全部时间。从宏观上看，系统达到热力学平衡态后，系统的状态不再随时间而变化；从微观上看，系统是处于最概然分布的状态，不因时间的推移而产生显著的影响。所以最概然分布实际上就是平衡分布。

7.3　概率与统计熵

7.3.1　热力学概率与统计熵

系统温度升高，分子的热运动加剧，按照热力学，其熵值增加。可见热力学概率或微观状态数、熵以及分子运动的混乱程度是相关的，实质上它们所指的是同一回事情。1877 年，玻尔兹曼首次提出热力学概率和熵的关系 $S=k\ln\Omega$，今依照普朗克的理论证明如下。

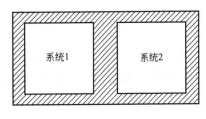

图 7-3　并合系统

设有两个系统 1 和 2，它们的熵分别是 S_1 和 S_2，热力学概率分别是 Ω_1 和 Ω_2。今将两个系统合并在一起构成一个"并合系统"，但彼此之间不发生能量及物质的流动，依照普朗克的理论，熵是热力学概率的函数，于是有

$$S_1 = f(\Omega_1), \quad S_2 = f(\Omega_2), \quad S_{12} = f(\Omega_{12})$$

其中，S_{12} 和 Ω_{12} 分别表示"并合系统"的熵和热力学概率。因为熵是广延性质，具有加和性，故"并合系统"的熵

$$S_{12} = S_1 + S_2 = f(\Omega_1) + f(\Omega_{12}) \tag{7-12}$$

但是热力学概率是乘积性的；因为系统 1 的各个微观状态可以与系统 2 的各个微观状态组合成一个新的微观状态，故"并合系统"的热力学概率 $\Omega_{12}=\Omega_1\Omega_2$，于是

$$S_{12} = f(\Omega_{12}) = f(\Omega_1\Omega_2) \tag{7-13}$$

由式(7-12) 和式（7-13）得

$$f(\Omega_1\Omega_2) = f(\Omega_1) + f(\Omega_2) \tag{7-14}$$

能够满足式(7-14) 的函数只有对数函数，即

$$\ln(\Omega_1\Omega_2) = \ln\Omega_1 + \ln\Omega_2$$

由此可见，熵与热力学概率之间的函数关系是

$$S = c\ln\Omega \tag{7-15a}$$

本章附录Ⅰ中将证明此式中的比例系数 $c = k$，即玻尔兹曼常数，$k = R/L = 1.38 \times 10^{-23}$ J·K^{-1}（L 是阿伏加德罗常数）。所以

$$S = k\ln\Omega \tag{7-15b}$$

式(7-15b)是独立子系统的熵与热力学概率之间的关系，称为玻尔兹曼关系式（Boltzmann relation）或玻尔兹曼熵定理，该定理是统计热力学中一个极其重要的定理。

再以前面所举的三个粒子的系统并以热力学概率的具体数值来说明式(7-15)。设想三个粒子的系统在 0K。这时，三个粒子都在最低能级，系统只此一个微观状态，$\Omega = 1$。依照式(7-15)，$S = k\ln\Omega = k\ln 1 = 0$。在 0K 时，这个系统是一个理想晶体，依照热力学第三定律，其绝对熵值 $S_0 = 0$。这个结果与上面由 $S = k\ln\Omega$ 算得的相同。

7.3.2　熵的统计意义

前面我们曾导出热力学基本公式

$$dU = TdS - pdV + \sum_B \mu_B dn_B$$

对于单组分系统，上式可以写成

$$TdS = dU + pdV - \mu dN \tag{7-16}$$

（在此式中，用粒子数 N 代替物质的量 n，因为此式中 μ 指每个粒子的化学势）。式(7-16)表示热力学能 U、体积 V 和粒子数 N 的任何变化都将引起熵 S 的变化，即是说，S 是 U、V 和 N 的函数。由于热力学概率 Ω 和熵 S 之间存在式(7-15) 的关系，故热力学概率 Ω 应也是 U、V 和 N 的函数，用数学式表示，即

$$\Omega = \Omega(U, V, N) \tag{7-17}$$

把上式代入式(7-15b)，有

$$S = k\ln\Omega(U, V, N) \tag{7-18}$$

这表明，U、V、N 确定的系统的熵值直接反映了系统能够达到的微态数的多少，此即为熵的统计意义。在热力学里，隔离系统的熵是描述系统中粒子运动混乱程度大小的状态函数，从统计热力学的观点来看，所谓粒子运动的混乱程度是用系统能达到的总微态数来衡量的。$\Omega(U, V, N)$ 越大，则混乱程度越大。

0K 时纯物质完美晶体中粒子具有的各种运动形式均处于基态，粒子的排列也只有一种方式，所以 Ω 应为 1，按照熵的统计意义就能得出该条件下的熵值 $S_0 = 0$。异核分子晶体在 0K 时如果分子取向不一致，如前面曾提及的 CO 晶体中可能有 COCOCO 及 OCCOOC 等不同的排列方式，相应就使 $\Omega > 1$，由熵的统计意义可知此时 $S_0 > 0$。

热力学指出隔离系统中一切自发过程都趋于熵增大，从熵的统计意义来看就意味着自发过程趋于 $\Omega(U, V, N)$ 增大。$\Omega(U, V, N)$ 是热力学概率，在不受外界干扰的隔离系统中自发过程趋向于热力学概率增大的方向，这与概率的概念是相符的。隔离系统平衡时熵达到最大；相应地，在统计热力学里，隔离系统达到平衡时其热力学概率也达到最大。概率及其有关性质仅在粒子数特别多的情况下才显示出正确性，从统计的角度来看，熵函数及其

热力学有关定律也只能适用于含有大量粒子的宏观系统。

7.3.3　统计熵与量热熵的比较

根据玻尔兹曼熵定律 $S = k\ln\Omega$ 计算出的熵称为统计熵（statistical entropy），由于在计算过程中要用到物质的光谱数据，故又称光谱熵（spectral entropy）。相应地，把在热力学中以第三定律为基础，由量热实验测得各有关数据计算出的熵称为量热熵（calorimetry entropy），以示与统计熵的区别。应当指出，统计熵不一定等于量热熵，二者之差称为残余熵（residual entropy）。物质 0K 时的熵值 S_0 是否为 0 是产生残余熵的原因。由式(7-15)

$$S_0 = \lim_{T \to 0K} S = k\ln\Omega_0 \tag{7-19}$$

而量热熵本质上是指熵变，即

$$S - S_0 = k\ln\Omega - k\ln\Omega_0 = S_{\text{统计}} - S_0 = S_{\text{量热}}$$

所以

$$S_0 = k\ln\Omega_0 = S_{\text{统计}} - S_{\text{量热}} \tag{7-20}$$

可见当 $\Omega_0 \neq 1$ 时，则有残余熵 $S_0 > 0$。一般说来，$S_0 = 0$ 对应于 0K 时固态为完整晶体，若 0K 时固态为不完整晶体或其他亚稳态物质，则 $S_0 > 0$。表 7-1 列出了部分气体的统计熵和量热熵值。可以看出，多数气体的统计熵和量热熵在误差范围内一致，这说明它们在极低温度时的晶体为完整晶体；少数气体两者有明显的不同，即有残余熵。

表 7-1　某些气体 298K、100kPa 时的统计熵与量热熵　　单位：$J \cdot mol \cdot K^{-1}$

气体	$S_{\text{统计}}$	$S_{\text{量热}}$	$S_0 = k\ln\Omega_0$
H_2	130.77	124.54	6.23
D_2	144.96	141.95	3.01
O_2	205.25	205.5	—
HCl	186.88	186.3	—
HBr	198.77	199.2	—
HI	206.8	207.2	—
Cl_2	223.16	223.20	—
CH_3Cl	234.33	234.16	—
N_2	191.65	192.3	—
C_2H_4	219.64	219.69	—
CO	198.05	193.41	4.64
NO_2	240.36	240.31	—
NO	210.69	208.10	2.59
N_2O	220.10	215.33	4.77
CH_4	186.67	185.46	—
CO_2	213.79	213.95	—
H_2O	188.77	185.38	3.39
H_2S	205.54	205.75	—

下面结合表 7-1 讨论产生残余熵的原因。

(1) 核自旋取向不同

H_2 或 D_2 分子，由于核自旋取向不同而形成混合物。两个核自旋取向相反时为正氢或正重氢，两个核自旋取向相同时为仲氢或仲重氢。在 298K、100kPa 时，正氢：仲氢＝3：1，正氢要求转动量子数为奇数，转动基态简并度为 $2J+1=3$，而仲氢要求转动量子数为偶数，基态简并度为 1，所以 1mol H_2 分子微观状态数增加一个因子 $3^{3L/4}$，统计熵的增加为 $\frac{3}{4}R\ln3 = 6.85 \ \mathrm{J \cdot mol^{-1} \cdot K^{-1}}$。

对 D_2 分子，正重氢：仲重氢＝2：1，正重氢转动量子数为偶数，转动基态简并度为 1，而仲重氢转动量子数为奇数，基态简并度为 3。所以 1mol D_2 分子微观状态数增加的因子是 $3^{L/3}$，统计熵增加 $\frac{1}{3}R\ln3 = 3.04 \ \mathrm{J \cdot mol^{-1} \cdot K^{-1}}$。

(2) 晶体中取向不同

CO、N_2O 这两种分子的偶极矩很小，在晶格点上每一个分子可能有两种配位取向，CO 或 OC，NNO 或 ONN。由于偶极矩很小，两种取向的能量差也很小。1mol 分子的微观状态数增加一个因子 2^L，统计熵增加 $R\ln2 = 5.76 \ \mathrm{J \cdot mol^{-1} \cdot K^{-1}}$（与实验基本相符）。表 7-1 中所列的结果表明，在晶体中 CO 分子或 N_2O 分子存在着部分有序排列，故统计熵的增加小于 $5.76 \ \mathrm{J \cdot mol^{-1} \cdot K^{-1}}$。

NO 分子在晶体中形成二聚体 N_2O_2，也存在两种不同的配位取向构型，$\begin{matrix} ON \\ NO \end{matrix}$ 或 $\begin{matrix} NO \\ ON \end{matrix}$，1mol 分子的微观状态数增加因子 $2^{L/2}$，统计熵增加 $\frac{1}{2}R\ln2 = 2.88 \ \mathrm{J \cdot mol^{-1} \cdot K^{-1}}$。

(3) H_2O 的晶体中形成大量的氢键

关于 H_2O 的残余熵，鲍林（Pauling）给出了一个满意的解释：在水的晶体中每个氧原子与周围 4 个氢原子形成一个四面体结构。一个氢原子在 O—O 连线上有两种方式，如图 7-4（a）所示。1mol H_2O 有 $2L$ 个 H 原子，微观状态数增加因子 2^L。每个氧原子周围有 4 个 H 原子，这 4 个 H 原子围绕氧原子有 16 种排布方式，可分为 5 类，见图 7-4（b）。第一类是 4 个 H 都靠近 O，只有一种排布方式；第二类是 3 个 H 靠近 O，1 个 H 远离 O，有 4 种排布方式；第三类是 2 个 H 靠近 O，2 个 H 远离 O，有 6 种排布方式；第四类是 1 个 H 靠近 O，3 个 H 远离 O，有 4 种排布方式；第五类是 4 个 H 远离 O，只有 1 种排布方式。靠近 O 的 H 用 σ 键与 O 连接，远离 O 的 H 用氢键与 O 连接。因为每个氧原子都须与两个靠近的氢原子形成 σ 键，故每个氧原子与周围 4 个氢原子的可接受的排布方式只占总数的 6/16，即 3/8。所以 1mol H_2O 的晶体微观状态数增加的因子为 $2^{2L} \cdot \left(\frac{3}{8}\right)^L = \left(\frac{3}{2}\right)^L$。于是

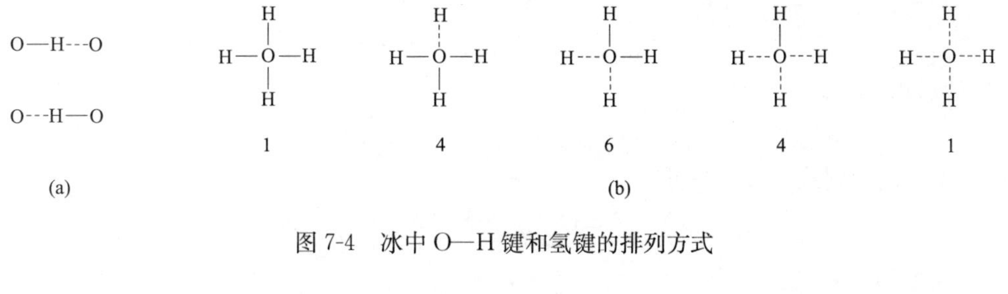

图 7-4　冰中 O—H 键和氢键的排列方式

统计熵增加 $R\ln\dfrac{3}{2} = 3.37 \text{ J}\cdot\text{mol}^{-1}\cdot\text{K}^{-1}$ 。

7.4 玻尔兹曼分布与配分函数

在玻尔兹曼熵定律 $S = k\ln\Omega$ 中，Ω 是指系统的总微态数。对于统计热力学研究的高达 10^{24} 个粒子的系统，7.2 节中已分析说明最概然分布足以代表平衡分布，那么最概然分布的微态数也可以代表系统的总微态数。这就是摘取最大项原理（the principle of maximum term）。

在 U、V、N 确定的条件下有许多不同的分布，最概然分布是其中包含微态数最多的分布，可以根据数学上求极值的方法求出最概然分布。因 $\ln\Omega$ 是 Ω 的单值函数，二者有相同的极值，为方便起见，此处求 $\ln\Omega$ 的极值来计算最概然分布。

定域子系统与离域子系统 Ω 与 n_i 有不同的函数关系，但二者求出的极值是相同的。下面以定域子系统为例来导出玻尔兹曼分布。

式（7-4）是定域子系统中任一分布微态数 Ω 的表达式，现在要在满足式（7-2）和式（7-3）

$$\sum_i n_i = N \quad \text{或} \quad \sum_i n_i - N = 0$$

$$\sum_i n_i\varepsilon_i = U \quad \text{或} \quad \sum_i n_i\varepsilon_i - U = 0$$

的条件下，求满足式（7-4）分布的 $\ln\Omega$ 的极值。为此，先将式（7-4）取对数

$$\ln\Omega_\mathrm{D} = \ln N! + \sum_i (n_i\ln g_i - \ln n_i)$$

当粒子数很大时，上式可按斯特林公式 $\ln n! = n\ln n - n$ 展开

$$\ln\Omega_\mathrm{D} = N\ln N - N + \sum_i (n_i\ln g_i - n_i\ln n_i + n_i) \tag{7-21}$$

设两待定常数 α 和 β，分别乘以两条件方程式（7-2）和式（7-3）得

$$\alpha(\sum_i n_i - N) = 0$$

$$\beta(\sum_i n_i\varepsilon_i - U) = 0$$

并与式（7-21）相加得函数 Z

$$Z = N\ln N - N + \sum_i (n_i\ln g_i - n_i\ln n_i + n_i) + \alpha(\sum_i n_i - N) + \beta(\sum_i n_i\varepsilon_i - U)$$

在 $\mathrm{d}Z=0$ 时可得一组 $\dfrac{\partial\ln Z}{\partial n_i} = 0$ 的方程，其中任意一个为

$$\ln g_i - \ln n_i + \alpha + \beta\varepsilon_i = 0$$

消去对数后得

$$n_i = g_i\mathrm{e}^{\alpha+\beta\varepsilon_i} \tag{7-22}$$

将式（7-22）代入到式（7-2）中可得

$$N = \sum_i n_i = \sum_i g_i\mathrm{e}^{\alpha+\beta\varepsilon_i} = \mathrm{e}^\alpha\sum_i g_i\mathrm{e}^{\beta\varepsilon_i}$$

即

$$e^{\alpha} = \frac{N}{\sum_i g_i e^{\beta \varepsilon_i}} \tag{7-23}$$

令

$$\sum_i g_i e^{\beta \varepsilon_i} = q \tag{7-24}$$

q 称为粒子的配分函数（partition function），是一无量纲的纯数。将式(7-24) 代入式(7-23) 中得

$$e^{\alpha} = \frac{N}{q}$$

则

$$n_i = \frac{N}{q} g_i e^{\beta \varepsilon_i} \tag{7-25}$$

将本章附录 Ⅱ 中证明的 $\beta = -\dfrac{1}{kT}$ 代入得

$$q = \sum_i g_i e^{-\varepsilon_i/kT} \tag{7-26}$$

则

$$n_i = \frac{N}{q} g_i e^{-\varepsilon_i/kT} \tag{7-27}$$

根据式(7-27) 可以得出最概然分布时，任意两个能级上粒子数之比为

$$\frac{n_i}{n_j} = \frac{g_i}{g_j} e^{-\varepsilon_i\varepsilon_j/kT} \tag{7-28}$$

式(7-22)、式(7-27) 和式(7-28) 都称为玻尔兹曼分布定律（Boltzmann distribution law）。

从玻尔兹曼分布定律可知，最概然分布时，在能级 ε_i 上的粒子数 n_i 与 $g_i e^{-\varepsilon_i/kT}$ 成正比，且任意两能级上粒子数之比都等于该能级的 $g_i e^{-\varepsilon_i/kT}$ 之比。因此称 $g_i e^{-\varepsilon_i/kT}$ 为该能级的有效容量或有效状态数，而粒子配分函数是粒子各能级的有效容量或有效状态数之和。

严格说来，用上述方法导出的结果只是 $\ln\Omega_D$ 为极值时对应的能级分布数，该极值是极大还是极小尚待进一步证明。若 $\ln\Omega_D$ 在极值点的各项二阶偏导数 $\left(\dfrac{\partial^2 \ln\Omega_D}{\partial n_i^2}\right)$ 均为正值，则求得的极值为极小，反之为极大。

由上述推导过程中的式(7-21) 对 n_i 求偏导

$$\frac{\partial \ln\Omega_D}{\partial n_i} = \ln g_i - \ln n_i$$

$$\frac{\partial^2 \ln\Omega_D}{\partial n_i^2} = -\frac{1}{n_i}$$

任何能级上的粒子数只能是正值，$\ln\Omega_D$ 的任何一项二阶偏导数均为负值，说明求得的 $\ln\Omega_D$ 是极大值，确实是微态数最多的最概然分布。

7.5　用配分函数表示热力学函数

配分函数是统计热力学里最重要的量，因为热力学函数可以用配分函数表示。如果由分子性质求得了配分函数的值，各种热力学函数的值即可以由配分函数计算。这是统计热力学的一项重大成就。下面讨论如何用配分函数来表示热力学函数。

系统的热力学能是各能级上粒子的能量总和，各能级上的粒子数由分布定律给出。因此，热力学能 U 可由合并式(7-3) 和式(7-27) 得到

$$U = \sum_i n_i \varepsilon_i = \frac{N}{q} \sum_i \varepsilon_i g_i e^{-\varepsilon_i/kT} \tag{7-29}$$

分子配分函数 q 与温度 T 和体积 V 有关，由式(7-26)，对 T 求偏微分，得

$$\left(\frac{\partial q}{\partial T}\right)_V = \sum_i \left(\frac{\varepsilon_i}{kT^2}\right) g_i e^{-\varepsilon_i/kT} = \left(\frac{1}{kT^2}\right) \sum_i \varepsilon_i g_i e^{-\varepsilon_i/kT}$$

于是式(7-29) 可写成

$$U = \frac{NkT^2}{q} \left(\frac{\partial q}{\partial T}\right)_V = NkT^2 \left(\frac{\partial \ln q}{\partial T}\right)_V \tag{7-30}$$

由恒容热容的定义 $C_V = \left(\frac{\partial U}{\partial T}\right)_V$，得

$$C_V = \left\{ \frac{\partial}{\partial T} \left[NkT^2 \left(\frac{\partial \ln q}{\partial T}\right)_V \right] \right\}_V = Nk \left\{ \frac{\partial}{\partial T} \left[T^2 \left(\frac{\partial \ln q}{\partial T}\right)_V \right] \right\}_V \tag{7-31}$$

$$H = U + pV = NkT^2 \left(\frac{\partial \ln q}{\partial T}\right)_V + pV \tag{7-32a}$$

对于理想气体，$pV = NkT$，上式可以写成

$$H = NkT^2 \left(\frac{\partial \ln q}{\partial T}\right)_V + NkT \tag{7-32b}$$

熵和配分函数的关系可以通过玻尔兹曼关系得到，因为计算定域子系统和离域子系统热力学概率的表达式不同，所以需要分别讨论。先讨论定域子系统的熵 S 以及亥姆霍兹函数 A 和吉布斯 G 的表达式。

式(7-4) 表示定域子系统的热力学概率，将它代入熵的玻尔兹曼关系式(7-15)，得到

$$S = k\ln\Omega = k\ln\left[N! \prod_i \left(\frac{g_i^{n_i}}{n_i!}\right) \right] = k\ln N! + k \sum_i n_i \ln g_i - k \sum_i \ln n_i!$$

应用斯特林近似后，上式成为

$$S = kN\ln N - kN + k \sum_i n_i \ln g_i - k \left(\sum_i n_i \ln n_i - \sum_i n_i \right)$$

由于 $\sum_i n_i = N$，故

$$S = kN\ln N - k \sum_i n_i \ln \frac{n_i}{g_i} \tag{7-33}$$

式中，n_i 是最概然分布中能级 i 上的粒子数，满足玻尔兹曼分布定律，即式(7-27)。由式(7-27)可得

$$\ln \frac{n_i}{g_i} = \ln \frac{N}{q} - \frac{\varepsilon_i}{kT}$$

将上式代入式(7-33)，得到

$$S = kN\ln N - k\sum_i n_i\left(\ln\frac{N}{q} - \frac{\varepsilon_i}{kT}\right) = kN\ln N - k\left(\sum_i n_i\right)\ln\frac{N}{q} + k\left(\sum_i n_i\varepsilon_i\right)\frac{1}{kT}$$

再次利用式(7-2) $\sum_i n_i = N$ 和式(7-3) $\sum_i n_i\varepsilon_i = U$ ，则

$$S = kN\ln N - kN\ln N + kN\ln q + \frac{\sum n_i\varepsilon_i}{T} = Nk\ln q + \frac{U}{T} \tag{7-34}$$

根据霍姆赫兹函数的定义 $A = U - TS$ ，将式(7-34)两端乘以 T，移项后即得

$$A = -NkT\ln q \tag{7-35}$$

再由吉布斯函数的定义 $G = A + pV$ ，故

$$G = -NkT\ln q + pV \tag{7-36}$$

下面来看离域子系统的 S、A 和 G 的表达式。先比较一下式(7-4)和式(7-7)

$$\Omega_D = N!\prod_i \frac{g_i^{n_i}}{n_i!} \qquad \text{（定域子系统）}$$

$$\Omega'_D = \prod_i \frac{g_i^{n_i}}{n_i!} \qquad \text{（离域子系统）}$$

可以发现，式(7-7)等于式(7-4)除以 N!，由式(7-15)可知，只要从定域子系统 S 的表达式(7-7)中减去 $k\ln N!$，即可得到离域子系统 S 的表达式。因此，对于离域子系统

$$S = kN\ln q + \frac{U}{T} - k\ln N! = kN\ln q + \frac{U}{T} - k(N\ln N - N) = kN\ln\frac{q}{N} + \frac{U}{T} + kN \tag{7-37}$$

$$A = U - TS = -NkT\ln\frac{q}{N} - NkT \tag{7-38}$$

$$G = A + pV = -NkT\ln\frac{q}{N} - NkT + pV \tag{7-39}$$

对于理想气体，$pV = NkT$，上式可写成

$$G = -NkT\ln\frac{q}{N} \tag{7-40}$$

为后面应用方便起见，把上面得到的结果用摩尔量表示，汇集成表 7-2。

表 7-2 用配分函数表示的热力学函数

热力学函数	定域子系统（理想晶体）	离域子系统（理想气体）
U_m	$RT^2\left(\frac{\partial\ln q}{\partial T}\right)_V$，式(7-30)	$RT^2\left(\frac{\partial\ln q}{\partial T}\right)_V$，式(7-30)
$C_{V,m}$	$R\left\{\frac{\partial}{\partial T}\left[T^2\left(\frac{\partial\ln q}{\partial T}\right)_V\right]\right\}_V$，式(7-31)	$R\left\{\frac{\partial}{\partial T}\left[T^2\left(\frac{\partial\ln q}{\partial T}\right)_V\right]\right\}_V$，式(7-31)
H_m	$RT^2\left(\frac{\partial\ln q}{\partial T}\right)_V + pV_m$，式(7-32a)	$RT^2\left(\frac{\partial\ln q}{\partial T}\right)_V + RT$，式(7-32b)
S_m	$R\ln q + \frac{U_m}{T}$，式(7-34)	$R\ln\frac{q}{L} + \frac{U_m}{T} + R$，式(7-37)
A_m	$-RT\ln q$，式(7-35)	$-RT\ln\frac{q}{L} - RT$，式(7-38)
G_m	$-RT\ln q + pV_m$，式(7-36)	$-RT\ln\frac{q}{L}$，式(7-40)

从表 7-2 可以看出，系统热力学能 U 和压力 p 对定域子系统和离域子系统具有相同的

形式，而熵 S 则区分定域子系统和离域子系统。因此，凡是与 S 有关的函数如 A、G 等均需区分定域子系统和离域子系统，而与 S 无关的函数如 U、p、H 等则对定域子系统和离域子系统不加区分。

7.6 粒子配分函数的计算

7.6.1 配分函数的分离——析因子性质

气体分子的运动形式有：平动（translation）、转动（rotation）和振动（vibration），因此，在忽略分子间势能的情形下，一个分子的能量包括：平动能、转动能、振动能，此外还有电子运动能和核运动能。作为一种近似，可把各种形式的运动看作是彼此独立的，因此分子在某一状态时的总能量 ε_i 及能级的简并度可写成：

$$\varepsilon_i = \varepsilon_{t,i} + \varepsilon_{r,i} + \varepsilon_{v,i} + \varepsilon_{e,i} + \varepsilon_{n,i} \tag{7-41}$$

$$g_i = g_{t,i} \cdot g_{r,i} \cdot g_{v,i} \cdot g_{e,i} \cdot g_{n,i} \tag{7-42}$$

式中，下标 t、r、v、e、n 分别表示平动、转动、振动、电子运动、核运动。

于是，配分函数可以写成：

$$
\begin{aligned}
q &= \sum_i g_i e^{-\varepsilon_i/kT} = \sum_i g_{t,i} \cdot g_{r,i} \cdot g_{v,i} \cdot g_{e,i} \cdot g_{n,i} \cdot e^{-(\varepsilon_{t,i}+\varepsilon_{r,i}+\varepsilon_{v,i}+\varepsilon_{e,i}+\varepsilon_{n,i})/kT} \\
&= \sum_i (g_{t,i} e^{-\varepsilon_{t,i}/kT}) \cdot (g_{r,i} e^{-\varepsilon_{r,i}/kT}) \cdot (g_{v,i} e^{-\varepsilon_{v,i}/kT}) \cdot (g_{e,i} e^{-\varepsilon_{e,i}/kT}) \cdot (g_{n,i} e^{-\varepsilon_{n,i}/kT}) \\
&= (\sum_i g_{t,i} e^{-\varepsilon_{t,i}/kT}) \cdot (\sum_i g_{r,i} e^{-\varepsilon_{r,i}/kT}) \cdot (\sum_i g_{v,i} e^{-\varepsilon_{v,i}/kT}) \cdot (\sum_i g_{e,i} e^{-\varepsilon_{e,i}/kT}) \cdot (\sum_i g_{n,i} e^{-\varepsilon_{n,i}/kT})
\end{aligned}
\tag{7-43}
$$

各括号中的物理量分别只与粒子的各独立运动形式有关，分别称为粒子各独立运动的配分函数，即

$$q_t = \sum_i g_{t,i} e^{-\varepsilon_{t,i}/kT} \qquad q_r = \sum_i g_{r,i} e^{-\varepsilon_{r,i}/kT} \qquad q_v = \sum_i g_{v,i} e^{-\varepsilon_{v,i}/kT}$$

$$q_e = \sum_i g_{e,i} e^{-\varepsilon_{e,i}/kT} \qquad q_n = \sum_i g_{n,i} e^{-\varepsilon_{n,i}/kT} \tag{7-44}$$

所以

$$q = q_t \cdot q_r \cdot q_v \cdot q_e \cdot q_n \tag{7-45}$$

上式说明粒子的配分函数 q 可以用各独立运动配分函数（它们依次称为平动、转动、振动、电子和核运动配分函数）的乘积表示，称为配分函数的析因子性质或因子分解性质（properties of factorization）。相对各独立运动配分函数而言，q 可以称为粒子的全配分函数。

7.6.2 能量零点的选择与配分函数的关系

由配分函数的定义可知，其值与各能级的能量有关，而任一能级的能量与能量零点的选择有关。统计热力学通常规定各独立运动形式的基态能级作为各自能量的零点，这样的选择使任何能级的能量不会是负值，避免了有关计算公式出现不必要的麻烦。这对于计算纯物质的能量变化没有问题，但是如果要比较各种不同分子的能量，特别是计算化学反应中反应物分子变成产物分子时能量的变化，则各种物质必须有相同的能量零点，否则由于计算能量的

基准不同，结果就无从作比较。现在来考察能量零点的选择对配分函数的影响。

若某独立运动形式基态能级的能量值为 ε_0，能级 i 的能量值为 ε_i，则以基态作为能量零点时能级 i 的能量值应为

$$\varepsilon_i^0 = \varepsilon_i - \varepsilon_0 \tag{7-46}$$

规定基态能级的能量为零时的配分函数以 q^0 表示，则由配分函数的定义可得

$$q = \sum_i g_i \mathrm{e}^{-\varepsilon_i/kT} = \sum_i g_i \mathrm{e}^{-(\varepsilon_i^0 + \varepsilon_0)/kT} = \mathrm{e}^{-\varepsilon_0/kT} \sum_i g_i \mathrm{e}^{-\varepsilon_i^0/kT}$$

令

$$q^0 = \sum_i g_i \mathrm{e}^{-\varepsilon_i^0/kT} \tag{7-47}$$

则有 $q = \mathrm{e}^{-\varepsilon_0/kT} q^0$，即

$$q^0 = \mathrm{e}^{\varepsilon_0/kT} q \tag{7-48}$$

将此式用于式(7-44)给出的各独立运动的配分函数，得

$$q_\mathrm{t}^0 = \mathrm{e}^{\varepsilon_{\mathrm{t},0}/kT} q_\mathrm{t} \quad q_\mathrm{r}^0 = \mathrm{e}^{\varepsilon_{\mathrm{r},0}/kT} q_\mathrm{r} \quad q_\mathrm{v}^0 = \mathrm{e}^{\varepsilon_{\mathrm{v},0}/kT} q_\mathrm{v} \quad q_\mathrm{e}^0 = \mathrm{e}^{\varepsilon_{\mathrm{e},0}/kT} q_\mathrm{e} \quad q_\mathrm{n}^0 = \mathrm{e}^{\varepsilon_{\mathrm{n},0}/kT} q_\mathrm{n} \tag{7-49}$$

由量子力学推导（第 6 章）的微观粒子平动、转动、振动能级公式[式（6-48）、式（6-64）、式(6-68)]及对 CO 分子的具体计算(例 6-5、例 6-6、例 6-7)可知，平动 $\varepsilon_{\mathrm{t},0} \approx 0$、转动 $\varepsilon_{\mathrm{r},0} \approx 0$，因此在常温条件下 $q_\mathrm{t}^0 \approx q_\mathrm{t}$、$q_\mathrm{r}^0 \approx q_\mathrm{r}$。对于振动，$\varepsilon_{\mathrm{v},0} = h\gamma_0/2$，所以 $q_\mathrm{v}^0 = \mathrm{e}^{h\gamma_0/2kT} q_\mathrm{v}$。$h\gamma_0/kT$ 的值通常在 10 左右，故 q_v^0 与 q_v 的差别不能忽略。电子运动与核运动基态的能量也很大，使对应的两种配分函数也有明显的区别。

选择不同的能量零点会影响配分函数的值，对不同能级上粒子的分布数有何影响呢？根据式(7-27)和式（7-48）

$$n_i = \frac{N}{q} g_i \mathrm{e}^{-\varepsilon_i/kT} = \frac{N}{q_0 \mathrm{e}^{-\varepsilon_0/kT}} g_i \mathrm{e}^{-(\varepsilon_i^0 + \varepsilon_0)/kT} = \frac{N}{q_0} g_i \mathrm{e}^{-\varepsilon_i^0/kT} = n_i^0$$

式中，n_i^0 表示以基态作为能量零点时能级 i 上粒子的分布数。可见，能量零点的选择对计算玻尔兹曼分布中任一能级上粒子的分布数 n_i 没有任何影响。

7.6.3 平动配分函数

设粒子的质量为 m，在边长为 a 的立方势箱中运动，根据量子力学薛定谔方程解出平动能的能量公式即第 6 章中的式(6-50)，把它代入平动配分函数的表达式(7-44)，得

$$\begin{aligned}
q_\mathrm{t} &= \sum_i g_{\mathrm{t},i} \mathrm{e}^{-\varepsilon_{\mathrm{t},i}/kT} = \sum_{n_x=1}^{\infty} \sum_{n_y=1}^{\infty} \sum_{n_z=1}^{\infty} \mathrm{e}^{-h^2(n_x^2+n_y^2+n_z^2)/8ma^2kT} \\
&= \sum_{n_z=1}^{\infty} \sum_{n_y=1}^{\infty} \sum_{n_x=1}^{\infty} (\mathrm{e}^{-h^2 n_x^2/8ma^2kT})(\mathrm{e}^{-h^2 n_y^2/8ma^2kT})(\mathrm{e}^{-h^2 n_z^2/8ma^2kT}) \\
&= \sum_{n_x=1}^{\infty} (\mathrm{e}^{-h^2 n_x^2/8ma^2kT}) \sum_{n_y=1}^{\infty} (\mathrm{e}^{-h^2 n_y^2/8ma^2kT}) \sum_{n_z=1}^{\infty} (\mathrm{e}^{-h^2 n_z^2/8ma^2kT})
\end{aligned} \tag{7-50}$$

式中，三个求和符号分别表示对所有的 n_x、n_y、n_z 求和，它们已经包括了分子全部可能的量子状态，因此就不再需要用简并度 $g_{\mathrm{t},i}$ 来表示能级的简并了。式(7-50)等号右边三个因子的数值是相同的，所以可以把它写成

$$q_\mathrm{t} = \left[\sum_{n=1}^{\infty} (\mathrm{e}^{-h^2 n^2/8ma^2kT}) \right]^3 \tag{7-51}$$

因为平动能级的间隔很小（参见例 6-5），可视为连续的，求和过程可以用积分代替，式(7-51) 可写成

$$q_t = \left[\int_1^\infty e^{-h^2 n^2/8ma^2 kT} \, dn \right]^3$$

该积分可以在数学手册中查到，这里把结果直接写出

$$q_t = \frac{(2\pi mkT)^{3/2} a^3}{h^3} \tag{7-52}$$

由于 a^3 是立方势箱的容积，所以最后得到平动配分函数

$$q_t = \frac{(2\pi mkT)^{3/2} V}{h^3} \tag{7-53}$$

可见分子的平动配分函数是温度和气体体积的函数，对于 1mol 气体，式中 V 即气体的摩尔体积。

【例 7-1】 在 298K 和 101325Pa 下，氧气的摩尔体积为 $0.0245m^3$。计算氧分子的平动配分函数。

解 氧气的摩尔质量 $M = 31.99 \times 10^{-3}$ kg·mol^{-1}，因此一个氧分子的质量

$$m = \frac{31.99 \times 10^{-3}}{6.022 \times 10^{23}} kg = 5.312 \times 10^{-26} kg$$

由式(7-53)

$$q_t = \frac{(2\pi mkT)^{3/2} V}{h^3}$$

$$= \frac{[2\pi \times (5.312 \times 10^{-26}) \times (1.381 \times 10^{-23}) \times 298]^{3/2} \times 0.0245}{(6.626 \times 10^{-34})^3}$$

$$= 4.287 \times 10^{30}$$

这个数目可解释为氧分子在 298K 时在该体积中的量子态的数目。值得注意的是，这个数目比 1mol 气体所含的分子数大得多。

7.6.4　转动配分函数

双原子分子可近视地看作是刚性转子。根据这个模型，量子力学得到的转动能级公式由转动量子数 J 标记，见第 6 章中式(6-64)，且能级的简并度是 $2J+1$。因此，转动配分函数

$$q_r = \sum_i g_{r,i} e^{-\varepsilon_{r,i}/kT} = \sum_{J=0}^\infty (2J+1) e^{-J(J+1)h^2/8\pi^2 IkT} \tag{7-54}$$

令

$$\Theta_r = \frac{h^2}{8\pi^2 Ik} \tag{7-55}$$

式中，Θ_r 称为转动特征温度（characteristic temperature of rotation）。某些双原子气体的转动特征温度列于表 7-3。

表 7-3　某些双原子气体的 Θ_r

气体	H_2	N_2	O_2	CO	NO	HCl	HBr	HI	Cl_2	Br_2	I_2
Θ_r/K	85.4	2.86	2.07	2.77	2.42	15.2	12.1	9.0	0.346	0.116	0.054

用转动特征温度表示时，式(7-54) 成为

$$q_r = \sum_{J=0}^{\infty} (2J+1) e^{-J(J+1)\Theta_r/T} \tag{7-56}$$

对多数分子来说，转动特征温度 Θ_r 很低，在常温下，$\Theta_r/T \ll 1$，因此，式(7-56)中的求和可以代之以积分，

$$q_r = \int_0^{\infty} (2J+1) e^{-J(J+1)\Theta_r/T} dJ$$

令　$x=J(J+1)$，则　$dx=(2J+1)dJ$，上式可写作

$$q_r = \int_0^{\infty} e^{-x\Theta_r/T} dx = \frac{T}{\Theta_r} = \frac{8\pi^2 IkT}{h^2} \tag{7-57}$$

式(7-57)只可用于异核双原子分子（如 HCl、NO），用于同核双原子分子时必须除以 2，原因是，同核双原子分子围绕对称轴旋转 360° 时，分子在空间的取向有两次与开始时的取向无法区别，故除以 2，这样就使无法区分的取向在配分函数中只计算一次。由于这种对称效应，故将对称数（symmetry number）σ 引入式(7-57)，则

$$q_r = \frac{T}{\sigma\Theta_r} = \frac{8\pi^2 IkT}{\sigma h^2} \tag{7-58}$$

对于异核双原子分子，$\sigma=1$，对于同核双原子分子，$\sigma=2$。

式(7-58)只有在 $\frac{\Theta_r}{T} < 0.01$ 时才适用。当 $0.01 < \frac{\Theta_r}{T} < 0.5$ 时，q_r 可用下面的 Mulholland 近似式计算

$$q_r = \frac{T}{\sigma\Theta_r} \left[1 + \frac{1}{3}\left(\frac{\Theta_r}{T}\right) + \frac{1}{15}\left(\frac{\Theta_r}{T}\right)^2 + \frac{4}{315}\left(\frac{\Theta_r}{T}\right)^3 \right] \tag{7-59}$$

或按照式(7-56)取前面三、四项加和求得。

非线性多原子分子的转动配分函数是

$$q_r = \frac{\pi^{\frac{1}{2}}}{\sigma} \left(\frac{8\pi^2 kT}{h^2}\right)^{\frac{3}{2}} (I_x I_y I_z)^{\frac{1}{2}} \tag{7-60}$$

式中，I_x、I_y、I_z 为分子的主转动惯量，分别表示环绕穿过分子质心的三个互相垂直的主轴旋转时的转动惯量；σ 为对称数，例如 H_2O、NH_3 和 CH_4 的对称数分别是 2、3 和 12。

7.6.5　振动配分函数

对双原子分子的转动一般用刚性转子模型，振动则按谐振子模型处理，并且只按一种频率振动。按照量子力学，一维谐振子的能级公式如式(6-68)所示，当振动量子数 $v=0$，即在最低能级时，振子的能量

$$\varepsilon_{v,0} = \frac{1}{2} h\gamma_0 \tag{7-61}$$

为零点振动能（zero point energy）。在计算配分函数时，可以把最低能级作为能量零点，因此振动能级公式简化成

$$\varepsilon_v = vh\gamma_0 \tag{7-62}$$

一维谐振子的振动能级是非简并的（$g_{v,i}=1$），故双原子分子振动配分函数是

$$q_v = \sum_i e^{-\varepsilon_{v,i}/kT} = \sum_{v=0}^{\infty} e^{-vh\gamma_0/kT} = 1 + e^{-h\gamma_0/kT} + e^{-2h\gamma_0/kT} + e^{-3h\gamma_0/kT} + \cdots$$

应用数学公式：当 $x<1$ 时，$1+x+x^2+x^3+\cdots = \frac{1}{1-x}$。此处，$e^{-h\gamma_0/kT} < 1$，因此上式简

化为

$$q_v = \frac{1}{1 - e^{-h\gamma_0/kT}}$$

令

$$\Theta_v = \frac{h\gamma_0}{k} \tag{7-63}$$

式中，Θ_v 称为振动特征温度（characteristic temperature of vibration）。于是

$$q_v = \frac{1}{1 - e^{-\Theta_v/kT}} \tag{7-64}$$

某些双原子分子的振动特征温度 Θ_v 列于表 7-4。

表 7-4　某些双原子气体的 Θ_v

气体	H$_2$	N$_2$	O$_2$	CO	NO	HCl	HBr	HI	Cl$_2$	Br$_2$	I$_2$
Θ_v/K	6210	3340	2230	3070	2690	4140	3700	3200	810	470	310

7.6.6　电子运动配分函数

用 $\varepsilon_{e,1}$、$\varepsilon_{e,2}$、$\cdots$，表示以基态为能量零点时各电子激发态的能值，则电子运动配分函数为

$$q_e = \sum_i g_{e,i} e^{-\varepsilon_{e,i}/kT} = g_{e,0} + g_{e,1} e^{-\varepsilon_{e,1}/kT} + g_{e,2} e^{-\varepsilon_{e,2}/kT} + \cdots \tag{7-65}$$

因为 $\varepsilon_{e,1}$、$\varepsilon_{e,2}$ 等值相对于室温度下 kT 的值来说是很大的，所以除非温度特别高，式(7-65)中右边自第二项起就可忽略不计（NO$_2$、NO 和卤素原子等例外）。因此，式(7-65) 可简化为：

$$q_e \approx g_{e,0} \tag{7-66}$$

7.6.7　核运动配分函数

核运动与电子运动类似，只考虑核运动全部处于基态的情况，可得

$$q_n \approx g_{n,0} \tag{7-67}$$

7.7　热力学函数的计算

7.7.1　理想气体的热力学性质与配分函数的关系

由于配分函数的析因子性质，即配分函数可以分离为几个部分，那么由配分函数表示的热力学函数必然也可以分离为几个部分，每一部分代表分子的一种运动形式对热力学函数的贡献。下面讨论理想气体的热力学性质。

将配分函数的析因子性质式(7-45) 代入表 7-2 中的式(7-30)，得到热力学能的表达式

$$U_m = RT^2 \left(\frac{\partial \ln q}{\partial T}\right)_V = RT^2 \left[\frac{\partial \ln(q_t q_r q_v q_e q_n)}{\partial T}\right]_V$$

式中，仅 q_t 与体积有关，将上式整理可得

$$U_m = RT^2 \left(\frac{\partial \ln q_t}{\partial T}\right)_V + RT^2 \frac{\mathrm{d}\ln q_r}{\mathrm{d}T} + RT^2 \frac{\mathrm{d}\ln q_v}{\mathrm{d}T} + RT^2 \frac{\mathrm{d}\ln q_e}{\mathrm{d}T} + RT^2 \frac{\mathrm{d}\ln q_n}{\mathrm{d}T} \qquad (7\text{-}68)$$

显然式(7-68)等号右边五项分别是平动、转动、振动、电子运动和核运动对热力学能的贡献，即

$$U_{m,t} = RT^2 \left(\frac{\partial \ln q_t}{\partial T}\right)_V \qquad U_{m,r} = RT^2 \frac{\mathrm{d}\ln q_r}{\mathrm{d}T} \qquad U_{m,v} = RT^2 \frac{\mathrm{d}\ln q_v}{\mathrm{d}T}$$

$$U_{m,e} = RT^2 \frac{\mathrm{d}\ln q_e}{\mathrm{d}T} \qquad U_{m,n} = RT^2 \frac{\mathrm{d}\ln q_n}{\mathrm{d}T} \qquad (7\text{-}69)$$

同样，C_V 和 H 可以分离为五部分，焓的表达式中的 pV 一项应归入平动对焓的贡献，因为只有平动与其体积有关。于是

$$C_{V,m,t} = R\left[\frac{\partial}{\partial T} T^2 \left(\frac{\partial \ln q_t}{\partial T}\right)_V\right]_V \qquad C_{V,m,r} = R\frac{\mathrm{d}}{\mathrm{d}T}\left(T^2 \frac{\mathrm{d}\ln q_r}{\mathrm{d}T}\right) \qquad C_{V,m,v} = R\frac{\mathrm{d}}{\mathrm{d}T}\left(T^2 \frac{\mathrm{d}\ln q_v}{\mathrm{d}T}\right)$$

$$C_{V,m,e} = R\frac{\mathrm{d}}{\mathrm{d}T}\left(T^2 \frac{\mathrm{d}\ln q_e}{\mathrm{d}T}\right) \qquad C_{V,m,n} = R\frac{\mathrm{d}}{\mathrm{d}T}\left(T^2 \frac{\mathrm{d}\ln q_n}{\mathrm{d}T}\right) \qquad (7\text{-}70)$$

$$H_{m,t} = RT^2 \left(\frac{\partial \ln q_t}{\partial T}\right)_V + RT \qquad H_{m,r} = RT^2 \frac{\mathrm{d}\ln q_r}{\mathrm{d}T} = U_{m,r}$$

$$H_{m,v} = U_{m,v} \qquad H_{m,e} = U_{m,e} \qquad H_{m,n} = U_{m,n} \qquad (7\text{-}71)$$

下面来看熵函数，将配分函数析因子性质式(7-45)代入表 7-2 中的式(7-37)，得到

$$S_m = R\ln\frac{q_t \cdot q_r \cdot q_v \cdot q_e \cdot q_n}{N} + \frac{U_{m,t} + U_{m,r} + U_{m,v} + U_{m,e} + U_{m,n}}{T} + R \qquad (7\text{-}72)$$

在分离 S 时把第一项分母中的 N 和最后一项 R 归入平动能贡献的部分，因为分子的不可区别是平移的结果。于是

$$S_{m,t} = R\ln\frac{q_t}{N} + \frac{U_{m,t}}{T} + R \qquad S_{m,r} = R\ln q_r + \frac{U_r}{T} \qquad S_{m,v} = R\ln q_v + \frac{U_v}{T}$$

$$S_{m,e} = R\ln q_e + \frac{U_e}{T} \qquad S_{m,n} = R\ln q_n + \frac{U_n}{T} \qquad (7\text{-}73)$$

同理，从式(7-3)可以得到

$$A_{m,t} = -RT\ln\frac{q_t}{N} - RT \qquad A_{m,r} = -RT\ln q_r \qquad A_{m,v} = -RT\ln q_v$$

$$A_{m,e} = -RT\ln q_e \qquad A_{m,n} = -RT\ln q_n \qquad (7\text{-}74)$$

从式(7-40)可以得到

$$G_{m,t} = -RT\ln\frac{q_t}{N} \qquad G_{m,r} = -RT\ln q_r \qquad G_{m,v} = -RT\ln q_v$$

$$G_{m,e} = -RT\ln q_e \qquad G_{m,n} = -RT\ln q_n \qquad (7\text{-}75)$$

至此，已经把热力学函数分离为各种形式的运动所贡献的几个部分，只需将上节中得到的各种运动形式的配分函数值代入，就可计算理想气体的各种热力学函数。

7.7.2　平动对热力学函数的贡献

把平动配分函数的表达式(7-53)代入式(7-69)，以计算平动对热力学能的贡献。由于要计算的是摩尔量，因此用摩尔体积代入

$$U_{m,t} = RT^2 \left(\frac{\partial \ln q_t}{\partial T}\right)_V = RT^2 \left[\frac{\partial}{\partial T}\ln\frac{(2\pi mkT)^{3/2}V_m}{h^2}\right]_V = \frac{3}{2}RT \qquad (7\text{-}76)$$

由恒容摩尔热容的定义：$C_{V,m} = \left(\dfrac{\partial U_m}{\partial T}\right)_V$，根据式(7-76)，可得

$$C_{V,m,t} = \frac{3}{2}R \tag{7-77}$$

由式(7-71)

$$H_{m,t} = RT^2\left(\frac{\partial \ln q_t}{\partial T}\right)_V + RT = \frac{3}{2}RT + RT = \frac{5}{2}RT \tag{7-78}$$

因此

$$C_{p,m,t} = \left(\frac{\partial H_{m,t}}{\partial T}\right)_p = \frac{5}{2}R \tag{7-79}$$

因为单原子理想气体只有平动，没有转动和振动，所以式(7-77)、式 (7-79) 与根据经典的能量均分原理处理单原子理想气体得到的结果是一致的，表明平动能级可以看作是连续变化的。

由式(7-73)

$$\begin{aligned} S_{m,t} &= R\ln\frac{q_t}{L} + \frac{U_{m,t}}{T} + R = R\ln\frac{(2\pi mkT)^{3/2}V_m}{Lh^3} + \frac{3}{2}\times\frac{RT}{T} + R \\ &= R\ln\frac{(2\pi mkT)^{3/2}V_m}{Lh^3} + \frac{5}{2}R \end{aligned} \tag{7-80}$$

此式也称为萨古-特洛德（Sackur-Tetrode）方程式。用此式计算单原子理想气体的熵，在电子运动对熵无贡献的例子里，结果与根据第三定律用量热法得到的熵值相同。

由式(7-74) 得

$$A_{m,t} = -RT\ln\frac{q_t}{L} - RT = -RT\ln\frac{(2\pi mkT)^{3/2}V_m}{Lh^3} - RT \tag{7-81}$$

根据 $p = -\left(\dfrac{\partial A}{\partial V}\right)_T$ 有

$$p = -\left(\frac{\partial A_t}{\partial V}\right)_{T,N} = \frac{RT}{V_m} \tag{7-82}$$

由前面式(7-58) 及式(7-64) 可以看出，双原子或多原子分子的转动 q_r 和振动 q_v 都不包含体积 V，因此，理想气体的压力只与平动有关，并且状态方程式 $pV_m = RT$ 不论对单原子、双原子或多原子理想气体都适用。

由式(7-75) 可得

$$G_{m,t} = -RT\ln\frac{q_t}{L} = -RT\ln\frac{(2\pi mkT)^{3/2}V_m}{Lh^3} \tag{7-83}$$

7.7.3　转动对热力学函数的贡献

利用式(7-58) 可以计算转动对双原子气体的摩尔热力学函数的贡献。结合式(7-69)

$$U_{m,r} = RT^2\frac{\mathrm{d}\ln q_r}{\mathrm{d}T} = RT^2\frac{\mathrm{d}}{\mathrm{d}T}\left(\ln\frac{T}{\sigma\Theta_r}\right) = RT \tag{7-84}$$

因为转动配分函数与压力和体力无关，故

$$H_{m,r} = U_{m,r} = RT \tag{7-85}$$

由式(7-84) 和式 (7-85) 得转动运动对摩尔热容的贡献

$$C_{V,m,r} = C_{p,m,r} = R \tag{7-86}$$

刚性双原子分子具有两个转动自由度，所以在 $T \gg \Theta_r$ 的情形下，以上的结果与根据能量均分原理得到的结论是一致的。

由式(7-73)，可计算摩尔转动熵

$$S_{m,r} = R\ln q_r + \frac{U_r}{T} = R\ln\frac{T}{\sigma\Theta_r} + R \tag{7-87}$$

由式(7-74) 和式 (7-75) 得

$$A_{m,r} = G_{m,r} = -RT\ln q_r = -RT\ln\frac{T}{\sigma\Theta_r} \tag{7-88}$$

上面计算双原子分子热力学函数的公式同样可以用于线型多原子分子，如 CO_2、C_2H_2、N_2O 以及 COS 等。对于对称线型多原子分子，如 CO_2、C_2H_2，$\sigma=2$；对于不对称线型多原子分子，如 N_2O、COS，$\sigma=1$。

按照式(7-60) 所表示的转动配分函数的表达式，转动对非线型多原子气体的热力学函数的贡献为：

$$U_{m,r} = H_{m,r} = \frac{3}{2}RT \tag{7-89}$$

$$C_{V,m,r} = C_{p,m,r} = \frac{3}{2}R \tag{7-90}$$

$$S_{m,r} = \frac{R}{2}\ln\left[\frac{\pi}{\sigma^2}\left(\frac{8\pi^2 kT}{h^2}\right)(I_x I_y I_z)\right] + \frac{3}{2}R \tag{7-91}$$

$$A_{m,r} = G_{m,r} = -\frac{RT}{2}\ln\left[\frac{\pi}{\sigma^2}\left(\frac{8\pi^2 kT}{h^2}\right)(I_x I_y I_z)\right] \tag{7-92}$$

【例 7-2】 已知 N_2 分子中原子间距离为 1.100×10^{-10} m，N_2 的相对原子质量为 14.00。计算 N_2 的转动惯量、转动特征温度、在 300K 时的转动配分函数以及转动对 N_2 的摩尔熵和摩尔吉布斯函数的贡献。

解 双原子分子的转动惯量 $I = \frac{m_1 m_2}{m_1 + m_2}r^2$，其中 m_1 和 m_2 是两个原子的质量；r 是原子间距离。今 $m_1 = m_2 = m$，故

$$I = \frac{1}{2}mr^2 = \frac{1}{2} \times \frac{14.00 \times 10^{-3}}{6.022 \times 10^{23}} \times (1.100 \times 10^{-10})^2 = 1.41 \times 10^{-46}\,\text{kg·m}^2$$

转动特征温度

$$\Theta_r = \frac{h^2}{8\pi^2 Ik} = \frac{(6.626 \times 10^{-34})^2}{8\pi^2 \times 1.41 \times 10^{-46} \times 1.381 \times 10^{-23}}\text{K} = 2.86\text{K}$$

在 300K 时的转动配分函数（$\Theta_r/T \ll 1$）：

$$q_r = \frac{T}{\sigma\Theta_r} = \frac{300}{2 \times 2.86} = 52.45$$

在 300K 时的熵：

$$S_{m,r} = R\ln\frac{T}{\sigma\Theta_r} + R = 8.314 \times \left(\ln\frac{300}{2 \times 2.86} + 1\right)\text{J·mol}^{-1}\text{·K}^{-1}$$

$$= 41.24\ \text{J·mol}^{-1}\text{·K}^{-1}$$

在 300K 时的吉布斯函数：

$$G_{m,r} = -RT\ln\frac{T}{\sigma\Theta_r} = -8.314 \times 300 \times \ln\frac{300}{2 \times 2.86}\text{J·mol}^{-1}$$

$$= -9877\ \text{J·mol}^{-1}$$

7.7.4 振动对热力学函数的贡献

现用配分函数计算振动对双原子气体的热力学函数的贡献。

由式(7-69)，得

$$U_{m,v} = RT^2 \frac{d\ln q_v}{dT} = RT^2 \frac{d}{dT}\ln\left(\frac{1}{1-e^{-\Theta_v/kT}}\right) = \frac{R\Theta_v}{e^{\Theta_v/T}-1} = \frac{\Theta_v}{T} \times \frac{RT}{e^{\Theta_v/T}-1} \qquad (7-93)$$

将式(7-93)对 T 微分，得

$$C_{V,m,v} = R\left(\frac{\Theta_v}{T}\right)^2 \frac{e^{\Theta_v/T}}{(e^{\Theta_v/T}-1)^2} \qquad (7-94)$$

由式(7-94)可见，当 $\Theta_r/T \ll 1$ 时，$C_{V,m,v} \approx R$，这与按照能量均分原理得到的结果相同；而当 $\Theta_v/T \gg 1$ 时，$C_{V,m,v} \approx 0$。由于振动运动对 $C_{V,m}$ 的贡献依赖于 Θ_r/T 值，故在常温时，对于如 H_2、O_2、N_2 等 Θ_v 值很大的气体，振动对热容的贡献很小，甚至可以不计；但对于 Cl_2、Br_2、I_2 等蒸气，由于它们的 Θ_v 值不大，振动的贡献就不可忽略了。

因为 q_v 与压力或体积无关，故

$$H_{m,v} = U_{m,v} \qquad (7-95)$$

因而

$$C_{p,m,v} = C_{V,m,v} \qquad (7-96)$$

由式(7-73)

$$S_{m,v} = R\ln q_v + \frac{U_v}{T} = R\left[\frac{\Theta_v/T}{e^{\Theta_v/T}-1} - \ln(1-e^{-\Theta_v/T})\right] \qquad (7-97)$$

由式(7-74)和式(7-75)可得：

$$A_{m,v} = G_{m,v} = -RT\ln q_v = RT\ln(1-e^{-\Theta_v/T}) \qquad (7-98)$$

【例 7-3】 已知 $O_2(g)$ 的振动特征温度 $\Theta_v = 2230K$。计算在 298.15K 时振动对 $C_{V,m}$ 和 S_m 的贡献。

解 由式(7-94)

$$C_{V,m,v} = 8.314 \times \left(\frac{2230}{298.15}\right)^3 \times \frac{e^{2230/298.15}}{(e^{2230/298.15}-1)^2} J \cdot K^{-1} \cdot mol^{-1}$$

$$= 0.2629 \ J \cdot mol^{-1} \cdot K^{-1}$$

又由式(7-97)

$$S_{m,v} = 8.314 \times \left[\frac{2230/298.15}{e^{220/298.15}-1} - \ln(1-e^{-2230/298.15})\right] J \cdot K^{-1} \cdot mol^{-1}$$

$$= 0.0398 \ J \cdot mol^{-1} \cdot K^{-1}$$

双原子分子只具有一种振动模式，而多原子分子则具有多种振动模式。从分子的振动自由度计算，包含 n 个原子的分子，总的自由度为 $3n$，线型分子具有 $(3n-5)$ 个振动自由度，非线型分子具有 $(3n-6)$ 个振动自由度。例如，水分子 H_2O 是非线型的，具有 $(3\times3-6)=3$ 个振动自由度即 3 种振动模式；二氧化碳分子 CO_2 是线型的，具有 $(3\times3-5)=4$ 种振动模式(见图 7-5)。CO_2 分子的 $v_3 = v_4$，这两种振动模式的差别仅在于原子位移的方向不同。这些不同模式的振动可以看作是相互独立的谐振动，因而每一种模

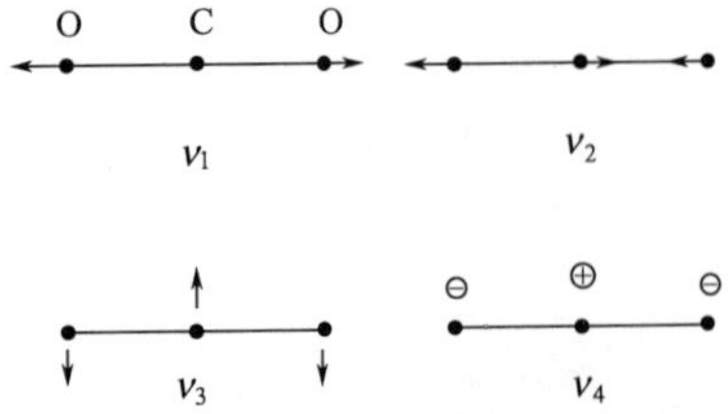

图 7-5 CO_2 分子的四种振动模式
⊕和⊖表示位移方向垂直于纸面

式的振动对热力学函数的贡献都可用前面针对双原子分子得到的公式计算，然后加和每一种模式的贡献即得振动的全部贡献。现以 CO_2 为例，CO_2 分子的四种振动模式的频率和振动特征温度列于表 7-5。

表 7-5 CO_2 分子的四种振动模式的频率和振动特征温度

振动模式	(1)	(2)	(3)	(4)
频率 $/\times 10^{13}\,s^{-1}$	3.939	7.000	1.988	1.988
$\Theta_v = \dfrac{h\gamma_0}{k}(K)$	1890	3360	954	954

现计算在 $T=300K$ 时振动对 CO_2 气体 $C_{V,m,v}$ 的贡献。应用式(7-94)，

$$C_{V,m,v} = \sum_{i=1}^{4} R\left(\frac{\Theta_{v,i}}{T}\right)\frac{e^{\Theta_{v,i}/T}}{(e^{\Theta_{v,i}/T}-1)^2}$$

将各 Θ_v 和 T 的值代入，算得

$$C_{V,m,v} = (0.608+0.014+3.806+3.806)J \cdot mol^{-1} \cdot K^{-1} = 8.234J \cdot mol^{-1} \cdot K^{-1}$$

同理，可计算振动对其他热力学函数的贡献。

7.7.5 电子和核运动对热力学函数的贡献

由于电子和核运动的能级间隔相差很大，所以在通常的情况下，只需考虑它们处于基态的情形。根据式(7-66) 和式 (7-67)，可以看出 $\ln q_e$ 和 $\ln q_n$ 都为常数，所以电子和核运动对多数气体的 U_m、$C_{V,m}$、H_m 和 $C_{p,m}$ 都没有贡献。而对 S_m、A_m 和 G_m 的贡献是

$$S_{m,e}=R\ln g_{e,0} \qquad A_{m,e}=G_{m,e}=-RT\ln g_{e,0} \qquad\qquad (7-99)$$

$$S_{m,n}=R\ln g_{n,0} \qquad A_{m,n}=G_{m,n}=-RT\ln g_{n,0} \qquad\qquad (7-100)$$

若 $g_{e,0}=1$，则 $S_{m,e}=A_{m,e}=G_{m,e}=0$。常见气体中，$O_2$ 的 $g_{e,0}=3$，其他气体如 H_2、N_2、Cl_2、CO、H_2O、NH_3、CH_4 等的 $g_{e,0}=1$。

7.8 从配分函数计算理想气体反应的标准平衡常数

在化学平衡一章中曾导得理想气体反应的标准平衡常数 $K^\ominus$ 与标准摩尔反应吉布斯函数的关系式

$$\Delta_r G_m^\ominus = -RT\ln K^\ominus$$

其中标准摩尔反应吉布斯函数 $\Delta_r G_m^\ominus$ 为产物和反应物的标准摩尔吉布斯函数之差。此式是由配分函数计算平衡常数的桥梁。根据表 7-2 中理想气体 G_m 的表达式，把式(7-48) 代入，有

$$G_m^\ominus = -RT\ln\frac{q}{L} = -RT\ln\frac{q^0}{L}+U_{m,0}$$

式中，q^0 是基态能级的能量为零时的配分函数，$U_{m,0}$ 是 1mol 理想气体在 0K 时的热力学能。显然，理想气体标准摩尔吉布斯函数应为

$$G_m^\ominus = -RT\ln\frac{q^\ominus}{L}+U_{m,0}^\ominus \qquad\qquad (7-101)$$

理想气体的标准状态是 $p^\ominus = 100kPa$ 的纯理想气体状态。在配分函数中只有平动配分函数与压力有关，因此，分子标准配分函数 $q^\ominus$ 可写成：

$$q^{\ominus} = q_{\mathrm{t}}^{\ominus} q_{\mathrm{r}} q_{\mathrm{v}} q_{\mathrm{e}} q_{\mathrm{n}} \tag{7-102}$$

而 $q_{\mathrm{t}}^{\ominus} = \dfrac{(2\pi mkT)^{\frac{3}{2}}}{h^3} V_{\mathrm{m}}$ ，标准压力 $p^{\ominus}$ 下，1mol 理想气体，$V_{\mathrm{m}} = \dfrac{RT}{p^{\ominus}}$ ，故

$$q_{\mathrm{t}}^{\ominus} = \frac{(2\pi mkT)^{\frac{3}{2}} RT}{h^3 p^{\ominus}} \tag{7-103}$$

对一任意的理想气体反应 $a\mathrm{A} + d\mathrm{D} + \cdots \longrightarrow e\mathrm{E} + f\mathrm{F} + \cdots$ ，该反应的标准摩尔反应吉布斯函数为

$$\Delta_{\mathrm{r}} G_{\mathrm{m}}^{\ominus} = \sum_{\mathrm{B}} \nu_{\mathrm{B}} G_{\mathrm{m,B}}^{\ominus} \tag{7-104}$$

依照式(7-101)，把反应系统中各物质 A、D、E、F 四种理想气体的标准摩尔吉布斯函数的表达式代入式(7-104)，即得

$$\Delta_{\mathrm{r}} G_{\mathrm{m}}^{\ominus} = -RT\ln \frac{(q_{\mathrm{E}}^{\ominus}/L)^e (q_{\mathrm{F}}^{\ominus}/L)^f}{(q_{\mathrm{A}}^{\ominus}/L)^a (q_{\mathrm{D}}^{\ominus}/L)^d} + \Delta_{\mathrm{r}} U_{\mathrm{m,0}}^{\ominus} \tag{7-105}$$

式中

$$\Delta_{\mathrm{r}} U_{\mathrm{m,0}}^{\ominus} = \sum_{\mathrm{B}} \nu_{\mathrm{B}} U_{\mathrm{m,0,B}}^{\ominus}$$

$\Delta_{\mathrm{r}} U_{\mathrm{m,0}}^{\ominus}$ 为在 0K 的标准状态下，产物和反应物的热力学能之差，其求法下面介绍。比较式(7-105) 和 $K^{\ominus}$ 的定义式，即得

$$K^{\ominus} = \frac{(q_{\mathrm{E}}^{\ominus}/L)^e (q_{\mathrm{F}}^{\ominus}/L)^f}{(q_{\mathrm{A}}^{\ominus}/L)^a (q_{\mathrm{D}}^{\ominus}/L)^d} e^{-\Delta_{\mathrm{r}} U_{\mathrm{m,0}}^{\ominus}/RT} \tag{7-106}$$

这就是用配分函数表示理想气体反应的平衡常数的表达式。

由式(7-106) 计算 $K^{\ominus}$ 需要知道 $\Delta_{\mathrm{r}} U_{\mathrm{m,0}}^{\ominus}$。$\Delta_{\mathrm{r}} U_{\mathrm{m,0}}^{\ominus}$ 有多种求法，这里举一种由离解能计算的方法。所谓离解能即在基态的分子离解为在基态的原子所必须吸收的能量。离解能可以由光谱数据计算得到。在化学反应中，产物分子所包含的原子与反应物分子所包含的是一样的，因此反应物分子的离解能总和减去产物分子的离解能总和等于 $\Delta_{\mathrm{r}} U_{\mathrm{m,0}}^{\ominus}$（见图 7-6）。

设分子 A、D、E、F 的摩尔离解能分别为 D_{A}、D_{D}、D_{E}、D_{F}，则

$$\Delta_{\mathrm{r}} U_{\mathrm{m,0}}^{\ominus} = e D_{\mathrm{E}} + f D_{\mathrm{F}} - a D_{\mathrm{A}} - d D_{\mathrm{D}} \tag{7-107}$$

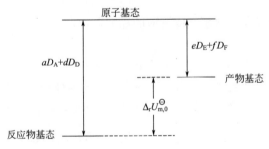

图 7-6　由离解能求 $\Delta_{\mathrm{r}} U_{\mathrm{m,0}}^{\ominus}$

【例 7-4】　计算反应 $\mathrm{I_2(g)} \Longrightarrow 2\mathrm{I(g)}$ 在 1273K 的标准平衡常数 $K^{\ominus}$。

解　按式(7-106)

$$K^{\ominus} = \frac{(q_{\mathrm{I}}^{\ominus}/L)^2}{(q_{\mathrm{I_2}}^{\ominus}/L)} e^{-\Delta_{\mathrm{r}} U_{\mathrm{m,0}}^{\ominus}/RT}$$

由于配分函数 $q^{\ominus}$ 包含平动、转动、振动、电子运动和核运动五个部分，因此 $K^{\ominus}$ 可分为五部分计算。需要注意的是，碘原子的配分函数只包含平动、电子运动和核运动三个部分。

$$K_t^{\ominus} = \frac{(q_{t,I}^{\ominus}/L)^2}{(q_{t,I_2}^{\ominus}/L)} = \frac{[(2\pi m_I kT)^{3/2} RT/Lh^2]^2}{[(2\pi m_{I_2} kT)^{3/2} RT/Lh^3]}$$

$$K_r^{\ominus} = \frac{1}{q_{r,I_2}^{\ominus}} = \frac{1}{\dfrac{8\pi^2 IkT}{\sigma h^2}}, \quad K_v^{\ominus} = \frac{1}{q_{v,I_2}^{\ominus}} = \frac{1}{(1-e^{-h\gamma_0/kT})^{-1}}$$

$$K_e^{\ominus} = \frac{(q_{e,I}^{\ominus})^2}{(q_{e,I_2}^{\ominus})}, \quad K_n^{\ominus} = \frac{(q_{n,I}^{\ominus})^2}{(q_{n,I_2}^{\ominus})}, \quad K_0^{\ominus} = e^{-\Delta_r U_{m,0}^{\ominus}/RT}$$

碘原子和碘分子的分子数据为

气体	$M/g\cdot mol^{-1}$	$I/10^{-48}kg\cdot m^2$	σ	$\gamma_0/10^{10}s^{-1}$	$g_{n,0}$	$g_{n,0}$
I	127.0	—	—	—	4	1
I$_2$	254.0	7430	2	641.5	1	1

此外，$\Delta_r U_{m,0}^{\ominus} = 148448 J\cdot mol^{-1}$，$T=1273K$

把基本常数 $k = 1.381\times10^{-23} J\cdot K^{-1}$、$h = 6.626\times10^{-34} J\cdot s$ 和 $L = 6.022\times10^{23} mol^{-1}$ 代入，算得：$K_t^{\ominus} = 7.50\times10^8$，$K_r^{\ominus} = 8.50\times10^{-5}$，$K_v^{\ominus} = 0.2148$

按照式(7-66)及式(7-67)，$q_e \approx g_{e,0}$，$q_n \approx g_{n,0}$，可得

$$K_e^{\ominus} = 16, \quad K_n^{\ominus} = 1, \quad K_0^{\ominus} = 8.10\times10^{-7}$$

所以 $K^{\ominus} = 0.177$（观测值：0.165）

【例 7-5】 计算反应 $N_2(g) + O_2(g) = 2NO(g)$ 在 2000K 的 $K^{\ominus}$。反应系统中三种气体的分子数据如下：

气体	M	Θ_r/K	σ	Θ_v/K	$D_0/kJ\cdot mol^{-1}$	$g_{e,0}$	$g_{e,1}$	$\varepsilon_{e,1}/J$
N$_2$	28.0	2.89	2	3353	941.2	1	—	—
O$_2$	32.0	2.08	2	2239	490.1	3	2	1.5733×10^{-19}
NO	30.0	2.45	1	2699	626.1	2	2	2.3838×10^{-21}

解 按照式(7-106)，该反应的平衡常数是

$$K^{\ominus} = \frac{(q_{NO}^{\ominus}/L)^2}{(q_{N_2}^{\ominus}/L)\cdot(q_{O_2}^{\ominus}/L)} e^{-\Delta_r U_{m,0}^{\ominus}/RT} = K_t^{\ominus}\cdot K_r^{\ominus}\cdot K_v^{\ominus}\cdot K_e^{\ominus}\cdot K_n^{\ominus}\cdot K_0^{\ominus}$$

其中

$$K_t^{\ominus} = \frac{(q_{t,NO}^{\ominus}/L)^2}{(q_{t,N_2}^{\ominus}/L)\cdot(q_{t,O_2}^{\ominus}/L)}, \quad K_r^{\ominus} = \frac{(q_{r,NO}^{\ominus})^2}{(q_{r,N_2}^{\ominus})\cdot(q_{r,O_2}^{\ominus})}$$

$$K_v^{\ominus} = \frac{(q_{v,NO}^{\ominus})^2}{(q_{v,N_2}^{\ominus})\cdot(q_{v,O_2}^{\ominus})}, \quad K_e^{\ominus} = \frac{(q_{e,NO}^{\ominus})^2}{(q_{e,N_2}^{\ominus})\cdot(q_{e,O_2}^{\ominus})}$$

$$K_n^{\ominus} = \frac{(q_{n,NO}^{\ominus})^2}{(q_{n,N_2}^{\ominus})\cdot(q_{n,O_2}^{\ominus})}, \quad K_0^{\ominus} = e^{-\Delta_r U_{m,0}^{\ominus}/RT}$$

算得：

$$K_t^\ominus = \frac{\left[(2\pi m_{NO}kT)^{3/2}RT/Lh^3\right]^2}{\left[(2\pi m_{N_2}kT)^{3/2}RT/Lh^3\right]\left[(2\pi m_{O_2}kT)^{3/2}RT/Lh^3\right]}$$

$$= \frac{(m_{NO})^3}{(m_{N_2})^{3/2}(m_{O_2})^{3/2}} = \frac{(M_{NO})^3}{(M_{N_2})^{3/2}(M_{O_2})^{3/2}} = \frac{(30.3)^3}{(28.0\times32.0)^{3/2}} = 1.0067$$

$$K_r^\ominus = \frac{\left[T/(\sigma\cdot\Theta_r)\right]_{NO}^2}{\left[T/(\sigma\cdot\Theta_r)\right]_{N_2}\left[T/(\sigma\cdot\Theta_r)\right]_{O_2}} = \frac{(\sigma\cdot\Theta_r)_{N_2}(\sigma\cdot\Theta_r)_{O_2}}{(\sigma\cdot\Theta_r)_{NO}^2}$$

$$= \frac{(2\times2.98)\times(2\times2.08)}{(1\times2.45)^2} = 4.0058$$

$$K_v^\ominus = \frac{\left[(1-e^{-\Theta_v/T})^{-1}\right]_{NO}^2}{\left[(1-e^{-\Theta_v/T})^{-1}\right]_{N_2}\left[(1-e^{-\Theta_v/T})^{-1}\right]_{O_2}}$$

$$= \frac{\left[(1-e^{-2699/2000})^{-1}\right]^2}{(1-e^{-2239/2000})^{-1}\cdot(1-e^{-3353/2000})^{-1}} = 0.9983$$

$$K_e^\ominus = \frac{(g_{e,0}+g_{e,1}e^{-\varepsilon_{e,1}/kT})_{NO}^2}{(g_{e,0}+g_{e,1}e^{-\varepsilon_{e,1}/kT})_{O_2}\cdot(g_{e,0})_{N_2}} = \frac{\left(2+2e^{-\frac{2.3838\times10^{-21}}{1.381\times10^{-23}\times2000}}\right)^2}{\left(3+2e^{-\frac{1.5733\times10^{-10}}{1.381\times10^{-23}\times2000}}\right)\times1} = 4.8905$$

$$K_n^\ominus = 1$$

$$K_0^\ominus = e^{-(D_{0,N_2}+D_{0,O_2}-2D_{0,NO})/RT} = e^{-(941.2+490.1-2\times626.1)\times1000/8.314\times2000}$$

$$= 2.10\times10^{-5}$$

所以
$$K^\ominus = K_t^\ominus\cdot K_r^\ominus\cdot K_v^\ominus\cdot K_e^\ominus\cdot K_n^\ominus\cdot K_0^\ominus = 4.13\times10^{-4}$$

附Ⅰ 证明式 S= clnΩ 中的常数 c 是玻尔兹曼常数 k

假设在温度 T，一个长方形箱中有一个分子。若在指定时刻将一块隔板插入箱中，将箱的总容积 V_1 分为两部分，一部分是 V_2，另一部分则为 V_1-V_2，如图 7-7 所示。这一个分子在容积 V_2 中的概率是 V_2/V_1。

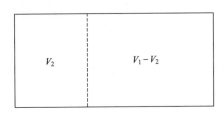

图 7-7 长方形箱子

如果箱中原来有两个分子，这两个分子同时在容积 V_2 中的概率将是 $(V_2/V_1)^2$，因为两件不相干的事情同时发生的概率是每件事情的概率之乘积。依此类推，如果箱中原来有 1mol 理想气体，则这 1mol 理想气体分子同时在容积 V_2 中的概率将是 $(V_2/V_1)^L$（L 为阿佛加德罗常数）。这 1mol 气体分子无论如何总在箱中，因此它在总容积 V_1 中的概率是 1。处于一定平衡态的系统的热力学概率与其数学概率成正比，今以 Ω_1 表示 1mol 分子在 T 和 V_1 时的热力学概率，Ω_2 表示在 T 和 V_2 时的热力学概率，因此

$$\frac{\Omega_1}{\Omega_2} = \frac{1}{(V_2/V_1)^L} = \left(\frac{V_1}{V_2}\right)^L \tag{7-108}$$

根据式(7-15a)，这 1mol 理想气体在这两个状态下的熵值之差为

$$S_1-S_2 = c\ln\Omega_1 - c\ln\Omega_2 = c\ln\frac{\Omega_1}{\Omega_2} = c\ln\left(\frac{V_1}{V_2}\right)^L$$

即

$$\Delta S = cL\ln\frac{V_1}{V_2} \tag{7-109}$$

我们从热力学知道，1mol 理想气体向真空自由膨胀，体积由 V_2 增至 V_1 时，熵增加是

$$\Delta S = R\ln\frac{V_1}{V_2} \tag{7-110}$$

比较式(7-109) 和式（7-110），可见

$$c = \frac{R}{L} = k$$

附Ⅱ 玻尔兹曼公式中 β 值的推导

按能量均分定律可知，每个平动自由度上粒子的摩尔能量为 $\frac{1}{2}RT$ ，则 x 方向每个粒子的平均平动能量为

$$\bar{\epsilon}_x = \left(\frac{1}{2}RT\right)/L = \frac{1}{2}kT \tag{7-111}$$

设粒子的质量为 m，在 x 方向平动的分速度为 u_x，则每个粒子在 x 方向的平动能 $\epsilon_x = \frac{1}{2}mu_x^2$ 。由于粒子的平动能级量子化效应不明显，在通常情况下能级得到充分开放，故系统中粒子的 u_x 可取 $-\infty \rightarrow +\infty$ 。因此，考虑到粒子在各能级上的分布情况，$\bar{\epsilon}_x$ 可表示为

$$\bar{\epsilon}_x = \frac{\displaystyle\sum_{u_x=-\infty}^{+\infty} n_x\left(\frac{1}{2}mu_x^2\right)}{\displaystyle\sum_{u_x=-\infty}^{+\infty} n_x} \tag{7-112}$$

式中，n_x 为平动能量在 x 轴方向分量为 $\frac{1}{2}mu_x^2$ 的粒子数。

由于平衡分布为玻尔兹曼分布，n_x 应满足式(7-25)，且只针对沿 x 方向的平动情况下，简并度应为 1，所以

$$n_x = \frac{N}{q}e^{\beta\epsilon_x} \tag{7-113}$$

把式(7-113) 代入式(7-112)，得

$$\bar{\epsilon}_x = \frac{\displaystyle\sum_{u_x=-\infty}^{+\infty} \frac{N}{q}e^{\beta\left(\frac{1}{2}mu_x^2\right)}\left(\frac{1}{2}mu_x^2\right)}{\displaystyle\sum_{u_x=-\infty}^{+\infty} \frac{N}{q}e^{\beta\left(\frac{1}{2}mu_x^2\right)}} \approx \frac{\displaystyle\int_{-\infty}^{\infty} \frac{N}{q}e^{\beta\left(\frac{1}{2}mu_x^2\right)}\left(\frac{1}{2}mu_x^2\right)du_x}{\displaystyle\int_{-\infty}^{\infty} \frac{N}{q}e^{\beta\left(\frac{1}{2}mu_x^2\right)}du_x}$$

令 $\frac{1}{2}m\beta = -\alpha$ ，所以 $\frac{1}{2}m = -\frac{\alpha}{\beta}$ ，则

$$\bar{\epsilon}_x = \frac{\displaystyle\int_{-\infty}^{\infty} \left(-\frac{\alpha}{\beta}\right)e^{-\alpha u_x^2}u_x^2 du_x}{\displaystyle\int_{-\infty}^{\infty} e^{-\alpha u_x^2} du_x}$$

由积分表可得

$$\int_{-\infty}^{\infty} x^2 e^{-\alpha x^2} dx = \frac{1}{4\alpha}\sqrt{\frac{\pi}{\alpha}}, \quad \int_{-\infty}^{\infty} e^{-\alpha x^2} dx = \frac{1}{2}\sqrt{\frac{\pi}{\alpha}}$$

因此

$$\bar{\varepsilon}_x = \frac{\left(-\dfrac{\alpha}{\beta}\right)\dfrac{1}{4\alpha}\sqrt{\dfrac{\pi}{\alpha}}}{\dfrac{1}{2}\sqrt{\dfrac{\pi}{\alpha}}} = -\frac{1}{2\beta} \tag{7-114}$$

比较式(7-111)与式(7-114)，得

$$-\frac{1}{2\beta} = \frac{1}{2}kT$$

$$\beta = -\frac{1}{kT} \tag{7-115}$$

学习基本要求

1. 了解统计热力学研究的内容和方法。

2. 掌握独立子系统的微观状态、能级分布与状态分布等概念。

3. 掌握玻尔兹曼分布律及其适用条件。

4. 理解配分函数的定义和析因子性质，了解配分函数与热力学函数的关系。

5. 了解平动、转动、振动配分函数的计算方法，学会用配分函数计算简单分子的热力学函数，掌握理想气体简单分子内能和平动熵的计算。

6. 了解用统计热力学的方法计算理想气体反应的化学平衡常数。

习　题

7-1　设将两个可区别的球（1）放在两只匣中，（2）放在三只匣中，问有几种放法？如果球是不可区别的，情况又是怎样的？

7-2　两种颜色不同的 8 个球分别放在两个不同的盒子中，每个盒子各放 4 个球，颜色不限。现有 4 个白球与 4 个红球，问有几种不同的放置方式？

7-3　一个假想的非简并系统，其中包含 7 个可区别的粒子，总能量为 $4e$，粒子的能量可以是 0、e、$2e$、$3e$ 或 $4e$。问粒子在能级上有几种可能的分布方式？每种分布方式的热力学概率是多少？哪种分布是最概然分布？

7-4　设一系统中粒子的能级是等间隔的并且非简并的，能级间隔 $\Delta\varepsilon = 3.2 \times 10^{-20}$ J。应用玻尔兹曼分布定律分别计算在 298K 和 573K 时，分布在相邻的能级上的粒子的数目之比值，并以此说明温度对于粒子在能级上分布的影响。

7-5　在什么温度时，上题中相邻的能级上的粒子数之比为 1∶2？

7-6　设某理想气体 A，其分子的最低能级是非简并的，取分子的基态作为能量零点，第一激发态能级的能量为 ε，其简并度为 2，忽略更高能级。

（1）写出 A 分子的总配分函数的表达式；

（2）若 $\varepsilon = kT$，计算第一激发态上粒子的分布数 n_1 与基态能级的分布数 n_0 之比；

（3）若 $\varepsilon = kT$，计算在 298K 时 1mol A 分子气体的平均能量。

7-7　设某分子的一个能级的能量和简并度分别为 $\varepsilon_1 = 6.1 \times 10^{-21}$ J，$g_1 = 3$，另一个能级的能量和简并度分别为 $\varepsilon_2 = 8.4 \times 10^{-21}$ J，$g_2 = 5$。请分别计算在 300K 和 3000K 时，这两个能级上分布的粒子数之比 $\dfrac{n_1}{n_2}$。

7-8　设有一个由极大数目的三维平动子组成的粒子系统，运动于边长为 a 的立方容器内，系统的体

积、粒子的质量和温度的关系为：$\frac{h^2}{8ma^2} = 0.10kT$。现有两个能级的能量分别为 $\varepsilon_1 = \frac{9h^2}{4ma^2}$，$\varepsilon_2 = \frac{27h^2}{8ma^2}$，试求处于这两个能级上粒子数的比值 $\frac{n_1}{n_2}$。

7-9 温度为 T 的某理想气体，分子质量为 m。按下列情况分别写出分子的平动配分函数的计算式：

（1）1cm³ 的气体；

（2）101.325kPa 下 1mol 气体；

（3）压力为 p，分子数为 N 的气体。

7-10 试分别计算转动、振动和电子能级间隔的玻尔兹曼因子 $\exp\left(-\frac{\Delta\varepsilon}{kT}\right)$ 各为多少？已知各能级间隔的值分别为：电子能级间隔约为 $100kT$，振动能级间隔约为 $10kT$，转动能级间隔约为 $0.01kT$。

7-11 试从 A 与 q 的关系导出气体压力与 q 的关系，并证明理想气体有如下关系：$pV = NkT$。

7-12 计算在 298K、101325Pa 时，单原子理想气体氖的摩尔熵，已知氖的相对原子质量 $M = 20.18$。

7-13 已知（1）HD 的转动惯量 $I = 6.29 \times 10^{-48}\,\text{kg·m}^2$，（2）$CO_2$（线型）的转动惯量 $I = 7.18 \times 10^{-46}\,\text{kg·m}^2$。计算它们的转动特征温度以及在 298K 时的转动配分函数。

7-14 设 J 为转动量子数（取整数），转动简并度为（$2J+1$）。在 240K 时，CO 最可能出现的量子态的转动量子数 J 的值为多少？已知 CO(g) 的转动特征温度为 $\Theta_r = 2.8$K。

7-15 由光谱数据得出 NO 气体的基本振动频率为 $\gamma_0 = 5.6 \times 10^{13}$ Hz。试计算 300K 时 NO 的 q_v^0 与 q_v 之比。

7-16 气体 CO 和 Cl_2 的振动特性温度分别是 3070K 和 810K，计算在 298K 时振动对这两种气体的 $C_{V,m}$ 的贡献。

附　录

附录一　SI 基本单位

量的名称	单位名称	单位符号	量的单位	单位名称	单位符号
长度	米	m	热力学温度	开[尔文]	K
质量	千克(公斤)	kg	物质的量	摩[尔]	mol
时间	秒	s	发光强度	坎[德拉]	cd
电流	安[培]	A			

附录二　包括 SI 辅助单位在内的具有专门名称的 SI 导出单位

量的名称	SI 导出单位		
	名称	符号	用 SI 基本单位和 SI 导出单位表示
[平面]角	弧度	rad	$1rad=1m/m=1$
立体角	球面度	sr	$1sr=1m^2/m^2=1$
频率	赫[兹]	Hz	$1Hz=1s^{-1}$
力	牛[顿]	N	$1N=1kg \cdot m/s^2$
压力、压强、应力	帕[斯卡]	Pa	$1Pa=1N/m^2$
能[量]、功、热量	焦[耳]	J	$1J=1N \cdot m$
电荷[量]	库[仑]	C	$1C=1A \cdot s$
功率、辐[射能]通量	瓦[特]	W	$1W=1J/s$
电位、电压、电动势	伏[特]	V	$1V=1W/A$
电容	法[拉]	F	$1F=1C/V$
电阻	欧[姆]	Ω	$1\Omega=1V/A$
电导	西[门子]	S	$1S=1\Omega^{-1}$
磁[通量]	韦[伯]	Wb	$1Wb=1V \cdot s$
磁感应强度、磁[通量]密度	特[斯拉]	T	$1T=1Wb/m^2$
电感	亨[利]	H	$1H=1Wb/A$
摄氏温度	摄氏度	℃	$1℃=1K$
光通量	流[明]	lm	$1lm=1cd \cdot sr$
[光]照度	勒[克斯]	lx	$1lx=1lm/m^2$

附录三　某些物质的临界参数

物　质		临界温度 $T_c/℃$	临界压力 $p_c/$ MPa	临界体积 $V_{m,c}$ $/10^{-6} m^3 \cdot mol^{-1}$	临界压缩因子 Z_c
He	氦	−267.96	0.23	57	0.300
Ar	氩	−122.40	4.87	75	0.291
H₂	氢	−239.90	1.30	65	0.305
N₂	氮	−147.00	3.39	90	0.290
O₂	氧	−118.57	5.04	73	0.288
F₂	氟	−128.84	5.22	66	0.288
Cl₂	氯	144.00	7.70	123	0.275
Br₂	溴	311.00	10.30	127	0.270
H₂O	水	373.91	22.05	56	0.230
NH₃	氨	132.33	11.31	72	0.242
HCl	氯化氢	51.50	8.31	81	0.250
H₂S	硫化氢	100.00	8.94	99	0.284
CO	一氧化碳	−140.23	3.50	93	0.295
CO₂	二氧化碳	30.98	7.38	94	0.275
SO₂	二氧化硫	157.50	7.88	122	0.268
CH₄	甲烷	−82.62	4.60	98.6	0.286
C₂H₆	乙烷	32.18	4.87	145.5	0.283
C₃H₈	丙烷	96.59	4.25	200	0.285
C₂H₄	乙烯	9.19	5.04	131	0.281
C₃H₆	丙烯	91.80	4.62	185	0.275
C₂H₂	乙炔	35.18	6.14	122.2	0.271
CHCl₃	氯仿	262.90	5.33	239	0.201
CCl₄	四氯化碳	283.15	4.56	276	0.272
CH₃OH	甲醇	239.43	8.10	117	0.224
C₂H₅OH	乙醇	240.77	6.15	168	0.240
C₆H₆	苯	288.95	4.90	256	0.268
C₆H₅CH₃	甲苯	318.57	4.11	316	0.264

附录四　某些气体的范德华常数

气　体		$a \times 10^3$ $/Pa \cdot m^6 \cdot mol^{-2}$	$b \times 10^6$ $/m^3 \cdot mol^{-1}$
Ar	氩	135.5	32.0
H₂	氢	24.5	26.5
N₂	氮	137.0	38.7
O₂	氧	138.2	31.9
Cl₂	氯	634.3	54.2
H₂O	水	553.7	30.5
NH₃	氨	422.5	37.1
HCl	氯化氢	370.0	40.6
H₂S	硫化氢	454.4	43.4
CO	一氧化碳	147.2.5	39.5

续表

气 体		$a \times 10^3$ $/Pa \cdot m^6 \cdot mol^{-2}$	$b \times 10^6$ $/m^3 \cdot mol^{-1}$
CO$_2$	二氧化碳	365.8	42.9
SO$_2$	二氧化硫	686.5	56.8
CH$_4$	甲烷	230.3	43.1
C$_2$H$_6$	乙烷	558.0	65.1
C$_3$H$_8$	丙烷	939	90.5
C$_2$H$_4$	乙烯	461.2	58.2
C$_3$H$_6$	丙烯	842.2	82.4
C$_2$H$_2$	乙炔	451.6	52.2
CHCl$_3$	氯仿	1534	101.9
CCl$_4$	四氯化碳	2001	128.1
CH$_3$OH	甲醇	947.6	65.9
C$_2$H$_5$OH	乙醇	1256	87.1
(C$_2$H$_5$)$_2$O	乙醚	1746	133.3
(CH$_3$)$_2$CO	丙酮	1602	112.4
C$_6$H$_6$	苯	1882	119.3

附录五 某些气体的摩尔定压热容与温度的关系

$$C_{p,m} = a + bT + cT^2$$

物 质		$a \times 10^0$ $/J \cdot mol^{-1} \cdot K^{-1}$	$b \times 10^3$ $/J \cdot mol^{-1} \cdot K^{-2}$	$c \times 10^6$ $/J \cdot mol^{-1} \cdot K^{-3}$	温度范围/K
H$_2$	氢气	26.88	4.35	−0.33	273~3800
Cl$_2$	氯气	31.70	10.14	−4.04	300~1500
Br$_2$	溴气	35.24	4.08	−1.49	300~1500
O$_2$	氧气	28.17	6.30	−0.75	273~3800
N$_2$	氮气	27.32	6.23	−0.95	273~3800
HCl	氯化氢	28.17	1.81	1.55	300~1500
H$_2$O	水蒸气	29.16	14.49	−2.02	273~3800
CO	一氧化碳	26.54	7.68	−1.17	300~1500
CO$_2$	二氧化碳	26.75	42.26	−14.25	300~1500
CH$_4$	甲烷	14.15	75.50	−17.99	298~1500
C$_2$H$_6$	乙烷	9.40	159.83	−46.23	298~1500
C$_2$H$_4$	乙烯	11.84	119.67	−36.51	298~1500
C$_3$H$_6$	丙烯	9.43	188.77	−57.49	298~1500
C$_2$H$_2$	乙炔	30.67	52.81	−16.27	298~1500
C$_3$H$_4$	丙炔	26.50	120.66	−39.57	298~1500
C$_6$H$_6$	苯	−1.71	324.77	−110.58	298~1500
C$_6$H$_5$CH$_3$	甲苯	2.41	391.17	−130.65	298~1500
CH$_3$OH	甲醇	18.40	101.56	−28.68	273~1000
C$_2$H$_5$OH	乙醇	29.25	166.28	−48.90	298~1500
(C$_2$H$_5$)$_2$O	乙醚	−103.90	1417.00	−248.00	300~400
HCHO	甲醛	18.82	58.38	−15.61	291~1500
CH$_3$CHO	乙醛	31.05	121.46	−36.58	298~1500
(CH$_3$)$_2$CO	丙酮	22.47	205.97	−63.52	298~1500
HCOOH	甲酸	30.70	89.20	−34.54	300~700
CHCl$_3$	氯仿	29.51	148.94	−90.73	273~773

附录六 某些物质的标准摩尔生成焓、标准摩尔生成吉布斯函数、标准摩尔熵及摩尔定压热容
($p^{\ominus}$=100kPa，T=298K)

物　　质	$\Delta_f H_m^{\ominus}$ /kJ·mol^{-1}	$\Delta_f G_m^{\ominus}$ /kJ·mol^{-1}	$S_m^{\ominus}$ /J·mol^{-1}·K^{-1}	$C_{p,m}$ /J·mol^{-1}·K^{-1}
Ag（s）	0	0	42.55	25.351
AgCl(s)	−127.068	−109.789	96.2	50.79
Ag$_2$O(s)	−31.05	−11.20	121.3	65.86
Al(s)	0	0	28.33	24.35
Al$_2$O$_3$(α，刚玉)	−1675.7	−1582.3	50.92	79.04
Br$_2$(l)	0	0	152.231	75.689
Br$_2$(g)	30.907	3.110	245.463	36.02
HBr（g）	−36.40	−53.45	198.695	29.142
Ca（s）	0	0	41.42	25.31
CaC$_2$(s)	−59.8	−64.9	69.96	62.72
CaCO$_3$(方解石)	−1206.92	−1128.79	92.9	81.88
CaO(s)	−635.09	−604.03	39.75	42.80
Ca（OH）$_2$(s)	−986.09	−898.49	83.39	87.49
C（石墨）	0	0	5.740	8.527
C（金刚石）	1.895	2.900	2.377	6.113
CO(g)	−110.525	−137.168	197.674	29.142
CO$_2$(g)	−393.509	−394.359	213.74	37.11
CS$_2$(l)	89.70	65.27	151.34	75.7
CS$_2$(g)	117.36	67.12	237.84	45.40
CCl$_4$(l)	−135.44	−65.21	216.40	131.75
CCl$_4$(g)	−102.9	−60.59	309.85	83.30
HCN（l）	108.87	124.97	112.84	70.63
HCN（g）	135.1	124.7	201.78	35.86
Cl$_2$(g)	0	0	223.066	33.907
Cl(g)	121.679	105.680	165.198	21.840
HCl(g)	−92.307	−95.299	186.908	29.12
Cu（s）	0	0	33.150	24.435
CuO(s)	−157.3	−129.7	42.63	42.30
Cu$_2$O(s)	−168.6	−146.0	93.14	63.64
F$_2$(g)	0	0	202.78	31.30
HF（g）	−271.1	−273.2	173.779	29.133
Fe（s）	0	0	27.28	25.10

物　质	$\Delta_{\mathrm{f}}H_{\mathrm{m}}^{\ominus}$ /kJ·mol^{-1}	$\Delta_{\mathrm{f}}G_{\mathrm{m}}^{\ominus}$ /kJ·mol^{-1}	$S_{\mathrm{m}}^{\ominus}$ /J·mol^{-1}·K^{-1}	$C_{p,\mathrm{m}}$ /J·mol^{-1}·K^{-1}
$FeCl_2(s)$	−341.79	−302.30	117.95	76.65
$FeCl_3(s)$	−399.49	−334.00	142.3	96.65
Fe_2O_3(赤铁矿)	−824.2	−742.2	87.40	103.85
Fe_3O_4(磁铁矿)	−1118.4	−1015.4	146.4	143.43
$FeSO_4(s)$	−928.4	−820.8	107.5	100.58
$H_2(g)$	0	0	130.684	28.824
$H(g)$	217.965	203.247	114.713	20.784
$H_2O(l)$	−285.830	−237.129	69.91	75.291
$H_2O(g)$	−241.818	−228.572	188.825	33.577
$I_2(s)$	0	0	116.135	54.438
$I_2(g)$	62.438	19.327	260.69	36.90
$I(g)$	106.838	70.250	180.791	20.786
$HI(g)$	26.48	1.70	206.594	29.158
$Mg(s)$	0	0	32.68	24.89
$MgCl_2(s)$	−641.32	−591.79	89.62	71.38
$MgO(s)$	−601.70	−569.43	26.94	37.15
$Mg(OH)_2(s)$	−924.54	−833.51	63.18	77.03
$Na(s)$	0	0	51.21	28.24
$Na_2CO_3(s)$	−1130.68	−1044.44	134.98	112.30
$NaHCO_3(s)$	−950.81	−851.0	101.7	87.61
$NaCl(s)$	−411.153	−384.138	72.13	50.50
$NaNO_3(s)$	−467.85	−367.00	116.52	92.88
$NaOH(s)$	−425.609	−379.494	64.455	59.54
$Na_2SO_4(s)$	−1387.08	−1270.16	149.58	128.20
$N_2(g)$	0	0	191.61	29.125
$NH_3(g)$	−46.11	−16.45	192.45	35.06
$NO(g)$	90.25	86.55	210.761	29.844
$NO_2(g)$	33.18	51.31	240.06	37.20
$N_2O(g)$	82.05	104.20	219.85	38.45
$N_2O_3(g)$	83.72	139.46	312.28	65.61
$N_2O_4(g)$	9.16	97.89	304.29	77.28
$N_2O_5(g)$	11.3	115.1	355.7	84.5
$HNO_3(l)$	−174.10	−80.71	155.60	109.87
$HNO_3(g)$	−135.06	−74.72	266.38	53.35
$NH_4NO_3(s)$	−365.56	183.87	151.08	139.3
$O_2(g)$	0	0	205.138	29.355
$O(g)$	249.170	231.731	161.055	21.912
$O_3(g)$	142.7	163.2	238.93	39.20
P(α-白磷)	0	0	41.09	23.840
P(红磷)	−17.6	−12.1	22.80	21.21
$P_4(g)$	58.91	24.44	279.98	67.15
$PCl_3(g)$	−287.0	−267.8	311.78	71.84
$PCl_5(g)$	−374.9	−305.0	364.58	112.80
$H_3PO_4(s)$	−1279.0	−1119.1	110.50	106.06

物　质	$\Delta_f H_m^{\ominus}$ /kJ·mol⁻¹	$\Delta_f G_m^{\ominus}$ /kJ·mol⁻¹	$S_m^{\ominus}$ /J·mol⁻¹·K⁻¹	$C_{p,m}$ /J·mol⁻¹·K⁻¹
S（正交晶系）	0	0	31.80	22.64
S（g）	278.805	238.250	167.821	23.673
S₈（g）	102.30	49.63	430.98	156.44
H₂S（g）	−20.63	−33.56	205.79	34.23
SO₂（g）	−296.830	−300.194	248.22	39.87
SO₃（g）	−395.72	−371.06	256.76	50.67
H₂SO₄（l）	−813.989	−690.003	156.904	138.91
Si（s）	0	0	18.83	20.00
SiCl₄（l）	−687.0	−619.84	239.7	145.31
SiCl₄（g）	−657.01	−616.98	330.73	90.25
SiH₄（g）	34.3	56.9	204.62	42.84
SiO₂（α 石英）	−910.94	856.64	41.84	44.43
SiO₂（S，无定形）	−903.49	−850.70	46.9	44.4
Zn（s）	0	0	41.63	25.40
ZnCO₃（s）	−812.78	−731.52	82.4	79.71
ZnCl₂（s）	−415.05	−369.398	111.46	71.34
ZnO（s）	−348.28	−318.30	43.64	40.25
CH₄（g）甲烷	−74.81	−50.72	186.264	35.309
C₂H₆（g）乙烷	−84.68	−32.82	229.60	52.63
C₂H₄（g）乙烯	52.26	68.15	219.56	43.56
C₂H₂（g）乙炔	226.73	209.20	200.94	43.93
CH₃OH（l）甲醇	−238.66	−166.27	126.8	81.6
CH₃OH（g）甲醇	−200.66	−161.96	239.81	43.89
C₂H₅OH（l）乙醇	−277.69	−174.78	160.7	111.46
C₂H₅OH（g）乙醇	−235.10	−168.49	282.70	65.44
(CH₂OH)₂（l）乙二醇	−184.05	−323.08	166.9	149.8
(CH₃)₂O（g）二甲醚	−108.57	−112.59	266.38	64.39
HCHO（g）甲醛	−166.19	−102.53	218.77	35.40
CH₃CHO（g）乙醛	−166.19	−128.86	250.3	57.3
HCOOH（l）甲酸	−424，72	−361.35	128.95	99.04
CH₃COOH（l）乙酸	−484.5	−389．9	159.8	124.3
CH₃COOH（g）乙酸	−432.25	−374.0	282.5	66.5
(CH₂)₂O（l）环氧乙烷	−77.8	−11.76	153.85	87.95
(CH₂)₂O（g）环氧乙烷	−52.63	−13.01	242.53	47.91
CHCl₃（l）氯仿	−134.47	−73.66	201.7	113.8
CHCl₃（g）氯仿	−103.14	−70.34	295.71	65.69
C₂H₅Cl（l）氯乙烷	−136.52	−59.31	190.79	104.35
C₂H₅Cl（g）氯乙烷	−112.17	−60.39	276.00	62.8
C₂H₅Br（l）溴乙烷	−92.01	−27.70	198.7	100.8
C₂H₅Br（g）溴乙烷	−64.52	−26.48	286.71	64.52
CH₂CHCl（l）氯乙烯	35.6	51.9	263.99	53.72
CH₃COCl（g）氯乙酰	−273.80	−207.99	200.8	117
CH₃COCl（g）氯乙酰	−243.51	−205.80	295.1	67.8
CH₃NH₂（g）甲胺	−22.97	32.16	243.41	53.1
(NH₃)₂CO（s）尿素	−333.51	−197.3	104.60	93.14

附录七　某些有机化合物的标准摩尔燃烧焓
($p^{\ominus}$=100kPa，T=298K)

物　　质		$\Delta_c H_m^{\ominus}$ /kJ·mol^{-1}	物　　质		$\Delta_c H_m^{\ominus}$ /kJ·mol^{-1}
$CH_4(g)$	甲烷	890.3	$C_2H_5CHO(l)$	丙醛	1816.3
$C_2H_6(g)$	乙烷	1559.8	$(CH_3)_2CO(l)$	丙酮	1790.4
$C_3H_8(g)$	丙烷	2219.9	$CH_3COC_2H_5(l)$	甲乙酮	2444.2
$C_5H_{12}(l)$	正戊烷	3509.5	$HCOOH(l)$	甲酸	254.6
$C_5H_{12}(g)$	正戊烷	3536.1	$CH_3COOH(l)$	乙酸	874.5
$C_6H_{14}(l)$	正己烷	4163.1	$C_2H_5COOH(l)$	丙酸	1527.3
$C_2H_4(g)$	乙烯	1411.0	$C_3H_7COOH(l)$	正丁酸	2183.5
$C_2H_2(g)$	乙炔	1299.6	$CH_2(COOH)_2(s)$	丙二酸	861.2
$C_3H_6(g)$	环丙烷	2091.5	$(CH_2COOH)_2(s)$	丁二酸	1491.0
$C_4H_8(l)$	环丁烷	2720.5	$(CH_3CO)_2O(l)$	乙酸酐	1806.2
$C_5H_{10}(l)$	环戊烷	3290.9	$HCOOCH_3(l)$	甲酸甲酯	979.5
$C_6H_{12}(l)$	环己烷	3919.9	$C_6H_5OH(s)$	苯酚	3053.5
$C_6H_6(l)$	苯	3267.5	$C_6H_5CHO(l)$	苯甲醛	3527.9
$C_{10}H_8(s)$	萘	5153.9	$C_6H_5COCH_3(l)$	苯乙酮	4148.9
$CH_3OH(l)$	甲醇	726.5	$C_6H_5COOH(s)$	苯甲酸	3226.9
$C_2H_5OH(l)$	乙醇	1366.8	$C_6H_4(COOH)_2(s)$	邻苯二甲酸	3223.5
$C_3H_7OH(l)$	正丙醇	2019.8	$C_6H_5COOCH_3(l)$	苯甲酸甲酯	3957.6
$C_4H_9OH(l)$	正丁醇	2675.8	$C_{12}H_{22}O_{11}(s)$	蔗糖	5640.9
$CH_3OC_2H_5(g)$	甲乙醚	2107.4	$CH_3NH_2(l)$	甲胺	1060.6
$(C_2H_5)_2O(l)$	二乙醚	2751.1	$C_2H_5NH_2(l)$	乙胺	1713.3
$HCHO(g)$	甲醛	570.8	$(NH_2)_2CO(s)$	尿素	631.7
$CH_3CHO(l)$	乙醛	1166.4	$C_5H_5N(l)$	吡啶	2782.4